U0256610

《大学物理学》编委会

普通高等学校省级规划教材

大学物理学 下册

University Physics

总 主 编／袁广宇

本册主编／江贵生　袁广宇　李　娟　刘树龙

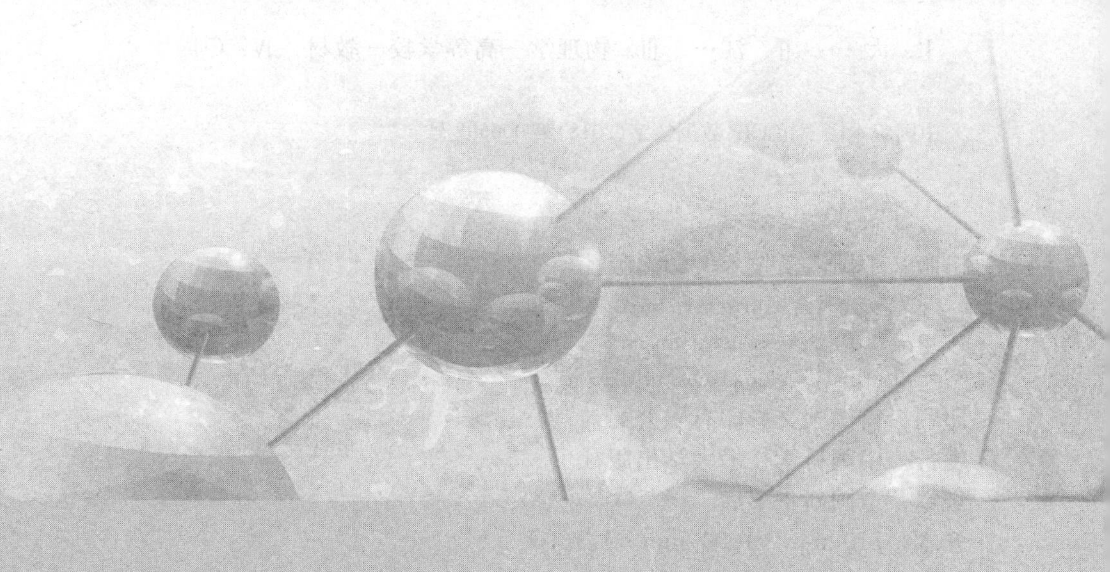

中国科学技术大学出版社

内 容 简 介

本书是根据教育部2006年颁发的《非物理类理工学科大学物理课程教学基本要求》,结合目前大学物理课程学时设置的实际情况编著的.在编著过程中秉承了体系完整、结构合理、简明扼要、化难为易以利于学生理解接受的原则.

《大学物理学》分上、下两册.上册包括力学(1～5章)、气体动理论和热力学基础(6～7章),下册包括电磁学(8～13章)、光学(14～16章)和量子力学基础(17～19章).本书为下册,建议安排108～126学时.

本书可作为高等学校理工科非物理专业全日制大学生大学物理课程的教材,也可作为有关教师和相关技术人员的参考书.

图书在版编目(CIP)数据

大学物理学.下册/江贵生等主编.—合肥:中国科学技术大学出版社,2018.2(2020.1重印)
ISBN 978-7-312-04290-4

Ⅰ.大… Ⅱ.江… Ⅲ.物理学—高等学校—教材 Ⅳ.O4

中国版本图书馆CIP数据核字(2018)第006692号

出版 中国科学技术大学出版社
安徽省合肥市金寨路96号,230026
http://press.ustc.edu.cn
https://zgkxjsdxcbs.tmall.com
印刷 安徽国文彩印有限公司
发行 中国科学技术大学出版社
经销 全国新华书店
开本 710 mm×1000 mm 1/16
印张 18.5
字数 380千
版次 2018年2月第1版
印次 2020年1月第3次印刷
定价 40.00元

前　言

物理学是研究物质的基本结构、基本运动形式以及相互作用的自然科学，它的基本理论渗透到自然科学的各个领域，应用于生产技术的许多部门，是其他自然科学和工程技术的基础.以物理学基础为内容的大学物理课程，是高等学校理工科各专业一门重要的通识性必修基础课.

通过大学物理课程的教学，应使学生对物理学的基本概念、基本理论和基本方法有比较系统的认识和正确的理解，为学生进一步学习打下坚实的基础.在大学物理课程的各个教学环节中，都应在传授知识的同时，注重学生分析问题和解决问题能力的培养，注重学生探索精神和创新意识的培养，努力实现学生知识、能力、素质的协调发展.

本书编著者长期从事大学物理教学及其研究工作，熟悉大学物理的教学内容、教学体系和教学规律.本书借鉴了国内外近年出版的相关教材的优点，吸纳了编著者多年来的教学研究成果，既注重对基础理论的阐述，又注重对近现代物理学知识和观点的介绍.本书在保证理论体系完整的基础上，力求简明扼要，难度适中；在内容的阐述和分析上，将抽象演绎与定性归纳相结合，降低了数学计算难度，增加物理内涵分析，适当增加定性与半定量的分析；例题的选取注重代表性，习题的选取注重题型的多样性和知识点的覆盖面；节选的阅读材料有助于拓展学生的视野，激发学生的学习兴趣.

全书单位采用国际单位制，书中物理量的名称和符号尽量采用国家现行标准.

本书由淮北师范大学和安庆师范大学联合编著，具体编写分工如下：第1～4章由尹新国和徐士涛编著，第5章由江燕燕编著，第6～13章由江贵生和袁广宇编著，第14～16章由李娟编著，第17～19章由刘树龙编著.袁广宇、尹新国、江贵生共同审阅了全部书稿.

本书在出版过程中得到了淮北师范大学物理与电子信息学院、安庆师范大学物理与电气工程学院、中国科学技术大学出版社的大力支持与帮助，在此一并表示衷心的感谢.

由于编著者的学识水平有限，书中难免存在错误和不妥之处，敬请广大读者不吝赐教，以便再版时修改.

作者

2017年6月18日

目　　录

前言 ………………………………………………………………………………（ⅰ）

第三篇　电磁学

第8章　真空中的静电场 ………………………………………………………（3）
8.1　电荷　库仑定律 …………………………………………………………（3）
8.1.1　电荷及其重要特性 ……………………………………………………（3）
8.1.2　库仑定律 ………………………………………………………………（5）
8.1.3　电力叠加原理 …………………………………………………………（7）
8.2　电场强度　电场线 ………………………………………………………（8）
8.2.1　电场强度 ………………………………………………………………（8）
8.2.2　场强叠加原理 …………………………………………………………（9）
8.2.3　电场强度计算举例 ……………………………………………………（10）
8.2.4　电场线 …………………………………………………………………（13）
8.3　静电场的高斯定理 ………………………………………………………（14）
8.3.1　电通量 …………………………………………………………………（15）
8.3.2　静电场的高斯定理 ……………………………………………………（16）
8.3.3　高斯定理应用举例 ……………………………………………………（18）
8.4　静电场的环路定理　电势 ………………………………………………（22）
8.4.1　静电场的环路定理 ……………………………………………………（22）
8.4.2　电势、电势差、电势叠加原理 ………………………………………（24）
8.4.3　电势计算举例 …………………………………………………………（25）
8.4.4　等势面 …………………………………………………………………（27）
*8.4.5　电场强度与电势梯度的关系 …………………………………………（29）
习题8 …………………………………………………………………………（31）

第9章　静电场中的导体和电介质 ……………………………………………（37）
9.1　静电场中的导体 …………………………………………………………（37）
9.1.1　导体的静电平衡条件 …………………………………………………（37）
9.1.2　导体静电平衡时的基本性质 …………………………………………（39）
9.1.3　静电屏蔽 ………………………………………………………………（41）

9.2　静电场中的电介质 …………………………………………………… (43)
9.2.1　电介质的极化 …………………………………………………… (44)
9.2.2　极化强度 ………………………………………………………… (47)
9.2.3　极化电荷 ………………………………………………………… (47)
9.2.4　电位移　有介质时的高斯定理 ………………………………… (48)
9.3　电容器　电容 …………………………………………………… (51)
9.3.1　孤立导体的电容 ………………………………………………… (51)
9.3.2　电容器及其电容 ………………………………………………… (52)
9.3.3　电容器的串联和并联 …………………………………………… (54)
9.4　电场的能量 ……………………………………………………… (56)
9.4.1　电容器储存的电能 ……………………………………………… (56)
9.4.2　电场的能量 ……………………………………………………… (57)
习题 9 ……………………………………………………………………… (58)
第 10 章　恒定电流和恒定磁场 ………………………………………… (64)
10.1　恒定电流 ………………………………………………………… (64)
10.1.1　电流强度　电流密度 ………………………………………… (64)
10.1.2　电流的连续性方程　恒定电流的闭合性 …………………… (66)
10.2　欧姆定律和焦耳定律 …………………………………………… (67)
10.2.1　欧姆定律的积分形式和微分形式 …………………………… (67)
*10.2.2　电流的功率　焦耳定律 ……………………………………… (68)
10.3　电源和电动势　电路上两点间的电势差 ……………………… (69)
10.3.1　电源　电动势 ………………………………………………… (69)
10.3.2　电路上任意两点间的电势差 ………………………………… (71)
10.4　电流的磁效应　磁感应强度 …………………………………… (73)
10.4.1　电流的磁效应 ………………………………………………… (73)
10.4.2　磁感应强度 …………………………………………………… (74)
10.5　毕奥—萨伐尔定律 ……………………………………………… (76)
10.5.1　毕奥—萨伐尔定律 …………………………………………… (76)
*10.5.2　运动点电荷的磁场 …………………………………………… (77)
10.5.3　毕奥—萨伐尔定律的应用 …………………………………… (78)
10.6　磁场的高斯定理　安培环路定理 ……………………………… (80)
10.6.1　磁场的高斯定理 ……………………………………………… (80)
10.6.2　安培环路定理 ………………………………………………… (81)
10.6.3　安培环路定理的应用 ………………………………………… (83)
10.7　磁场对载流导线的作用　磁力的功 …………………………… (87)
10.7.1　载流导线在磁场中所受的安培力 …………………………… (87)

*10.7.2　载流线圈在均匀外磁场中受到的磁力矩……（89）
*10.7.3　磁力的功……（90）
10.7.4　平行电流间的相互作用　电流单位"安培"的定义……（91）
10.8　带电粒子在磁场中的运动……（92）
10.8.1　带电粒子在磁场中的运动……（92）
10.8.2　霍尔效应……（95）
习题10……（97）
第11章　磁介质……（107）
11.1　磁介质的磁化　磁化电流……（107）
11.1.1　磁介质的磁化……（107）
11.1.2　磁化强度……（110）
11.1.3　磁化电流……（111）
11.2　磁介质存在时恒定磁场的基本规律……（112）
11.2.1　磁场强度　有磁介质时的安培环路定理……（113）
11.2.2　***B***、***H***、***M*** 三矢量间的关系……（114）
*11.3　铁磁性与铁磁质……（115）
11.3.1　铁磁质的磁化规律……（115）
11.3.2　铁磁性的起因……（117）
习题11……（118）
第12章　电磁感应……（123）
12.1　电磁感应基本定律……（123）
12.1.1　电磁感应现象……（123）
12.1.2　楞次定律……（125）
12.1.3　法拉第电磁感应定律……（125）
12.2　动生电动势……（128）
12.2.1　动生电动势及相应的非静电力……（129）
12.2.2　交流发电机的基本原理……（130）
12.3　感生电动势和感生电场……（132）
12.3.1　感生电场……（132）
12.3.2　感生电场的性质……（133）
12.3.3　螺线管磁场变化引起的感生电场……（135）
12.3.4　感生电动势的计算……（136）
*12.3.5　电子感应加速器……（138）
*12.3.6　涡电流……（139）
12.4　自感应与互感应……（140）
12.4.1　自感应……（140）
12.4.2　互感应……（144）

12.5 磁场的能量…………(146)
12.5.1 自感磁能…………(146)
12.5.2 磁能体密度…………(147)
*12.5.3 互感线圈的磁能…………(149)
习题 12 …………(150)

第 13 章 电磁场理论的基本概念 …………(160)
13.1 位移电流 麦克斯韦方程组…………(160)
13.1.1 电磁场基本规律小结…………(160)
13.1.2 位移电流…………(161)
13.1.3 麦克斯韦方程组…………(164)
13.2 电磁波的辐射和传播…………(166)
13.2.1 振荡电偶极子辐射的电磁波…………(167)
13.2.2 平面电磁波的基本性质…………(168)
13.2.3 电磁波的能量 能流密度 电磁波的强度…………(168)
13.2.4 电磁波谱…………(169)
习题 13 …………(170)

第四篇 光 学

第 14 章 光的干涉 …………(175)
14.1 光的电磁理论…………(175)
14.1.1 光的电磁理论…………(175)
14.1.2 光源的发光机理…………(176)
14.1.3 光波的叠加及相干条件…………(177)
14.2 分波阵面干涉…………(179)
14.2.1 光程 光程差…………(179)
14.2.2 杨氏双缝干涉实验…………(179)
14.2.3 菲涅耳双面镜实验 洛埃镜实验…………(181)
14.2.4 光的时空相干性…………(182)
14.3 分振幅薄膜干涉…………(183)
14.3.1 薄膜干涉…………(183)
14.3.2 等倾干涉…………(185)
14.3.3 等厚干涉 劈尖 牛顿环…………(186)
14.3.4 迈克尔逊干涉仪…………(188)
习题 14 …………(190)

第 15 章 光的衍射 …………(192)
15.1 光的衍射现象…………(192)

15.1.1　光的衍射现象…………(192)
15.1.2　惠更斯—菲涅耳原理…………(193)
15.1.3　衍射的分类…………(194)
15.2　单缝及圆孔的夫琅和费衍射…………(195)
15.2.1　单缝夫琅和费衍射…………(195)
15.2.2　圆孔夫琅和费衍射…………(198)
15.2.3　光学仪器的分辨本领…………(198)
15.3　光栅衍射…………(199)
15.3.1　光栅衍射图样的特点…………(199)
15.3.2　光栅衍射的强度分布…………(200)
15.3.3　缺级　光栅光谱…………(201)
习题 15　…………(202)
第 16 章　光的偏振…………(204)
16.1　自然光和偏振光…………(204)
16.1.1　自然光…………(204)
16.1.2　线偏振光…………(205)
16.1.3　部分偏振光…………(205)
16.1.4　圆偏振光…………(206)
16.1.5　椭圆偏振光…………(206)
16.2　起偏和检偏　马吕斯定律…………(206)
16.2.1　偏振片　起偏和检偏…………(206)
16.2.2　马吕斯定律…………(207)
16.3　反射光和折射光的偏振态…………(208)
16.4　双折射…………(209)
16.4.1　双折射现象…………(209)
16.4.2　波片…………(210)
16.4.3　人为双折射现象…………(212)
16.4.4　旋光现象…………(212)
习题 16　…………(213)
阅读材料…………(215)
蝴蝶翅膀的灵感…………(215)

第五篇　量子力学基础

第 17 章　量子物理基础——量子实验…………(218)
17.1　氢原子光谱的实验规律…………(219)
17.2　黑体辐射和普朗克假设…………(220)

17.2.1　黑体辐射 …………………………………………………… (221)
17.2.2　普朗克假设 …………………………………………………… (224)
17.3　光电效应与爱因斯坦的量化假说 ………………………………… (225)
17.3.1　光电效应 …………………………………………………… (226)
17.3.2　爱因斯坦的量化假说 ………………………………………… (226)
17.3.3　光的波粒二象性 ……………………………………………… (228)
17.4　康普顿效应 ……………………………………………………… (230)
17.4.1　光的散射 …………………………………………………… (230)
17.4.2　康普顿效应 ………………………………………………… (231)
17.4.3　康普顿效应与光电效应的关系 ……………………………… (234)
17.5　塞曼效应 ………………………………………………………… (235)
17.6　玻尔的氢原子理论 ……………………………………………… (236)
17.6.1　卢瑟福的原子有核模型 ……………………………………… (237)
17.6.2　玻尔的氢原子理论 …………………………………………… (237)
17.7　粒子的波粒二象性 ……………………………………………… (240)
17.7.1　德布罗意假设 ………………………………………………… (240)
17.7.2　电子衍射实验 ………………………………………………… (242)
17.7.3　概率波 ……………………………………………………… (244)
17.8　测不准关系 ……………………………………………………… (248)
习题 17 ……………………………………………………………… (252)

第 18 章　量子力学五大基本假设 ………………………………… (254)
18.1　量子力学基本假设Ⅰ:波函数假设 ……………………………… (254)
18.2　量子力学基本假设Ⅱ:力学量算符假定 ………………………… (255)
18.3　量子力学基本假设Ⅲ:本征值概率及平均值假定 ………………… (257)
18.4　量子力学基本假设Ⅳ:Schrodinger 方程 ……………………… (259)
18.5　量子力学基本假设Ⅴ:全同性原理 ……………………………… (262)
习题 18 ……………………………………………………………… (262)

第 19 章　一维定态问题 …………………………………………… (264)
19.1　一维无限深势阱 ………………………………………………… (264)
19.2　势垒穿隧 ………………………………………………………… (267)
19.3　一维谐振子 ……………………………………………………… (269)
习题 19 ……………………………………………………………… (270)

习题参考答案 ……………………………………………………… (272)

第三篇 电 磁 学

电磁学是研究电磁现象基本规律的学科,是经典物理学的重要组成部分.

尽管人类接触电现象和磁现象比较早,但是关于电磁现象定量的理论研究,还要从1785年库仑定律的问世算起.库仑(电性)定律的建立,标志着人们对电的认识真正地从经验走向科学,从定性观察阶段进入定量研究阶段.之后一段相当长的时间内,人类一直认为电现象和磁现象是两种截然不同的客体,不存在相互转化的可能.当时科学权威库仑就断言:“电与磁之间不存在相互转化的可能性.”该论点得到了物理学界不少学者的支持和认同,例如安培(后来又反对库仑的观点)、托马斯·杨等.但是深受康德哲学思想影响的丹麦物理学家奥斯特却坚决反对.1820年奥斯特在课堂上发现了“电流的磁效应”,说明了磁现象的本质是“动电现象”.“电流的磁效应”的发现,开创了电、磁联系的“电磁学”的新局面,从此古老的电学、磁学获得了新生.奥斯特的发现,给19世纪最伟大的实验物理学家法拉第以很大的启示,他认为既然“动电能够生磁”,那么“动磁就应该能生电”! 经过十年的努力,法拉第终于在1831年取得了突破性的进展,发现了“电磁感应现象”.“电磁感应现象”的发现标志着电磁理论由静态研究演进到了动态研究的新阶段.从实用的角度来看,“电磁感应现象”的发现使电工技术取得了长足的发展,为人类后来生活的电气化打下了基础;从理论上来看,“电磁感应现象”的发现更全面地揭示了电与磁的联系,使得在这一年出生的伟大的物理学家麦克斯韦有可能建立一套完整的电磁场理论体系.1861年前后,经过对“电磁感应现象”特别是感生型电磁感应现象深入的分析和研究之后,麦克斯韦大胆地提出了“涡旋电场假说”,即变化的磁场可以在其周围空间产生电场,并把这种电场称为“感生电场”.“涡旋电场假说”的问世,提升了法拉第的物理思想,揭示了变化的磁场和电场之间的联系.既然“变化的磁场能够激发电场”,那么“变化的电场能否激发磁场呢”? 1862年麦克斯韦为了在非稳恒电流情况下推广“安培环路定理”,针对客观电磁现象又进一步大胆地提出了另外一个假说,即“位移电流假说”,其内涵是:变化的电场也是一种电流,这种电流叫“位移电流”,并指出“位移电流”和传导电流一样按相同的规律激发磁场.“位移电流假说”的问世,揭示了变化的电场和磁场之间的依存关系,反映了自然规律的对称性.麦克斯韦对电磁理论的伟大贡献,一方面是他提出了“涡旋电场”和“位移电流”两大假说,另一方面他集前人之大成,于1865年建立了以一套方程组即“麦克斯韦方程组”为基础的完整的宏观电磁场理论,并依据此理论预言了电磁波的存在，且指出光是一种电磁波，从而使光学成为电磁场理论的一部分.麦克斯韦从理论上预言电磁波存在时，大多数科学家对此表示怀疑，直到20多年以后的1888年，德国物理学家赫兹巧妙地设计了一个实验——“赫兹实验”，才从实验上验证了电磁波的存在，并且证明了它具有光波那样的反射、折射和偏振的性质.“赫兹实验”一方面验证了麦克斯韦的理论预言，同时也宣告了无线电电子时代的开始，赫兹实验改变了历史的进程，该实验的意义重大，影响深远.

在这一历史过程中，有偶然的机遇，也有有目的的探索；有精巧的实验技术，也有大胆的理论创新；有天才的物理模型设想，也有严密的数学方法应用.最后形成的麦克斯韦电磁场方程组是“完整的”，它使人类对宏观电磁现象的认识达到了一个新的高度.麦克斯韦的成就可以被认为是从牛顿建立力学理论到爱因斯坦提出相对论的这段时期中物理学史上最重要的理论成果.

经典电磁理论并不是电磁现象的最终理论，随着认识的发展，在微观、高速领域它又获得了新的进展，例如量子电动力学、相对论电磁学等.

本篇电磁学介绍宏观电磁场的基本规律，先介绍静电场的描述及其基本规律，再介绍稳恒磁场(静磁场)的描述及其基本规律，最后介绍电场和磁场相互联系的规律.

第 8 章　真空中的静电场

带电体周围存在着电磁场，相对观察者静止的电荷在其周围产生的电场叫静电场.静电场是我们学习电磁学接触到的第一个矢量场.本章将讨论真空中静电场的描述方法和基本规律.具体内容包括：库仑定律和库仑力的叠加原理，电场强度和场强叠加原理，静电场的高斯定理和环路定理，静电场的电势和电势叠加原理，电场强度和电势梯度的关系等.

8.1　电荷　库仑定律

人类对电现象的观察和记载，最早可追溯到公元前 6 世纪，其间经历了漫长的求索过程，直到 1785 年库仑定律的诞生，对电现象的认识才取得突破性的进展.库仑定律是“静电学”中的第一个定量定律，是整个电磁学的基础，也是本节讨论的重点.

8.1.1　电荷及其重要特性

早在 2500 多年前的古希腊时代，人们就发现，用毛皮摩擦过的琥珀(一种矿物化了的树脂)能够吸引羽毛、头发、碎木屑等轻小物体.以后相继发现两种不同材质的物体(甚至是同种材质不同形状的两个物体)，例如丝绸和玻璃棒、毛皮和硬橡胶棒，经相互摩擦后，均能够吸引轻小物体.这时我们就说毛皮、琥珀、丝绸、玻璃棒、硬橡胶棒等这些物体处于带电状态.处于带电状态的物体被称为带电体，或者说这些物体“携带”电荷.定量表示物体带有电荷多少的物理量叫电量，通常用 q(或 Q)表示.在国际单位制中，电量的单位是库仑，它是导出单位，用符号 C 表示.

摩擦后的物体为何会处于带电状态？物质的电结构理论可以给出这个问题的答案：任何实物物质都是由原子或分子构成的，而一个原子包含一个内含若干个质子和中子的原子核及核外的若干个电子.质子、中子、电子等这些亚原子粒子除具有质量外，还具有电量、自旋角动量等.每个质子的质量是 $m_p = 1.672\times10^{-27}$ kg，电量是 $+e$($e = 1.602\,177\,33\times10^{-19}$ C，通常取 $e = 1.602\times10^{-19}$ C)；每个电子的质

量是 $m_e = 9.11\times10^{-31}$ kg,电量是 $-e$;每个中子的质量是 $m_n = 1.674\times10^{-27}$ kg,电量是 0(中子作为一个整体不带电,但其内部却存在电荷分布).

通常情况下,宏观物体内的电子数目与质子数目相等,加之宏观物体内分子热运动的参与作用,宏观物体对外呈现出不带电的电中性状态(总电荷量为零).通过摩擦等,会使一个宏观物体上的电子转移到另一个宏观物体上,或使宏观物体上带负电量的电子的均匀分布状态遭到破坏.于是就说有过剩电子的宏观物体(或宏观物体的部分区域)带负电,而缺少电子的宏观物体(或宏观物体的部分区域)带正电.可见宏观物体带电的过程,实际上就是物体失去一定数量的电子或获得一定数量的电子的过程.所谓"带电",无非就是物体的整体或局部电子数与质子数的数量不等.

近代物理研究表明,电荷具有如下基本特性:

1. 量子性

任何带电体的电量 q 都是"基本电荷"的电量 e 的整数倍,这个特性叫"电荷的量子性".电荷的量子性可表示成

$$q = ne \quad (n = 0, \pm 1, \pm 2, \cdots)$$

n 称为"电荷数"或"量子数".

基本电荷的电量 e 对宏观电磁测量仪器来说太小了,以至于当宏观物体的电量改变了 e 时,对宏观测量带来的影响无法察觉.所以在以研究宏观电磁现象规律为其主要内容的经典电磁学中,一般忽略电量的微观起伏,而认为电荷连续地分布于某一宏观体积内或某一曲面或曲线上.

那么 e 是否是最基本的呢? 20 世纪 60 年代,美国物理学家默里·盖尔曼和 G.茨威格各自独立地提出了中子、质子、介子、超子等这一类强子(参与强相互作用的基本粒子)是由更基本的单元——夸克(quark)组成的,它们具有分数电荷.如上夸克、粲夸克和顶夸克带电量均为 $2e/3$,下夸克、奇异夸克和底夸克带电量均为 $-e/3$.然而自强子结构的夸克模型问世后,至今尚未在实验中发现单独存在的"夸克"或"反夸克".即使发现了,也不过把"基本电荷"的大小缩小到目前认为的基本电荷的 1/3,电荷的量子性依然不变.

2. 守恒性

在任何时刻,对于一个没有净电量出入其边界的物质系统(称为电孤立系统),无论系统内的物质如何运动或变化,系统内的正、负电荷的代数和恒定不变,这一规律称为"电荷守恒定律".电荷守恒定律是物理学的基本定律之一,也是自然界中最精确的定律之一,适用于一切宏观和微观过程.

如低能情况下负电子与正电子(质量和电子相等,带正电,电量等于负电子电量的绝对值,是负电子的反粒子,不稳定.最早由狄拉克从理论上预言,卡尔·D.安德森于 1932 年 8 月 2 日发现)的碰撞过程可表示为

$$e^- + e^+ \rightarrow 2\gamma$$

表明正、负电子碰撞后湮灭，通过光子（电量为零）的形式释放能量，这一过程除能量守恒、动量守恒和角动量守恒外，还满足电荷守恒定律，因为湮灭前后电量总和保持为零. 但质量不守恒.

3. 相对论不变性

大量实验表明，不同惯性系中的观察者对同一个带电体的电量进行测量所得到的量值都相同，或者说处于不同运动状态的同一带电体的电量都相同. 这种性质称为“电荷的相对论不变性”. 例如加速器将电子或质子加速时，随着粒子速度的变化，它的质量会有明显的变化，但电子或质子的电量却没有变化的痕迹. 这表明电荷是一个相对论不变量.

8.1.2 库仑定律

物体因带电而彼此吸引或排斥是一个重要的事实. 寻找电力遵循的规律成为 18 世纪中后期引人注目的研究课题. 为撇开带电体的形状、大小等次要因素的影响，人们自然把注意力集中在两个点电荷间的作用力上.

当一个带电体本身的限度 δ，与问题研究中所涉及的距离 r 相比小得多时，该带电体的形状以及电荷在其上的分布情况均无关紧要，该带电体就可被看作一个带电的点，称为**点电荷**（或**点带电体**）.

点电荷是从实际问题中抽象出的“物理模型”，正如力学中的“质点”模型一样. 任何带电体都可看成是“点电荷”的集合. 点电荷的概念只具有相对意义. 被看作“点电荷”的带电体自身的“限度”不一定很小，带电量也不一定很少. 至于带电体的限度比问题所涉及的距离小多少，它才能被当作“点电荷”，这要视问题所要求的精度而定. 例如，宏观上谈论电子、质子等，完全可以把它们视为“点电荷”. 带电体一旦被看成是点电荷，就可用一个几何点标注它的位置. 两个点电荷之间的距离就是标注它们的位置的两个几何点之间的距离.

法国物理学家库仑通过电斥力扭秤实验和电引力单摆实验，于 1785 年总结出真空中两个“点电荷”之间的相互作用力（称为库仑力，也称电力）所遵循的规律，即**真空中的库仑定律**，其物理内涵是：真空中两个静止的点电荷 q_1 和 q_2 之间的相互作用力的大小与 q_1 和 q_2 的乘积成正比，与它们之间的距离 r 的平方成反比；作用力的方向沿着它们的连线；同号电荷相互排斥，异号电荷相互吸引. 参考图 8.1，可以用矢量形式把真空中的库仑定律简洁地表示出来：

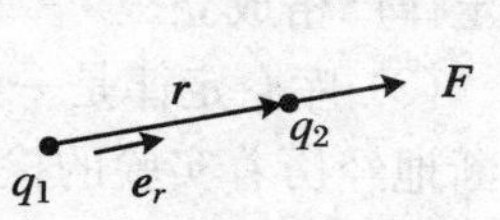

图 8.1　点电荷间的库仑力

$$\boldsymbol{F} = \frac{1}{4\pi\varepsilon_0}\frac{q_1 q_2}{r^2}\boldsymbol{e}_r \tag{8.1.1}$$

式中，q_1、q_2 是代数量（带有正、负号），$\boldsymbol{e}_r$ 代表从施力点电荷指向受力点电荷的单位矢量.该式采用国际单位制(SI),在电磁学部分称为MKSA单位制.MKSA单位制以长度(m)、质量(kg)、时间(s)、电流(A)为四个基本单位,其他物理量的单位可由基本单位根据公式和顺序导出.为此式(8.1.1)中 $\boldsymbol{F}$ 的单位是牛顿(N),电量的单位是库仑(C).由于各物理量的单位都已选定,比例系数 $1/(4\pi\varepsilon_0)$ 需要实验测定,其中 ε_0 叫"**真空介电常数**",是基本物理量之一,1986年 ε_0 的推荐值是

$$\varepsilon_0 = 8.854187818(71)\times10^{-12}(\mathrm{C^2\cdot N^{-1}\cdot m^{-2}})\approx 8.85\times10^{-12}(\mathrm{C^2\cdot N^{-1}\cdot m^{-2}})$$

通常计算时,取以下近似值:

$$\varepsilon_0 = 8.85\times10^{-12}(\mathrm{C^2\cdot N^{-1}\cdot m^{-2}}),\quad \frac{1}{4\pi\varepsilon_0} = 8.99\times10^{9}(\mathrm{N\cdot m^2\cdot C^{-2}})$$

参考图8.2,如果用 $\boldsymbol{F}_{12}$ 表示点电荷 q_1 对点电荷 q_2 的库仑力,用 $\boldsymbol{F}_{21}$ 表示点电荷 q_2 对点电荷 q_1 的库仑力;$\boldsymbol{e}_{r12}$ 表示从点电荷 q_1 指向点电荷 q_2 的单位矢量,$\boldsymbol{e}_{r21}$ 表示从点电荷 q_2 指向点电荷 q_1 的单位矢量($\boldsymbol{e}_{r21} = -\boldsymbol{e}_{r12}$),则根据式(8.1.1),可得

$$\boldsymbol{F}_{12} = \frac{1}{4\pi\varepsilon_0}\frac{q_1q_2}{r^2}\boldsymbol{e}_{r12},\quad \boldsymbol{F}_{21} = \frac{1}{4\pi\varepsilon_0}\frac{q_1q_2}{r^2}\boldsymbol{e}_{r21}$$

关于库仑定律的几点说明:

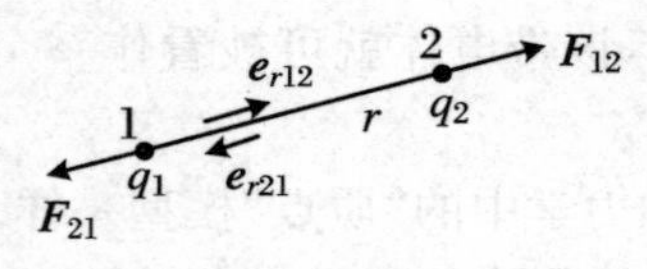

图8.2 点电荷之间的作用力

(1) 库仑定律成立的条件是两点电荷相对静止,且相对于观察者(或实验室参照系)静止.实验表明:静止的点电荷对运动点电荷的作用力仍由式(8.1.1)给出,但运动点电荷对静止点电荷的作用力不能用式(8.1.1)计算,因为此时作用力不仅与两者的电量和距离有关,还与运动点电荷的速度有关(运动点电荷的电效应比较复杂,需要用相对论电磁学来解决).两静止点电荷之间的库仑力遵循牛顿第三定律,但静止点电荷与运动点电荷之间的库仑力却并不遵循牛顿第三定律,因为两点电荷所受到的彼此的作用力不是同时出现或同时消失的.

(2) 库仑力是"长程力",其应用尺度范围为 $10^{-17}\sim10^{7}$ m,上限是用人造地球卫星研究地磁场时得到的,下限是被现代高能电子散射实验证实的.在此范围内库仑定律严格成立.

(3) 库仑定律是一条实验定律,库仑力与点电荷之间距离的平方成反比关系不断地经历着实验的检验.验证平方反比关系的方法是假定 $F\propto1/r^{2+\delta}$,然后测量平方反比偏差 δ 的数值是否为零.库仑时代测出 $\delta<4\times10^{-2}$.δ 精确数值的实验测定成为物理学界不断关注的课题,1971年威廉斯实验测定 $\delta<2.7\times10^{-16}$.有限的平方反比偏差 δ 值是和光子的静质量相联系的,假如光子的静止质量为零,则 δ 严格为零,即库仑定律平方反比关系严格成立.现在实验给出光子的静质量上限为 10^{-48} kg,这差不多相当于 $|\delta|\leqslant10^{-16}$.

(4) 电力具有径向性和球对称性.两静止点电荷之间的电作用力的方向沿连线,且作用力的大小只与距离有关而与连线的空间方位无关,即电力具有径向性和

球对称性.这一结论是自由空间各向同性的必然要求.库仑力的这种特点表明了物理学的规律是分层次的、有联系的,底层次的具体规律要受到高层次的普遍规律(基本法则)的制约,不得违背.

8.1.3　电力叠加原理

库仑定律只讨论了真空中两个静止的"点电荷"之间的静电作用力,当考虑两个以上的静止点电荷之间的作用时,就必须补充另一个实验事实:两个点电荷之间的作用力并不因第三个点电荷的存在而有所改变.无论一个带电系统中存在多少个点电荷,每一对点电荷之间的作用力均服从库仑定律.

对于多个点电荷的情况,任意一个点电荷所受到的总的库仑力,等于其他点电荷单独存在时作用在该点电荷上的库仑力的矢量和,这个结论叫**"电力的叠加原理"**.参考图8.3(a),在静止的点电荷系中,q_0 受到的库仑力为

$$\begin{cases} \boldsymbol{F}_i = \dfrac{q_i q_0}{4\pi\varepsilon_0 r_i^2}\boldsymbol{e}_{ri} \\ \boldsymbol{F} = \sum\limits_{i=1}^{n}\boldsymbol{F}_i \end{cases} \tag{8.1.2a}$$

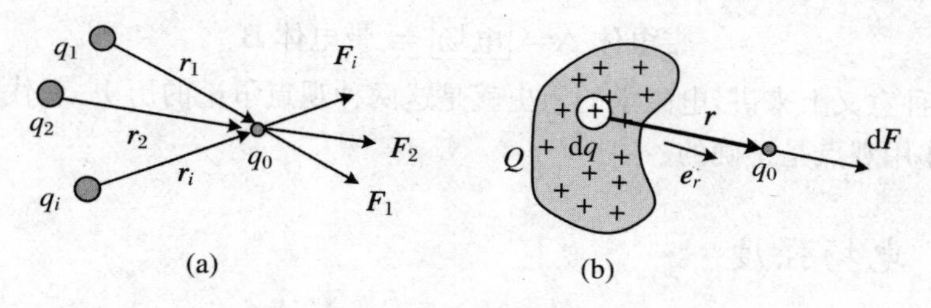

图8.3　电力满足叠加原理

对于电荷连续分布的带电体,可以引入电荷密度概念,用 ρ、σ 和 λ 分别表示"电荷体密度""电荷面密度""电荷线密度".它们的定义分别为:在某点附近,单位体积、面积、长度内的电荷量.单位分别为 $\mathrm{C/m^3}$、$\mathrm{C/m^2}$、$\mathrm{C/m}$.这样宏观带电体就可以看作元(点)电荷的集合.体元 $\mathrm{d}\tau$、面元 $\mathrm{d}S$、线元 $\mathrm{d}l$ 上的电荷元 $\mathrm{d}q$ 分别表示为

$$\mathrm{d}q = \rho\mathrm{d}\tau,\quad \mathrm{d}q = \sigma\mathrm{d}S,\quad \mathrm{d}q = \lambda\mathrm{d}l$$

至于在具体计算中,"线元 $\mathrm{d}l$""面元 $\mathrm{d}s$"和"体元 $\mathrm{d}\tau$"等如何选取,要视具体问题而定,可在学习中体会.为此,参考图8.3(b),当施力电荷连续分布时,电荷元 $\mathrm{d}q$ 对 q_0 的作用力 $\mathrm{d}\boldsymbol{F}$ 及整个带电体对 q_0 的库仑力 $\boldsymbol{F}_{总}$ 可依据电力叠加原理表示成

$$\begin{cases} \mathrm{d}\boldsymbol{F} = \dfrac{1}{4\pi\varepsilon_0}\,\dfrac{q_0\mathrm{d}q}{r^2}\boldsymbol{e}_r \\ \boldsymbol{F}_{总} = \displaystyle\int\mathrm{d}\boldsymbol{F} \end{cases} \tag{8.1.2b}$$

库仑定律和电力叠加原理是静电学的基本规律,有了它们,原则上可以解决任何带电系统间的相互作用力求解问题.

8.2　电场强度　电场线

库仑定律可以定量计算出真空中两个静止的点电荷之间的相互作用力(库仑力),但没有回答电荷与电荷之间的相互作用力是如何传递的.关于这个问题,历史上曾有两种不同的观点:

(1) **超距作用观点**.认为库仑力的传递不需要任何介质,也不需要任何时间,就能从一个带电体传到非接触的另一个带电体.电力的这种传递模式可以表示为

带电体 A⇔ 带电体 B

(2) **近距作用观点(场观点)**.近代物理学研究表明,任何带电体周围都存在一种特殊的物质,这种特殊的物质被称为电场;电场对处在其中的任何其他带电体都会有力的作用,这种力可以通过库仑定律和电力叠加原理求出,叫作电场力;电场力的传递需要时间.电力的这种传递模式可以表示为

带电体 A⇔ [电场] ⇔ 带电体 B

从某种意义上来讲,电磁学的历史就是这两种观点争论的历史.现代物理学认为,近距作用观点是正确的.

8.2.1　电场强度

"电场"是一个客观存在,是一种特殊形式的物质,看不见摸不着,但可以被感知.为了定量描绘这个新的客体,需要引入新的物理量"电场强度"(用 $\boldsymbol{E}$ 表示).

电场对其中的电荷有作用力的事实,为检测、描绘、比较各种电场提供了依据.参考图 8.4,电量为 Q 的场源电荷(可以是任意形状的带电体,也可以是一个点电荷或由多个点电荷组成的点电荷系)周围存在电场.在该电场中任取一点 P,在 P 点放置一电量为 q_0 的检验电荷,该检验电荷自身的几何限度必须足够小,以至可以用一个几何点标注其位置,电量亦必须足够小,不能影响原电场的分布.根据库仑定律及电力叠加原理,原则上可以求出 Q 对 q_0 的库仑力(电场力)$\boldsymbol{F}$.

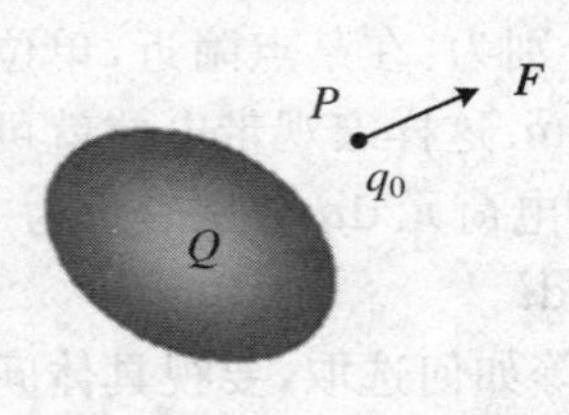

图 8.4　定义电场强度矢量参考图

分析可知,$\boldsymbol{F}$ 除了与场源电荷 Q(量值、正负、分布)及 P 点的位置等因素有关外,还与 q_0 有关.但是 $\boldsymbol{F}$ 与 q_0 的比值却仅与场源电荷 Q 及场点 P 的位置有关.物

理学中把这个比值定义为电场强度：

$$\boldsymbol{E}=\frac{\boldsymbol{F}}{q_0} \tag{8.2.1}$$

式(8.2.1)表明：**电场中任意一点的电场强度等于静止于该点的单位正电荷在该点所受的电场力**.在国际单位制中，场强 $\boldsymbol{E}$ 的单位是 N/C，或者 V/m.相对于观察者静止的电荷在周围空间激发的电场叫"**静电场**".在场源电荷不是静止的情况下，$\boldsymbol{E}$ 不但是空间坐标的函数，而且还可能是时间的函数，即 $\boldsymbol{E}=\boldsymbol{E}(x,y,z,t)$.

需要指出的是：在电荷周围空间引入电场和以后要学习的在电流周围引入磁场，并不是完全为了便于理解电相互作用和磁相互作用，也不能单纯地理解为一种处理问题的方法，而是因为电场和磁场都是客观存在，随时间变化的电磁场（电磁波）甚至会脱离产生它的源（即电荷系统）而独立存在，具有独立存在性，这和电荷对物质的依附性是截然不同的.

例 8.1　求静止于惯性参考系中的点电荷 Q 周围任意一点的电场强度.

解　参考图 8.5，把试探电荷 q_0 放在场中某点 P 处，根据式(8.2.1)及库仑定律，可求得 P 处的电场的场强为

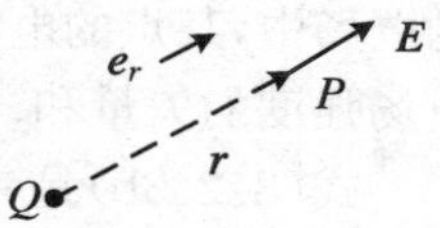

图 8.5　点电荷的电场

$$\boldsymbol{E}=\frac{\boldsymbol{F}}{q_0}=\frac{Q}{4\pi\varepsilon_0 r^2}\boldsymbol{e}_r \tag{8.2.2}$$

此式表明：场强与场源电荷的电量 Q 成正比，与场源电荷到场点的距离平方成反比；同心球面上各点场强大小相等；正点电荷 Q 产生的场强方向背离 Q 所在的几何点，负点电荷 Q 产生的场强方向指向 Q 所在的几何点.

8.2.2　场强叠加原理

参考图 8.6，如果静电场由 $Q_1,Q_2,\cdots,Q_i,\cdots,Q_n$ 组成的点电荷系产生，把试探电荷 q_0 放在场中某点 P 处，则根据式(8.2.1)及"电力叠加原理"，可得 P 点的电场强度为

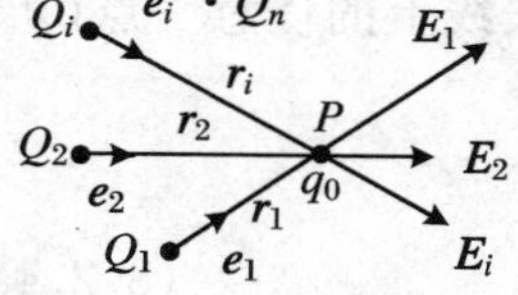

图 8.6　点电荷系的场强

$$\boldsymbol{E}=\frac{\boldsymbol{F}_{合}}{q_0}=\frac{\sum\limits_{i=1}^{n}\boldsymbol{F}_i}{q_0}=\sum_{i=1}^{n}\frac{\boldsymbol{F}_i}{q_0}=\sum_{i=1}^{n}\boldsymbol{E}_i \tag{8.2.3a}$$

式中 $\boldsymbol{E}_i=[Q_i/(4\pi\varepsilon_0 r_i^2)]\boldsymbol{e}_{ri}$，是点电荷 Q_i 单独存在时在 P 点产生的电场强度.

参考图 8.7，当电荷连续分布（如体分布、面分布、线分布），则在计算场中某点的电场强度时，可认为该带电体的电荷是由许多可以被看作点电荷的"电荷元"$\mathrm{d}q$ 组成的.根据式(8.2.2)，任一电荷元 $\mathrm{d}q$ 在场点 P 处产生的场强可表示为 $\mathrm{d}\boldsymbol{E}=[\mathrm{d}q/(4\pi\varepsilon_0 r^2)]\boldsymbol{e}_r$，式中 $\boldsymbol{r}$ 是从"电荷元"$\mathrm{d}q$ 到场点 P 的矢径，而 $\boldsymbol{e}_r$ 则是这一方向

上的"单位矢量".整个带电体在 P 点所产生的总的电场强度可以用积分计算为

$$\boldsymbol{E} = \int_{源} \mathrm{d}\boldsymbol{E} \tag{8.2.3b}$$

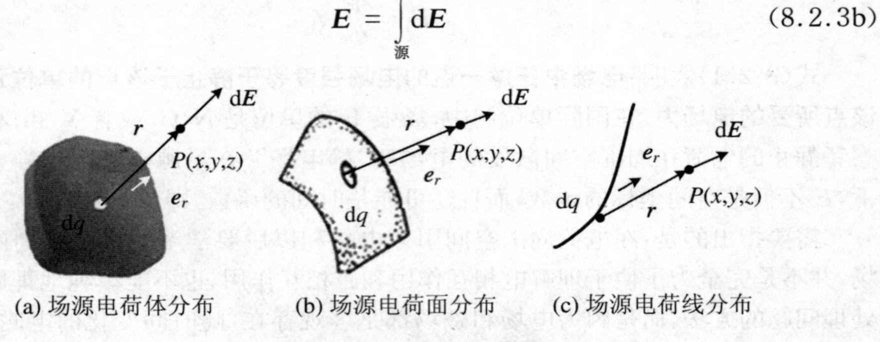

图 8.7　连续分布电荷系统的场强

式(8.2.3a)和式(8.2.3b)表明:在点电荷系(或连续分布的电荷系统)所产生的电场中,某点的电场强度,等于每个点电荷(或电荷元)单独存在时在该点产生的电场强度的矢量和.这个结论叫作"**场强叠加原理**".

式(8.2.3b)是一个矢量积分,在具体计算时常化成标量积分处理.

8.2.3　电场强度计算举例

例 8.2　计算电偶极子轴线的延长线上和中垂面上任意一点的场强.

对于由等量异号的点电荷 $+q$ 和 $-q$ 组成的点电荷系统,当两点电荷之间的距离 l 比问题研究中所涉及的距离小得多时,此点电荷系统就被称为电偶极子(见图 8.8).电偶极子是一个物理模型,描述电偶极子特征的物理量是**电偶极矩**,用 $\boldsymbol{P}_e$ 表示,其定义为 $\boldsymbol{P}_e = q\boldsymbol{l}$,式中 $\boldsymbol{l}$ 表示从负电荷到正电荷的矢量线段,称为**电偶极子的轴**.

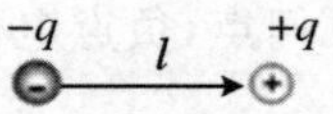

$-q$　l　$+q$

图 8.8　电偶极子模型

解　(1) 参考图 8.9,设 $A(x,0)$ 是电偶极子轴线延长线上的任意一点($x \gg l$),则有

$$\begin{cases} \boldsymbol{E}_+ = \dfrac{1}{4\pi\varepsilon_0}\dfrac{q}{(x-l/2)^2}\boldsymbol{i}, \quad \boldsymbol{E}_- = -\dfrac{1}{4\pi\varepsilon_0}\dfrac{q}{(x+l/2)^2}\boldsymbol{i} \\ \boldsymbol{E}_A = \boldsymbol{E}_+ + \boldsymbol{E}_- = \dfrac{q}{4\pi\varepsilon_0}\left[\dfrac{2xl}{(x^2-l^2/4)^2}\right]\boldsymbol{i} \approx \dfrac{1}{4\pi\varepsilon_0}\dfrac{2lq}{x^3}\boldsymbol{i} = \dfrac{1}{4\pi\varepsilon_0}\dfrac{2\boldsymbol{P}_e}{x^3} \end{cases} \tag{8.2.4a}$$

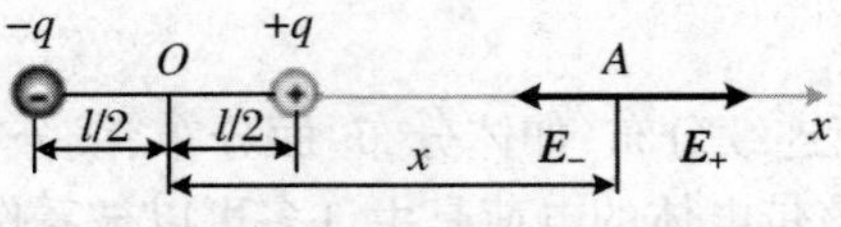

$-q$　O　$+q$　A　$l/2$　$l/2$　x　E_-　E_+　x

图 8.9　电偶极子轴线延长线上的电场强度

x 可理解为电偶极子中心到场点的距离，始终取正值. 可以看出，场强的大小总是正比于 $\boldsymbol{P}_e$ 的大小，反比于 x^3，较点电荷的场衰减得更快，且始终与电偶极矩 $\boldsymbol{P}_e$ 同向.

(2) 参考图 8.10，设 $B(0,y)$ 是电偶极子中垂面上的任意一点 $(y \gg l)$，则有

$$\begin{aligned}\boldsymbol{E}_B &= \boldsymbol{E}_+ + \boldsymbol{E}_- = \frac{q}{4\pi\varepsilon_0 r_+^2}\boldsymbol{e}_+ + \frac{-q}{4\pi\varepsilon_0 r_-^2}\boldsymbol{e}_- \\ &= \frac{q}{4\pi\varepsilon_0 (y^2 + l^2/4)}\left(\frac{\boldsymbol{r}_+}{r_+} - \frac{\boldsymbol{r}_-}{r_-}\right) \\ &= \frac{q}{4\pi\varepsilon_0 (y^2 + l^2/4)^{\frac{3}{2}}}(\boldsymbol{r}_+ - \boldsymbol{r}_-) \\ &= \frac{q}{4\pi\varepsilon_0 y^3}(-\boldsymbol{l}) = \frac{-\boldsymbol{P}_e}{4\pi\varepsilon_0 y^3} \qquad (8.2.4b)\end{aligned}$$

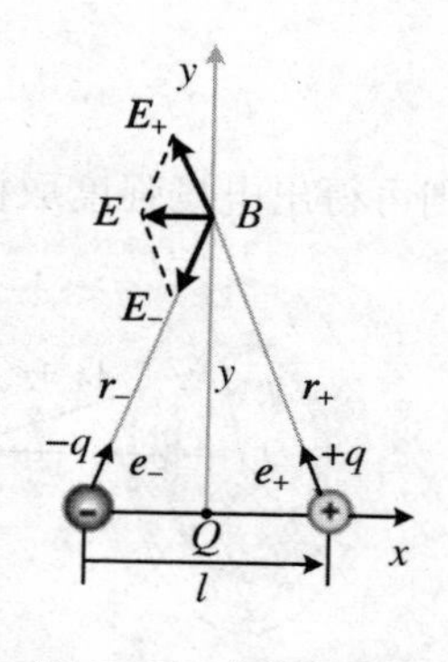

图 8.10　电偶极子中垂面上的电场强度

同样，y 可理解为电偶极子中心到场点的距离，始终取正. 场强的大小正比于 $\boldsymbol{P}_e$ 的大小，反比于 y^3，较点电荷的场衰减得更快，且始终与 $\boldsymbol{P}_e$ 反向.

例 8.3　设电量 q 均匀分布在半径为 R 的圆环上(见图 8.11(a))，试计算通过环心点 O 并垂直圆环平面的轴线上任一点 P 处的电场强度.

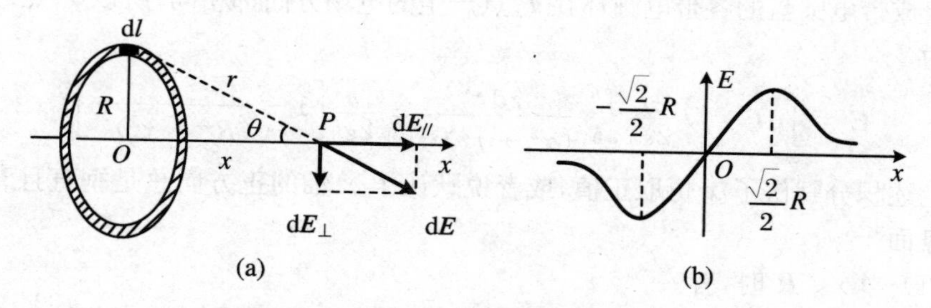

图 8.11　均匀带电圆环轴线上的电场

解　如图 8.11(a)所示建立坐标系，在圆环上取线元 $\mathrm{d}l$，其带电为 $\mathrm{d}q = q\mathrm{d}l/(2\pi R)$. $\mathrm{d}q$ 在 $P(x,0)$ 点激发的电场强度为 $\mathrm{d}\boldsymbol{E} = [\mathrm{d}q/(4\pi\varepsilon_0 r^2)]\boldsymbol{e}_r$，$\boldsymbol{e}_r$ 是从电荷元指向场点 P 的单位矢量. 设 $\mathrm{d}\boldsymbol{E}$ 沿垂直于轴线和平行于轴线两个方向的分量分别为 $\mathrm{d}E_\perp$ 和 $\mathrm{d}E_{/\!/}$，根据对称性，圆环上所有电荷的 $\mathrm{d}E_\perp$ 分量的矢量叠加为零，因而 $P(x,0)$ 点的场强只有沿轴向的分量. 即有

$$\boldsymbol{E} = \oint_{源}\mathrm{d}E_{/\!/}\,\boldsymbol{i} = \oint_{源}\mathrm{d}E\cos\theta\cdot\boldsymbol{i} = \frac{\cos\theta}{4\pi\varepsilon_0 r^2}\oint_{源}\mathrm{d}q\boldsymbol{i} = \frac{qx}{4\pi\varepsilon_0 (x^2 + R^2)^{\frac{3}{2}}}\boldsymbol{i} \qquad (8.2.5)$$

分析本例的结论可知，当 $q>0$ 时，轴线上的电场强度在圆环两侧均从环心指向外；当 $q<0$ 时，轴线上的电场强度在圆环两侧均指向环心. 当 $x \gg R$ 时，

$(x^2+R^2)^{\frac{3}{2}} \approx x^3$，则 $\boldsymbol{E}$ 的大小为 $E = q/(4\pi\varepsilon_0 x^2)$，说明远离环心处环产生的电场相当于一个点电荷 q 产生的电场，同时也可以进一步理解点电荷模型的使用条件.如果令

$$\frac{\mathrm{d}E}{\mathrm{d}x} = \frac{\mathrm{d}}{\mathrm{d}x}\left[\frac{1}{4\pi\varepsilon_0}\frac{qx}{(x^2+R^2)^{3/2}}\right] = 0$$

则可得出电场强度取极值的位置为 $x = \pm\sqrt{2}R/2$(见图 8.11(b)).

例 8.4　试计算均匀带电圆盘轴线上与盘心相距 x 的任意一点 P 处的场强(见图 8.12)，设盘的半径为 R，电荷面密度为 $\sigma(\sigma>0)$.

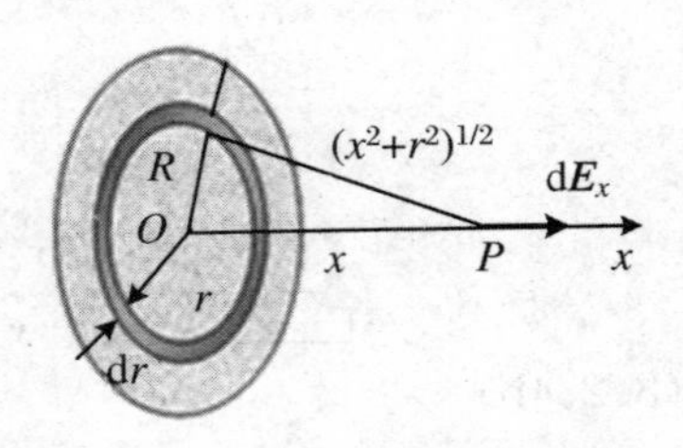

图 8.12　均匀带电圆盘轴线上的电场

解　带电圆盘可以看作由许多同心的带电圆环组成.在半径 $r \to r+\mathrm{d}r$ 间取一圆环，该圆环带电 $\mathrm{d}q = 2\pi r\mathrm{d}r \cdot \sigma$，根据带电圆环轴线上任意一点处电场强度的计算结果式(8.2.5)，可知该圆环上的电荷在 P 点产生的电场强度沿轴线方向，且大小为

$$\mathrm{d}\boldsymbol{E} = \frac{\mathrm{d}q \cdot x}{4\pi\varepsilon_0\,(x^2+r^2)^{\frac{3}{2}}}\boldsymbol{i} = \frac{2\pi r\mathrm{d}r \cdot \sigma \cdot x}{4\pi\varepsilon_0\,(x^2+r^2)^{\frac{3}{2}}}\boldsymbol{i} = \frac{\sigma \cdot x}{2\varepsilon_0} \cdot \frac{r\mathrm{d}r}{(x^2+r^2)^{\frac{3}{2}}}\boldsymbol{i}$$

由于组成带电圆盘的各带电圆环在 P 点产生的电场方向都相同，所以 P 点的电场强度为

$$\boldsymbol{E} = \int_{源}\mathrm{d}\boldsymbol{E} = \boldsymbol{i}\,\frac{\sigma x}{2\varepsilon_0}\int_0^R \frac{r\mathrm{d}r}{(x^2+r^2)^{\frac{3}{2}}} = \frac{\sigma}{2\varepsilon_0}\left[1 - \frac{x}{(R^2+x^2)^{\frac{1}{2}}}\right]\boldsymbol{i} \tag{8.2.6a}$$

上述积分默认了 x 恒取正值，或者说默认了 x 轴的正方向总是垂直且背离带电圆盘面.

(1) 当 $x \ll R$ 时，有

$$\boldsymbol{E} = \frac{\sigma}{2\varepsilon_0}\boldsymbol{i}\quad\left(\text{或表示为 } \boldsymbol{E} = \frac{\sigma}{2\varepsilon_0}\boldsymbol{e}_n\right) \tag{8.2.6b}$$

$\boldsymbol{e}_n$ 表示背离带电平面的单位法矢量.当 $x \ll R$ 时，相当于将该带电圆盘看作“无限大”带电平面，因此可以说无限大均匀带电平面附近，电场是一个均匀场(与 x 无关)，场强由式(8.2.6b)给出.依据场强叠加原理，我们还可以进一步得到电荷密度分别为 $\pm\sigma(\sigma>0)$ 的两个平行的无限大均匀带电板所产生的电场:在两板的外侧，电场强度为零;在两板之间，电场强度的方向与板面垂直，且由带正电的平板指向带负电的平板，大小为

$$E = \frac{\sigma}{\varepsilon_0} \tag{8.2.6c}$$

(2) 当 $x \gg R$ 时，利用级数展开公式

$$(1+\alpha)^n = 1 + n\alpha + \frac{n(n-1)}{2!}\alpha^2 + \cdots + \frac{n(n-1)\cdots[n-(K-1)]}{K!}\alpha^K + \cdots$$

把式(8.2.6a)括号中的第二项展开,得

$$\frac{x}{(R^2+x^2)^{\frac{1}{2}}}=\frac{1}{\left[1+\left(\frac{R}{x}\right)^2\right]^{\frac{1}{2}}}=\left[1+\left(\frac{R}{x}\right)^2\right]^{-\frac{1}{2}}$$

$$=1+\left(-\frac{1}{2}\right)\left(\frac{R}{x}\right)^2+\cdots\approx 1-\frac{R^2}{2x^2}$$

故有 $\boldsymbol{E}\approx[\pi R^2\sigma/(4\pi\varepsilon_0 x^2)]\boldsymbol{i}=[q/(4\pi\varepsilon_0 x^2)]\boldsymbol{i}$,这一结果表明,在远离带电圆面处的电场也相当于一个点电荷的电场.

8.2.4　电场线

描述电场最精确的方法,是给出电场强度 $\boldsymbol{E}(x,y,z)$ 的函数表达式,这种描述方法虽然精确但不够直观.为了从总体上形象直观地描述电场在空间的分布,我们可在电场中画出一系列假想的平滑曲线,使曲线上每一点的切线方向沿着该点的电场强度 $\boldsymbol{E}$ 的方向,这些曲线被称为**电场线**.

如图 8.13 所示,为了使电场线不仅能够描述场强的方向,又能够描述场强的大小,在画电场线时,可使电场中任意一点**电场线的密度**(即电场中某点附近与电场线垂直的单位面积上电场线的条数)与该点的电场强度大小成正比,即

$$E=K\frac{\mathrm{d}N}{\mathrm{d}S_{\perp}}\tag{8.2.7}$$

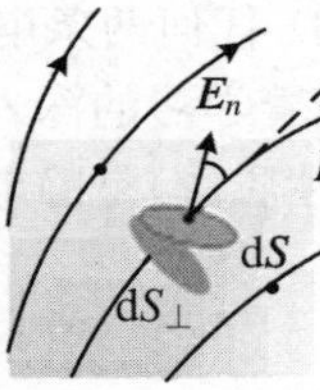

图 8.13　电场线

式中,$\mathrm{d}S_{\perp}$ 是场中某点处的矢量面元 $\mathrm{d}\boldsymbol{S}$ 在垂直于该点电场强度 $\boldsymbol{E}$ 方向上的投影;$\mathrm{d}N$ 表示通过 $\mathrm{d}S_{\perp}$ 因而也是通过矢量面元 $\mathrm{d}\boldsymbol{S}$ 的电场线的条数;K 为比例系数,常为 1.

这样画出的电场线既可表示某点电场强度的方向,又可直观地表示该点电场强度的大小.在同一电场中,电场线密度大的地方,电场强度数值就大;电场线密度小的地方,电场强度数值就小.

根据电场线的画法规定,结合式(8.2.2)、式(8.2.6b),可以画出点电荷、无限大均匀带电平面周围电场的电场线如图 8.14 所示.

点电荷电场的电场线(图 8.14(a))具备的特性:在以点电荷所在点为球心的同心球面上,各点电场线密度(电场强度的大小)相等;电场强度方向或者沿球心外指(当 $q>0$ 时),或者指向球心(当 $q<0$ 时).电场的这种分布特性叫"**球对称性**".具备这种电场线分布特征的还有均匀带电球面、均匀带电球体、分层均匀带电球体等产生的电场.

无限大均匀带电平面两边电场的电场线(图 8.14(b))具备的特性:在无限大均匀带电平面两边等距离的平行平面上,各点电场线密度(电场强度的大小)相等,场强方向相反.电场的这种分布特性叫"**平面对称性**".

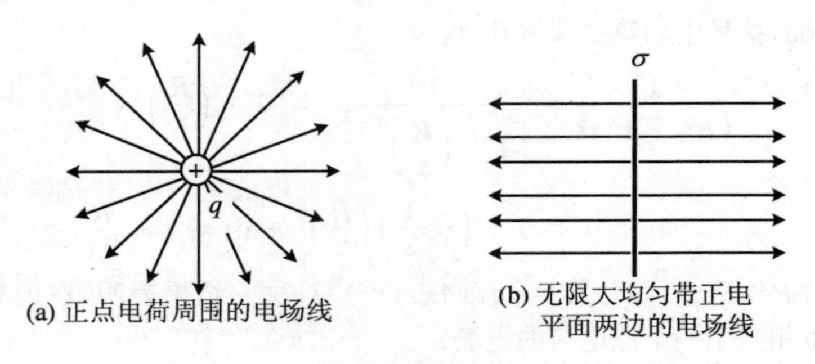

(a) 正点电荷周围的电场线　　(b) 无限大均匀带正电平面两边的电场线

图 8.14　几种带电体周围的电场线

需要指出的是，电场线是为了形象化描述电场而引入的假想的曲线，它不表示场中的什么物质，更不是一个正电荷在电场中的运动轨迹.

静电场的电场线具有以下性质：

(1) 静电场的电场线发自正电荷(或无穷远)，终止于负电荷(或无穷远)，在没有电荷的地方不中断.

(2) 静电场的电场线不构成闭合曲线.

(3) 任何两条电场线不会相交.

随着学习的深入，读者可逐步了解到：性质(1)是静电场的高斯定理的形象化体现；性质(2)是静电场的环路定理的形象化体现.

8.3　静电场的高斯定理

静电场的电场线从总体上直观地描绘了静电场的空间分布，性质(1)告诉我们该矢量场的场线从某一源头发出或终止于某一处，即有头有尾，这在物理上称为静电场"有源"；性质(2)告诉我们静电场的电场线不闭合，这在物理上称为静电场"无旋".随着学习的深入，会发现其他矢量场的场线与静电场不尽相同，如磁场、感生电场等的场线与静电场的电场线性质就不相同，它们的场线不会从某一处出发或终止于某一处，而是闭合的，均是"无源有旋场".

如何定量地描述矢量场的这些性质，或者说如何定量地表示矢量场是否有源或是否有旋呢？本节我们以静电场为例，先引入"通量"概念，给出"静电场的高斯定理"，以定量解决静电场的"有源"问题；下节将引入"环量"概念，给出"静电场的环路定理"，定量解决静电场的"无旋"问题.为以后学习其他矢量场打下理论基础.

8.3.1 电通量

为了导出“静电场的高斯定理”，我们先引入“电通量”（或叫“$\boldsymbol{E}$ 通量”）的概念.参考图 8.15，S 表示静电场中某一个曲面，$\mathrm{d}\boldsymbol{S}=\mathrm{d}S\boldsymbol{e}_n$ 是该曲面上的一个矢量面元，该矢量面元所在处的电场强度为 $\boldsymbol{E}$，矢量面元的单位法矢量 $\boldsymbol{e}_n$ 与 $\boldsymbol{E}$ 的夹角为 θ，通过此矢量面元 $\mathrm{d}\boldsymbol{S}$ 的电场线条数就定义为通过这一矢量面元的“电通量”，用 $\mathrm{d}\Phi_E$ 表示.

为了计算这一电通量，我们考虑矢量面元 $\mathrm{d}\boldsymbol{S}$ 在垂直于场强方向上的投影 $\mathrm{d}S_\perp=\mathrm{d}S\cos\theta$. 显然，通过 $\mathrm{d}\boldsymbol{S}$ 和 $\mathrm{d}S_\perp$ 的电场线条数是一样的，为此结合式(8.2.7)，有

$$\mathrm{d}\Phi_E=\mathrm{d}N=E\mathrm{d}S_\perp=E\mathrm{d}S\cos\theta=\boldsymbol{E}\cdot\mathrm{d}\boldsymbol{S} \tag{8.3.1a}$$

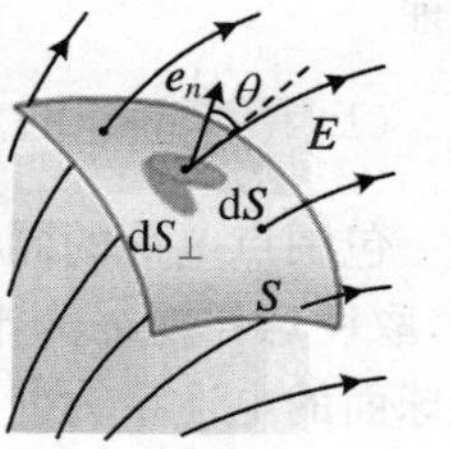

图 8.15　矢量面元和任意曲面上的电通量

显然，$\mathrm{d}\Phi_E$ 是代数量. 当 $0\leqslant\theta<\pi/2$ 时为正，当 $\pi/2<\theta\leqslant\pi$ 时为负.

对于静电场中的任意曲面 S，通过 S 曲面的电场线条数同样定义为通过该曲面的电通量，用 Φ_E 表示. 为了求出 Φ_E，可将曲面分成许多小矢量面元 $\mathrm{d}\boldsymbol{S}$，先计算通过该矢量面元上的电通量，然后将整个曲面 S 上的所有矢量面元上的电通量相加，用数学式表达就是

$$\Phi_E=\iint_S\mathrm{d}\Phi_E=\iint_S\boldsymbol{E}\cdot\mathrm{d}\boldsymbol{S} \tag{8.3.1b}$$

这样的积分在数学上叫面积分，积分号下的 S 表示积分遍及整个曲面.

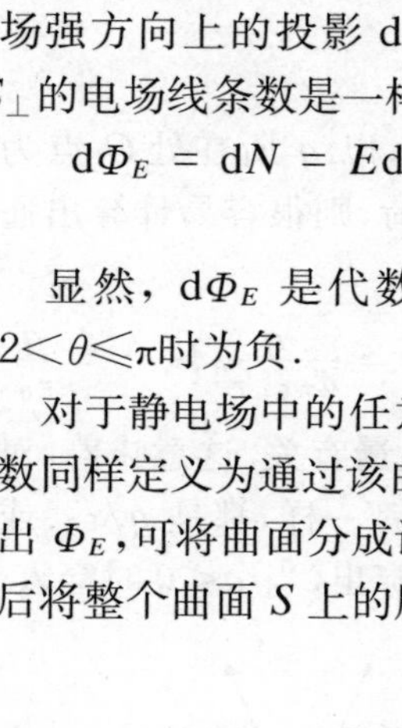

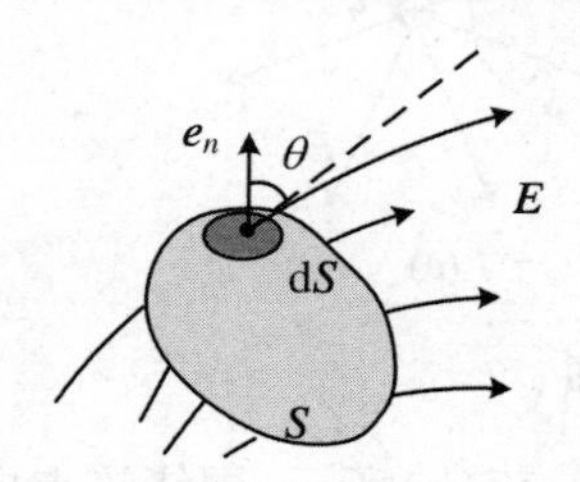

图 8.16　闭合曲面 S 上的电通量

如果曲面 S 闭合（参考图 8.16），则这个闭合曲面上的电通量可表示为

$$\Phi_E=\oiint_S\boldsymbol{E}\cdot\mathrm{d}\boldsymbol{S} \tag{8.3.1c}$$

式中符号“$\oiint_S$”表示对整个闭合曲面积分.

关于“电通量”概念，在运用时应注意以下两点：

(1) 在静电场中，只能谈及某矢量面元、某曲面或某闭合曲面的“电通量”，不能谈及某点的“电通量”.

(2) 对于静电场中不闭合的任意曲面 S，面上各处面元的法向单位矢量的正方向可以任意取这一侧或另一侧（参考图 8.15），因而计算出的电通量可正可负. 在涉及某曲面的通量求解时，要事先确定曲面上面元的法向单位矢量的正方向. 对于闭合曲面，由于它使整个空间划分成内、外两部分（参考图 8.16），所以一般约定自内向外的方向为各处面元法向的正方向. 因此当电场线从内部穿出时，$0\leqslant\theta<\pi/2$，$\mathrm{d}\Phi_E$ 为正；当电场线由外面穿入时，$\pi/2\leqslant\theta\leqslant\pi$，$\mathrm{d}\Phi_E$ 为负. 因而式(8.3.1c)中表示

的整个闭合曲面的电通量 Φ_E 就等于穿出与穿入该闭合曲面的电场线的条数之差，亦即净穿出闭合曲面的电场线总条数.

8.3.2 静电场的高斯定理

静电场的高斯定理给出了通过任意一封闭曲面 S 的"$\boldsymbol{E}$ 通量"与封闭曲面内所包围的电荷之间的关系(并非场强本身与场源电荷间的直接联系)，是电磁场理论的基本方程之一. 下面我们采用从特殊到一般的思维模式来阐述静电场的高斯定理.

(1) 一个静止的点电荷 q 激发的电场中，$\oint\!\!\!\oint_S \boldsymbol{E}\cdot \mathrm{d}\boldsymbol{S} = ?$

包围点电荷的同心球面上的电通量：参考图 8.17(a)，以 q 所在处 O 点为中心，取任意长度 r 为半径，作一同心球面 S 包围这个点电荷，则很容易计算出通过这球面的电通量为

$$\Phi_E = \oint\!\!\!\oint_S \boldsymbol{E}\cdot \mathrm{d}\boldsymbol{S} = \oint\!\!\!\oint_S \frac{q}{4\pi\varepsilon_0 r^2}\boldsymbol{e}_r \cdot \mathrm{d}S\boldsymbol{e}_n = \frac{q}{4\pi\varepsilon_0 r^2}\oint\!\!\!\oint_S \mathrm{d}S = \frac{q}{4\pi\varepsilon_0 r^2}4\pi r^2 = \frac{q}{\varepsilon_0}$$

此结果与球面半径 r 无关，只与它所**包围的电荷的电量**有关. 这意味着，对于以点电荷 q 为中心的任意球面来讲，通过它们的"电通量"都一样，都是 q/ε_0. 或者说穿过该同心球面的电场线的条数为 $|q|/\varepsilon_0$. 当 $q>0$ 时穿出，当 $q<0$ 时穿入.

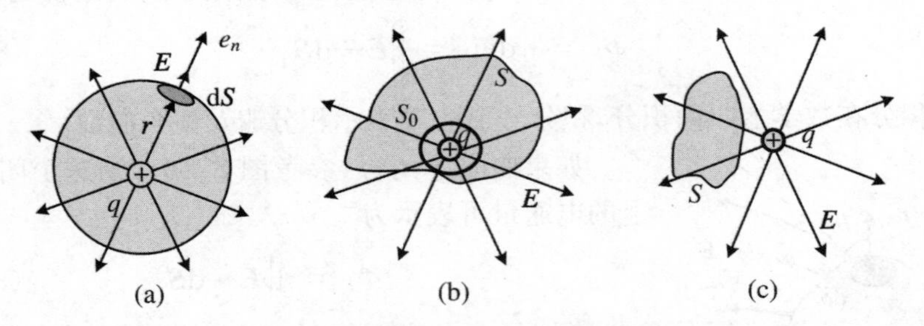

图 8.17 说明静电场的高斯定理用图

包围点电荷 q 的任意闭合曲面 S 上的电通量：如图 8.17(b)所示，围绕该点电荷作一同心球面 S_0，根据图 8.17(a)得出的结论，可知穿过 S_0 的电场线的条数应为 $|q|/\varepsilon_0$. 由于静电场的电场线在无电荷的地方不中断，因此穿过 S 的电场线的条数与穿过 S_0 的电场线的条数相等. 即对于包围点电荷 q 的任意闭合曲面 S，通过它的电通量都是 q/ε_0：

$$\Phi_E = \oint\!\!\!\oint_S \boldsymbol{E}\cdot \mathrm{d}\boldsymbol{S} = \frac{q}{\varepsilon_0}$$

不包围点电荷 q 的任意闭合曲面 S 上的电通量：如图 8.17(c)所示，由电场线的连续性可知，由这一侧进入 S 的电场线数一定等于从另一侧穿出 S 的电场线数，

所以净穿出闭合曲面 S 的电场线总数为零，故这种情况下任意闭合曲面 S 上的电通量为零，即

$$\Phi_E = \oiint_S \boldsymbol{E} \cdot \mathrm{d}\boldsymbol{S} = 0$$

(2) 由 $q_1, q_2, \cdots, q_i, \cdots, q_n$ 等 n 个点电荷组成的点电荷系激发的电场中，$\oiint_S \boldsymbol{E} \cdot \mathrm{d}\boldsymbol{S} = ?$

如图8.18所示，根据电场强度的叠加原理可知：在由 $q_1, q_2, \cdots, q_i, \cdots, q_n$ 等 n 个点电荷组成的点电荷系中，任意一点的电场强度 $\boldsymbol{E} = \sum_{i=1}^{n} \boldsymbol{E}_i$，其中 $\boldsymbol{E}_i$ 为第 i 个点电荷单独存在时在该点产生的电场的场强. 为此通过任意一闭合曲面 S 的电通量为

$$\Phi_E = \oiint_S \boldsymbol{E} \cdot \mathrm{d}\boldsymbol{S} = \sum_{i=1}^{n} \oiint_S \boldsymbol{E}_i \cdot \mathrm{d}\boldsymbol{S} = \sum_{i=1}^{n} \Phi_{Ei}$$

其中，Φ_{Ei} 为第 i 个点电荷单独存在时在闭合曲面 S 上的"$\boldsymbol{E}$ 通量". 因为当第 i 个点电荷在闭合曲面 S 内时，$\Phi_{Ei} = q_i / \varepsilon_0$，当第 i 个点电荷在闭合曲面 S 外时，$\Phi_{Ei} = 0$（注意：由于采用的是"面模型"，所以不讨论在面上存在点电荷的情况），所以任意一闭合曲面 S 上的电通量可写成

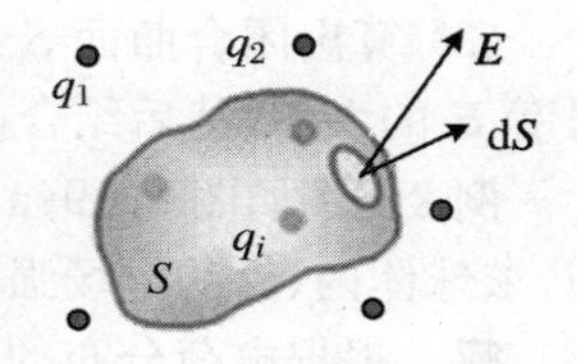

图8.18　说明静电场的高斯定理用图

$$\Phi_E = \oiint_S \boldsymbol{E} \cdot \mathrm{d}\boldsymbol{S} = \sum_{i=1}^{n} \Phi_{Ei} = \frac{q_{\mathrm{int}}}{\varepsilon_0}$$

式中 q_{int} 表示闭合曲面内电荷量的代数和.

(3) 由于任何带电体都可以被看作点电荷的集合，所以在任何带电体系所产生的静电场中，对于任意一闭合曲面 S，$\oiint_S \boldsymbol{E} \cdot \mathrm{d}\boldsymbol{S} = q_{\mathrm{int}} / \varepsilon_0$ 均成立.

综上所述：在静电场中，通过任意封闭曲面的电通量，等于该封闭曲面内所包围电荷电量代数和的 $1/\varepsilon_0$ 倍，与闭合曲面外的电荷无关. 这个结论叫**静电场的高斯定理**，其数学表达式为

$$\oiint_S \boldsymbol{E} \cdot \mathrm{d}\boldsymbol{S} = \frac{q_{\mathrm{int}}}{\varepsilon_0} \tag{8.3.2}$$

对于静电场的高斯定理的理解，应注意以下几点：(1) 高斯面为封闭曲面. 在高斯定理表达式(8.3.2)式中，左边积分号内的 $\mathrm{d}\boldsymbol{S}$ 是闭合曲面上某点附近的矢量面元，$\boldsymbol{E}$ 是该点的电场强度，它是由全部电荷（包括面内、面外的电荷）共同产生的合场强，并非只由封闭面内的电荷产生. (2) 通过高斯面的电通量有正、负之分，其正、负只取决于封闭曲面所包围的总的电荷量 q_{int}，封闭面外的电荷对这一总电通量无贡献. (3) 静电场的高斯定理说明静电场为有源场.

8.3.3 高斯定理应用举例

高斯定理给出了场与产生电场的源电荷之间的联系，但并没有给出场与源之间的直接关系，因此一般情况下，已知电荷分布并不能直接用高斯定理求出场的分布.但当电荷分布具有某种高度对称性，从而使得场也具有某种对称性(如球对称性、轴对称性或面对称性)时，可用高斯定理求出这种电荷系统的电场分布，而且这种方法在数学上比库仑定律简便得多.应用高斯定理求场强一般包含以下三步：

(1) 根据电荷分布的对称性，分析电场分布的对称性，同时确定各点场强的方向，从而判断能否用高斯定理求解.

(2) 作一个通过场点的合适的高斯面 S，以便使式(8.3.2)左边积分中的 $\boldsymbol{E}$ 能以标量的形式从积分号中提出来.高斯面应取规则形状，如球对称问题应取过场点的同心球面，轴对称问题应取过场点的同轴圆柱面，面对称问题应取过场点且母线与带电平面垂直并关于带电平面对称的柱面.

(3) 算出闭合曲面 S 所包围的电量的代数和 q_{int}，应用高斯定理求出场点电场强度 $\boldsymbol{E}$ 的大小，然后结合前述对称性分析，综合写出电场强度 $\boldsymbol{E}$ 的矢量表达式.

例 8.6 如图 8.19(a)所示，已知半径为 R 的球体内，电量为 Q 的电荷均匀分布，求球体内、外的电场强度.

解 根据电荷分布的球对称性，可知空间的电场分布呈**球对称性**.

过球外任意一点 P，作半径为 $r(r\geqslant R)$的同心球面 S，根据高斯定理可求出球外场强的大小为

$$\oiint_S \boldsymbol{E}\cdot \mathrm{d}\boldsymbol{S}=\frac{q_{\text{int}}}{\varepsilon_0},\quad \oiint_S E\mathrm{d}S\cos 0^\circ=\frac{Q}{\varepsilon_0},\quad E\oiint_S \mathrm{d}S=\frac{Q}{\varepsilon_0},\quad 4\pi r^2E=\frac{Q}{\varepsilon_0}$$

$$E=\frac{Q}{4\pi\varepsilon_0 r^2}\quad (r\geqslant R)$$

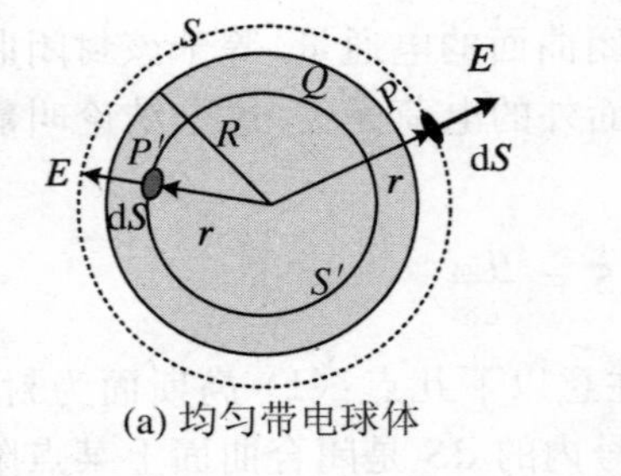

(a) 均匀带电球体

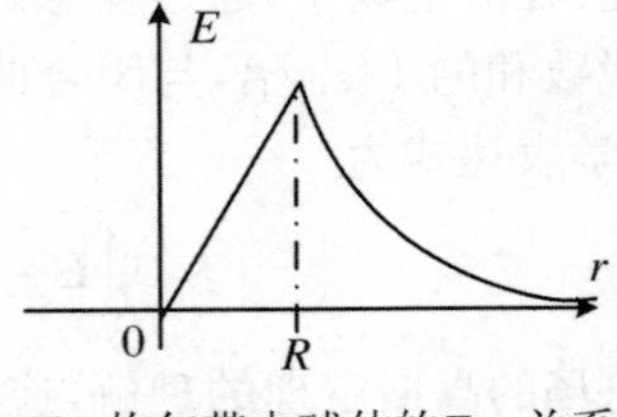

(b) 均匀带电球体的E-r关系

图 8.19 例 8.6 用图

过球内任意一点 P'，作半径为 $r(r\leqslant R)$的同心球面 S'，根据高斯定理可求出球内场强的大小为

$$\oiint_S \boldsymbol{E}\cdot \mathrm{d}\boldsymbol{S} = \frac{q_{\text{int}}}{\varepsilon_0},\quad 4\pi r^2 E = \frac{1}{\varepsilon_0}\frac{4}{3}\pi r^3 \frac{Q}{4\pi R^3/3}$$

$$E = \frac{Q}{4\pi\varepsilon_0 R^3} r \quad (r \leqslant R)$$

结合对称性分析的结果,可得均匀带电球体内、外的场强的矢量表达式为

$$\boldsymbol{E} = \begin{cases} \dfrac{Q}{4\pi\varepsilon_0 r^2}\boldsymbol{e}_r & (r \geqslant R) \\ \dfrac{Q}{4\pi\varepsilon_0 R^3}\boldsymbol{r} & (r \leqslant R) \end{cases} \tag{8.3.3}$$

式中 $\boldsymbol{e}_r$ 是径向单位矢量.图 8.19(b)给出了均匀带电球体的 $E-r$ 曲线,可以看到在球体表面(即 $r=R$ 处)场强值是连续的.

把 $Q=(4\pi R^3/3)\rho$ 代入到均匀带电球体的电场结论式(8.3.3)中,可以得到用电荷体密度 ρ 表示的结果:

$$\boldsymbol{E} = \begin{cases} \dfrac{\rho}{3\varepsilon_0}\dfrac{R^3}{r^2}\boldsymbol{e}_r & (r \geqslant R) \\ \dfrac{\rho}{3\varepsilon_0}\boldsymbol{r} & (r \leqslant R) \end{cases} \tag{8.3.4}$$

如果总电量为 Q 的电荷,均匀分布在半径为 R 的球面上,则利用同样的方法,可以求出该均匀带电球面内、外的场强为

$$\boldsymbol{E} = \begin{cases} \dfrac{Q}{4\pi\varepsilon_0 r^2}\boldsymbol{e}_r & (r > R) \\ \boldsymbol{0} & (r < R) \end{cases} \tag{8.3.5}$$

图 8.20 给出了均匀带电球面的 $E-r$ 曲线,可以看到在球面上($r=R$ 处)场强是不连续的.

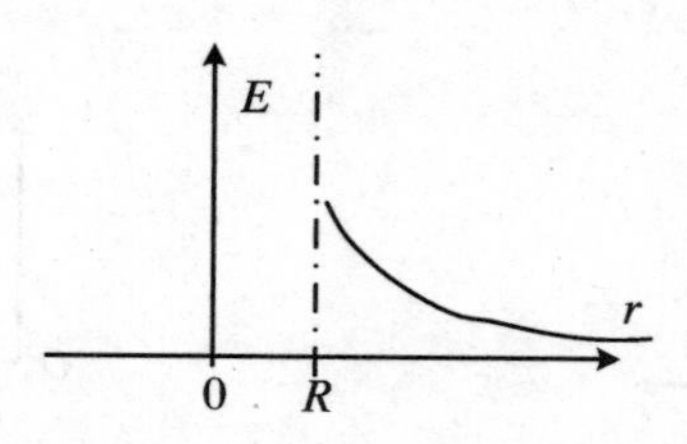

图 8.20　均匀带电球面的 $E-r$ 关系

例 8.7　如图 8.21 所示,线密度为 λ 的电荷均匀分布在无限长的细直导线上,求空间的电场强度.

解　分析可知,在以带电直线为轴线的同轴圆柱面上,各点的电场强度的大小相等,方向沿径向.电场的这种分布特性叫“**轴对称性**”.具备这种电场线分布特征的还有由无限长均匀带电圆柱面、无限长均匀带电圆柱体、无限长均匀带电同轴圆柱面等产生的电场.

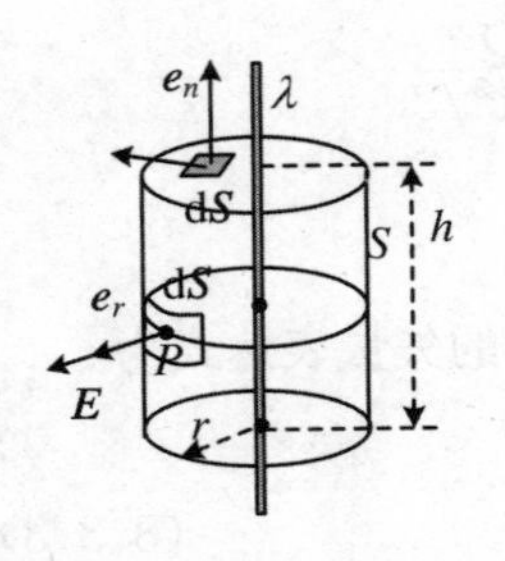

图 8.21 例 8.7 用图

参考图 8.21，过带电导线外任意一点 P，作底面半径为 r、高为 h 的同轴圆柱面 S，根据高斯定理 $\oiint_S \boldsymbol{E}\cdot \mathrm{d}\boldsymbol{S} = q_{\text{int}}/\varepsilon_0$，可得

$$\iint_{S_{\text{上、下底面}}} \boldsymbol{E}\cdot \mathrm{d}\boldsymbol{S} + \iint_{S_{\text{侧面}}} \boldsymbol{E}\cdot \mathrm{d}\boldsymbol{S} = \frac{h\lambda}{\varepsilon_0}$$

$$2\pi r h E = \frac{\pi R^2 h\rho}{\varepsilon_0},\quad E = \frac{\lambda}{2\pi\varepsilon_0 r}$$

写成矢量式为

$$\boldsymbol{E} = \frac{\lambda}{2\pi\varepsilon_0 r}\boldsymbol{e}_r \tag{8.3.6}$$

同样，利用静电场的高斯定理可求出：当电荷以体密度 ρ（或用电荷线密度 λ 表示电荷分布，且 $\lambda = \pi R^2\rho$）均匀分布在半径为 R 的无限长圆柱体内时，柱体内、外的场强分布为

$$\boldsymbol{E} = \begin{cases} \dfrac{\rho}{2\varepsilon_0}\dfrac{R^2}{r}\boldsymbol{e}_r & (r \geqslant R) \\ \dfrac{\rho}{2\varepsilon_0}\boldsymbol{r} & (r \leqslant R) \end{cases} \tag{8.3.7a}$$

采用电荷线密度 λ 时，式(8.3.7a)可表示为

$$\boldsymbol{E} = \begin{cases} \dfrac{\lambda}{2\pi\varepsilon_0 r}\boldsymbol{e}_r & (r \geqslant R) \\ \dfrac{\lambda}{2\pi\varepsilon_0 R^2}\boldsymbol{r} & (r \leqslant R) \end{cases} \tag{8.3.7b}$$

图 8.22 给出了均匀带电圆柱体内、外的 $E-r$ 曲线，显然在柱面上（$r=R$ 处）场强是连续的.

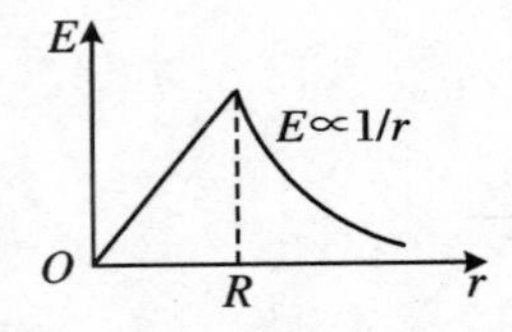

图 8.22 无限长均匀带电圆柱体的 $E-r$ 关系

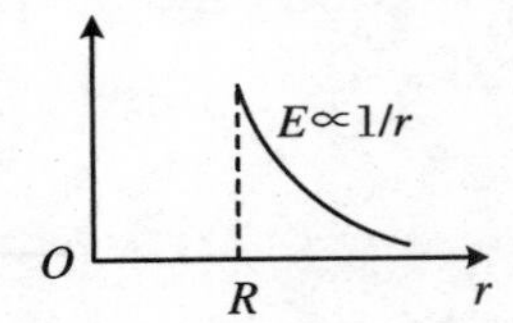

图 8.23 无限长均匀带电圆柱面的 $E-r$ 关系

如果电荷以线密度 λ 均匀分布在半径为 R 的无限长圆柱面上，则同样利用静电场的高斯定理可求出圆柱面内、外的场强分别为

$$\boldsymbol{E} = \begin{cases} \dfrac{\lambda}{2\pi\varepsilon_0 r}\boldsymbol{e}_r & (r > R) \\ \boldsymbol{0} & (r < R) \end{cases} \tag{8.3.8}$$

图 8.23 给出了均匀带电圆柱面内、外的 $E-r$ 曲线，显然在柱面上（$r=R$ 处）

场强是不连续的.

例 8.8　如图8.24所示,面密度为 σ 的电荷均匀分布在一个"无限大"的平面上,求它所激发的场强.

解　分析可知,空间的电场呈**平面对称性**.考虑距离带电平面为 r 的 P 点的场强 $\boldsymbol{E}$.选取一个底面过场点 P、轴线垂直于带电平面、两边关于带电平面对称的柱状封闭面 S 作为高斯面.

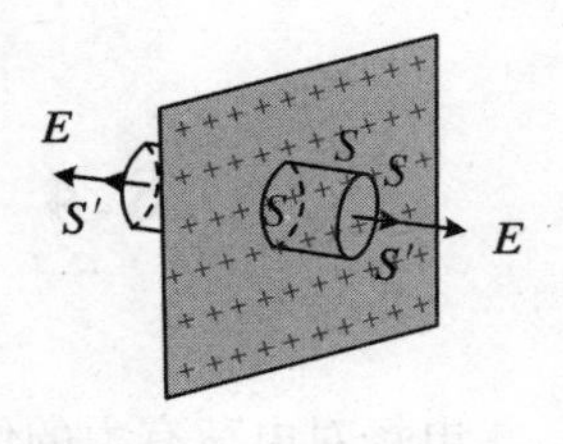

图 8.24　例 8.8 用图

分析可知柱状封闭面 S 的侧面上某点附近的矢量面元 $\mathrm{d}\boldsymbol{S}$ 的法向与该点的 $\boldsymbol{E}$ 垂直,S 的两底面上某点附近的矢量面元 $\mathrm{d}\boldsymbol{S}$ 的法向与该点的 $\boldsymbol{E}$ 平行,且两底面上电场强度大小相等方向相反.运用高斯定理 $\oint\!\!\oint_S \boldsymbol{E}\cdot\mathrm{d}\boldsymbol{S} = q_{\text{int}}/\varepsilon_0$,可得

$$\iint_{S_{侧}}\boldsymbol{E}\cdot\mathrm{d}\boldsymbol{S} + \iint_{S_{上底面}}\boldsymbol{E}\cdot\mathrm{d}\boldsymbol{S} + \iint_{S_{下底面}}\boldsymbol{E}\cdot\mathrm{d}\boldsymbol{S} = \frac{\sigma\Delta S}{\varepsilon_0}$$

$$2E\Delta S = \frac{\sigma\Delta S}{\varepsilon_0},\quad E = \frac{\sigma}{2\varepsilon_0}$$

用 $\boldsymbol{e}_n$ 表示背离带电平面的单位矢量,写成矢量式为

$$\boldsymbol{E} = \frac{\sigma}{2\varepsilon_0}\boldsymbol{e}_n \tag{8.3.9}$$

此结果和式(8.2.6b)相同,说明无限大均匀带电平面两侧的电场各自是均匀的,且方向相反.

上面各例中的带电体的电荷分布都具有某种对称性,利用高斯定理计算这类带电问题的场强分布是很方便的.不具有特定对称性的电荷分布,其电场不能直接利用高斯定理求出.当然这绝不是说高斯定理对这些电荷不成立.对某些带电体系来说,如果其中每个带电体上的电荷分布都具有对称性,那么可以利用高斯定理求出每个带电体的电场,然后再应用场强叠加原理求出整个带电体系的总电场分布.例如电荷面密度分别为 $+\sigma_0$ 和 $-\sigma_0$ 的两个平行的无限大带电平面所组成的带电系统,空间的电场分布就不再具有前面几题的简单的对称性,因而不能直接用高斯定理求解,但每个无限大带电平面的场强却具有对称性,利用无限大带电平面的场强公式(8.3.9)式,加上场强叠加原理,可以求出两个带电平面之间区域的电场强度为

$$\boldsymbol{E} = \frac{\sigma}{\varepsilon_0}\boldsymbol{e}_n \tag{8.3.10}$$

式中的 $\boldsymbol{e}_n$ 表示垂直带电平面且从带正电的平面指向带负电的平面的单位法矢量.

总结前面的几个例题可以看出,只有当电荷分布具有高度对称性时,其场的分布才具有某种高度对称性,也才能单独用高斯定理求出场强.虽然这类问题并不多,但仅有的几个特例所得出的结果都是非常重要的.这些结果的实际意义往往不限于这些特例本身,很多实际问题都可以由它们做近似的估计.例如,以"无限长带

电棒”和“无限大带电平面”来讲,虽然现实中没有无限大的带电体系,但是,对于有限长的棒和有限大的带电面附近的地方,只要不太靠近端点或边缘,上面特例的结论都是很好的近似.

8.4 静电场的环路定理 电势

电场对电荷有力的作用,当电荷在电场中移动时,电场力就要做功.研究静电力做功的规律,对了解静电场的性质有着重要的意义.

8.4.1 静电场的环路定理

先讨论点电荷 Q 的电场中静电场力做功的问题.如图 8.25(a)所示,试探电荷 q_0 从静电场中的 A 点沿任意路径移动到 B 点的过程中,静电力做的功为

$$A_{AB}=\int_A^B \boldsymbol{F}\cdot \mathrm{d}\boldsymbol{l}=q_0\int_A^B \boldsymbol{E}\cdot \mathrm{d}\boldsymbol{l}=q_0\int_A^B \frac{Q}{4\pi\varepsilon_0 r^3}\boldsymbol{r}\cdot \mathrm{d}\boldsymbol{l}$$

$$=\frac{q_0Q}{4\pi\varepsilon_0}\int_A^B \frac{1}{r^2}\mathrm{d}l\cos\theta=\frac{q_0Q}{4\pi\varepsilon_0}\int_{r_A}^{r_B}\frac{1}{r^2}\mathrm{d}r=\frac{q_0Q}{4\pi\varepsilon_0}\left(\frac{1}{r_A}-\frac{1}{r_B}\right)$$

此结果说明:试探电荷 q_0 在点电荷 Q 的静电场中运动的过程中,静电力对其做的功只取决于被移动电荷的电量及其起点和终点的位置,而与其移动的路径无关.这个结论可简单表述成:**静电力做功与路径无关**.

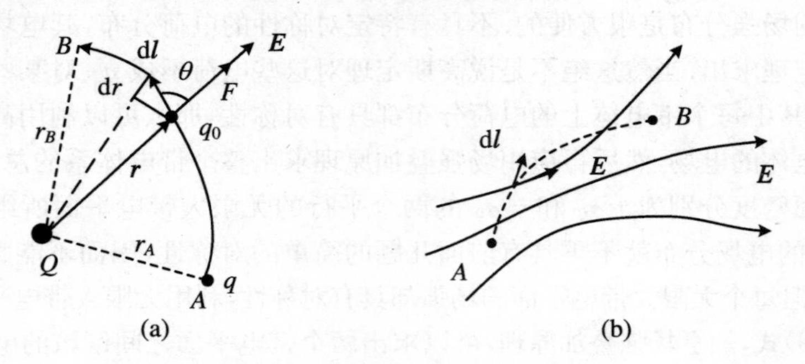

图 8.25　静电力做功与路径无关

参考图 8.25(b),在任意带电点电荷体系所产生的静电场中,将试探电荷 q_0 从 A 点沿任意路径移动到 B 点,借助库仑力叠加原理(或场强叠加原理),很容易得知:

$$A_{AB}=\int_A^B \boldsymbol{F}\cdot \mathrm{d}\boldsymbol{l}=q_0\int_A^B \boldsymbol{E}\cdot \mathrm{d}\boldsymbol{l}=q_0\int_A^B \sum_i \boldsymbol{E}\cdot \mathrm{d}\boldsymbol{l}=\sum_i q_0\int_A^B \boldsymbol{E}\cdot \mathrm{d}\boldsymbol{l}=\sum_i A_{ABi}$$

式中 A_{ABi} 是第 i 个点电荷单独存在时，静电力对试探电荷做的功. 显然此过程中 q_0 所受的总的静电力做的功 A_{AB} 与路径无关.

连续带电体可看作无数电荷元的集合，每一个电荷元都可等效成一个点电荷，因而在连续带电体产生的电场中，同样会得出静电力做功与路径无关的结论.

综上所述，试探电荷 q_0 在任意静电场中运动的过程中，电场力对 q_0 做的功只与 q_0 的量值和路径的始、末位置有关，而与其运动路径无关. 这是静电场的一个重要性质，称为**静电场的保守性**或**静电场的有势性**. 具有有势性的场叫**势场**，静电场是势场.

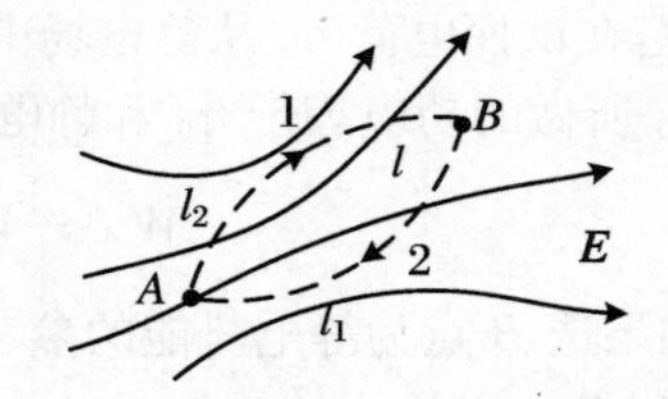

图 8.26　静电场的环流等于零

静电力做功与路径无关的性质还可用另一种形式表述：静电场强沿任意闭合曲线的积分等于零. 如图 8.26 所示，在任意带电体系产生的静电场中，作一任意闭合路径 l（由 l_1 和 l_2 组成），考察沿该闭合路径 l 移动单位正电荷（$q_0 = 1$ C）的过程中静电力所做的功：

$$A_{ABA} = \oint_l \boldsymbol{F} \cdot \mathrm{d}\boldsymbol{l} = q_0 \oint_l \boldsymbol{E} \cdot \mathrm{d}\boldsymbol{l} = 1 \cdot \oint_l \boldsymbol{E} \cdot \mathrm{d}\boldsymbol{l} = \int_{A(\text{沿}l_1)}^{B} \boldsymbol{E} \cdot \mathrm{d}\boldsymbol{l} + \int_{B(\text{沿}l_2)}^{A} \boldsymbol{E} \cdot \mathrm{d}\boldsymbol{l}$$

$$= \int_{A(\text{沿}l_1)}^{B} \boldsymbol{E} \cdot \mathrm{d}\boldsymbol{l} - \int_{A(\text{沿}l_2)}^{B} \boldsymbol{E} \cdot \mathrm{d}\boldsymbol{l} = 0$$

即

$$\oint_l \boldsymbol{E} \cdot \mathrm{d}\boldsymbol{l} = 0 \tag{8.4.1}$$

式(8.4.1) 表明：静电场强沿任意闭合路径的"环路积分"等于零，这就是静电场的"有势性"的另一种表述. 在物理学中，把静电场强 $\boldsymbol{E}$ 的环路积分 $\oint_l \boldsymbol{E} \cdot \mathrm{d}\boldsymbol{l}$ 叫作静电场强 $\boldsymbol{E}$ 沿闭合路径 l 的"环流". 静电场强的环流等于零的结论称为"**静电场的环路定理**". 静电场的"有势性"和"静电场的环路定理"是静电场同一性质的两种等价表述. 静电场的高斯定理和静电场的环路定理是反映静电场性质的两个基本定理.

用静电场的环路定理不难证明静电场的电场线的性质(2)，即静电场线不构成闭合曲线. 用反证法，假设静电场的某条电场线构成了闭合曲线 l，沿这条闭合的电场线作积分 $\oint_l \boldsymbol{E} \cdot \mathrm{d}\boldsymbol{l}$，由于 $\boldsymbol{E}$ 与 $\mathrm{d}\boldsymbol{l}$ 同方向，因而 $\oint_l \boldsymbol{E} \cdot \mathrm{d}\boldsymbol{l} > 0$，这与静电场的环路定理相矛盾，故静电场的电场线不能构成闭合曲线.

8.4.2 电势、电势差、电势叠加原理

类似于重力场,对静电场可以引进电势能(又叫静电势能)概念.根据功能原理,在试探电荷 q_0 从静电场中的 A 点沿任意路径移动到 B 点的过程中,电场力对 q_0 所做的功应等于 q_0 和静电场所组成的系统的电势能 W 的减少量,即

$$W_A - W_B = \int_A^B \boldsymbol{F} \cdot \mathrm{d}\boldsymbol{l} = q_0 \int_A^B \boldsymbol{E} \cdot \mathrm{d}\boldsymbol{l}$$

如果选 B 点为静电势能的参考点,即取 $W_B = 0$,则 q_0 在静电场中 A 点的电势能 W_A 为

$$W_A = q_0 \int_A^B \boldsymbol{E} \cdot \mathrm{d}\boldsymbol{l} = q_0 \int_A^{\text{参考点}} \boldsymbol{E} \cdot \mathrm{d}\boldsymbol{l} \tag{8.4.2}$$

显然 W_A 与原静电场及 q_0 都有关系,即同重力势能一样,电势能属于静电场与电荷 q_0 共有.

进一步考察式(8.4.2),发现 W_A/q_0 与 q_0 无关.为此我们可引入一个新的物理量来描绘静电场,这个新的物理量就是**电势**(或电位),用 V 表示.静电场中,某点 A 处的电势 V_A 定义式为

$$V_A = \frac{W_A}{q_0} = \int_A^{\text{参考点}} \boldsymbol{E} \cdot \mathrm{d}\boldsymbol{l} \tag{8.4.3}$$

即静电场中某点的电势在数值上等于单位正电荷在该点的电势能,也等于把单位正电荷从该点沿任意路径移到电势参考点(与静电势能的参考点等同)时静电力所做的功.

静电场中任意两点 A、B 之间的电势之差通常叫作这两点间的电势差(或电压),一般用 U 表示.根据式(8.4.3),A、B 两点间的电压 U_{AB} 为

$$\begin{aligned} U_{AB} = V_A - V_B &= \int_A^{\text{参考点}} \boldsymbol{E} \cdot \mathrm{d}\boldsymbol{l} - \int_B^{\text{参考点}} \boldsymbol{E} \cdot \mathrm{d}\boldsymbol{l} \\ &= \int_A^{\text{参考点}} \boldsymbol{E} \cdot \mathrm{d}\boldsymbol{l} + \int_{\text{参考点}}^B \boldsymbol{E} \cdot \mathrm{d}\boldsymbol{l} = \int_A^B \boldsymbol{E} \cdot \mathrm{d}\boldsymbol{l} \end{aligned}$$

即

$$U_{AB} = \int_A^B \boldsymbol{E} \cdot \mathrm{d}\boldsymbol{l} \tag{8.4.4}$$

式(8.4.4)表明:A、B 两点之间的电压 U_{AB} 等于把单位正电荷从 A 点沿任意路径移动到 B 点时,静电力做的功.从式(8.4.4)容易得知:沿着电场线的方向电势不断降低.

电势是标量,静电场中的电势 V 是空间位置的标量函数,因此 V 场是标量场.在国际单位制中,电势和电势差的单位均为伏特(用 V 表示).

利用式(8.4.4)可以得到联系电势差与静电力的功的关系式.设在静电场中点电荷 q 从 A 点沿任意路径移动到 B 点,则静电力做的功为

$$A_{AB} = q\int_A^B \boldsymbol{E} \cdot \mathrm{d}\boldsymbol{l} = q(V_A - V_B) \tag{8.4.5}$$

这是一个常用的公式.当电场中电势分布情况已知时,利用该式可以很方便地算出在电场中移动点电荷 q 时静电力做的功.

理解“电势”和“电势差”时应注意:

(1) 电势差和电势虽然有相同的单位,但它们是两个不同的概念,电势是标量场,电势差不构成标量场.应养成“对一点谈电势,对两点谈电势差(或电压)”的习惯.

(2) 对于两点间的电势差,我们不但要关心它的绝对值,还要关心这两点的电势谁高谁低.可从 U_{AB} 的正、负判断 A、B 两点的电势谁高谁低.

(3) 由于电势参考点的选取有任意性,所以电势是一个相对量.因此说某点的电势时一定要指明参考点的位置,否则就无任何意义.在同一问题中只有选定同一个参考点,各点的电势才具有可比性.但是两点之间的电势差的大小是一个绝对量,它与参考点的选取无关.既然电势与参考点的选取有关,那么就可适当选择电势参考点来使问题简化.也就是说电势参考点的选取视方便而定.当电荷分布在有限区域时,电势零点通常选在无穷远(在实际问题中,常选地球的电势为零),此时电场中某点 A 处的电势为

$$V_A = \int_A^\infty \boldsymbol{E} \cdot \mathrm{d}\boldsymbol{l} \tag{8.4.6}$$

例如,某惯性参照系中有静止的点电荷 q,利用式(8.4.6),选积分沿径向,且选无限远处为电势参考点,则距离点电荷 q 为 r_P 处的 P 点的电势为

$$V_P = \int_P^\infty \boldsymbol{E} \cdot \mathrm{d}\boldsymbol{l} = \int_{r_P}^\infty \frac{q}{4\pi\varepsilon_0 r^3}\boldsymbol{r} \cdot \mathrm{d}\boldsymbol{r} = \int_{r_P}^\infty \frac{q\mathrm{d}r}{4\pi\varepsilon_0 r^2} = \frac{q}{4\pi\varepsilon_0 r_P} \tag{8.4.7}$$

利用场强的叠加原理,很容易得出电势满足叠加原理:n 个点电荷系统的电场中,任意一点的电势等于每一个点电荷单独存在时在该点所产生的电势的代数和.

(1) 对由点电荷组成的带电系统,电势叠加原理表示为 $V_P = \sum\limits_{i=1}^{n} V_{Pi}$,其中 $V_{Pi} = q_i/(4\pi\varepsilon_0 r_i^2)$.

(2) 电荷连续分布时,电势叠加原理表示为 $V_P = \int\limits_{源} \mathrm{d}V_P$.当电荷分布在有限区间时,积分号内的 $\mathrm{d}V_P = \mathrm{d}q/(4\pi\varepsilon_0 r_P)$;当电荷分布在无限区间时,要选择一个合适的参考点来计算电荷元产生的电势 $\mathrm{d}V_P$,然后再积分.

8.4.3　电势计算举例

电势的计算方法之一是利用电势定义式(8.4.3)式进行计算.利用这种方法时,首先要明确电势零点的选择(当电荷分布在有限区间时,默认选择电势零点在

无限远,此时可利用式(8.4.6)计算);其次选一条合适的积分路径,求出积分路径上电场的分布函数;最后代入电势定义式(8.4.3)式或(8.4.6)式进行运算.这种方法可以简称为“场势法”.

电势的计算方法之二是利用“电势叠加原理”进行计算.这种方法可以简称为“叠加法”.

原则上以上这两种方法是等价的,但对于具体的问题,可能是某一种方法简单,而另一种方法复杂.

例 8.10 计算电偶极子电场中任意一点 P 处的电势(见图 8.27).

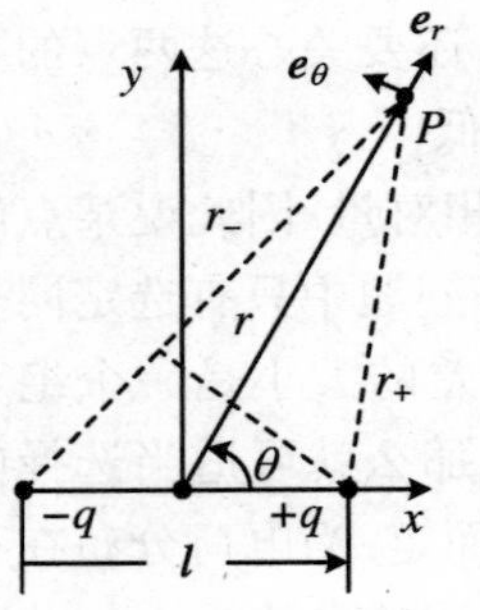

图 8.27 例 8.10 用图

解 根据电势叠加原理,当场点 P 到偶极子中心的距离 r 满足 $r \gg l$ 时,有

$$
\begin{aligned}
V_P &= V_{P+} + V_{P-} \\
&= \frac{q}{4\pi\varepsilon_0 r_+} + \frac{-q}{4\pi\varepsilon_0 r_-} = \frac{q(r_- - r_+)}{4\pi\varepsilon_0 r_+ r_-} \\
&\approx \frac{ql\cos\theta}{4\pi\varepsilon_0 r^2} = \frac{\boldsymbol{P}_e \cdot \boldsymbol{r}}{4\pi\varepsilon_0 r^3}
\end{aligned}
\tag{8.4.8}
$$

例 8.11 如图 8.28(a)所示,正电荷 q 均匀分布在半径为 R 的细圆环上,求圆环轴线上距环心为 x 的 P 点处的电势.

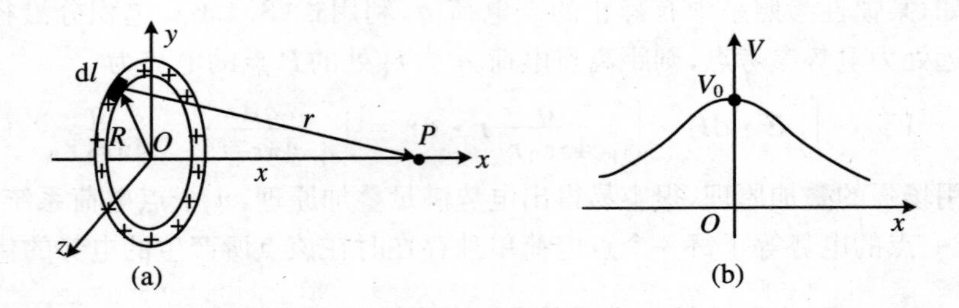

图 8.28 例 8.11 用图

解 在圆环上取电荷元 $dq = \lambda dl = q dl/(2\pi R)$,该电荷元在 P 处产生的电势为

$$
dV_P = \frac{1}{2\pi\varepsilon_0 r}\frac{q dl}{2\pi R}
$$

根据电势叠加原理,圆环上所有电荷在 P 点的电势为

$$
V = \frac{1}{4\pi\varepsilon_0 r}\oint \frac{q dl}{2\pi R} = \frac{q}{4\pi\varepsilon_0 r} = \frac{q}{4\pi\varepsilon_0\sqrt{x^2 + R^2}} \tag{8.4.9}
$$

作 $V-x$ 曲线,如图 8.28(b)所示.显然 $x = 0$ 时,$V_0 = q/(4\pi\varepsilon_0 R)$;$x \gg R$ 时,$V = q/(4\pi\varepsilon_0 x)$.

例 8.12 均匀带电球面的半径为 R,总电荷量为 q,电场中任意一点 P 与球

心的距离为 r，求 P 点的电势.

解　利用静电场的高斯定理，可求出均匀带电球面的电场分布为

$$\boldsymbol{E}=\begin{cases}\boldsymbol{0} & (r<R)\\ \dfrac{q}{4\pi\varepsilon_0 r^2}\boldsymbol{e}_r & (r>R)\end{cases}$$

取无限远处为电势参考点，根据电势计算公式(8.4.6)式，选取径向为积分方向，可得

$$V_{P外}=\int_r^\infty \boldsymbol{E}\cdot \mathrm{d}\boldsymbol{r}=\int_r^\infty \frac{Q}{4\pi\varepsilon_0 r^2}\mathrm{d}r=\frac{Q}{4\pi\varepsilon_0 r}\quad (r\geqslant R)$$

$$V_{P内}=\int_r^\infty \boldsymbol{E}\cdot \mathrm{d}\boldsymbol{r}=\int_r^R 0\cdot \mathrm{d}r+\int_R^\infty \frac{Q}{4\pi\varepsilon_0 r^2}\mathrm{d}r=\frac{Q}{4\pi\varepsilon_0 R}\quad (r\leqslant R)$$

(8.4.10)

从式(8.4.10)可以看出：均匀带电球面外的电势相当于把电荷集中在球心，且看作一个点电荷时，在球外区域产生的电势；球内及球面上的电势均为 $q/(4\pi\varepsilon_0 R)$，即球内为一等势区.电势在球内、外是连续的.均匀带电面的两边空间电势无突变，这个结论对任何带电面模型都成立.

例 8.13　电荷 Q 均匀分布在半径为 R 的球体内，以 $\boldsymbol{r}$ 表示球心到场点的矢径，求球内、外空间的电势.

解　对于均匀带电球体，电场分布为

$$\boldsymbol{E}=\begin{cases}\dfrac{Q}{4\pi\varepsilon_0 R^3}\boldsymbol{r} & (r\leqslant R)\\ \dfrac{Q}{4\pi\varepsilon_0 r^2}\boldsymbol{e}_r & (r\geqslant R)\end{cases}$$

选无限远处为电势参考点，根据电势计算公式(8.4.6)式，可求得

$$V_{外}=\int_r^\infty \boldsymbol{E}\cdot \mathrm{d}\boldsymbol{r}=\int_r^\infty \frac{Q}{4\pi\varepsilon_0 r^2}\mathrm{d}r=\frac{Q}{4\pi\varepsilon_0 r}\quad (r\geqslant R)$$

$$V_{内}=\int_r^\infty \boldsymbol{E}\cdot \mathrm{d}\boldsymbol{r}=\int_r^R \frac{Q}{4\pi\varepsilon_0 R^3}r\mathrm{d}r+\int_R^\infty \frac{Q}{4\pi\varepsilon_0 r^2}\mathrm{d}r=\frac{Q}{8\pi\varepsilon_0 R}\left(3-\frac{r^2}{R^2}\right)\quad (r\leqslant R)$$

(8.4.11)

8.4.4　等势面

静电场中电势相等的点连成的面叫等势面(在曲面内就是等势线).为了使等势面能直观地反映电场的性质(具体是反映电场强度的大小)，我们规定：任意两相邻等势面间的电势差为常量(这个常量可事先指定，越小则等势面越密).等势面有如下性质：

(1) 在静电场中，电荷沿等势面移动的过程中，电场力做功为零.

参考图 8.29，在等势面上任意两点 a、b 间移动电荷 q_0 时，有

$$A_{ab} = \int_a^b q_0 \boldsymbol{E} \cdot \mathrm{d}\boldsymbol{l} = q_0(V_a - V_b) = 0$$

(2) 在静电场中,电场线与等势面处处正交.

如图 8.30 所示,使电荷 q_0 在等势面 V_1 上自 a 点分别移动到 b 点和 c 点,移动的微元距离分别是 $\mathrm{d}\boldsymbol{l}_1$、$\mathrm{d}\boldsymbol{l}_2$.根据等势面的性质(1)可知,移动过程中电场力做的功 $\mathrm{d}A_{ab}=0$,$\mathrm{d}A_{ac}=0$.又根据功的计算公式,有 $\mathrm{d}A_{ab}=q_0\boldsymbol{E}\cdot\mathrm{d}\boldsymbol{l}_1$,$\mathrm{d}A_{ac}=q_0\boldsymbol{E}\cdot\mathrm{d}\boldsymbol{l}_2$,得 $\boldsymbol{E}\perp\mathrm{d}\boldsymbol{l}_1$,$\boldsymbol{E}\perp\mathrm{d}\boldsymbol{l}_2$,所以电场线与等势面处处正交.

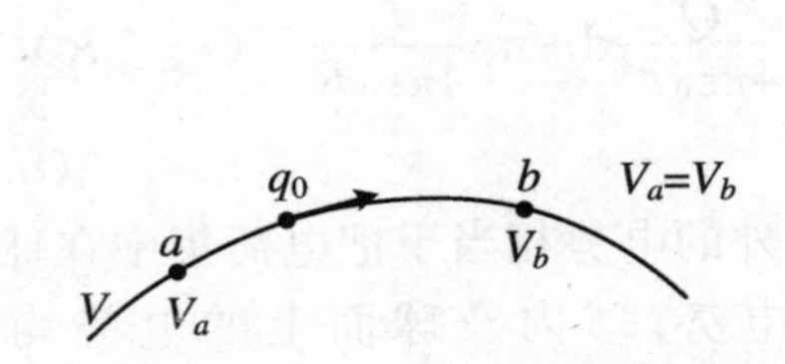

图 8.29 等势面上移动电荷时电场力做的功为零

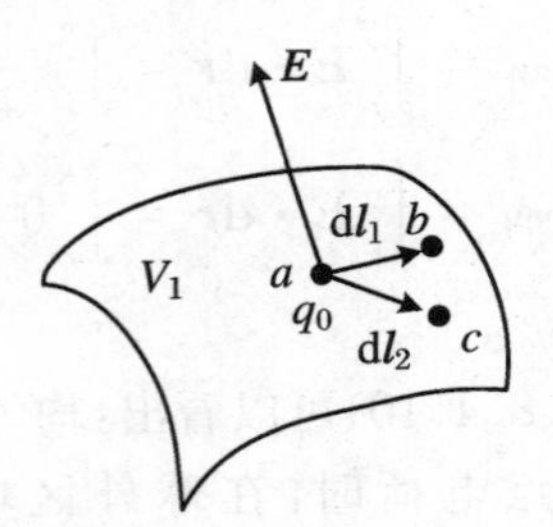

图 8.30 电场线与等势面正交

按照任意两相邻等势面之间的电势差为常量的画法规定,可以引入等势面密度概念:电场中,某点附近与等势面垂直的方向单位长度上的等势面的个数,叫作该点的等势面的密度.根据此定义,在同一个静电场中,等势面密度大处电场强度大,等势面密度小处电场强度小.

图 8.31(a)和图 8.31(b)分别为正点电荷电场中的电场线(实线)和等势面(虚线)及电偶极子电场中的电场线(实线)和等势面(虚线),可以看到电场线和等势面处处正交.

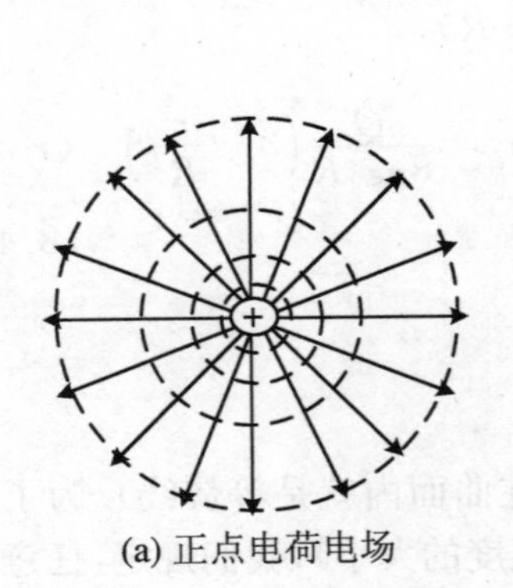

(a) 正点电荷电场

(b) 电偶极子电场

图 8.31 电场线(实线)与等势面(虚线)

*8.4.5　电场强度与电势梯度的关系

电势是标量，已知电荷分布求电势分布要比计算场强简单方便.设想一下，如果能从电势分布求出电场分布，将是一件非常有意义的工作.

如图8.32所示，S_1 和 S_2 是静电场中极其靠近的两个等势面，它们的电势分别是 V_1 和 V_2（用 $\Delta V = V_2 - V_1$ 表示电势增量）. p 是S_1 上的任意一点，设 p 点的电场强度为$\boldsymbol{E}$.设想某单位正电荷（$q_0 = +1\ \mathrm{C}$）从 p 点出发，沿任意射线 $\boldsymbol{l}$ 运动到S_2 上的 p_1 点，移动的距离为 Δl.此过程中静电力做的元功为 $\Delta A = q_0 \boldsymbol{E} \cdot \Delta \boldsymbol{l} = E_l \Delta l$.另外根据式(8.4.5)，此过程中静电力做的功又可以表示为 $\Delta A = q_0(V_1 - V_2) = -\Delta V$，所以有 $E_l \Delta l = -\Delta V$，则有

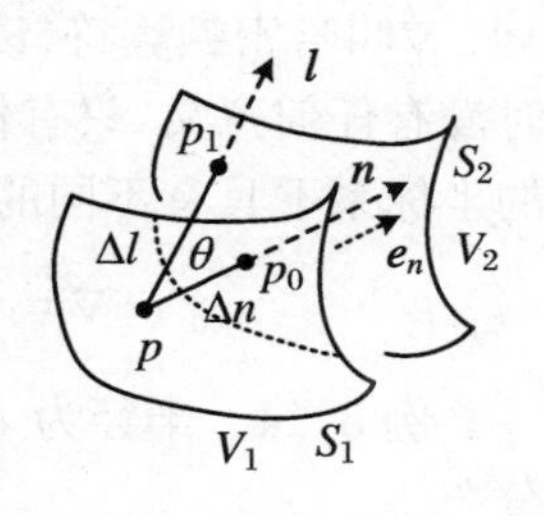

图8.32　电场强度与电势梯度之间的关系

$$E_l = -\frac{\Delta V}{\Delta l} \tag{8.4.12a}$$

式中 E_l 是电场强度$\boldsymbol{E}$ 在$\boldsymbol{l}$ 方向的分量，$\Delta V/\Delta l$ 是电势沿$\boldsymbol{l}$ 方向的空间变化率.由于从等势面 S_1 上的 p 点到等势面S_2 上的任意一点，电势的增量都是 ΔV，但是沿不同的方向，所以电势的变化率 $\Delta V/\Delta l$ 是不同的，完全取决于射线 $\boldsymbol{l}$ 的方向.在 $\boldsymbol{l}$ 的所有方向中，有一个方向比较特殊，就是等势面 S_1 上过 p 点的法线方向，图8.32中用 $\boldsymbol{n}$ 表示该法线方向.该法线与等势面 S_2 交于 p_0 点，用 Δn 表示 p 到 p_0 的距离，则 Δn 是所有的 Δl 中最小的一个，因而电势沿等势面的法线方向的变化率是过 p 点沿各个不同方向的变化率中最大的一个.参考式(8.4.12a)可知电场强度 $\boldsymbol{E}$ 在过p 点的等势面的法线方向上的分量E_n 为

$$E_n = -\frac{\Delta V}{\Delta n} \tag{8.4.12b}$$

显然 E_n 是电场强度$\boldsymbol{E}$ 在过p 点不同方向的分量中最大的一个分量，它的数值就是 p 点电场强度$\boldsymbol{E}$ 的大小.考虑到电场强度的方向是沿着电势降低的方向，若用 $\boldsymbol{e}_n$ 表示$\boldsymbol{n}$ 方向上的单位矢量，则在极限情况下有

$$\boldsymbol{E} = -\frac{\partial V}{\partial n}\boldsymbol{e}_n \tag{8.4.13}$$

数学上，对于标量场 $\varphi(x,y,z)$，可以定义它的梯度（用 grad φ 或$\nabla\varphi$ 表示）：标量场 φ 的梯度是一个矢量场；标量场 φ 在某点梯度的大小就是该点标量函数的最大变化率，即该点最大的方向导数；梯度的方向与标量函数 $\varphi(x,y,z)$过该点的等值面垂直且指向函数 $\varphi(x,y,z)$增加的方向.

电场中，电势 V 是空间位置的标量函数，V 场是一个标量场.根据梯度的定义，V 的梯度 grad$V$ 可以表示为

$$\mathrm{grad}V = \frac{\partial V}{\partial n}\boldsymbol{e}_n \quad 或 \quad \nabla V = \frac{\partial V}{\partial n}\boldsymbol{e}_n \tag{8.4.14}$$

为此,式(8.4.13)可表示成

$$\boldsymbol{E} = -\operatorname{grad}V \quad 或 \quad \boldsymbol{E} = -\nabla V \tag{8.4.15}$$

式(8.4.15)告诉我们:静电场中任何一点的电场强度的大小在数值上等于该点电势梯度的大小,电场强度的方向沿该点电势梯度的反方向,即指向电势降落的方向.

∇叫哈密顿算符(读作 del 或 nabla),具有矢量和微分双重功能,但其单独存在时没有任何意义,只有作用在某标量函数或矢量函数上才有具体的意义.∇在不同的坐标系下具有不同的形式,常用的在直角坐标系和极坐标系中的形式分别为

$$\nabla = \frac{\partial}{\partial x}\boldsymbol{i} + \frac{\partial}{\partial y}\boldsymbol{j} + \frac{\partial}{\partial z}\boldsymbol{k}, \quad \nabla = \frac{\partial}{\partial r}\boldsymbol{e}_r + \frac{1}{r}\frac{\partial}{\partial \theta}\boldsymbol{e}_\theta$$

例 8.14 半径为 R 的细环均匀带电 q,利用公式 $\boldsymbol{E} = -\nabla V$ 求轴线上的场强分布.

解 设 x 轴沿圆环的轴向,原点在环心.例 8.11 的式(8.4.9)给出了轴线上 P 点的电势为

$$V = \frac{q}{4\pi\varepsilon_0\sqrt{x^2+R^2}}$$

利用式(8.4.15),在直角坐标系下,有

$$E_x = -\frac{\partial V}{\partial x} = \frac{qx}{4\pi\varepsilon_0(x^2+R^2)^{3/2}}, \quad E_y = -\frac{\partial V}{\partial y} = 0, \quad E_z = -\frac{\partial V}{\partial z} = 0$$

即轴线上各点的场强在垂直于轴线方向的分量为零,只有沿轴线方向的分量不为零,因而轴线上任意一点的场强方向沿 x 轴,即

$$\boldsymbol{E} = E_x\boldsymbol{i} + E_y\boldsymbol{j} + E_z\boldsymbol{k} = \frac{qx}{4\pi\varepsilon_0(x^2+R^2)^{3/2}}\boldsymbol{i}$$

这个结论同式(8.2.5).

例 8.15 参考图 8.27,试根据电偶极子的电势分布公式(8.4.8)式,利用 $\boldsymbol{E} = -\nabla V$ 计算电偶极子产生的电场.

解 参考图 8.27,在极坐标下求解.电偶极子在空间($r \gg l$)产生的电势为

$$V = \frac{\boldsymbol{P}_e \cdot \boldsymbol{r}}{4\pi\varepsilon_0 r^3} = \frac{P_e\cos\theta}{4\pi\varepsilon_0 r^2}$$

在极坐标系下,式(8.4.15)可以写成

$$E_r\boldsymbol{e}_r + E_\theta\boldsymbol{e}_\theta = -\left(\frac{\partial V}{\partial r}\boldsymbol{e}_r + \frac{1}{r}\frac{\partial V}{\partial \theta}\boldsymbol{e}_\theta\right)$$

则有

$$E_r = -\frac{\partial V}{\partial r} = \frac{P_e\cos\theta}{2\pi\varepsilon_0 r^3}, \quad E_\theta = -\frac{1}{r}\frac{\partial V}{\partial \theta} = \frac{P_e\sin\theta}{4\pi\varepsilon_0 r^3}$$

所以电偶极子在周围空间激发的电场为

$$\boldsymbol{E} = E_r\boldsymbol{e}_r + E_\theta\boldsymbol{e}_\theta = \frac{P_e\cos\theta}{2\pi\varepsilon_0 r^3}\boldsymbol{e}_r + \frac{P_e\sin\theta}{4\pi\varepsilon_0 r^3}\boldsymbol{e}_\theta \tag{8.4.16}$$

式(8.2.4a)和式(8.2.4b)分别是式(8.4.16)在电偶极子轴线延长线上和中垂面上时的具体结论.

习 题 8

8.1 下列几个说法中正确的是( ).

A. 电场中某点场强的方向,就是将点电荷放在该点时所受电场力的方向

B. 在以点电荷为中心的球面上,由该点电荷所产生的场强处处相同

C. 场强可由 $\boldsymbol{E}=\boldsymbol{F}/q$ 定出,其中 q 为试验电荷,q 可正、可负,$\boldsymbol{F}$ 为该试验电荷所受的电场力

D. 以上说法都不正确

8.2 根据高斯定理的数学表达式 $\oint\!\!\!\oint_S \boldsymbol{E}\cdot \mathrm{d}\boldsymbol{S}=q_{\text{int}}/\varepsilon_0$ 可知下述各种说法中,正确的是( ).

A. 闭合面内的电荷代数和为零时,闭合面上各点场强一定为零

B. 闭合面内的电荷代数和不为零时,闭合面上各点场强一定处处不为零

C. 闭合面内的电荷代数和为零时,闭合面上各点场强不一定处处为零

D. 闭合面上各点场强均为零时,闭合面内一定处处无电荷

8.3 如图 8.33 所示,有一边长为 a 的正方形平面,在其中垂线上距中心 O 点 $a/2$ 处,有一电量为 q 的正点电荷,则通过该平面的电场强度通量为( ).

A. $\dfrac{q}{3\varepsilon_0}$　　B. $\dfrac{q}{4\pi\varepsilon_0}$　　C. $\dfrac{q}{3\pi\varepsilon_0}$　　D. $\dfrac{q}{6\varepsilon_0}$

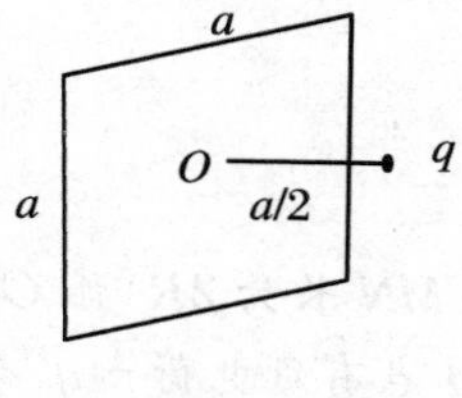

图 8.33

8.4 下面列出的真空中静电场的场强公式,正确的是( ).

A. 点电荷 q 的电场:$E=q/(4\pi\varepsilon_0 r^2)$($r$ 为点电荷到场点的距离)

B. 无限长均匀带电直线(电荷线密度为 λ)的电场:$\boldsymbol{E}=\lambda\boldsymbol{r}/(2\pi\varepsilon_0 r^3)$($\boldsymbol{r}$ 为带电直线到场点的垂直于直线的矢量)

C. 无限大均匀带电平面(电荷面密度为 σ)的电场:$E=\sigma/(2\varepsilon_0)$

D. 半径为 R 的均匀带电球面(电荷面密度为 σ)外的电场:$\boldsymbol{E}=\sigma R^2\boldsymbol{r}/(\varepsilon_0 r^3)$

($\boldsymbol{r}$ 为球心到场点的矢量)

8.5　静电场中某点电势的数值等于(　　).

A. 试验电荷置于该点时具有的电势能

B. 单位试验电荷置于该点时具有的电势能

C. 单位正电荷置于该点时具有的电势能

D. 把单位正电荷从该点移到电势零点外力所做的功

8.6　在已知静电场分布的条件下,任意两点 P_1 和 P_2 之间的电势差决定于(　　).

A. P_1 和 P_2 两点的位置

B. P_1 和 P_2 两点处的电场强度的大小和方向

C. 试验电荷所带电荷的正、负

D. 试验电荷的电荷大小

8.7　如图 8.34 所示,有 N 个电量均为 q 的点电荷,以两种方式分布在相同半径的圆周上:一种是无规则分布,另一种是均匀分布.比较这两种情况下在过圆心 O 并垂直于圆平面的 z 轴上任一点 P 的场强与电势,则有(　　).

A. 场强相等,电势相等　　B. 场强不等,电势不等

C. 场强分量 E_z 相等,电势相等　　D. 场强分量 E_z 相等,电势不等

8.8　已知某电场的电场线分布情况如图 8.35 所示.现观察到一负电荷从 M 点移到 N 点.有人根据这个图做出下列几点结论,其中正确的是(　　).

A. 电场强度 $E_M < E_N$　　B. 电势 $V_M < V_N$

C. 电势能 $W_M < W_N$　　D. 电场力做的功 $A > 0$

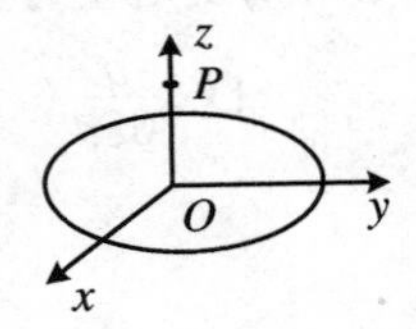

图 8.34

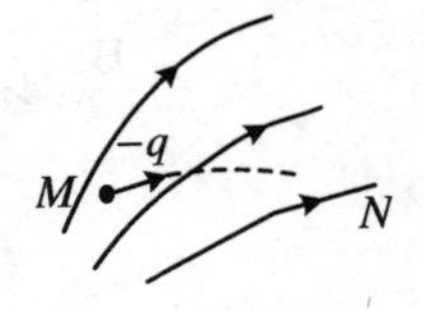

图 8.35

8.9　如图 8.36 所示,直线 MN 长为 $2R$,弧 OCD 是以 N 点为中心、R 为半径的半圆弧,N 点有正电荷 $+q$,M 点有负电荷 $-q$.今将一试验电荷 $+q_0$ 从 O 点出发沿路径 $OCDP$ 移到无穷远处(设无穷远处电势为零),则电场力做功为(　　).

A. $A<0$,且为有限常量　　B. $A>0$,且为有限常量

C. $A=\infty$　　D. $A=0$

8.10　如图 8.37 所示,在电偶极矩为 $\boldsymbol{p}_e$ 的电偶极子的电场中,将一电量为 q 的点电荷从 A 点沿半径为 R 的圆弧(圆心与电偶极子中心重合,R 远大于电偶极子正负电荷之间距离)移到 B 点,则此过程中电场力所做的功为(　　).

A. $\dfrac{qp_e}{2\pi\varepsilon_0 R^2}$ B. 0 C. $\dfrac{qp_e}{2\pi\varepsilon_0 R}$ D. $\dfrac{-qp_e}{2\pi\varepsilon_0 R^2}$

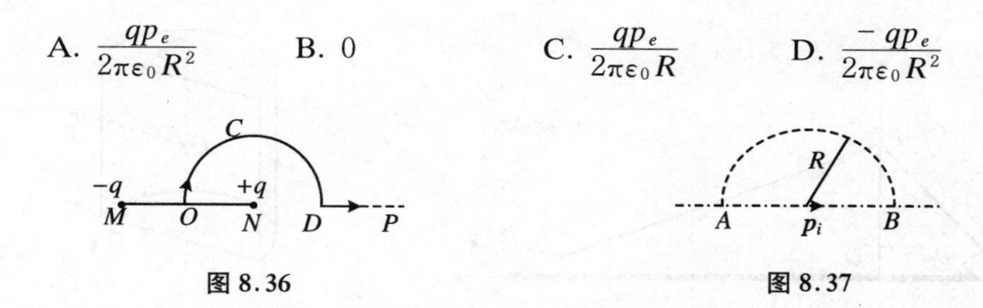

图 8.36　　图 8.37

8.11 真空中两个点电荷,其中一个点电荷的电量是另一个的4倍,它们相距5.0×10^{-2} m时的相互斥力是1.6 N,问:(1) 两个电荷的电量各是多少?(2) 它们相距0.1 m时的排斥力是多少?

8.12 电量为$+q$和$-2q$的两个点电荷分别置于$x=1$ m和$x=-1$ m处.一试验电荷置于x轴上何处,它受到的合力等于零?

8.13 如图8.38所示,真空中一长为L的均匀带电细直杆,总电荷为q,试求在直杆延长线上距杆的一端距离为d的P点的电场强度.

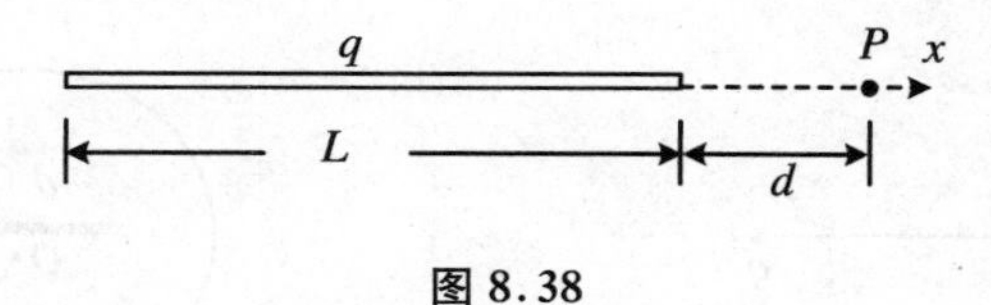

图 8.38

8.14 如图8.39所示,一支细玻璃棒被弯成半径为R的圆形,沿其左半部分均匀分布有电荷$+Q$,沿其右半部分均匀分布有电荷$-Q$,试求圆心O处的电场强度.

8.15 如图8.40所示,一半径为R的半球面,均匀地带有电荷,电荷面密度为σ,求球心O处的电场强度.

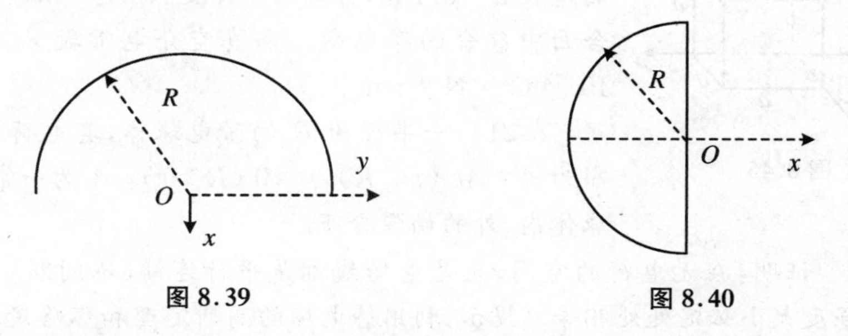

图 8.39　　图 8.40

8.16 如图8.41所示,设有一均匀带电的直导线,电荷线密度为λ,线外一点P离开直线的垂直距离为r,P点和直线两端点的连线与直线之间的夹角分别为θ_1和θ_2,求P点的电场强度.

8.17 参考图8.42,无限长均匀带电的半圆柱面,半径为R,设半圆柱面沿轴线OO'单位长度上的电荷为λ,试求轴线上一点的电场强度.

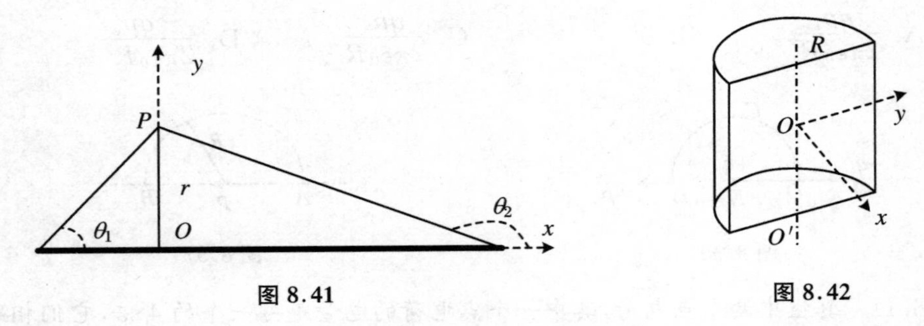

图 8.41　　　　图 8.42

8.18　如图 8.43 所示，真空中有一半径为 R 的圆平面，在通过圆心 O 与平面垂直的轴线上一点 P 处，有一电量为 q 的点电荷，O、P 间距离为 h，试求通过该圆平面的电场强度通量.

8.19　如图 8.44 所示，一均匀带电直导线长为 d，电荷线密度为 $+\lambda$. 过导线中点 O 作一半径为 $R(R>d/2)$ 的球面 S，P 为带电直导线的延长线与球面 S 的交点. 求：(1) 通过该球面的电场强度通量 Φ_E；(2) P 处电场强度的大小和方向.

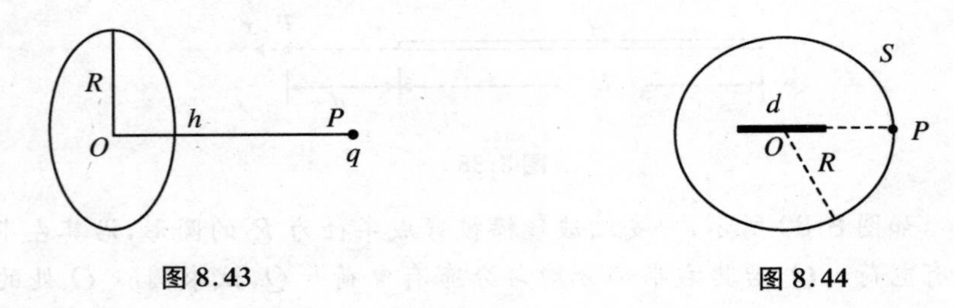

图 8.43　　　　图 8.44

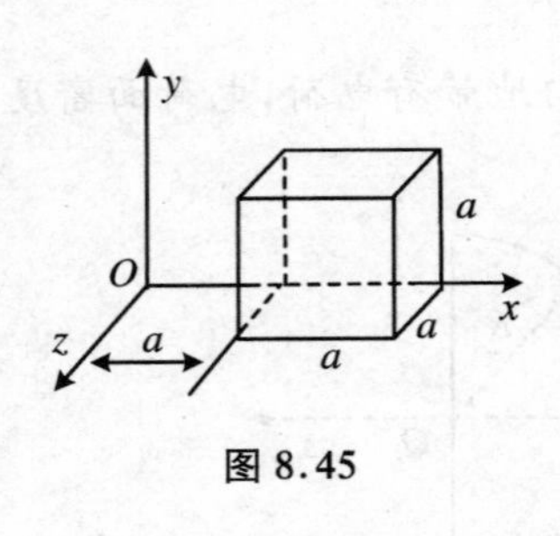

图 8.45

8.20　图 8.45 中，虚线所示为一立方形的高斯面，已知空间的场强分布为：$E_x = bx, E_y = 0, E_z = 0$. 高斯面边长 $a = 0.1\ \text{m}$，常量 $b = 1000\ \text{N/(C·m)}$. 试求该闭合面中包含的净电荷.（取真空介电常数 $\varepsilon_0 = 8.85 \times 10^{-12}\ \text{C}^2 \cdot \text{N}^{-1} \cdot \text{m}^{-2}$.）

8.21　一半径为 R 的带电球体，其电荷体密度分布为 $\rho = Ar\ (r \leqslant R)$，$\rho = 0\ (R > r)$，$A$ 为一常量，试求球体内、外的场强分布.

8.22　证明：在无电荷的空间，凡是电场线都是平行连续（不间断）直线的地方，电场强度大小必定处处相等.（提示：利用静电场的高斯定理和环路定理分别证明连线满足以下条件的两点有相等的电场强度：(1) 电场线平行；(2) 与电场线垂直.）

8.23　试用静电场的环路定理证明：电场线为如图 8.46 所示的一系列不均匀分布的平行直线的静电场不存在.

*8.24　如图 8.47 所示，在一电荷体密度为 ρ_e 的均匀带电球体中，挖去一个

球体，形成一球形空腔，偏心距为 a，试求腔内任一点的场强 $\boldsymbol{E}$.

图 8.46　　图 8.47

8.25　如图 8.48 所示，一空气平板电容器，极板 A、B 的面积都是 S，极板间距离为 d. 接上电源后，A 板电势 $V_A = V$，B 板电势 $V_B = 0$. 现将一带有电荷 q、面积也是 S 而厚度可忽略的导体片 C 平行插在两极板的中间位置，试求导体片 C 的电势.

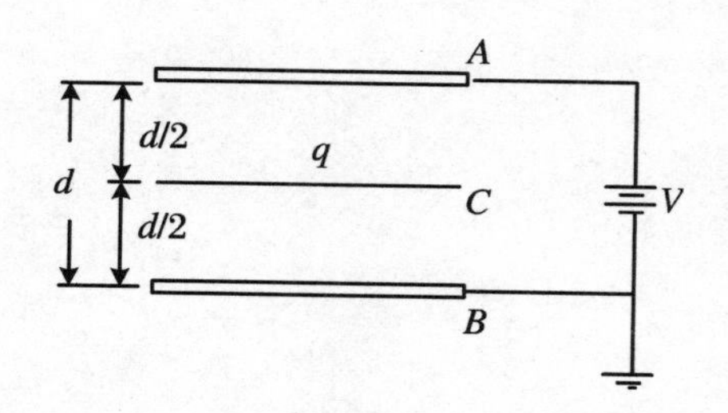

图 8.48

8.26　如图 8.49 所示，一沿 x 轴放置的长度为 l 的不均匀带电细棒，其电荷线密度为 $\rho = \lambda_0(x - a)$，λ_0 为一常量. 取无穷远处为电势零点，求坐标原点 O 处的电势.

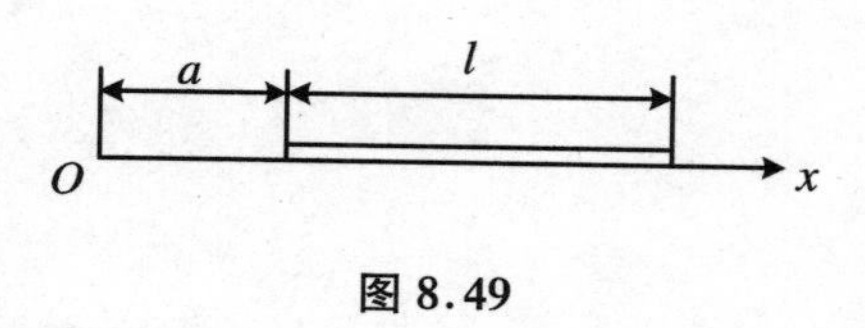

图 8.49

8.27　如图 8.50 所示，一个均匀带电的球层，其电荷体密度为 ρ，球层内表面半径为 R_1，外表面半径为 R_2. 设无穷远处为电势零点，求：(1) 空腔内任一点的电势；(2) 球层中半径为 r 处的电势.

8.28　电荷以体密度 ρ 均匀分布在半径 R 的球体内，以 $\boldsymbol{r}$ 表示球心到场点的矢径，求：(1) 球内、外任意一点电场强度的大小和方向；(2) 球内任意一点的电势(选电势参考点在无限远处).

*8.29　如图 8.51 所示，一半径为 R 的无限长圆柱形带电体，其电荷体密度为 $\rho = Ar\ (r \leqslant R)$，其中 A 为常量. 求：(1) 圆柱体内、外各点场强大小分布；(2) 选

与圆柱轴线距离为 $l(l>R)$ 处为电势零点,计算圆柱体内、外各点的电势分布.

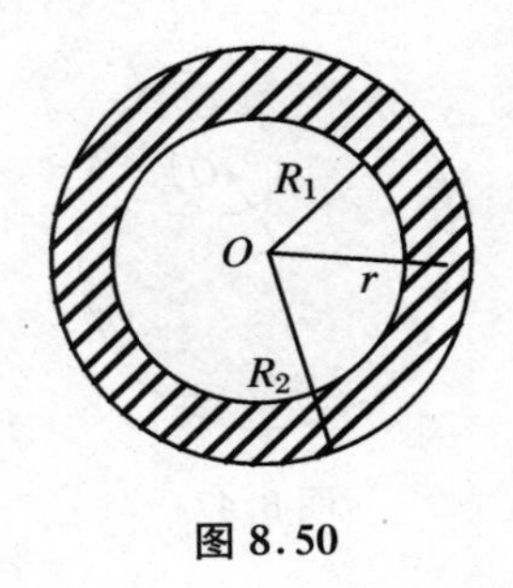

图 8.50

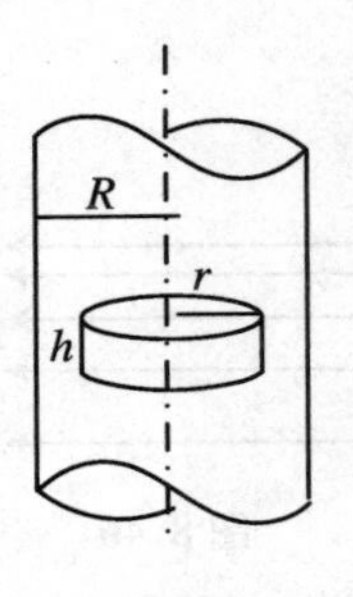

图 8.51

8.30　已知某静电场的电势分布为 $V=8x+12x^2y-20y^2$,试利用场强与电势梯度间的关系求空间的场强分布.

第9章　静电场中的导体和电介质

通过第8章的学习,我们对真空中的静电场及其所遵循的规律有了基本的了解,本章将延续这个主题,重点讨论静电场与处在静电场中的物质之间的相互作用.

根据物质导电性能的不同,可将物质大体分为三类:导电性能很好的称为导体,如金属、电解液、等离子体等都是导体,它们之所以导电,是因为其内部存在大量可以移动的电荷(自由电子);导电性能极差或不导电的称为绝缘体;导电性能介于导体和绝缘体之间的称为半导体.在一定条件下(如高温,或低温高压),导体和绝缘体的导电性能会发生显著的变化,甚至相互转化.

由于组成物质的分子、原子都是由带负电的电子和带正电的原子核构成,因此各种物质从微观上来看都是一个复杂的带电系统.一般情况下物质内部的正、负电荷等量且均匀分布,宏观上呈电中性.当把物质放入电场中后,其内部的正、负电荷必然会受到电场的作用,作用效果是打破正、负电荷的均匀混合分布状态,使物质上出现宏观电荷(尽管原来电中性的物质还是电中性),而这些宏观电荷的出现,必然会产生附加的电场,从而影响和制约着空间的总电场分布.

9.1　静电场中的导体

本节讨论静电场中的导体达到静电平衡后的基本性质,即场强、电势和电荷分布,以及相关应用.

9.1.1　导体的静电平衡条件

以金属导体为例,原子核对外层价电子束缚较弱,当受到某种影响时,价电子很容易脱离原子核的束缚而成为自由电子,自由电子在金属内部自由移动,但不伴随可观测的质量迁移.失去电子的原子核成为带正电的离子,这些带正电的离子在导体内部按一定的规律排列形成带正电的晶格点阵,晶格点阵构成了导体的骨架.

参考图9.1(a),将金属导体放在电场强度为 $\boldsymbol{E}_0$ 的静电场中,它内部的自由电

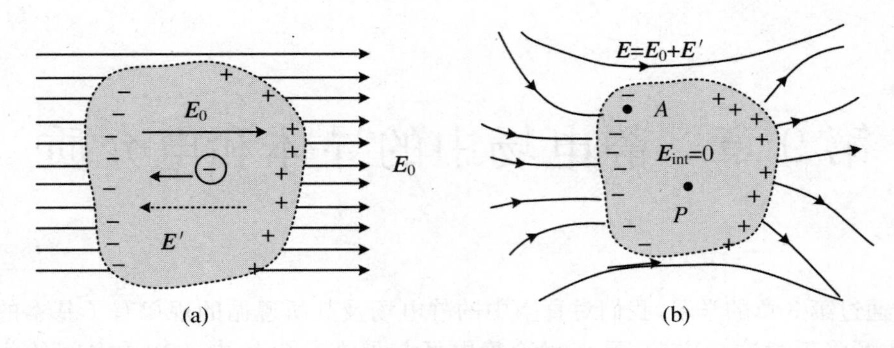

图 9.1 静电场中的导体

子将在电场力的作用下定向移动，如果电子从电场中获得的能量不足以客服逸出功（电子从金属内部逸出到金属外部克服阻力必须做的最小功）而从金属表面逸出，则电子将聚集在金属的一个侧面上，从而引起电子在导体上的重新分布. 电子的定向移动使导体的一侧因电子的聚集而出现负电荷分布，另一侧因缺少电子而出现正电荷分布，这就是静电感应，分布导体侧面的电荷就是**感应电荷**. 感应电荷又将在空间产生一个附加电场 $\boldsymbol{E}'$，在导体内部 $\boldsymbol{E}'$ 与 $\boldsymbol{E}_0$ 反向，它将阻止电子继续做定向移动. 参考图 9.1(b)，当导体内部附加电场 $\boldsymbol{E}'$ 和外电场 $\boldsymbol{E}_0$ 完全抵消时，电子的定向运动终止，导体内部和表面电荷的重新分布过程结束，这时导体达到**静电平衡状态**.

显然，只有在导体内部总的电场强度 $\boldsymbol{E}_{\text{int}}=\boldsymbol{E}_0+\boldsymbol{E}'$ 处处为零时，才有可能达到和维持这种静电平衡状态，否则导体内部的自由电子将在总电场的作用下发生定向移动；同时导体表面附近处的总的电场强度 $\boldsymbol{E}_S$ 必定和导体表面垂直，否则电场强度沿表面的分量将使得电子沿表面做定向运动. 因此导体处于**静电平衡的条件**是

$$\boldsymbol{E}_{\text{int}}=0,\quad \boldsymbol{E}_S\perp \text{导体表面} \tag{9.1.1}$$

需要指出的是：

(1) 导体的静电平衡条件是由导体的电结构特征和静电平衡的要求决定的，与导体的形状及导体类别无关.

(2) 导体内部任意一点的电场强度处处为零，指的是宏观点，不是指微观点，因为电子附近电场当然不为零.

(3) $\boldsymbol{E}_{\text{int}}=0$ 并不意味着外电场不能进入导体内部，$\boldsymbol{E}_{\text{int}}=0$ 是所有电场的叠加结果.

(4) 静电平衡条件只在导体内部的电荷除受静电力外不再受其他力（例如化学力等非静电力）的作用时才成立，否则导体静电平衡条件就应改为导体内部可移动的电荷所受的一切合力为零.

导体的静电平衡状态可以由于外部条件的变化而受到破坏（例如外电场变化、

导体重新带上或失去电荷等),但在新的条件下,导体会很快(约10^{-6} s)达到新的平衡状态.

9.1.2 导体静电平衡时的基本性质

1. 电势

参考图 9.1(b),静电平衡后,选取导体上的任意两点 A 和 P,在导体内部选取一条连接 A 和 P 的积分路径,路径上各点的电场强度都为零(因为 $\boldsymbol{E}_{\text{int}}=0$),根据电势差的计算公式(8.4.6)式可得 $U_{AP}=V_A-V_P=\int_A^P \boldsymbol{E}_{\text{int}}\cdot \mathrm{d}\boldsymbol{l}=0$,所以 $V_A=V_P$. 这说明静电平衡时,导体是一个等势体,导体的表面是一个等势面.

2. 电荷

对于实心导体(见图 9.2(a)),当其到达静电平衡状态时,在导体内任取一点,围绕该点取一个闭合的曲面(高斯面)S,假设该高斯面内包围有净电荷 q_{int},则由静电场的高斯定理得 $q_{\text{int}}=\oiint_S \varepsilon_0 \boldsymbol{E}_{\text{int}}\cdot \mathrm{d}\boldsymbol{S}=0$. 由于 S 是任意的,所以静电平衡时,导体内部没有净电荷,电荷只可能分布在导体的表面.

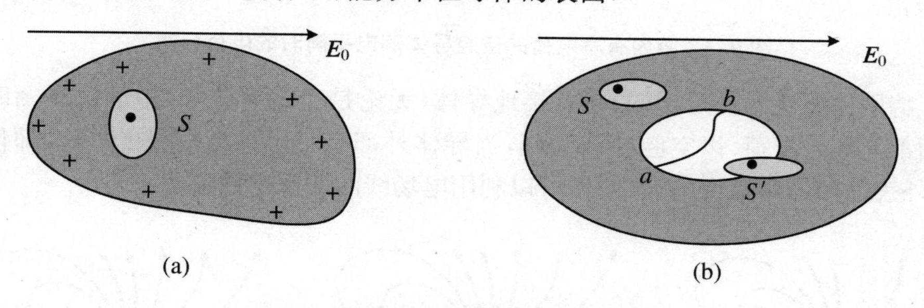

图 9.2　静电平衡时导体上的电荷分布

对于空腔导体(见图 9.2(b)),只要腔内无带电体,则不仅导体内部无电荷(在图 9.2(b)中作高斯面 S 即可证明),腔的内表面上亦处处无电荷,电荷只能分布在导体的外表面上.

我们先证明空腔内无带电体时,空腔内各点的电场强度为零. 假设空腔内各点的电场强度 $\boldsymbol{E}\neq 0$,则在空腔内存在一条电场线 $a\rightarrow b$,沿此电场线积分有 $V_a-V_b=\int_a^b \boldsymbol{E}\cdot \mathrm{d}\boldsymbol{l}\neq 0$,即 $V_a\neq V_b$. 这与导体是等势体的事实相矛盾,故腔内 $\boldsymbol{E}$ 必为零. 在此基础上,在腔的内表面任取一点,围绕该点任取一高斯面 S'(见图9.2(b)),假设该高斯面内包围有净电荷 q_{int},由于导体内及腔内的电场强度均为零,所以有 $q_{\text{int}}=\varepsilon_0\oiint_{S'} \boldsymbol{E}\cdot \mathrm{d}\boldsymbol{S}=0$. 这就证明了:对于空腔导体,当腔内无电荷时,导体腔的内壁不可能有电荷,电荷只能存在于导体外表面.

对于腔内有净电荷的空腔导体（见图 9.3），静电平衡时，只要围绕内腔作一个高斯面 S，高斯面上各点的电场强度显然为零. 利用高斯定理可知：$q + q_{内面} = \varepsilon_0 \oiint_S \boldsymbol{E} \cdot \mathrm{d}\boldsymbol{S} = 0$，即内表面上带有感应电荷 $q_{内面} = -q$. 当该导体不接地时（见图 9.3(a)），根据电荷守恒定律，此空腔外表面上的感应电荷为 q，如果该空腔导体原来带电 Q，则此时外表面上的总电荷为 $Q + q$；当该导体接地时（见图 9.3(b)），由于接地导线提供了导体与大地交换电荷的可能，此时导体外表面上的电荷为零（可以利用电场线的知识定性证明）.

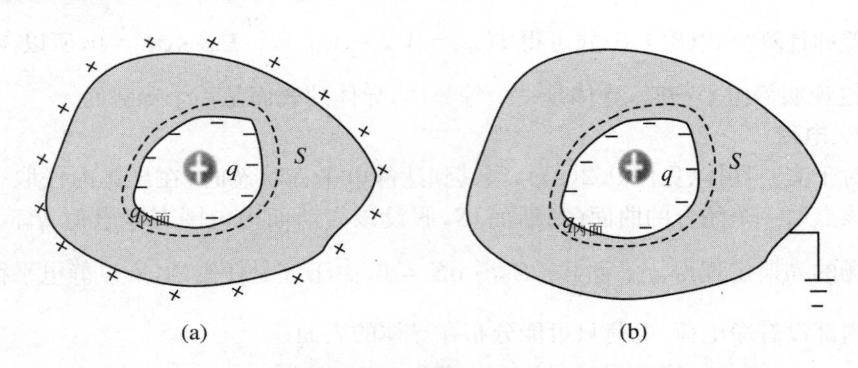

图 9.3　腔内有净电荷的空腔导体静电平衡时的电荷分布

特别需要注意的是：并非所有接地导体（无论是否是空腔导体）静电平衡时外表面都不能带电荷. 以空腔导体为例，当导体外部有带电体时（见图 9.4），即使接地，外表面照样可以有电荷（同样可以利用电场线的知识定性证明）.

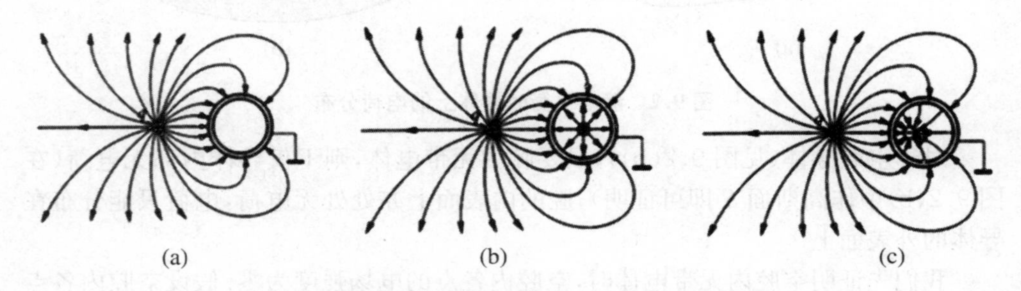

图 9.4　接地的导体静电平衡时，外表面可以有电荷

3. 电场

式(9.1.1)指出：静电平衡时，导体内部的场强为零，导体外表面附近场强处处与表面垂直. 此外，由于静电平衡时，导体是一个等势体，表面是一个等势面，所以对于腔内有带电体的空腔导体，内表面附近的场强也应与内表面垂直.

那么，对于空腔导体，腔内、外的电场分布与哪些因素有关呢？参考图 9.4，腔内的电场分布与腔内带电体的位置、电量的多少、内壁的形状等有关，腔内即使有

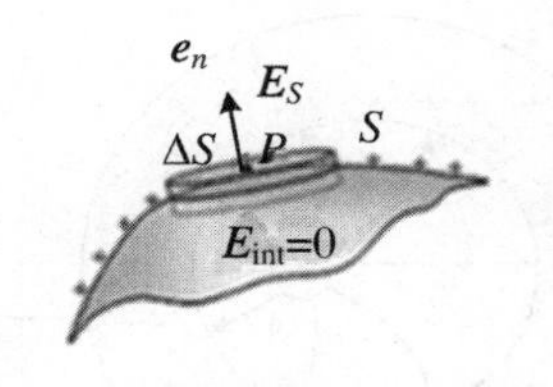

图 9.5　静电平衡时导体表面附近的场强

等值异号电荷也是如此，腔内电场分布与腔外电荷分布情况无关；腔外的电场分布与腔的外壁形状、腔外壁带电情况、腔外部空间的带电情况等诸多因素有关，接地导体空腔外部电场与腔内带电情况无关.

上面只是定性地给出了静电平衡时导体内、外的电场分布情况，下面定量给出导体表面附近的电场强度 $\boldsymbol{E}_S$ 与面上对应点的电荷面密度 σ 之间的关系.

导体表面往往带电，我们知道场强在带电面上有突变，所以不谈导体表面上的场强而谈导体表面外紧靠导体的各点的场强，即导体表面附近的场强. 导体表面附近的电场强度 $\boldsymbol{E}_S$ 与导体表面对应点的电荷面密度 σ 间的关系可以利用高斯定理求出.

参考图 9.5，在导体表面外紧邻表面处取一点 P，过 P 点作一个平行于导体表面的面元 ΔS，以 ΔS 为底，以导体表面的法线为轴作一个扁平圆柱面 S，S 的另一底深入到导体内部. 由于导体内任何一点的电场强度为零，即 $\boldsymbol{E}_{\text{int}}=0$，而表面附近的场强又垂直于导体表面，所以只有外底面上的电通量不为零，根据高斯定理可得

$$\oiint_S \boldsymbol{E}\cdot d\boldsymbol{s} = q_{\text{int}}/\varepsilon_0,\quad E_S\Delta S = \Delta S\cdot\sigma/\varepsilon_0,\quad E_S = \sigma/\varepsilon_0$$

写成矢量式为

$$\boldsymbol{E}_S = \frac{\sigma}{\varepsilon_0}\boldsymbol{e}_n \tag{9.1.2}$$

此式表明：处于静电平衡的导体，表面附近的场强与导体表面对应点的面电荷密度成正比.

特别需要注意的是，式(9.1.2)容易被误解为导体表面附近的场强仅仅是由表面上对应点的电荷产生的. 其实不然，正确的理解应该是：此处的电场是所有电荷共同产生的. 只要回顾一下上面的推导过程就可以明白这一点. 当其他地方的电荷发生变化时，导体表面上的电荷分布及导体表面附近的合场强也要发生变化，这种变化将一直持续到它们满足关系式(9.1.2)式为止. 即其他地方的电荷可以通过影响导体表面的电荷面密度来间接影响其附近的场强. 或者说(9.1.2)式的形式不受外界影响，但式中的 σ 和 $\boldsymbol{E}_S$ 却可以一同受外界的影响.

9.1.3　静电屏蔽

通过上面的讨论，我们知道：无论空腔导体是否接地，腔内的电场不受空腔外电荷的影响(见图 9.6(a))；接地的空腔导体，腔的外表面的电荷因“接地”而与大地交换(见图 9.6(b))，所以腔内的物体带电不影响腔外的电场分布.

我们把空腔导体可以保护腔内物体不受外电场影响，接地的空腔导体可以保护外部物体不受内电场影响的现象称为**静电屏蔽现象**.

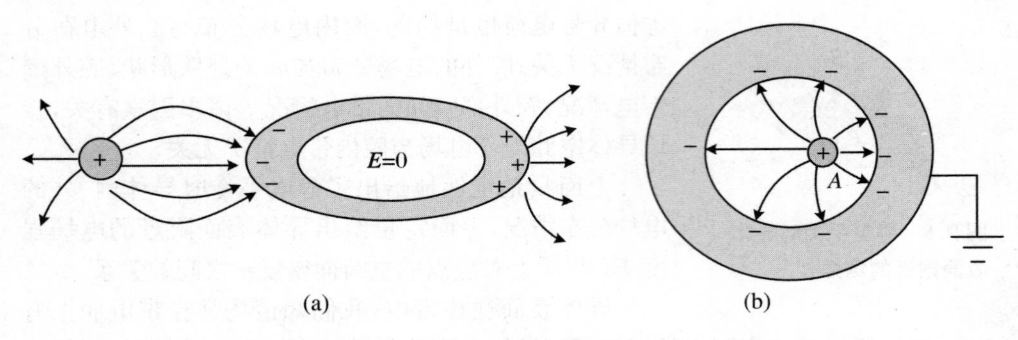

图 9.6 静电屏蔽

例 9.1 如图 9.7 所示，长、宽相等的金属板 A 和 B，面积均为 S，在真空中平行放置，分别带电 q_1 和 q_2，两极板间距远小于平板的线度，求平板各表面的电荷密度.

解 平行板导体组是涉及导体静电平衡问题的一类简单而有用的模型，解决这类问题有一定的技巧. 如图 9.7 所示，设两板四壁上电荷面密度分别为 σ_1、σ_2、σ_3、σ_4，根据电荷守恒有

$$\sigma_1 S + \sigma_2 S = q_1 \quad ①$$

$$\sigma_3 S + \sigma_4 S = q_2 \quad ②$$

设 $\boldsymbol{e}_n$ 为向右的单位法矢量. 分别在 A、B 两板内各任意取一点 P_1、P_2，根据导体静电平衡的性质可知：

$$\boldsymbol{E}_{P1} = \frac{\sigma_1}{2\varepsilon_o}\boldsymbol{e}_n - \frac{\sigma_2}{2\varepsilon_o}\boldsymbol{e}_n - \frac{\sigma_3}{2\varepsilon_o}\boldsymbol{e}_n - \frac{\sigma_4}{2\varepsilon_o}\boldsymbol{e}_n = 0 \quad ③$$

$$\boldsymbol{E}_{P2} = \frac{\sigma_1}{2\varepsilon_O}\boldsymbol{e}_n + \frac{\sigma_2}{2\varepsilon_O}\boldsymbol{e}_n + \frac{\sigma_3}{2\varepsilon_o}\boldsymbol{e}_n - \frac{\sigma_4}{2\varepsilon_o}\boldsymbol{e}_n = 0 \quad ④$$

联立以上四式，得

$$\sigma_1 = \sigma_4 = \frac{q_1 + q_2}{2S}, \quad \sigma_2 = -\sigma_3 = \frac{q_1 - q_2}{2S}$$

例如，当 $q_1 = -q_2 = Q$ 时，$\sigma_1 = \sigma_4 = 0$，$\sigma_2 = -\sigma_3 = Q/S$，电荷只分布在两个平板的内表面；当 $q_1 = q_2 = Q$ 时，$\sigma_1 = \sigma_4 = Q/S$，$\sigma_2 = -\sigma_3 = 0$，电荷只分布在外表面；$q_1 = Q$，$q_2 = 3Q$ 时，$\sigma_1 = \sigma_4 = 2Q/S$，$\sigma_2 = -\sigma_3 = -Q/S$，四个面均有电荷分布.

但是，如果 A 板（或 B 板）接地，则无论 A 板和 B 板如何带电，总有 $\sigma_1 = \sigma_4 = 0$ 成立（可利用电场线的知识证明）.

例 9.2 如图 9.8 所示，半径为 R 的不带电的导体球附近，有一点电荷 q（$q>0$），它与球心的距离为 d，求：(1) 导体球上的感应电荷在球心 O 处产生的电场强度 $\boldsymbol{E}_{感}$ 的大小及方向；(2) 此时球心处的电势 V_0；(3) 若将导体球接地，球上的净剩电荷 q' 为多少？

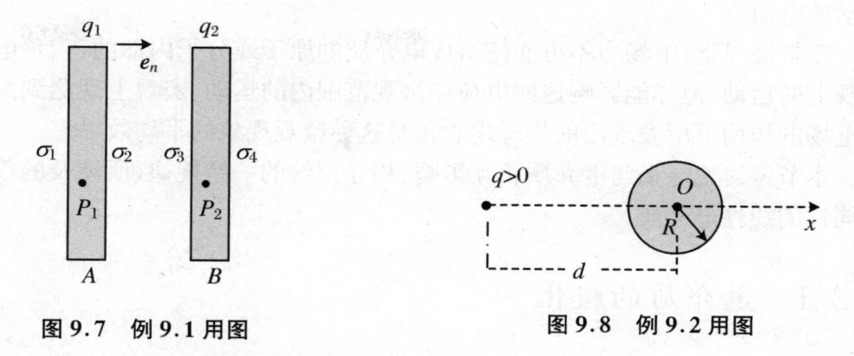

图 9.7　例 9.1 用图　　　图 9.8　例 9.2 用图

解　(1) 根据导体静电平衡时的条件,在球心处有 $\boldsymbol{E}_0=0$.利用电场的叠加原理,有

$$\boldsymbol{E}_0=\boldsymbol{E}_q+\boldsymbol{E}_{感}=\frac{q}{4\pi\varepsilon_0 d^2}\boldsymbol{i}+\boldsymbol{E}_{感}$$

所以球面上的感应电荷在球心处产生的电场为

$$\boldsymbol{E}_{感}=-\frac{q}{4\pi\varepsilon_0 d^2}\boldsymbol{i}$$

(2) 球上感应电荷分布在球面上,且正、负相等,分布不均匀,设球面上某处感应电荷面密度为 σ',则球心处的电势为

$$V_O=V_q+V_{感}=\frac{q}{4\pi\varepsilon_0 d}+\oint\!\!\!\oint_S\frac{\sigma' dS}{4\pi\varepsilon_0 R}=\frac{q}{4\pi\varepsilon_0 d}+0=\frac{q}{4\pi\varepsilon_0 d}$$

(3) 导体球接地,球面上部分电荷与大地电荷交换.设球面上的净剩感应电荷为 q',则根据电势叠加原理,有

$$V_O=V_q+V_{感}=\frac{q}{4\pi\varepsilon_0 d}+\oint\!\!\!\oint_S\frac{\sigma'\mathrm{d}S}{4\pi\varepsilon_0 R}=\frac{q}{4\pi\varepsilon_0 d}+\frac{q'}{4\pi\varepsilon_0 R}$$

而球接地,球心电势为零,即 $V_O=0$,所以,球上净剩感应电荷为

$$q'=-\frac{R}{d}q$$

可以看出,无论金属球上原来是否带电,接地以后,其上所剩总的电荷量均为 $-(R/d)q$.

9.2　静电场中的电介质

电介质就是电阻率很大、导电能力很差的一类物质.理想的电介质是良好的绝缘体,它的原子或分子中的电子与原子核的结合力很强,电子处于束缚状态.由于电介质中的电荷被束缚在分子线度内,所以电介质内部不存在可以自由地做宏观移动的电荷.

正常情况下,电场力不可能使组成电介质的原子或分子内部的正、负电荷产生宏观上的运动,但却能影响这些电荷在微观范围内的运动.宏观上观测到的电介质在电场的作用下所表现出的物理现象正是这种微观现象的平均效果.

本节将讨论电场与电介质相互影响、相互制约的一些规律,所涉及的仅限于各向同性的线性电介质.

9.2.1　电介质的极化

1. 电介质的极化

先通过一个简单的实验来说明电介质的极化问题.如图 9.9(a)所示,给真空平板电容器(设电容为 C_0)充电后,断开电源.设此时两个极板上的自由电荷面密度分别为 $+\sigma_0$ 和 $-\sigma_0$,极板之间的电压为 U_0,极板间的电场强度数值为 E_0(显然 $E_0=\sigma_0/\varepsilon_0$).然后让平板电容器的两个极板分别连接验电器的小金属球和外壳,此时金箔会张开一个角度,角度的大小与电容器两极板间的电压成正比.

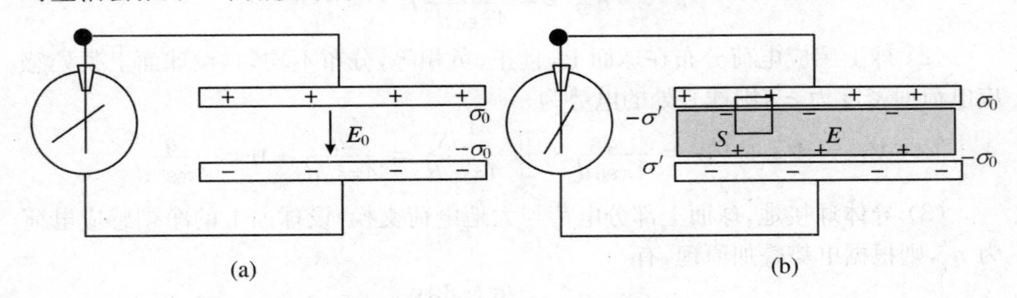

图 9.9　电介质的极化

现将一种均匀电介质充满电容器两个极板之间,如图 9.9(b)所示,设此时电容器的电容为 C,结果发现金箔的张角减小了(但指示不为零),由此说明极板之间的电压减小了;当抽出电介质后,张角又恢复到原来大小.

分析可知:由于电容器的极板已经脱离了电源,因而极板上的自由电荷面密度 $\pm\sigma_0$ 保持不变;极板间充满电介质后,极板之间电压减小,而板间距离不变,说明极板之间即电介质内部的总的电场强度 $\boldsymbol{E}$ 数值变小了,即 $E<E_0$,但不为零.

参考图 9.9(b),作一个柱状的高斯面 S,S 的下底面(设面积为 ΔS)在电介质中且与极板平行,上底面在上极板中,母线垂直极板.利用静电场的高斯定理 $\oiint_S \boldsymbol{E}\cdot \mathrm{d}\boldsymbol{S}=q_{\text{int}}/\varepsilon_0$,可得 $E\Delta S=\sigma\Delta S/\varepsilon_0$,即 $E=\sigma/\varepsilon_0$(式中 σ 是电介质与上极板交界面上总的电荷面密度).因为 $E<E_0$,所以 $\sigma<\sigma_0$,说明极板与介质交界面上的总电荷面密度数值减小了.由于上极板上自由电荷面密度 σ_0 大小保持不变,所以此时电介质的上表面上一定出现了与 σ_0 异号的电荷,即负电荷(用 $-\sigma'$表示该电荷的面

密度).同理可推出电介质下表面上出现了与 $-\sigma_0$ 异号的电荷,即正电荷(用 σ' 表示该电荷的面密度).显然有 $\sigma=\sigma_0+(-\sigma')$.

当抽出电介质后,验电器的张角又恢复到原来大小的实验事实表明:在电场的作用下,虽然电介质表面出现了电荷分布,且这种电荷紧贴金属板,但却并未与金属板上的自由电荷中和,说明电介质表面上的电荷是束缚在电介质表面上的.

在电场的作用下,电介质表面(或内部)会出现电荷分布,这个现象叫电介质的极化.

2. 电介质极化的微观机理

为了说明电介质极化的微观机理,我们先考察组成电介质的中性分子的电学性质.电介质中每个中性分子都是一个复杂的带电系统,每个分子内部都包含有带正电的原子核及带负电的电子.一般来说分子中的正、负电荷都不集中在一点,但在一级近似下,可认为一个分子内的所有正电荷都集中于分子内的某个几何点上,这个几何点称为分子的"正电荷中心",一个分子内的所有的负电荷也都集中于分子内的某个几何点上,这个几何点称为分子的"负电荷中心".

对于中性分子,由于其正电荷和负电荷的电量相等(用 $\pm q$ 表示),且正、负电荷中心之间的距离(用 $\boldsymbol{l}$ 表示从负电荷中心指向正电荷中心的矢量距离)远远小于问题研究中所涉及的距离,所以一个分子可以被看成一个电偶极子,称为"**分子电偶极子**",其电偶极矩称为分子的"**固有电偶极矩**",简称分子的"**固有电矩**",表示为 $\boldsymbol{P}_e=q\boldsymbol{l}$.在讨论电介质的行为时,可以认为电介质就是这些"分子电偶极子"的集合.

根据电介质分子的电结构特征,可以把电介质分子分为两大类.第一类分子如 H_2、N_2、O_2、CH_4、CO_2 等,它们在不受外电场作用时,分子中的正、负电荷中心重合,这类分子的"固有电矩"$\boldsymbol{P}_e=0$,它们被统称为"**无极分子**"或"非极性分子"(见图 9.10(a));第二类分子如 H_2O、CO、HCI 等,它们在不受外电场作用时,分子中的正、负电荷中心不重合,这种分子的"固有电矩"$\boldsymbol{P}_e\neq0$,它们被统称为"**有极分子**"或"极性分子"(见图 9.10(b)),如 H_2O 的"固有电矩"$\boldsymbol{P}_e=6.1\times10^{-30}\ \mathrm{C\cdot m}$.

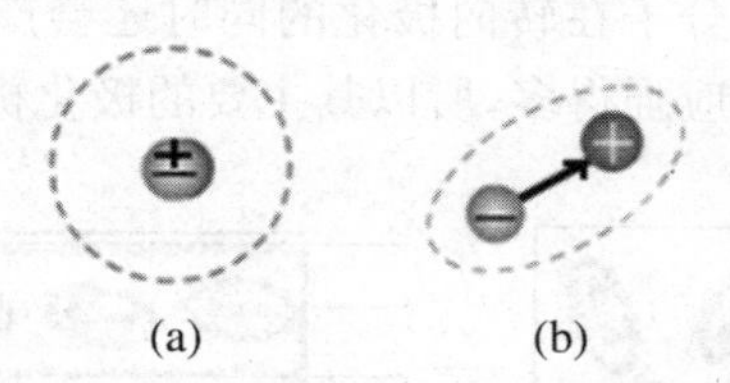

图 9.10　无极分子和有极分子

由无极分子组成的电介质叫**无极分子电介质**.无外电场时无极分子的正、负电荷中心重合,电介质宏观上呈电中性(见图 9.11(a)).但在外电场的作用下,无极分子的正、负电荷中心会因受电场力的作用而在电场方向上发生相对位移,导致电介质与电场线不相切的两个端面出现正、负极化电荷(见图 9.11(b)),这种极化称为位移极化.

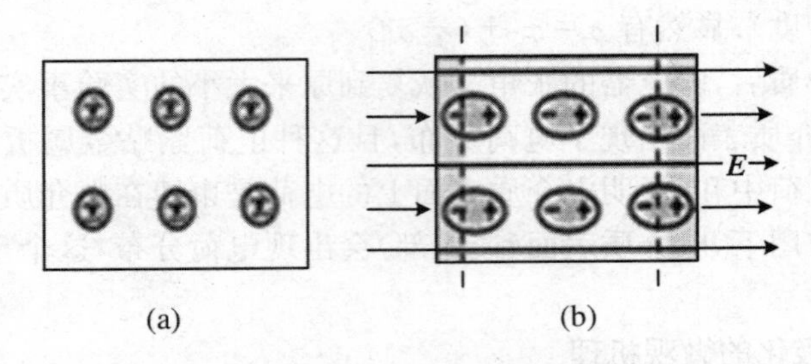

图 9.11　无极分子电介质极化示意图

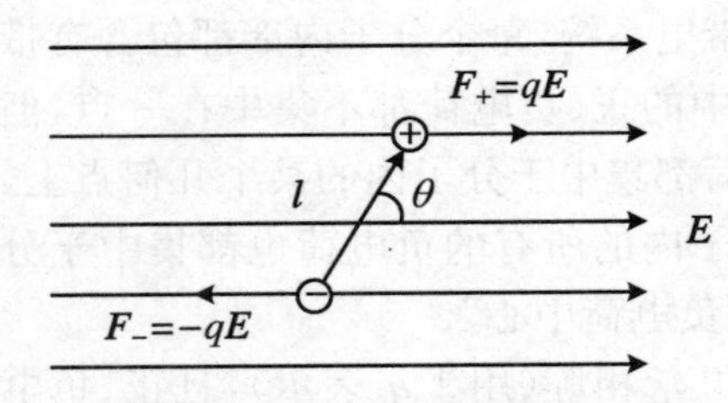

图 9.12　电场对电偶极子的作用

由有极分子组成的电介质叫有极分子电介质.在讨论有极分子电介质的极化问题之前,先看看电场对电偶极子是怎么作用的.参考图 9.12,在均匀外电场中,电偶极子所受的总静电力为零:

$$\boldsymbol{F}=\boldsymbol{F}_{+}+\boldsymbol{F}_{-}=q\boldsymbol{E}+(-q\boldsymbol{E})=0$$

但是,整个电偶极子要受到一个总力矩 $\boldsymbol{M}$ 的作用,且

$$\boldsymbol{M}=\frac{1}{2}\boldsymbol{l}\times\boldsymbol{F}_{+}+\left(-\frac{1}{2}\boldsymbol{l}\right)\times\boldsymbol{F}_{-}=q\boldsymbol{l}\times\boldsymbol{E}=\boldsymbol{P}_{e}\times\boldsymbol{E} \tag{9.2.1}$$

$\boldsymbol{M}$ 的作用效果是使电偶极子的偶极矩 $\boldsymbol{P}_e$ 转到与电场 $\boldsymbol{E}$ 一致的方向,达到一种稳定平衡状态.当 $\boldsymbol{P}_e$ 与 $\boldsymbol{E}$ 反平行时,虽然 $\boldsymbol{M}$ 也为零,但是这只是一种非稳定平衡,稍有扰动,偶极子就会偏离这个状态而转到与电场 $\boldsymbol{E}$ 一致的方向.

对于有极分子电介质,在无外场时,分子电偶极矩 $\boldsymbol{P}_e$ 在介质内的排列是无规则的(见图 9.13(a)),电介质宏观上呈电中性.加上外场后,分子电偶极子将由于受到电力矩 $\boldsymbol{M}$ 的作用而或多或少地转向电场方向,同样导致电介质与电场线不相切的两个端面出现正、负极化电荷(见图 9.13(b)),这种极化称为**转向极化**.一般来说,对有极分子电介质,分子在转向极化的同时还会产生位移极化,但由于转向极化的效应比位移极化效应强得多,所以其主要的极化机理还是转向极化.

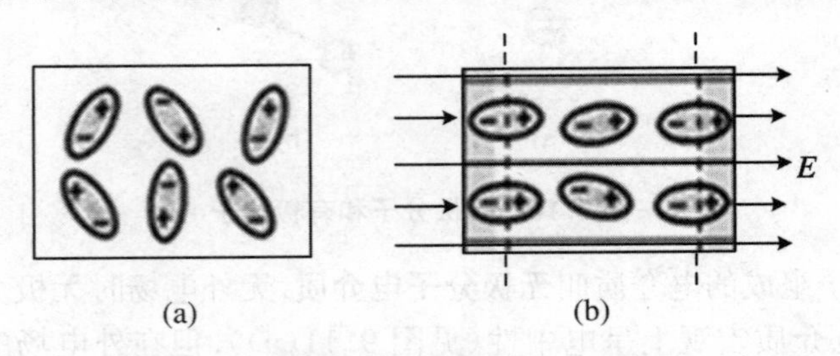

图 9.13　有极分子电介质极化示意图

为了进一步认识极化电荷,我们可参考图 9.11(b)和图 9.13(b).无论是有极分子电介质还是无极分子电介质,只要电介质是均匀的,当其被极化后,内部每一个分子电偶极子的头部均紧挨着另一个电偶极子尾部,正、负电荷效应相互抵消.但在与电场强度方向不相切表面薄层内(小于一个分子的限度),某些地方聚集了电偶极子的头部(带正电),某些地方聚集了电偶极子的尾部(带负电),这种电荷是因电介质的极化产生的,故称为极化电荷.这种极化电荷处在电介质表面薄层内,呈束缚状态,是一种等效电荷,不能用导线引走.一般情况下,随着外电场的消失,电介质回复到原状,这些电荷自然消失.

极化电荷与自由电荷在产生电场方面是相同的,即极化电荷出现后,极化电荷将在介质内、外产生附加电场 $\boldsymbol{E}'$,使得介质内、外任何一点的总场强为 $\boldsymbol{E}=\boldsymbol{E}_0+\boldsymbol{E}'$,$\boldsymbol{E}_0$ 是由自由电荷产生的电场的强度.(注意:与导体不同,在介质内 $\boldsymbol{E}_{\text{int}}=\boldsymbol{E}_0+\boldsymbol{E}'_{\text{int}}\neq 0$.)

9.2.2　极化强度

1. 极化强度的定义

为了描述介质的极化程度,我们引入极化强度概念:电介质中,某点附近单位体积内分子的电偶极矩矢量和,称为该点的**极化强度**,用 $\boldsymbol{P}$ 表示,即

$$\boldsymbol{P}=\frac{\sum \boldsymbol{P}_e}{\Delta V}\tag{9.2.2}$$

其中 ΔV 是介质内的一个物理无限小体积元(ΔV 宏观上看是很小的,但微观上看是很大的),$\sum \boldsymbol{P}_e$ 是 ΔV 内所有分子电偶极矩的矢量和.国际单位制中,电极化强度 $\boldsymbol{P}$ 的单位是 $\mathrm{C/m^2}$.若 $\boldsymbol{P}=$恒量,则称为**均匀极化**,反之称为非均匀极化.

2. 极化强度与场强间的关系

极化强度 $\boldsymbol{P}$ 与电场强度 $\boldsymbol{E}$($\boldsymbol{E}=\boldsymbol{E}_0+\boldsymbol{E}'$)之间有一定的关系,这种关系与电介质的内在结构有关.对于各向同性的线性电介质,实验表明,电场不太强时,极化强度与电场强度有如下关系:

$$\boldsymbol{P}=\chi_e\varepsilon_0\boldsymbol{E}\tag{9.2.3}$$

式中 χ_e 称为各向同性线性电介质的电极化率,是一个大于零的无量纲的纯数,其值与介质的材料有关,一般由实验测定.对于各向异性的电介质(如某些晶体),电极化强度与电场强度的关系比较复杂,本课程对此不做具体讨论.

9.2.3　极化电荷

电介质表面或内部,因极化而出现的电荷叫极化电荷.可以证明(证明过程从略),极化电荷与极化强度 $\boldsymbol{P}$ 之间有如下关系:

(1) 在电介质与真空或电介质与金属的交界面上，电介质表面极化电荷面密度σ'与极化强度 $\boldsymbol{P}$ 之间的关系为

$$\sigma' = \boldsymbol{P} \cdot \boldsymbol{e}_n = P\cos\theta \tag{9.2.4}$$

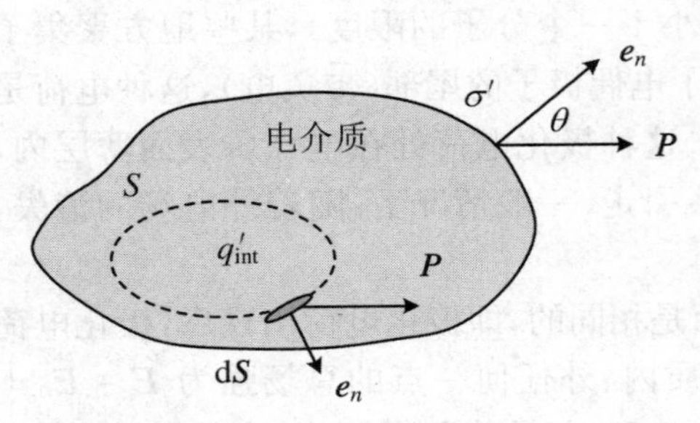

图 9.14　极化电荷与极化强度之间的关系

其中 $\boldsymbol{e}_n$ 是介质表面某处的外法线方向的单位矢量，$\boldsymbol{P}$ 是介质表面处的极化强度矢量(参考图 9.14)．式(9.2.4)说明：在电介质与真空或电介质与金属的交界面上，极化电荷面密度等于极化强度在电介质外法线方向的分量．

理论上还可以推出：在两种电介质的交界面上，极化电荷面密度为 $\sigma' = (\boldsymbol{P}_1 - \boldsymbol{P}_2) \cdot \boldsymbol{e}_{12}$，其中 $\boldsymbol{P}_1$ 和 $\boldsymbol{P}_2$ 分别是交界面两侧电介质 1 和电介质 2 的极化强度，$\boldsymbol{e}_{12}$是交界面法线方向上的单位矢量，且由介质 1 指向介质 2．式(9.2.4)是式 $\sigma' = (\boldsymbol{P}_1 - \boldsymbol{P}_2) \cdot \boldsymbol{e}_{12}$在 $\boldsymbol{P}_2 = 0$ 时(如介质 2 是真空或金属)的特例．

(2) 极化体电荷与极化强度之间的关系．

如果电介质是由多种不同的且均处于均匀极化状态的电介质混合而成，每种均匀电介质都是非常小的小块，以致整个电介质内部处处都是交界面，在交界面上都有面电荷分布，结果在电介质内部就会出现体分布的极化电荷．

同样参考图 9.14，任意取一个闭合曲面 S(S 可取在介质内，也可取在介质外，还可取成包围一部分介质)，则理论上可严格推出(推理过程略)S 内所包围的极化电荷 $q'_{\rm int}$与极化强度 $\boldsymbol{P}$ 之间满足

$$q'_{\rm int} = -\oiint_S \boldsymbol{P} \cdot \mathrm{d}\boldsymbol{S} \tag{9.2.5}$$

式(9.2.5)说明：任意闭合曲面 S 内的极化电荷，等于该闭合曲面上极化强度通量的负值．

9.2.4　电位移　有介质时的高斯定理

自由电荷和极化电荷均能产生静电场，电介质存在的情况下，空间任意一点的总场强 $\boldsymbol{E} = \boldsymbol{E}_0 + \boldsymbol{E}'$，那么描述静电场基本规律的高斯定理和环路定理是否还成立呢?

无论是自由电荷产生的电场 $\boldsymbol{E}_0$ 还是极化电荷产生的电场 $\boldsymbol{E}'$，均满足环路定理，即有$\oint_l \boldsymbol{E}_0 \cdot \mathrm{d}\boldsymbol{l} = 0$，$\oint_l \boldsymbol{E}' \cdot \mathrm{d}\boldsymbol{l} = 0$，所以总电场也遵循环路定理，即有

$$\oint_l \boldsymbol{E} \cdot \mathrm{d}\boldsymbol{l} = 0 \tag{9.2.6}$$

这表明有电介质时的静电场仍然是无旋的，是保守场，仍然可以引入电势来描述，场强与电势之间的积分关系(8.4.3)式和微分关系(8.4.15)式形式仍然成立.

对于由式(8.3.2)表示的静电场的高斯定理，只要把公式左边积分号内的电场 $\boldsymbol{E}$ 理解为由自由电荷和极化电荷共同产生的合场强，把公式右边的 q_{int} 理解为闭合曲面内自由电荷和极化电荷的代数和，那么有电介质时，高斯定理在形式上仍可以用式(8.3.2)表示. 但是极化电荷在公式中的出现，会使高斯定理的运用复杂化. 为此，在物理学中将设法避开极化电荷，给出一个更加广泛的高斯定理的表达式.

参考图 9.15，有电介质存在时，对于任意闭合曲面 S，式(8.3.2)可以写成

$$\oiint_S \boldsymbol{E} \cdot \mathrm{d}\boldsymbol{S} = \frac{q_{\text{int}}}{\varepsilon_0} = \frac{1}{\varepsilon_0}(q_{0\text{int}} + q'_{\text{int}}) \tag{9.2.7a}$$

这是一个显含极化电荷的高斯定理公式. 式(9.2.5)显示，该闭合曲面内所包围的极化电荷 q'_{int} 取决于极化强度 $\boldsymbol{P}$ 对该闭合曲面的通量. 把式(9.2.5)代入到式(9.2.7a)中，整理后可得

$$\oiint_S \boldsymbol{E}(\varepsilon_0 \boldsymbol{E} + \boldsymbol{P}) \cdot \mathrm{d}\boldsymbol{S} = q_{0\text{int}} \tag{9.2.7b}$$

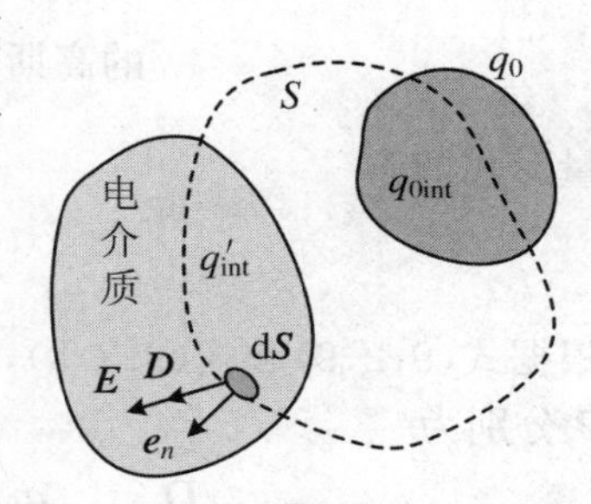

图 9.15　有介质时的高斯定理

式(9.2.7b)左边的被积函数是两个不同性质的物理量的线性叠加，我们引入一个辅助物理量 $\boldsymbol{D}$ 来表示这个线性叠加的结果：

$$\boldsymbol{D} = \varepsilon_0 \boldsymbol{E} + \boldsymbol{P} \tag{9.2.7c}$$

$\boldsymbol{D}$ 称为**电位移矢量**. 由于 $\boldsymbol{E}$ 和 $\boldsymbol{P}$ 均为宏观矢量点函数，因此 $\boldsymbol{D}$ 也是一个宏观矢量点函数，在空间每一点也都有确定的值. $\boldsymbol{D}(x,y,z)$ 构成一个新的矢量场，但其物理含义目前不十分明确. $\boldsymbol{D}$ 与空间所有电荷有关，单位是 $\mathrm{C/m^2}$. 引入电位移矢量后，式(9.2.7b)可写成：

$$\oiint_S \boldsymbol{D} \cdot \mathrm{d}\boldsymbol{S} = q_{0\text{int}} \tag{9.2.8}$$

式(9.2.8)表明：电位移矢量 $\boldsymbol{D}$ 对任意闭合曲面的通量完全取决于该闭合曲面所包围的自由电荷的代数和，与面外的自由电荷及所有极化电荷都无关. 这称为有介质时的高斯定理，或叫作关于 $\boldsymbol{D}$ 的高斯定理.

对于各向同性的线性电介质，式(9.2.7c)结合式(9.2.3)，有

$$\boldsymbol{D} = \varepsilon_0 \boldsymbol{E} + \boldsymbol{P} = \varepsilon_0 \boldsymbol{E} + \chi_e \varepsilon_0 \boldsymbol{E} = \varepsilon_0 (1 + \chi_e) \boldsymbol{E}$$

引入 $\varepsilon_r = 1 + \chi_e$，称为**电介质的相对介电常数**(或相对电容率)，再引入 $\varepsilon = \varepsilon_0 \varepsilon_r$，称为**电介质的介电常数**(或电容率)，则有

$$\boldsymbol{D} = \varepsilon_0 \varepsilon_r \boldsymbol{E} = \varepsilon \boldsymbol{E} \tag{9.2.9}$$

这是一个描写各向同性线性电介质中任意一点 $\boldsymbol{D}$ 和 $\boldsymbol{E}$ 之间关系的重要公式.

需要强调的是：尽管电位移矢量 $\boldsymbol{D}$ 本身缺少明确的物理意义，但它有着很多重要的性质，联系着很多物理量. 因此在研究电介质中的静电场时，往往先研究电

位移矢量 $\boldsymbol{D}$,然后通过式(9.2.9)求电场强度 $\boldsymbol{E}$,从而不必追究极化电荷的分布问题.

例 9.3 如图 9.16 所示,一半径为 R 的金属球,带有电荷 q_0(设 $q_0>0$),浸没在均匀无限大的电介质中,电介质的介电常数为 ε($\varepsilon=\varepsilon_0\varepsilon_r$).求:(1) 电介质中任意一点的电位移 $\boldsymbol{D}$、电场强度 $\boldsymbol{E}$、电极化强度 $\boldsymbol{P}$;(2) 电介质与金属球交界面上的极化电荷面密度 σ';(3) 金属球的电势 V_R.

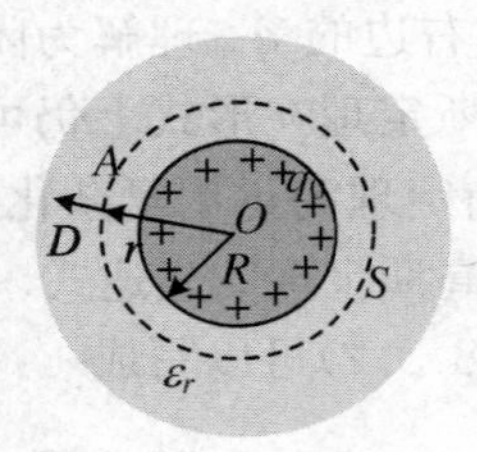

图 9.16 例 9.3 用图

解 (1) 这是一个均匀电介质被非均匀极化的例子.分析可知,金属球是等势体,空间的电位移以及电场均成球对称分布.过介质中的任意一点 A 作同心球面 S,运用关于 $\boldsymbol{D}$ 的高斯定理 $\oiint_S \boldsymbol{D}\cdot\mathrm{d}\boldsymbol{S}=q_{0\text{int}}$,可得 $D=q_0/(4\pi r^2)$,写成矢量形式即

$$\boldsymbol{D}=\frac{q_0}{4\pi r^2}\boldsymbol{e}_r \quad (r>R)$$

根据式(9.2.9)和式(9.2.3),电介质中任意一点 A 处的电场强度 $\boldsymbol{E}$ 和电极化强度 $\boldsymbol{P}$ 分别为

$$\boldsymbol{E}=\frac{\boldsymbol{D}}{\varepsilon}=\frac{q_0}{4\pi\varepsilon r^2}\boldsymbol{e}_r,\quad \boldsymbol{P}=\varepsilon_0\chi_e\boldsymbol{E}=\left(1-\frac{1}{\varepsilon_r}\right)\frac{q_0}{4\pi r^2}\boldsymbol{e}_r$$

(2) 在电介质与金属球交界的表面上,电极化强度矢量为

$$\boldsymbol{P}_R=\left(1-\frac{1}{\varepsilon_r}\right)\frac{q_0}{4\pi R^3}\boldsymbol{R}$$

该表面上的极化电荷面密度为

$$\sigma'=\boldsymbol{P}_R\cdot\boldsymbol{e}_n=-P_R=-\left(1-\frac{1}{\varepsilon_r}\right)\frac{q_0}{4\pi R^2}$$

(3) 金属球的电势为

$$V_R=\int_R^\infty \boldsymbol{E}\cdot\mathrm{d}\boldsymbol{r}=\frac{q_0}{4\pi\varepsilon R}$$

例 9.4 参考图 9.17,一平行板空气电容器充电后,极板上的自由电荷面密度 $\sigma_0=1.77\times10^{-6}\ \mathrm{C/m^2}$.将极板与电源断开,并平行于极板插入一块相对介电常数为 $\varepsilon_r=8$ 的各向同性线性电介质板.试计算电介质中的电位移 $\boldsymbol{D}$、场强 $\boldsymbol{E}$ 和电极化强度 $\boldsymbol{P}$ 的大小.已知真空介电常数 $\varepsilon_0=8.85\times10^{-12}\ \mathrm{C^2\cdot N^{-1}\cdot m^{-2}}$.

解 分析可知,电介质中的 $\boldsymbol{D}$、$\boldsymbol{E}$、$\boldsymbol{P}$ 各自均匀,方向垂直板面由正极板指向负极板.过介质中的任意一点作平行于极板的小平面 ΔS,以 ΔS 为底作一个母线垂直于板面的柱面 S,该柱面的另一个底面伸到一个极板内(极板内的电位移为零).对该闭合曲面运用关于 $\boldsymbol{D}$ 的高斯定理,有

$$\oiint_S \boldsymbol{D}\cdot\mathrm{d}\boldsymbol{S}=q_{0\text{int}}$$

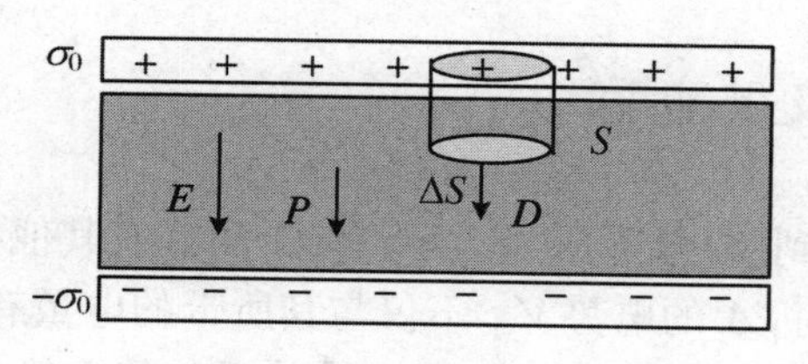

图 9.17　例 9.4 用图

得

$$D \cdot \Delta S = \Delta S \cdot \sigma_0$$

求得电位移的大小为

$$D = \sigma_0 = 1.77 \times 10^{-6}(\mathrm{C/m^2})$$

由 $\boldsymbol{D} = \varepsilon_0 \varepsilon_r \boldsymbol{E}$ 的关系式得到场强 $\boldsymbol{E}$ 的大小为

$$E = \frac{D}{\varepsilon_0 \varepsilon_r} = 2.5 \times 10^4(\mathrm{N/C})$$

介质中的电极化强度的大小为

$$P = \varepsilon_0 \chi_e E = \varepsilon_0(\varepsilon_r - 1)E = 1.55 \times 10^{-6}(\mathrm{C/m^2})$$

9.3　电容器　电容

电容器是一种常用的电子学元件，它由两个用空气或电介质隔开的金属导体组成. 常见的电容器有平板电容器、球形电容器和圆柱形电容器.

9.3.1　孤立导体的电容

对于一个半径为 R、带电为 Q 的孤立导体球，在静电平衡条件下，电荷 Q 均匀分布于该球的表面，且该球是一个等势体，其电势 $V = Q/(4\pi\varepsilon_0 R)$，即 V 与 Q 成正比，比例系数 $Q/V = 4\pi\varepsilon_0 R$ 与导体球的半径 R 有关.

一般地，可以证明：对于任意形状的孤立导体，导体所带的电量 q 与导体的电势 V（实际上是导体和无限远处的电势之差）之比为一常数，此常数只与导体的几何形状等因素有关，称为孤立导体的电容，用 C 表示，即

$$C = q/V \tag{9.3.1}$$

电容的单位为法拉（F），1 法拉（F）= 1 库仑（C）/伏特（V）. 有时常用微法（μF）及皮法（pF），它们之间的关系是：1 μF = 10^{-6} F，1 pF = 10^{-12} F.

9.3.2　电容器及其电容

孤立导体很难找到.参考图 9.18,当导体 A 附近有其他导体或其他带电体(如仅存在 C 不存在 B)时,A 的电势 V_A 不仅与其所带的电量有关,而且还与 C 的存在有关,不能再用一个常数 $C=q_A/V_A$ 来简单反映其电势与其电量之间的关系.为了消除其他物体 C 对导体 A 的容电能力的影响,可以用一个封闭的金属空腔 B 把 A 屏蔽起来.一旦导体 A 与腔的相对位置固定、A 的外壁及腔 B 的内壁形状固定、A 与腔之间的介质一定,那么导体 A 所带电量 q_A 与导体 A 及空腔导体 B 之间的电势差 V_A-V_B 之间的比例关系就是一个定值,即 $q_A/(V_A-V_B)=$常数.这个比值能够反映 A、B 这个系统储存电荷的能力.为此定义:由导体和其屏蔽体所组成的系统叫电容器,导体的外表面和其屏蔽体的内表面分别叫电容器的两个极板.把导体所带的电量与导体和屏蔽体之间的电势差的比值叫作该电容器的电容(用 C 表示),即有

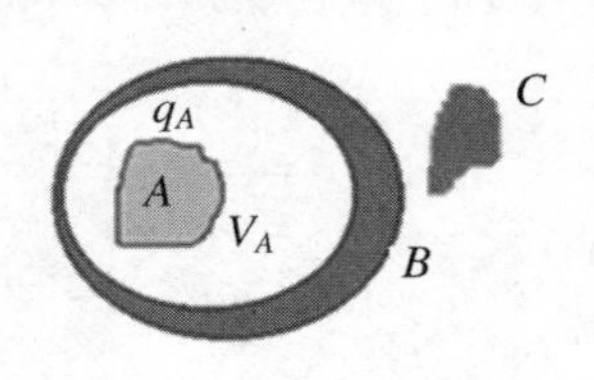

图 9.18　导体 A、B 构成电容器

$$C=\frac{q_A}{V_A-V_B}=\frac{q}{U} \tag{9.3.2}$$

电容器的电容 C 的物理意义是:两个极板之间的电势差升高 1 V 时所需的电量.

实际应用中,对极板之间的屏蔽问题不像上面要求的那样严格,只要两个导体之间能够互相屏蔽,外界干扰对比值 $q_A/(V_A-V_B)$ 的影响小到可以忽略,那么这样的装置就可被看作是电容器.

下面通过几种典型的电容器电容的分析与计算,来说明"电容"是一个与电容器自身参数有关的物理量.计算电容的一般方法是:首先让电容器的两极板分别带上等值异号的自由电荷 $\pm q_0$;然后由电荷分布求出两极板间的场强分布;再利用对场强的积分计算两极板间的电势差;最后根据电容的定义式求出电容.

1. 平行板电容器的电容

如图 9.19(a)所示为平板电容器,S 为极板面积,d 为板间距离.设两板间均匀充满电介质,电介质的相对介电常数为 ε_r.

设 A、B 两极板分别带电 $+q_0$ 和 $-q_0$,电荷面密度分别为 $\pm\sigma_0=\pm q_0/S$,参考例 9.4,两板间的电场为 $E=\sigma_0/(\varepsilon_0\varepsilon_r)=q_0/(\varepsilon_0\varepsilon_r S)$,两板间的电势差为

$$U_{AB}=V_A-V_B=\int_A^B E\mathrm{d}l=Ed=\frac{q_0}{\varepsilon_0\varepsilon_r S}d$$

电容为

$$C=\frac{q}{U_{AB}}=\varepsilon_0\varepsilon_r\frac{S}{d}=\varepsilon_r C_0 \tag{9.3.3}$$

其中 $C_0=\varepsilon_0 S/d$ 是两板间为真空时平行板电容器的电容.有一种平行板电容器可

通过改变极板相对面积的大小或极板间距离等来改变其电容值，叫作可变电容.

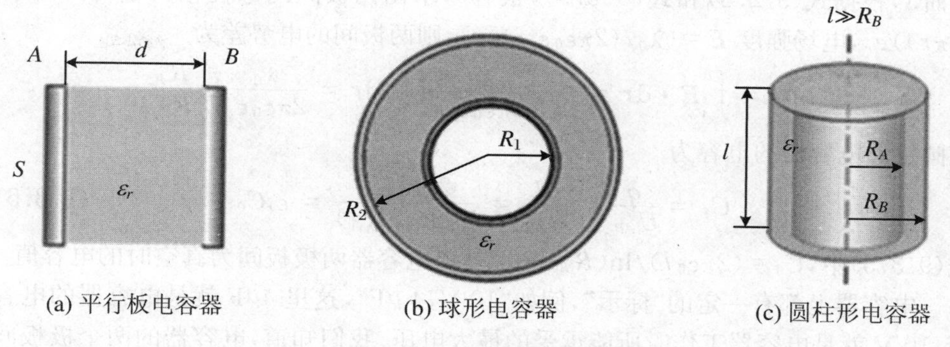

(a) 平行板电容器　(b) 球形电容器　(c) 圆柱形电容器

图 9.19　几种典型的电容器

2. 球形电容器的电容

图 9.19(b)为球形电容器，它是由半径为 R_1 的导体球或导体球壳，以及内半径为 R_2 的同心导体球壳构成的. 设两极间均匀充满电介质，电介质的相对介电常数为 ε_r.

为了求该球形电容器的电容，可设内球带有自由电荷 q_0，则由于静电感应，外球壳内表面应带有自由电荷 $-q_0$. 过介质中的任意一点，作一个半径为 r 的同心球面 S，根据式(9.2.8)和式(9.2.9)，很容易求出介质中的电位移矢量和电场强度矢量分别为

$$\boldsymbol{D}=\frac{q}{4\pi r^2}\boldsymbol{e}_r,\quad \boldsymbol{E}=\frac{q}{4\pi\varepsilon_0\varepsilon_r r^2}\boldsymbol{e}_r\quad (R_1<r<R_2)$$

则两板间的电势差为

$$U_{AB}=V_A-V_B=\int_{R_1}^{R_2}\boldsymbol{E}\cdot\mathrm{d}\boldsymbol{r}=\frac{q}{4\pi\varepsilon_0\varepsilon_r}\left(\frac{1}{R_1}-\frac{1}{R_2}\right)$$

电容为

$$C=\frac{q}{U_{AB}}=\frac{4\pi\varepsilon_0\varepsilon_r R_1R_2}{R_2-R_1}=\varepsilon_r C_0 \tag{9.3.4}$$

其中 $C_0=4\pi\varepsilon_0R_1R_2/(R_2-R_1)$是该电容器两极板间为真空时的电容值. 当 $R_2\to\infty$ 时，$C_0=4\pi\varepsilon_0R_1$ 变为孤立球形电容器的电容. 如果令 $d=R_2-R_1$，当 $R_1\to R_2$ 且 $R_1\gg d$ 时，可得 $C_0=4\pi\varepsilon_0R_1R_2/(R_2-R_1)\approx4\pi\varepsilon_0R_1^2/d=\varepsilon_0S/d$，与真空平行板电容器的电容相同.

3. 圆柱形电容器的电容

图 9.19(c)为长为 l 的圆柱形电容器，它是由半径为 R_A 的金属圆柱体或圆柱面，外面同轴地套着内半径为 R_B 的金属圆柱构成. 设两极之间充满电介质，电介质的相对介电常数为 ε_r.

为了求出该圆柱形电容器的电容，可以让内柱外表面和外柱内表面带上线密

度分别为$\pm\lambda_0$的等值异号电荷.为此,在电介质中作一个半径为r、高为h的同轴柱面S,根据式(9.2.8)和式(9.2.9),很容易求出两极间的电位移矢量$\boldsymbol{D}=(\lambda_0/(2\pi r))\boldsymbol{e}_r$,电场强度$\boldsymbol{E}=(\lambda_0/(2\pi\varepsilon_0\varepsilon_r r))\boldsymbol{e}_r$,则两极间的电势差为

$$U_{AB}=\int_A^B \boldsymbol{E}\cdot\mathrm{d}\boldsymbol{r}=\int_{R_A}^{R_B}\frac{\lambda_0}{2\pi\varepsilon_0\varepsilon_r r}\boldsymbol{e}_r\cdot\mathrm{d}\boldsymbol{r}=\frac{\lambda_0}{2\pi\varepsilon_0\varepsilon_r}\ln\frac{R_B}{R_A}$$

该圆柱形电容器的电容为

$$C_l=\frac{q}{U_{AB}}=\frac{\lambda l}{U_{AB}}=\frac{2\pi\varepsilon_0\varepsilon_r l}{\ln(R_B/R_A)}=\varepsilon_r C_0 \tag{9.3.5}$$

式(9.3.5)中,$C_0=(2\pi\varepsilon_0 l)/\ln(R_B/R_A)$是该电容器两极板间为真空时的电容值.

电容器上都有一定的“标示”,例如“10 V,4 μF”,这里4μF就是电容器的电容值,10 V就是电容器工作时所能承受的最大电压.我们知道,电容器的两个极板间一般是真空(空气)或介质,当电容器两极板间所加的电压太大时,电容器容易被“击穿”.电容器被击穿后,极板间的电介质就失去绝缘性而变为导体.电介质不被击穿所能承受的最大电场强度,叫击穿强度.例如,空气的击穿强度是3×10^6 V/m,尼龙的击穿强度是14×10^6 V/m等.

9.3.3 电容器的串联和并联

一个电容器的容量或耐压常常不能满足实际需要,为此常常将几个电容器联合使用.

1. 电容器的串联

图9.20(a)为电容器的串联,图9.20(b)为其等效电路.

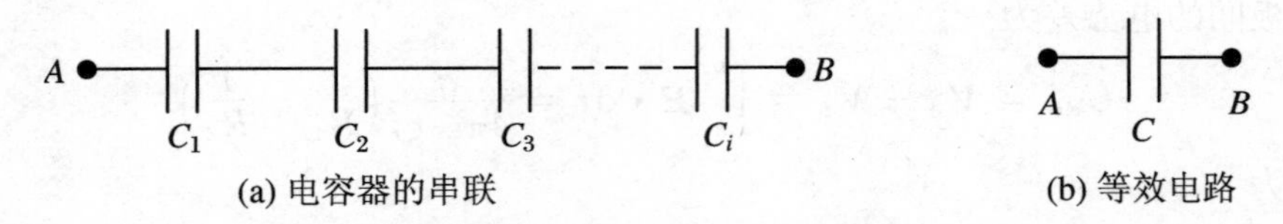

图9.20　电容器的串联及其等效电路

该串联电容器组工作时,总电压为各电容器电压之和,各电容器的电量相等,即为电容器组的总电量q_0.总电容为

$$C=\frac{q_0}{U}=\frac{q_0}{U_1+U_2+\cdots+U_n}=\frac{q_0}{q_0/C_1+q_0/C_2+\cdots+q_0/C_n}$$

$$\frac{1}{C}=\frac{1}{C_1}+\frac{1}{C_2}+\cdots+\frac{1}{C_n}=\sum_{i=1}^n\frac{1}{C_i}$$

即电容器串联后,总电容C与各电容器的电容C_i之间的关系为

$$\frac{1}{C}=\sum_{i=1}^n\frac{1}{C_i} \tag{9.3.6}$$

可以看到,总电容减小,总耐压提高.

2. 电容器的并联

图 9.21(a)为电容器的并联电路,图 9.21(b)为其等效电路.该并联电容器组工作时,各电容器上的电压相等,电容器组总电量 q_0 为各电容器所带电量之和,总电容 C 为

$$C = \frac{q}{U} = \frac{q_{10} + q_{20} + \cdots + q_{n0}}{U} = C_1 + C_2 + \cdots + C_n = \sum_{i=1}^{n} C_i$$

即总电容与各电容器的电容 C_i 之间的关系为

$$C = \sum_{i=1}^{n} C_i \tag{9.3.7}$$

可以看到,总电容增大,但总的耐压不超过并联电路中耐压最小的电容器的额定工作电压.

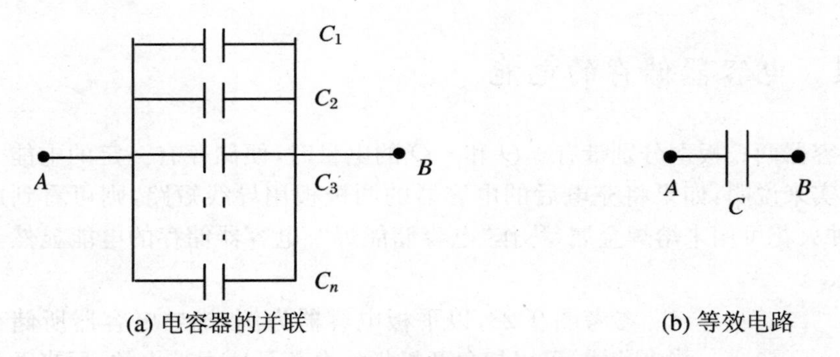

(a) 电容器的并联　　(b) 等效电路

图 9.21　电容器的并联及其等效电路

分布电容:任何两个导体之间都存在电容,如电路中导线之间、人体与仪器金属外壳之间等,这种电容称为分布电容.分布电容一般很小,可以被忽略,但在某些情况下仍然会对电路有一些影响.如果分布电容产生于形状、位置都很复杂的两导体之间,则很难精确计算.但如果产生分布电容的导体的形状、位置比较简单(参见例 9.5),则可设法做出数量级的估算.

例 9.5　如图 9.22 所示,半径都是 a 的两根平行长直导线,其中心线间相距 $d(d \gg a)$,求这对导线单位长度上的电容(导线周围可以被看作是真空).

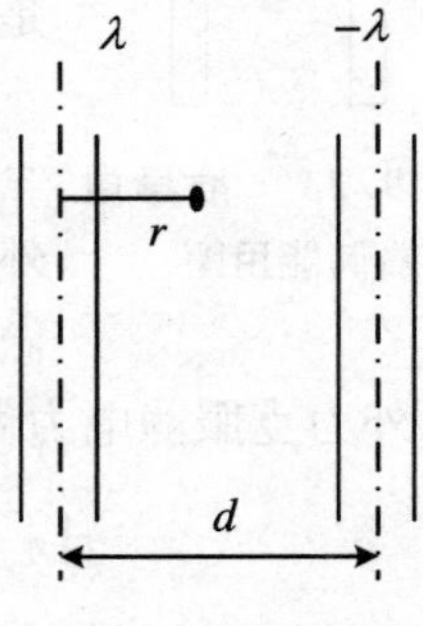

图 9.22　例 9.5 用图

解　设两根导线上的电荷线密度分别为 λ 和 $-\lambda$.距离左边导线中心线为 r 处的场强大小为

$$E = \frac{\lambda}{2\pi\varepsilon_0 r} + \frac{\lambda}{2\pi\varepsilon_0 (d - r)}$$

故两导线之间的电势差为

$$U=\frac{\lambda}{2\pi\varepsilon_0}\int_a^{d-a}\left(\frac{1}{r}+\frac{1}{d-r}\right)\mathrm{d}r=\frac{\lambda}{2\pi\varepsilon_0}\left[\ln\frac{d-a}{a}-\ln\frac{a}{d-a}\right]$$

$$=\frac{\lambda}{2\pi\varepsilon_0}\ln\left[\frac{d-a}{a}\right]^2=\frac{\lambda}{\pi\varepsilon_0}\ln\frac{d-a}{a}$$

单位长度上的电容为

$$C=\frac{q}{U}=\frac{\lambda}{U}=\frac{\pi\varepsilon_0}{\ln[(d-a)/a]}\approx\frac{\pi\varepsilon_0}{\ln(d/a)}$$

设 $a=10^{-4}$ m, $d=10^{-2}$ m,则可估算出单位长度上的分布电容 $C=6.03$ pF.

9.4 电场的能量

9.4.1 电容器储存的电能

电容器两极板上分别带有 $+Q$ 和 $-Q$ 的电量时,便储存有一定的电能. 这可通过事实来说明:如果将充电后的电容器的两极板用导线短路,则可看到放电火花,这种火花可用来熔焊金属,称作"电容储能焊". 电容器储存的电能显然与其带电有关.

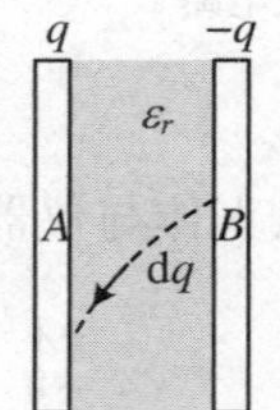

图 9.23 推导电容器储能用图

参考图 9.23,以平板电容器为例,推导电容器所储存的电能表达式. 可以想象两极板的电荷是这样带上的:原来两极板不带电,外力克服静电力不断地把元电荷 dq 从一个极板 B 搬到另一极板 A 上,直到充电结束,那么外力做的总功在数值上就是电容器所储存的电能.

设充电到某一程度时,A 板上的电荷为 q,两板间电压 $u_{AB}=u_A-u_B$(用小写字母,以示与最终的电压、电势的区别). 此时外力克服静电力把元电荷 dq 从一个极板 B 搬到另一极板 A 所做的功为 $\mathrm{d}A_{外}=-\mathrm{d}A_{静}=-\mathrm{d}q(u_B-u_A)=u_{AB}\mathrm{d}q$. 充电结束后,外力克服静电力做的总功为

$$A_{外}=\int_0^Q\mathrm{d}A_{外}=\int_0^Q u_{AB}\mathrm{d}q=\int_0^Q\frac{q}{C}\mathrm{d}q=\frac{1}{2}\frac{Q^2}{C}$$

根据功能关系可知,电容为 C 的电容器两极板带电分别为 Q 和 $-Q$ 时,所储存的电能为

$$W=\frac{1}{2}\frac{Q^2}{C}\quad 或\quad W=\frac{1}{2}CU^2\quad 或\quad W=\frac{1}{2}QU \tag{9.4.1}$$

9.4.2 电场的能量

式(9.4.1)可以计算电容器所储存的电能,但没有回答这些电能储存在什么地方.一种观点认为:电容器储存的电能与其所带的电荷量及自身几何参数有关,所以电荷是电能的携带者;另一种观点认为,电场力可以对电荷做功,所以电场是电能的携带者.

在静电学范围内,电荷和静电场总是联系在一起的,无法鉴定谁是电能的携带者.但以后会学到,当电场随时间迅速变化时,电场(还有磁场)可以脱离电荷而单独存在,并且以有限的速度在空间传播,形成电磁波.而电磁波携带能量早已被事实所证明(如手机能够收到各种信息).所以"电场是电能的携带者"这个观点是正确的.

如果把 $U=Ed$、$C=\varepsilon S/d$ 代入到式(9.4.1)中,可以把电容器的这个储能公式改写成

$$W=\frac{1}{2}CU^2=\varepsilon\frac{S}{2d}(Ed)^2=\frac{1}{2}\varepsilon E^2V \tag{9.4.2}$$

其中 $V=Sd$ 是平行板电容器的体积,在这个体积内存在电场(不考虑边缘效应),因而存在着电能.

对于平行板电容器这一特殊情形,由于板间场强是均匀的,所以电场中的能量也是均匀分布的,因而可求出单位体积内的电能为

$$w_e=\frac{W}{V}=\frac{1}{2}\varepsilon E^2 \tag{9.4.3a}$$

w_e 称为**电场的能量密度**,是一个标量点函数,单位为 $\mathrm{J\cdot m^{-3}}$.在真空中,由于 $\varepsilon_r=1$,所以电场的能量密度变为 $w_e=\varepsilon_0E^2/2$.

利用式(9.2.9),还可以给出电场能量密度的另一种表达式:

$$w_e=\frac{1}{2}\varepsilon E^2=\frac{1}{2}\varepsilon\boldsymbol{E}\cdot\boldsymbol{E}=\frac{1}{2}\boldsymbol{D}\cdot\boldsymbol{E} \tag{9.4.3b}$$

式(9.4.3b)虽然是从特例推出的,但它确是普遍的电场能量体密度公式.式(9.4.3a)只是式(9.4.3b)的一个特例.

对于任一给定的区域 V,其内的总电场能量为

$$W=\int_V\mathrm{d}W=\int_V w_e\mathrm{d}V=\frac{1}{2}\int_V\boldsymbol{D}\cdot\boldsymbol{E}\mathrm{d}V \tag{9.4.4}$$

例 9.6 介电常数为 $\varepsilon(\varepsilon=\varepsilon_0\varepsilon_r)$ 的无限大各向同性线性电介质中,有一半径为 R 的金属球,金属球所带自由电荷为 Q_0,求该球产生的静电场的总能量.

解 根据对称性分析及 $\boldsymbol{D}$ 的高斯定理和 $\boldsymbol{D}=\varepsilon\boldsymbol{E}$,可以求出电介质中的电位移 $\boldsymbol{D}$ 和场强 $\boldsymbol{E}$ 分别为

$$\boldsymbol{D}=\frac{Q_0}{4\pi r^3}\boldsymbol{r},\quad \boldsymbol{E}=\frac{Q_0}{4\pi\varepsilon r^3}\boldsymbol{r}\quad(r>R)$$

金属球内的电位移 $\boldsymbol{D}$ 和电场强度 $\boldsymbol{E}$ 均为零. 利用式(9.4.3),可求得球内、外电场的能量密度分别为:当 $r<R$ 时, $w_{e1}=0$;当 $r>R$ 时, $w_{e2}=(\varepsilon E^2)/2=Q_0{}^2/(32\pi^2\varepsilon r^4)$.

无论在球内还是球外,均取同心球壳为体元: $\mathrm{d}V=4\pi r^2\mathrm{d}r$,则电场的总能量为

$$W=\iiint_V w_e\,\mathrm{d}V=\int_0^R w_{e1}\cdot\mathrm{d}V+\int_R^\infty w_{e2}\cdot\mathrm{d}V=\frac{Q_0{}^2}{8\pi\varepsilon R}$$

习 题 9

9.1 当一个带电导体达到静电平衡时,下列说法正确的是( ).

A. 表面上电荷密度较大处电势较高

B. 表面曲率较大处电势较高

C. 导体内部的电势比导体表面的电势高

D. 导体内任一点与其表面上任一点的电势差等于零

9.2 在一个孤立的导体球壳内,若在偏离球中心处放一个点电荷,则在球壳内、外表面上将出现感应电荷,其分布将是( ).

A. 内表面均匀,外表面也均匀

B. 内表面不均匀,外表面均匀

C. 内表面均匀,外表面不均匀

D. 内表面不均匀,外表面也不均匀

9.3 在一不带电荷的导体球壳的球心处放一点电荷,并测量球壳内、外的场强分布. 如果将此点电荷从球心移到球壳内其他位置,重新测量球壳内、外的场强分布,则将发现( ).

A. 球壳内、外场强分布均无变化

B. 球壳内场强分布改变,球壳外不变

C. 球壳外场强分布改变,球壳内不变

D. 球壳内、外场强分布均改变

9.4 选无穷远处为电势零点,半径为 R 的导体球带电后,其电势为 U_0,则球外离球心距离为 r 处的电场强度的大小为( ).

A. $\dfrac{R^2U_0}{r^3}$ B. $\dfrac{U_0}{R}$ C. $\dfrac{RU_0}{r^2}$ D. $\dfrac{U_0}{r}$

9.5 如图 9.24 所示,一厚度为 d 的无限大均匀带电导体板,电荷面密度为 σ,则板的两侧离板面距离均为 h 的两点 a、b 之间的电势差为( ).

A. 0 B. $\dfrac{\sigma}{2\varepsilon_0}$ C. $\dfrac{\sigma h}{\varepsilon_0}$ D. $\dfrac{2\sigma h}{\varepsilon_0}$

9.6 两个同心薄金属球壳,半径分别为 R_1 和 R_2($R_2>R_1$),若分别带上电荷 q_1 和 q_2,则两者的电势分别为 V_1 和 V_2(选无穷远处为电势零点).现用导线将两球壳相连接,则它们的电势为(　　).

A. V_1　　B. V_2　　C. V_1+V_2　　D. $\frac{1}{2}(V_1+V_2)$

9.7 如图9.25所示,一个带负电荷的金属球,外面同心地罩一个不带电的金属球壳,则在球壳中一点 P 处的场强大小与电势(设无穷远处为电势零点)分别为(　　).

A. $E=0, V>0$　　B. $E=0, V<0$　　C. $E=0, V=0$　　D. $E>0, V<0$

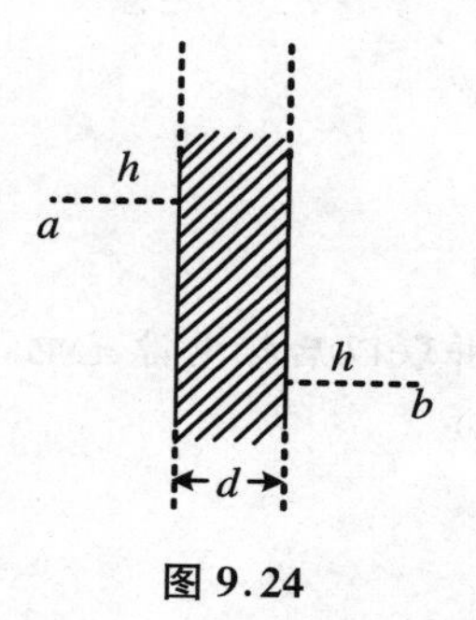

图9.24

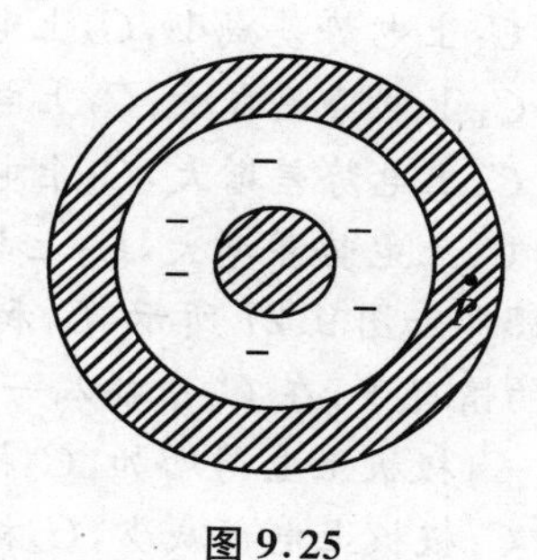

图9.25

9.8 关于 $\boldsymbol{D}$ 的高斯定理,下列说法中哪一个是正确的?(　　)

A. 高斯面内不包围自由电荷,则面上各点电位移矢量 $\boldsymbol{D}$ 为零

B. 高斯面上 $\boldsymbol{D}$ 处处为零,则面内必不存在自由电荷

C. 高斯面的 $\boldsymbol{D}$ 通量仅与面内自由电荷有关

D. 以上说法都不正确

9.9 静电场中,关系式 $\boldsymbol{D}=\varepsilon_0\boldsymbol{E}+\boldsymbol{P}$ 的适用范围为(　　).

A. 只适用于各向同性线性电介质　　B. 只适用于均匀电介质

C. 适用于线性电介质　　D. 适用于任何电介质

9.10 一导体球外充满相对介电常数为 ε_r 的均匀电介质,若测得导体表面附近场强为 E,则导体球面上的自由电荷面密度 σ_0 为(　　).

A. $\varepsilon_0 E$　　B. εE　　C. $\varepsilon_r E$　　D. $(\varepsilon-\varepsilon_0)E$

9.11 一平行板电容器中充满相对介电常数为 ε_r 的各向同性线性电介质,已知介质表面极化电荷面密度为 $\pm\sigma'$,则极化电荷在电容器中产生的电场强度的大小为(　　).

A. $\frac{\sigma'}{\varepsilon_0}$　　B. $\frac{\sigma'}{\varepsilon_0\varepsilon_r}$　　C. $\frac{\sigma'}{2\varepsilon_0}$　　D. $\frac{\sigma'}{\varepsilon_r}$

9.12 一平行板电容器始终与端电压一定的电源相联,当电容器两极板间为真空时,电场强度为 $\boldsymbol{E}_0$,电位移为 $\boldsymbol{D}_0$,而当两极板间充满相对介电常数为 ε_r 的各向同性线性电介质时,电场强度为 $\boldsymbol{E}$,电位移为 $\boldsymbol{D}$,则(　　).

A. $\boldsymbol{E}=\boldsymbol{E}_0/\varepsilon_r,\boldsymbol{D}=\boldsymbol{D}_0$　　　　B. $\boldsymbol{E}=\boldsymbol{E}_0,\boldsymbol{D}=\varepsilon_r\boldsymbol{D}_0$

C. $\boldsymbol{E}=\boldsymbol{E}_0/\varepsilon_r,\boldsymbol{D}=\boldsymbol{D}_0/\varepsilon_r$　　　　D. $\boldsymbol{E}=\boldsymbol{E}_0,\boldsymbol{D}=\boldsymbol{D}_0$

9.13　一空气平行板电容器,两极板间距为 d,充电后板间电压为 U.现将电源断开,在两板间平行地插入一厚度为 $d/3$ 的与极板等面积的金属板,则板间电压变为(　　).

A. $3U$　　　　B. $\frac{1}{3}U$　　　　C. $\frac{2}{3}U$　　　　D. U

9.14　如图 9.26 所示,C_1和 C_2两空气电容器串联起来接上电源充电.然后将电源断开,再把一电介质板插入 C_1中,如图所示. 则(　　).

A. C_1上电势差减小,C_2上电势差增大

B. C_1上电势差减小,C_2上电势差不变

C. C_1上电势差增大,C_2上电势差减小

D. C_1上电势差增大,C_2上电势差不变

9.15　如图 9.27 所示,C_1和 C_2两空气电容器并联以后接电源充电,在电源保持连接的情况下,在 C_1中插入一电介质板,则(　　).

A. C_1极板上电荷增加,C_2极板上电荷减少

B. C_1极板上电荷减少,C_2极板上电荷增加

C. C_1极板上电荷增加,C_2极板上电荷不变

D. C_1极板上电荷减少,C_2极板上电荷不变

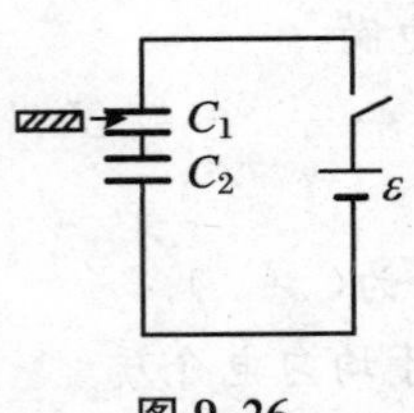

图 9.26

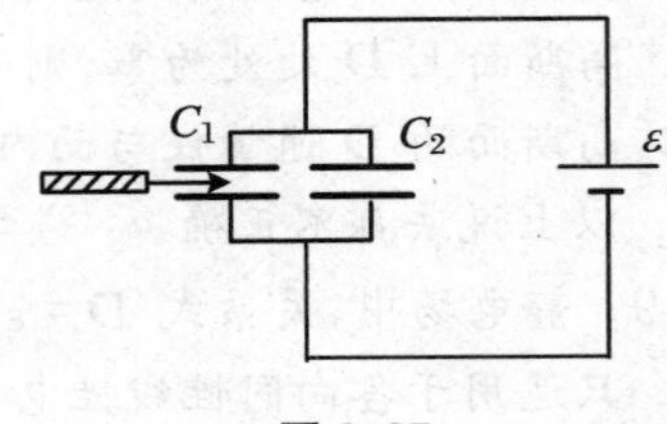

图 9.27

9.16　一空气平行板电容器充电后与电源断开,然后在两极板间充满某种各向同性均匀电介质,则电场强度的大小 E、电容 C、电压 U、电场能量 W 四个量各自与充入介质前相比较,增大(↑)或减小(↓)的情形为(　　).

A. $E\uparrow,C\uparrow,U\uparrow,W\uparrow$　　　　B. $E\downarrow,C\uparrow,U\downarrow,W\downarrow$

C. $E\downarrow,C\uparrow,U\uparrow,W\downarrow$　　　　D. $E\uparrow,C\downarrow,U\downarrow,W\uparrow$

9.17　真空中有一"孤立的"均匀带电球体和一"孤立的"均匀带电球面,如果它们的半径和所带的电荷都相等,则它们的静电能之间的关系是(　　).

A. 球体的静电能等于球面的静电能

B. 球体的静电能大于球面的静电能

C. 球体的静电能小于球面的静电能

D. 球体内的静电能大于球面内的静电能,球体外的静电能小于球面外的静

电能

9.18　如图 9.28 所示，一球形导体，带有电荷 q，置于一任意形状的空腔导体中. 当用导线将两者连接后，则与未连接前相比系统静电场能量将(　　).

A. 增大　　　　B. 减小

C. 不变　　　　D. 如何变化无法确定

9.19　如图 9.29 所示，在内、外半径分别为 R_1 和 R_2 的导体球腔内，有一个半径为 r 的导体小球，小球与球腔同心，让小球与球腔分别带上电荷量 q 和 Q. (1) 求小球的电势 V_r，球腔内、外表面的电势 V_{R1}、V_{R2}；(2) 求两球的电势差；(3) 若球腔接地，再求小球与球腔的电势差.

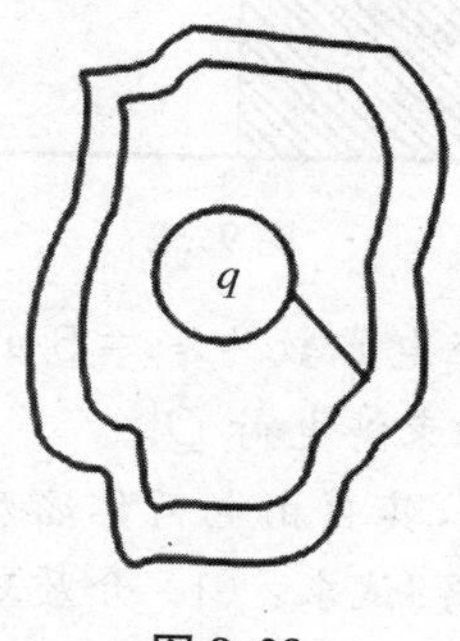

图 9.28

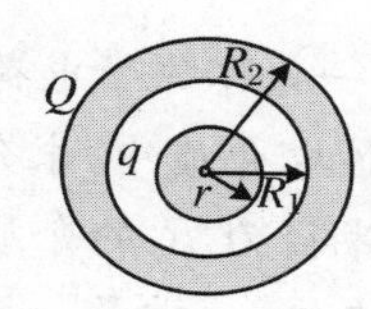

图 9.29

9.20　如图 9.30 所示，已知面电荷密度为 σ_0 的均匀带电大平板旁，平行放置有一大的不带电导体平板. (1) 求导体板两表面的面电荷密度 σ_1 和 σ_2；(2) 若导体平板接地，则 σ_1 和 σ_2 又分别为多少?

9.21　一平板空气电容器充电后，极板上的自由电荷面密度 $\sigma_0 = 1.77\times10^{-6}\ \mathrm{C/m^2}$，将极板与电源断开，使一块相对介电常数为 $\varepsilon_r = 8$ 的各向同性的线性电介质板充满极板之间，取真空介电常数 $\varepsilon_0 = 8.85\times10^{-12}\ \mathrm{C^2\cdot N^{-1}\cdot m^{-2}}$，试计算：(1) 电介质中的电位移 $\boldsymbol{D}$、场强 $\boldsymbol{E}$ 和电极化强度 $\boldsymbol{P}$ 的大小；(2) 电介质中任意一点的电场能量体密度 w_e.

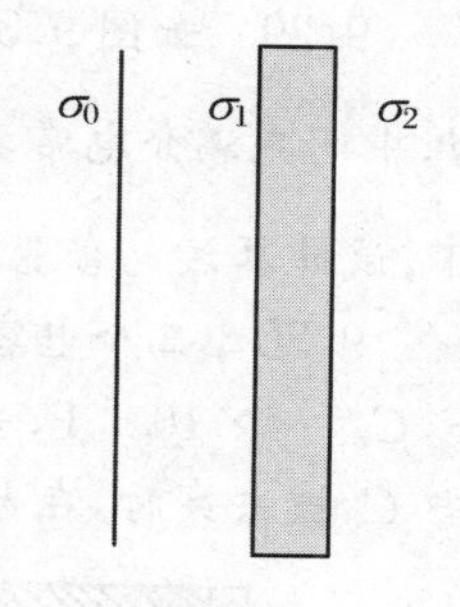

图 9.30

9.22　空气平行板电容器极板面积 $S = 0.2\ \mathrm{m^2}$，板间距离 $d = 10^{-2}\ \mathrm{m}$，充电后断开电源，此时测得两极板之间的电势差 $U_0 = 3\times10^3\ \mathrm{V}$. 在两极板之间充满各向同性的均匀电介质后，极板之间的电压降为 $U_0 = 10^3\ \mathrm{V}$. 已知 $\varepsilon_0 = 8.85\times10^{-12}\ \mathrm{C^2\cdot N^{-1}\cdot m^{-2}}$. 求：(1) 电介质的相对介电常数(又叫相对电容率) ε_r；(2) 电介质中 $\boldsymbol{D}$、$\boldsymbol{E}$、$\boldsymbol{P}$ 的大小(SI 制)；(3) 放入电介质前后，该电容器储存的能量之比 $W_{空气}/W_{介质}$.

9.23　一半径为 R 的各向同性的线性电介质球，相对介电常数为 ε_r，球内均匀地分布着体密度为 ρ_0 的自由电荷，试证明球心与无穷远处的电势差为

$$U_{0\infty}=\frac{(2\varepsilon_r+1)R_2}{6\varepsilon_0\varepsilon_r}\rho_0$$

9.24 如图 9.31 所示，一空气平行板电容器，极板面积为 S，两极板之间距离为 d，其中平行地放有一层厚度为 t $(t<d)$、相对介电常数为 ε_r 的各向同性的线性电介质. 略去边缘效应，试求其电容值.

9.25 如图 9.32 所示，一平行板电容器，极板间距离为 $d=10$ cm，其间有一半充以相对介电常数 $\varepsilon_r=10$ 的各向同性的线性电介质，其余部分为空气. 当两极间电势差为 100 V 时，试分别求空气中和介质中的电位移矢量和电场强度矢量.

图 9.31　　　　图 9.32

9.26 一导体球带电荷 $Q=1.0$ C，放在相对介电常数为 $\varepsilon_r=5$ 的无限大各向同性的线性电介质中，求介质与导体球分界面上的束缚电荷 Q'.

9.27 半径为 R 的介质球，相对介电常数为 ε_r，其自由电荷体密度 $\rho=\rho_0(1-r/R)$，式中 ρ_0 为常量，r 是球心到球内某点的距离. 试求：(1) 介质球内的电位移和场强分布；(2) 在半径 r 多大处场强最大？

9.28 一各向同性的线性电介质球，半径为 R，其相对介电常数为 ε_r，球内均匀分布有自由电荷，其体密度为 ρ_0. 求：(1) 球内的束缚电荷体密度 ρ'；(2) 球表面上的束缚电荷面密度 σ'.

9.29 如图 9.33 所示，一平行板电容器，极板面积为 S，两极板之间距离为 d，中间充满介电常数按 $\varepsilon=\varepsilon_0\left(1+\frac{x}{d}\right)$ 规律变化的电介质. 在忽略边缘效应的情况下，试计算该电容器的电容.

9.30 三个电容器如图 9.34 所示连接，其中 $C_1=10\times10^{-6}$ F，$C_2=5\times10^{-6}$ F，$C_3=4\times10^{-6}$ F，当 A、B 间电压 $U=100$ V 时，试求：(1) A、B 之间的电容；(2) 当 C_3 被击穿时，在电容 C_1 上的电荷和电压各变为多少？

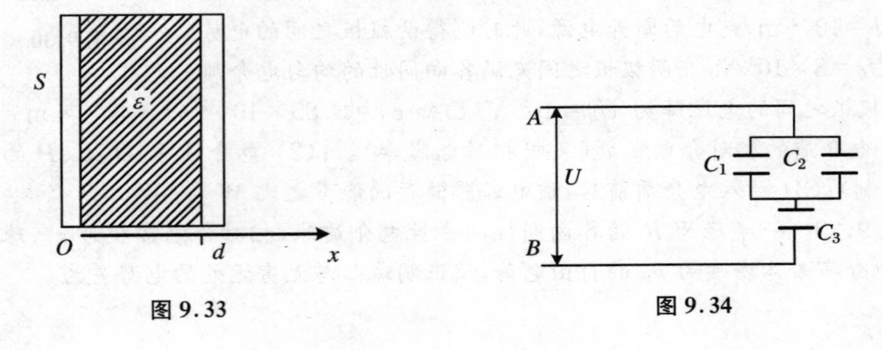

图 9.33　　　　图 9.34

*9.31　如图9.35所示，一电容器由两个同轴圆筒组成，内筒半径为 a，外筒半径为 b，筒长都是 L，中间充满相对介电常数为 ε_r 的各向同性的线性电介质，内、外筒分别带有等量异号电荷 $+Q$ 和 $-Q$. 设 $(b-a)\ll a, L\gg b$，可以忽略边缘效应，求：(1) 圆柱形电容器的电容；(2) 电容器储存的能量.

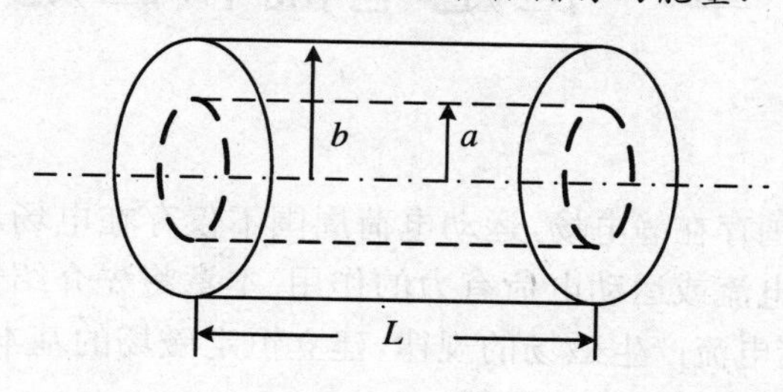

图9.35

9.32　两个相同的空气电容器，其电容都是 $C_0=9\times10^{-10}$ F，都充电到电压为 $U_0=900$ V后断开电源，然后把其中之一浸入煤油（$\varepsilon_r=2$）中，再把两个电容器并联，求：(1) 浸入煤油过程中损失的静电能；(2) 并联过程中损失的静电能.

第10章 恒定电流和恒定磁场

静止的电荷周围存在静电场,运动电荷周围不仅存在电场,而且还存在磁场.磁场对处在场内的电流或运动电荷有力的作用.本章将先介绍恒定电流的一些基本概念,再介绍恒定电流产生磁场的规律,建立恒定磁场的基本方程,讨论处在磁场内的电流或运动电荷的受力等问题.

10.1 恒定电流

电荷的定向运动形成电流,不随时间发生变化的电流叫恒定电流,也叫直流.本节将以金属导线为例,介绍导线中恒定电流的基本概念.

10.1.1 电流强度 电流密度

要想产生电流,一方面必须存在可以自由移动的带电粒子(即载流子),另一方面还必须有迫使载流子做定向运动的某种作用.

载流子可以是正、负离子或自由电子等.不同种类的导体有不同类型的载流子,金属导体中的载流子是自由电子.当金属导体内存在电场时,金属导体中的自由电子将在电场力的作用下做定向运动.我们把金属导体中的自由电子做这种定向运动所形成的电流称为"传导电流".

单位时间内通过某曲面的电荷量称为流过该曲面的电流强度,用 I 表示,I 的单位是安培(符号为A).由于负电荷向某一方向定向运动所引起的电荷迁移量与等量的正电荷向相反方向定向运动所引起的电荷迁移量等效,加之传统习惯,即使在很多情况下实际载流子是带负电的电子,但在研究电流时都规定带正电的载流子定向运动的方向为电流的正方向.

如图10.1所示,设 Δt 时间内流过某曲面 S 的电量为 Δq,则流过该截面的电流强度为

$$I = \lim_{\Delta t \to 0} \frac{\Delta q}{\Delta t} = \frac{dq}{dt} \tag{10.1.1}$$

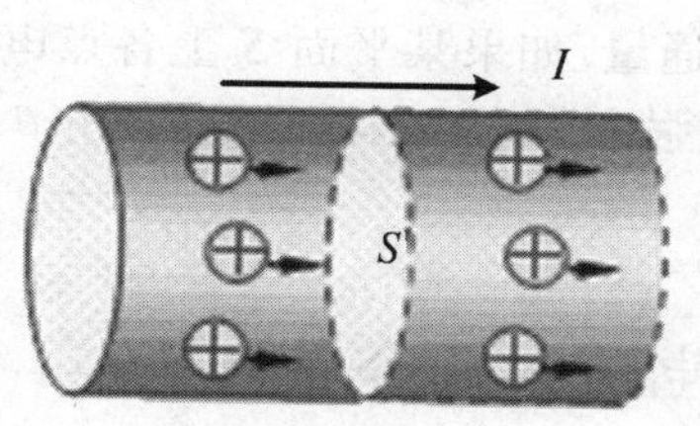

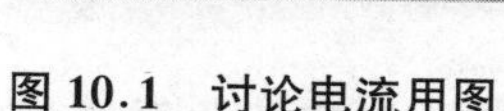

图 10.1　讨论电流用图

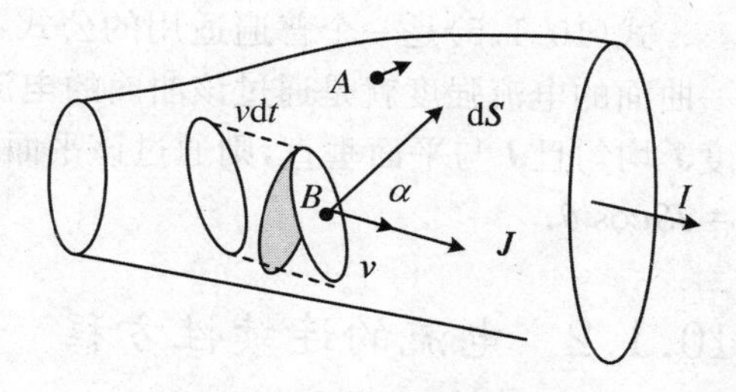

图 10.2　定义电流密度用图

在实际问题中，导线内各点的电荷流动情况可以不同(例如图 10.2 中的 A，B 两点). 为了描述导线内各点的电荷流动情况，通常引入电流密度概念. 电流密度是一个矢量点函数，用 $\boldsymbol{J}$ 表示，其定义是:某点的电流密度 $\boldsymbol{J}$ 的方向与该点正电荷(或等效正电荷)的运动方向一致，$\boldsymbol{J}$ 的大小等于单位时间内通过该点附近垂直于电荷运动方向的单位面积上的电量. $\boldsymbol{J}$ 的单位为 $\mathrm{A/m^2}$.

参考图 10.2，设某点 B 处载流子(假设带正电)的定向运动速度为 $\boldsymbol{v}$，且设该点附近单位体积内载流子的数量为 n、电荷体密度为 ρ、每个载流子的电量为 q. 在 B 附近取矢量面元 $\mathrm{d}\boldsymbol{S}$，$\mathrm{d}\boldsymbol{S}$ 的法线方向与速度 $\boldsymbol{v}$ 之间的夹角为 α. 设 $\mathrm{d}t$ 时间内流过 $\mathrm{d}\boldsymbol{S}$ 的电量为 $\mathrm{d}q$，根据电流密度的定义，B 点处电流密度的大小为

$$J = \frac{\mathrm{d}q}{\mathrm{d}t \cdot \mathrm{d}S\cos\alpha} = \frac{v\mathrm{d}t \cdot \mathrm{d}S\cos\alpha \cdot \rho}{\mathrm{d}t \cdot \mathrm{d}S\cos\alpha} = \rho v = nqv \tag{10.1.2}$$

考虑到电流密度 $\boldsymbol{J}$ 的方向和正载流子运动方向一致，有

$$\boldsymbol{J} = nq\boldsymbol{v} \tag{10.1.3a}$$

如果载流子带负电即 $q = -e$(例如在金属导体中)，则该点电流密度常写成下面的形式:

$$\boldsymbol{J} = -ne\boldsymbol{v} \tag{10.1.3b}$$

电流强度反映了整个曲面上的电荷流动情况，而电流密度则反映了空间各点的电荷流动情况，这两个物理量之间存在着一定的关系. 参考图 10.2，考察式(10.1.2)，有

$$J = \frac{\mathrm{d}q}{\mathrm{d}t \cdot \mathrm{d}S\cos\alpha} = \frac{\mathrm{d}I}{\mathrm{d}S\cos\alpha}$$

由于式(10.1.2)中的 $\mathrm{d}q$ 是 $\mathrm{d}t$ 时间内流过 $\mathrm{d}\boldsymbol{S}$ 的电量，所以此时的 $\mathrm{d}q/\mathrm{d}t$ 表示的是流过面元 $\mathrm{d}\boldsymbol{S}$ 的电流强度，用 $\mathrm{d}I$ 表示，且有

$$\mathrm{d}I = J\mathrm{d}S\cos\alpha = \boldsymbol{J} \cdot \mathrm{d}\boldsymbol{S} \tag{10.1.4}$$

对于任意曲面 S，可划分出许多面元 $\mathrm{d}\boldsymbol{S}$，流过任意面元的电流强度都可以用式(10.1.4)计算，且这些面元上的电流强度的代数和，就是该曲面上的电流强度. 为此通过任意曲面 S 的电流强度 I 与面上各点的电流密度 $\boldsymbol{J}$ 之间的关系式是

$$I = \iint_S \boldsymbol{J} \cdot \mathrm{d}\boldsymbol{S} \tag{10.1.5}$$

式(10.1.5)是一个普遍适用的公式,对空间任意曲面都成立,它表明:通过某一曲面的电流强度就是通过该曲面的**电流密度通量**.如果某平面 S 上各点电流密度 $\boldsymbol{J}$ 均匀且 $\boldsymbol{J}$ 与平面垂直,则通过该平面的电流强度为 $I=JS$.如果有夹角 θ,则 $I=JS\cos\theta$.

10.1.2 电流的连续性方程 恒定电流的闭合性

设想在空间任意取一个闭合曲面 S(参考图 10.3),在理解关系式(10.1.5)式的基础上,可以将通过某闭合曲面的电流强度表示为

$$I = \oint\!\!\!\oint_S \boldsymbol{J}\cdot \mathrm{d}\boldsymbol{S} \tag{10.1.6}$$

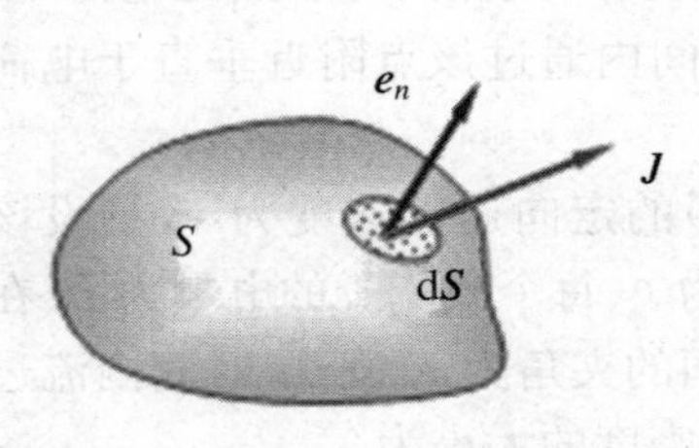

图 10.3 闭合曲面上的电流

按照 $\boldsymbol{J}$ 的物理意义和 I 的定义,可知式(10.1.6)实际上表示了净流出闭合曲面 S 的电流强度.若用 $\mathrm{d}q_{\text{int}}/\mathrm{d}t$ 表示该闭合曲面内电荷量随时间的变化率,则$(-\mathrm{d}q_{\text{int}}/\mathrm{d}t)$实际上就表示单位时间内净流出该闭合曲面的电量,也就是流出闭合曲面 S 的电流强度.于是有

$$\oint\!\!\!\oint_S \boldsymbol{J}\cdot \mathrm{d}\boldsymbol{S} = -\frac{\mathrm{d}q_{\text{int}}}{\mathrm{d}t} \tag{10.1.7}$$

式(10.1.7)称为**“电流的连续性方程”**,它表明:在电流场(即 $\boldsymbol{J}$ 场)中,通过任意一闭合曲面的电流密度通量等于该闭合曲面内电荷量的减少率.该式实际上也是电荷守恒定律的一种数学表达形式,对任意形式的电流都成立.

一般来讲,电流密度 $\boldsymbol{J}$ 是空间位置和时间的函数.如果空间各点的 $\boldsymbol{J}$ 不随时间变化,即 $\boldsymbol{J}=\boldsymbol{J}(x,y,z,)$,那么这样的电流称为恒定电流(也称为直流).如果要(在导线中)维持一个恒定电流,必须建立一个不随时间变化的电场,这个维持恒定电流的不随时间变化的电场称为恒定电场.为了(在导线内)建立一个“恒定电场”,必须要求激发该电场的所有电荷分布均不随时间发生变化,即在任意闭合面所包围的体积内 $\mathrm{d}q_{\text{int}}/\mathrm{d}t=0$ 成立.结合式(10.1.7),对于恒定电流,其电流的连续性方程就是

$$\oint\!\!\!\oint_S \boldsymbol{J}\cdot \mathrm{d}\boldsymbol{S} = 0 \quad (\text{对任意闭合曲面 } S) \tag{10.1.8}$$

式(10.1.8)是**恒定电流的连续性方程**,说明恒定电流的电流密度线(即 $\boldsymbol{J}$ 线)是既无起点又无终点的闭合曲线,这个性质叫恒定电流的闭合性.恒定电流的闭合性决定了流有恒定电流的电路必须是闭合的.同时说明:对于恒定电流,电荷流动的过程是空间每一点的一些电荷被另一些电荷替代的过程,即电荷处在动态平衡状态.正是这种不随时间发生变化的电荷激发了恒定电场.

最后我们指出,恒定电场与静电场有很多共同点,两者的场强 $\boldsymbol{E}$ 本身及产生

场强 $\boldsymbol{E}$ 的电荷分布都不随时间发生变化.两者的区别在于:激发静电场的电荷是静止不动的,而产生恒定电场的电荷分布(至少有一部分)是处在动态平衡状态的.既然激发恒定电场的电荷分布不随时间发生变化,恒定电场的性质就应该与静电场完全一样,即它们满足相同的高斯定理和环路定理.所以有时也常把恒定电场称作静电场.

10.2　欧姆定律和焦耳定律

10.2.1　欧姆定律的积分形式和微分形式

参考图 10.4,实验表明,线状金属导体两端沿电流方向的电势差(或电压)$U_{ab} = V_a - V_b = \int_a^b \boldsymbol{E} \cdot \mathrm{d}\boldsymbol{l}$ 与其电流 I 成正比,即有

$$U_{ab} = IR \quad 或 \quad U_{ba} = -IR \tag{10.2.1}$$

式(10.2.1)中的比例系数 R 称为导体的电阻,其国际单位为欧姆(Ω).这就是德国著名科学家欧姆从实验中总结出的规律,称为纯电阻电路的**欧姆定律**.

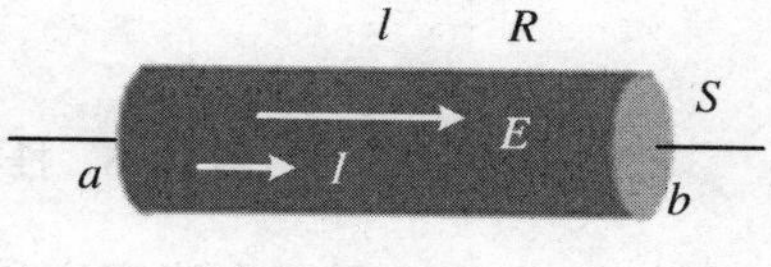

图 10.4　欧姆定律

电阻的数值与导体的材料、形状、长短、粗细、温度等因素有关.电阻的倒数叫电导,用 G 表示,G 的单位为西门子或叫姆欧(符号为 S).

实验证明:对于由一定材料制成的长为 l、横截面积(即垂直于电流方向的截面面积)为 S 的柱形导体,其电阻(参考图 10.4)为

$$R = \rho \frac{l}{S} \tag{10.2.2}$$

式(10.2.2) 称为**电阻定律**,式中的 ρ 称为导体材料的电阻率,单位为 Ω · m. ρ 的倒数 $\gamma = 1/\rho$ 称为**电导率**,单位为 S/m. 电阻率 ρ 不但与材料的种类有关,而且还和温度有关.一般的材料在温度不太低时,电阻率与温度有线性关系 $\rho_t = \rho_0(1 + \alpha \cdot t)$,其中 ρ_t 和 ρ_0 分别是 t ℃和 0 ℃时的电阻率,α 称为**电阻温度系数**,随材料种类的不同而不同.例如在 0 ℃时,铜、铝、碳材料的电阻率分别为 $\rho_{0\mathrm{Cu}} = 1.6 \times 10^{-8}\ \Omega \cdot \mathrm{m}$,$\rho_{0\mathrm{Al}} = 2.5 \times 10^{-8}\ \Omega \cdot \mathrm{m}$,$\rho_{0\mathrm{C}} = 3.5 \times 10^{-5}\ \Omega \cdot \mathrm{m}$.铜、铝、碳材料的电阻温度系数分别为 $\alpha_{\mathrm{Cu}} = 4.3 \times 10^{-3}\ \mathrm{K}^{-1}$,$\alpha_{\mathrm{Al}} = 4.7 \times 10^{-3}\ \mathrm{K}^{-1}$,$\alpha_{\mathrm{C}} = -5 \times 10^{-4}\ \mathrm{K}^{-1}$.制作标准电阻时,均选用电阻温度系数非常小的材料.对于有些金属和化合物,当其温度降到某一特定值时,电阻率突然降为零,这种现象叫**超导**.

一段截面积均匀的导体的电阻可以直接利用式(10.2.2)求解,对于截面积不均匀或长度不均匀的材料的电阻,需要根据实际情况先求出微电阻 dR,再利用电阻的串并联知识积分求解.

欧姆定律(式(10.2.1))给出了电阻两端的电位差和电流之间的关系.考虑到电位差与电场有关,电流强度和电流密度紧密关联,因此可以利用式(10.2.1)结合式(10.2.2)推导出导体中某点电场强度 $\boldsymbol{E}$ 和该点电流密度 $\boldsymbol{J}$ 之间的关系.

参考图 10.5,在电阻率为 ρ(电导率 $\gamma=1/\rho$)的任意形状的导体中取一个截面积为 dS、长为 dl 的柱状电阻 dR,设该柱状导体中任意一点的电场强度为 $\boldsymbol{E}$、电流密度为 $\boldsymbol{J}$;两端的电势分别表示为 $V+\mathrm{d}V$ 和 V;流有电流 dI,则根据式(10.2.1),有$(V+\mathrm{d}V)-V=\mathrm{d}R\cdot I$,即 $E\cdot\mathrm{d}l=(\rho\mathrm{d}l/\mathrm{d}S)J\cdot\mathrm{d}S$,则有 $E=J/\gamma$.考虑到电流密度的方向和电场强度的方向已知,于是得出

$$\boldsymbol{J}=\gamma\boldsymbol{E} \tag{10.2.3}$$

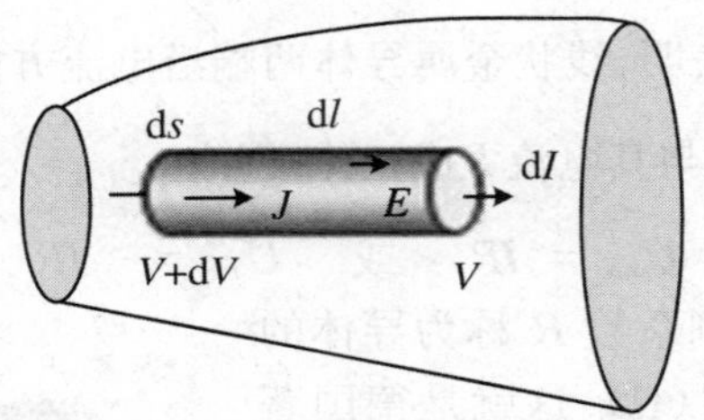

图 10.5 推导微分形式的欧姆定律用图

式(10.2.3)表示了电流密度和电场强度间的点点对应关系,具有普遍适应性,是电磁理论中反映物质电磁性质的基本方程之一,在交变电磁场中也成立,通常叫作**欧姆定律的微分形式**,相应的式(10.2.1)就叫作**欧姆定律的积分形式**.

*10.2.2 电流的功率 焦耳定律

电流通过导体时,正电荷从高电势处流向低电势处,在此过程中,电场对电荷要做功.单位时间内从电势为 V_1 处向电势为 V_2 处通过某截面定向流动的电荷量在数值上等于电流强度 I,故单位时间内电场做的功即电流的功率为

$$P=I(V_1-V_2)=UI \tag{10.2.4}$$

电场做的功将转化为其他形式的能量.若这一段电路是电池或电解槽,则转化为化学能;若这段电路为电机,则电能转化为机械能.若这一段电路是阻值为 R 的电阻,则结合积分形式的欧姆定律 $U=IR$,此时电流的功率可表示为

$$P=I^2R \tag{10.2.5}$$

实验表明:电流通过纯电阻时,电能将以热能的形式释放出来,式(10.2.5)中的 I^2R 就是该电阻单位时间内释放的热量,即热功率.式(10.2.5)称为积分形式

的焦耳定律.

若把 $R=\rho l/S$ 代入式(10.2.5),结合微分形式的欧姆定律 $\boldsymbol{J}=\gamma\boldsymbol{E}$ 及 $I=JS$,则该电阻单位体积内的热功率为

$$p=\gamma E^2 \tag{10.2.6}$$

p 叫作热功率密度,单位是 $\mathrm{J\cdot m^{-3}}$.式(10.2.6)叫作微分形式的焦耳定律.

例 10.1　如图 10.6 所示,一内、外半径分别为 R_1 和 R_2 的同轴金属圆筒,长度为 l,电阻率为 ρ,内、外筒壁间的电势差为 U,且筒的内缘电势高.求:圆柱体中沿径向的电流强度 I.

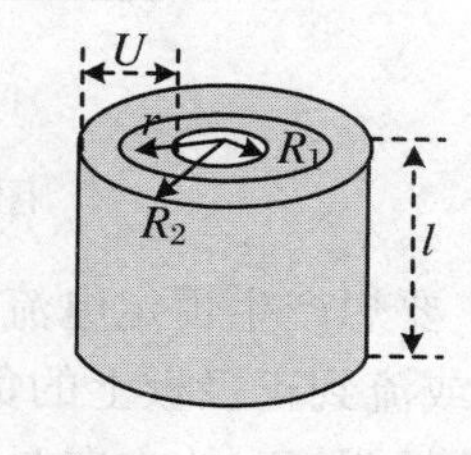

图 10.6　例 10.1 用图

解　如图 10.6 所示,作一个半径为 $r(R_1\leqslant r\leqslant R_2)$、高为 l 的同轴圆柱面,设该面上各点沿径向的电流密度的大小为 J,沿径向的电场强度大小为 E.则根据微分形式的欧姆定律 $\boldsymbol{J}=\gamma\boldsymbol{E}$,可得

$$E=\frac{J}{\gamma}=\rho J=\rho\frac{I}{2\pi rl}$$

内、外壁之间的电势差为

$$U=\int_{R_1}^{R_2}\boldsymbol{E}\cdot\mathrm{d}\boldsymbol{r}=\int_{R_1}^{R_2}\frac{I\rho}{2\pi rl}\mathrm{d}r=\frac{I\rho}{2\pi l}\ln\frac{R_2}{R_1}$$

根据欧姆定律,圆柱体中沿径向的电流强度为

$$I=\frac{2\pi lU}{\rho\ln\dfrac{R_2}{R_1}}$$

本题也可以在半径 $r(R_1\leqslant r\leqslant R_2)$ 到 $r+\mathrm{d}r$ 间取一个高为 l 的同轴薄圆柱壳,其沿径向的微电阻为 $\mathrm{d}R=\rho\mathrm{d}r/(2\pi rl)$.利用电阻串联知识,求出该同轴金属圆筒沿径向的总电阻为

$$R=\int_{R_1}^{R_2}\mathrm{d}R=\frac{\rho}{2\pi l}\ln\frac{R_2}{R_1}$$

再利用积分形式的欧姆定律即可得出结论.

10.3　电源和电动势　电路上两点间的电势差

10.3.1　电源　电动势

当把两个电势不等的导体用导线连接起来时,导线中会有电流产生.电容器的放电过程就是如此(图 10.7),显然随着时间的推移,两极板上的电荷逐渐减少,直

至消失.这种随时间减少的电荷不能产生恒定电场,因而也就不能形成恒定电流.

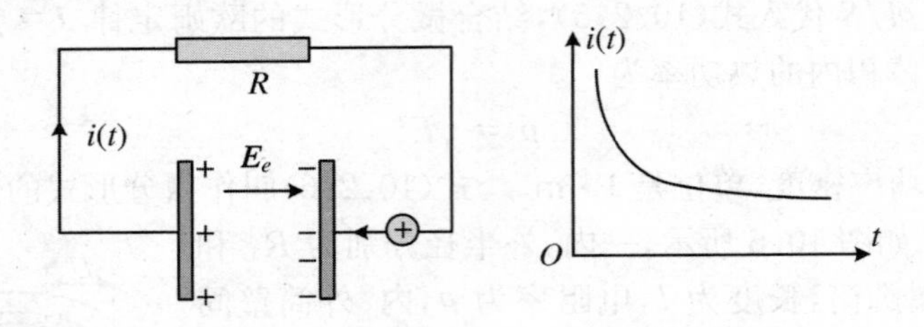

图 10.7 电容器放电及其产生的非恒定电流

要想产生恒定电流,必须设法使得流到负极板上的正电荷重新回到正极板上去(或流到正极板上的负电荷重新回到负极板上去).但由于两个极板之间的静电场的场强 $\boldsymbol{E}_e$ 的方向是由电势高的正极板指向电势低的负极板,所以要想使得正电荷从负极板经两板之间回到正极板,单靠作用在正电荷上的静电力 $\boldsymbol{F}_e=q\boldsymbol{E}_e$ 是不可能实现的,只能靠其他类型的力,要求这个力能够分离正、负电荷,且使得正电荷逆着静电场 $\boldsymbol{E}_e$ 的方向运动(图 10.8).这种作用在电荷上的其他类型的力统称为非静电力,用 $\boldsymbol{F}_k$ 表示.由于它的作用,在电流持续的情况下,仍能在正、负极板上产生恒定的电荷分布,从而产生恒定电场,这样就得到了恒定电流.提供非静电力的装置叫电源.图 10.8 中,电源有正、负两个极板,用导线将极板连在一起就形成了闭合回路.在这一回路中,电源以外的部分叫外电路,电源内部叫内电路.

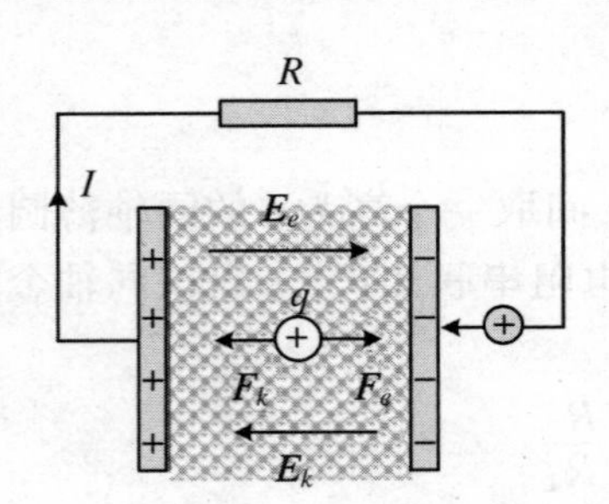

图 10.8 非静电力 $\boldsymbol{F}_k$ 反抗静电力 $\boldsymbol{F}_e$ 移动电荷

电源的类型很多,不同类型的电源中,非静电力的本质不同,如化学电池中的非静电力是一种化学作用,发电机中的非静电力是一种电磁作用.也可从能量的角度看待电源,非静电力反抗静电力做功过程,实际上就是把其他形式的能量转化成电能的过程.但不同的电源,非静电力做功的本领是不同的.为了定量地描述电源转化能量的本领的大小,物理学中引入电动势的概念:在电源内,单位正电荷从负极板向正极板移动过程中,非静电力做的功叫作电源的电动势,用 ε 表示,其单位为伏特.

下面我们将利用场的观点,给出电动势 ε 的表达式.把各种非静电力的作用看作是相应的各种非静电场的作用.用 $\boldsymbol{E}_k$ 表示非静电场的电场强度,其定义是单位正电荷所受到的非静电力,即 $\boldsymbol{E}_k=\boldsymbol{F}_k/q$.参考图 10.8,于是有

$$\varepsilon=\frac{1}{q}\int_{-}^{+}q\boldsymbol{E}_k\cdot\mathrm{d}\boldsymbol{l}=\frac{1}{q}\int_{\substack{-\\ \text{经电源}}}^{+}q\boldsymbol{E}_k\cdot\mathrm{d}\boldsymbol{l}=\int_{\substack{-\\ \text{经电源}}}^{+}\boldsymbol{E}_k\cdot\mathrm{d}\boldsymbol{l}\tag{10.3.1a}$$

此式表示了非静电力集中在一段电路内(如电池内)作用时,用场的观点表示的电动势.

有些情况下非静电力存在于整个电流回路 l 中(如电磁感应现象中就存在这种情形),此时,整个回路中的总电动势应为

$$\varepsilon = \oint_l \boldsymbol{E}_k \cdot \mathrm{d}\boldsymbol{l} \tag{10.3.1b}$$

这可看成是电源电动势的普遍定义.

说明:① 电动势的方向. 电动势本身是一个正的标量,不是矢量,但在电子电工学中,常把“电源内由负极到正极的方向(即 $\boldsymbol{E}_k$ 的方向)”称为“电动势的方向”. ② 实际电源与理想电源是有区别的,实际电源具有一定的内电阻,可用 r 表示,若 $r=0$(如超导材料),则称为理想电源. 如图 10.9 所示,任何一个实际电源都可等效为一个理想电源与一个内电阻的串联.

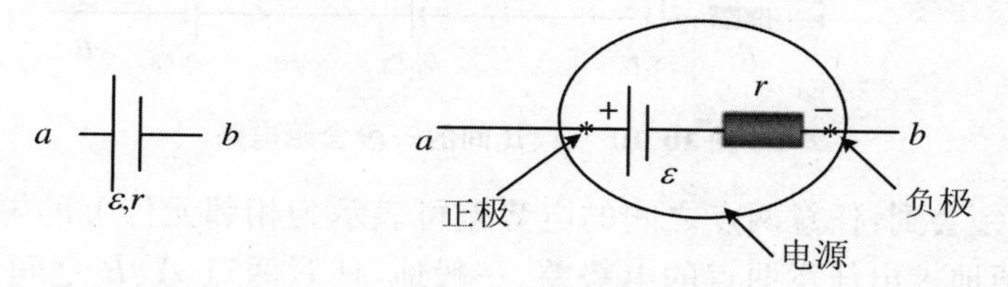

图 10.9　实际电源及其等效电路

对于一个理想电源,无论其处于开路状态还是处于闭路状态,均有 $\boldsymbol{E}_k = -\boldsymbol{E}_e$ 成立. 理想电源的正极板电位 V_+ 与负极板电位 V_- 之差与电源电动势 ε 之间有下列关系:$V_+ - V_- = \int_+^- \boldsymbol{E}_e \cdot \mathrm{d}\boldsymbol{l} = \int_+^- (-\boldsymbol{E}_k) \cdot \mathrm{d}\boldsymbol{l} = \int_-^+ \boldsymbol{E}_k \cdot \mathrm{d}\boldsymbol{l} = \varepsilon$,则有

$$V_+ - V_- = \varepsilon \quad 或 \quad V_- - V_+ = -\varepsilon \tag{10.3.2}$$

10.3.2　电路上任意两点间的电势差

电路中任意两点之间均存在一条路径(或叫一段电路),这一段电路可以由一条或一条以上的支路构成,也可以是一条支路的一部分,它可以包含有分岔点. 不含有电源的一段电路叫**无源电路**,如纯电阻电路;含有电源的一段电路叫**含源电路**. 最简单的理想含源电路是一个理想电源,最简单最常见的含源电路是一个实际电源. 利用以下三组公式,可以求解电路中任意两点之间的电势差问题.

① 一段纯电阻电路的欧姆定律(式(10.2.1)):$V_a - V_b = IR$ 或 $V_b - V_a = -IR$.

② 理想电源两极的电势差(式(10.3.2)):$V_+ - V_- = \varepsilon$ 或 $V_- - V_+ = -\varepsilon$.

③ 电路中任意两点 A、B 之间的电势差 $U_{AB} = \int_A^B \boldsymbol{E}_e \cdot \mathrm{d}\boldsymbol{l}$.

无源电路两端之间的电压可以通过一段纯电阻电路的欧姆定律求出.我们重点讨论含源电路两端的电势差计算问题.

如图 10.10 所示,A、B 之间是一段含源电路,图中标出了各支路的电流及其参考正方向.自 A 到 B 选取一条有向路径 $\boldsymbol{l}$,则 A、B 两点的电势差 U_{AB} 就是静电场沿 $\boldsymbol{l}$ 的线积分,即

$$U_{AB}=V_A-V_B=\int_A^B \boldsymbol{E}_e\cdot \mathrm{d}\boldsymbol{l}=I_1R_1+\varepsilon_1+I_1r_1-\varepsilon_2-I_2r_2+\varepsilon_3-I_2r_3$$

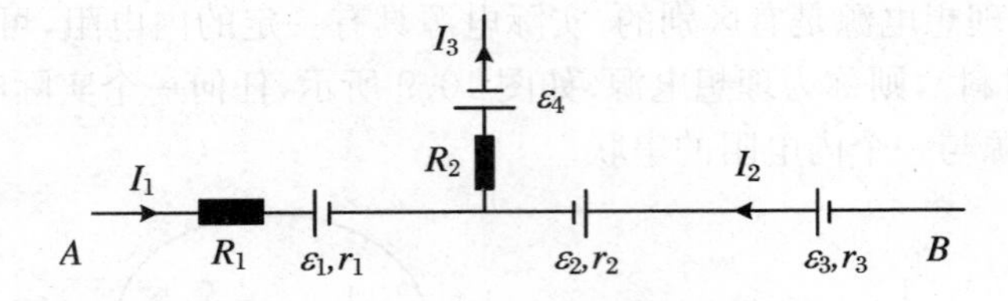

图 10.10　A、B 间的一段含源电路

因此,只要领会到:任意两点之间的电势差可表示为相邻元件上的电势差之和,就可以很方便地求出任意两点的电势差.一般地,任意两点 A、B 之间的电势差 U_{AB} 可表示为

$$U_{AB}=\sum_i(\pm\varepsilon_i)+\sum_j(\pm I_jR_j) \tag{10.3.3}$$

其中的正、负号可以这样人为规定:当电阻上电流的参考正方向和 $\boldsymbol{l}$ 方向一致时,I_jR_j 前面取正号,否则取负号;当电源电动势的参考方向(如果电动势实际方向已知,则其参考方向往往取得和其实际方向一致)与 $\boldsymbol{l}$ 的方向相反时,ε_i 前面取正号,否则取负号.

例 10.2　如图 10.11 所示,用导线将 8 个全同电源顺接为一闭合电路,求每个电源的端压(不考虑导线的电阻).

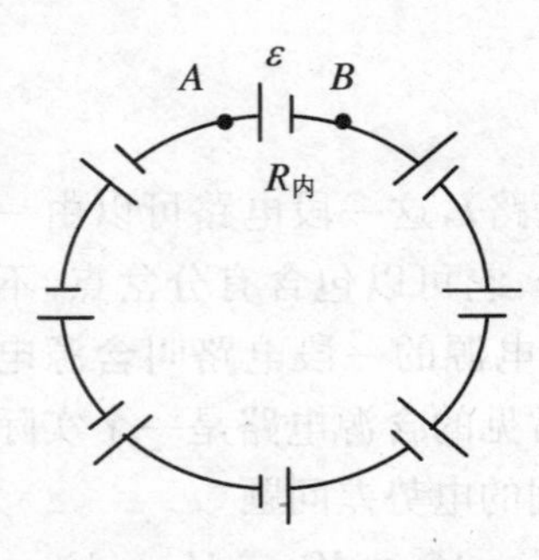

图 10.11　例 10.2 用图

解　设每个电源的电动势和内阻分别为 ε 和 $R_内$,电路中的电流为逆时针方向.电路中任意一个电源两端 A、B 之间是一段含源电路(这段电路可以认为含一个电源,也可以认为含 7 个电源),则 A、B 之间的电压(电源的端压)为

$$U_{AB}=\varepsilon-IR_内=\varepsilon-\frac{8\varepsilon}{8R_内}R_内=0(\mathrm{V})$$

进一步计算表明,电路中导线上任意两点之间的电位差均为零,即等电势.尽管导线上任意两点电势相等,电路中照样有电流,这在无源电路中是不存在的.

10.4　电流的磁效应　磁感应强度

早在远古时代,人们就发现了某些天然矿石(Fe_3O_4)具有吸引铁屑的本领,这种矿石被称为天然磁铁,用它可以制成磁针.磁针水平放置且可自由转动时,其一端总是指向地球的南极,另一端指向地球的北极,这就是指南针.历史上把磁针指南的一极称为南极(用S表示),指北的一极称为北极(用N表示).中国是世界上最早发现并应用磁现象的国家,指南针是中国古代四大发明之一.

磁铁之间也有相互作用,同性磁极相斥,异性磁极相吸.无论将一个小磁针或磁棒分成多少段,N极和S极总是存在,说明单个磁极不存在.

尽管人们早期对磁现象的认识和应用取得了一些成果,但对磁性的本质是什么、磁现象与电现象之间有无关联等却知之甚少.甚至到了19世纪初,一些著名的物理学家还是坚持认为电与磁是两种截然不同的客体,不存在相互联系的可能.例如,著名的物理学家库仑在1780年指出:电和磁是两个截然不同的东西,尽管它们的作用力的规律在数学形式上相似,但它们的本质却完全不同.1807年,托马斯·杨(T. Young)说,没有理由去认为电与磁存在直接的联系,等等.1820年安培认为,电现象和磁现象是由两种彼此独立的流体产生的(当然,安培后来很快地改变了自己的这种看法).现在看来,这些思想确实制约了当时磁学的发展.

10.4.1　电流的磁效应

然而,深受康德哲学思想影响的丹麦物理学家奥斯特(Oersted)却相信电与磁之间存在着联系.1820年7月,奥斯特做了一个实验,他使一个小伽伐尼电池的电流通过一条细铂丝,铂丝放在一个带玻璃罩的指南针上,结果磁针被扰动了(图10.12),尽管他所观察到的现象很弱,但却是可贵的发现.小磁针在通电导线周围受到磁力作用而发生偏转的现象,表明电流在其周围产生了一种特殊的物质,这种特殊物质对磁针有作用,这就是**电流的磁效应**,它揭示了电现象与磁现象之间的联系.

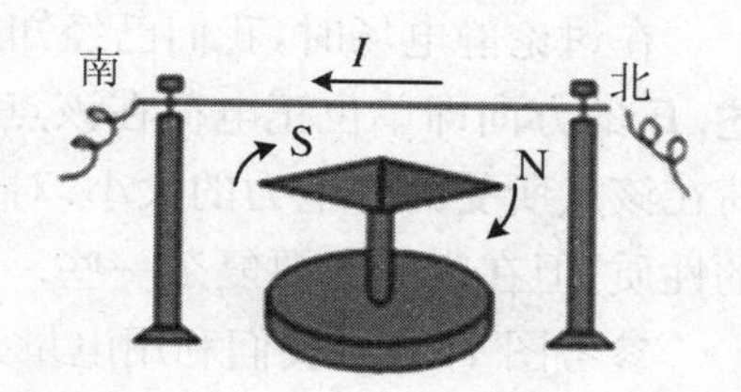

图10.12　电流的磁效应

值得强调的是,奥斯特实验表明,磁极受到电流的作用力是一种新型的力——横向力.它与当时已知的非接触物体之间的万有引力、电力、磁体之间的作用力具有不同的特征,因为万有引力、电力、磁体之间的作用力都是把被作用的物体推开或拉近，即都是排斥或吸引的有心力．因此我们说，奥斯特实验的另一重大成果是：突破了以往关于非接触物体之间的作用力均为有心力的局限，拓宽了作用力的类型．

奥斯特实验，揭示了电现象与磁现象的联系，开辟了一个崭新的广阔的研究领域，激起了许多物理学家的兴趣，并迅即取得了一系列重要成果．大量的实验研究表明，不仅载流导线对磁针有磁作用力，载流导线与载流导线之间、载流导线与运动电荷之间都存在磁相互作用力．

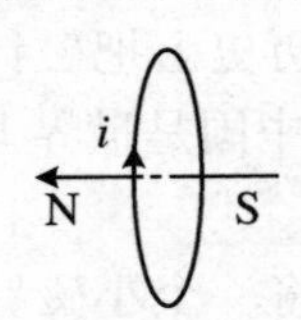

图 10.13　分子电流

磁现象的本质是什么呢？为了回答这一问题，1822 年安培做了一个重要的猜测，即"物质磁性的分子电流假说"：一切磁现象的根源来源于电流，任何物质的分子都存在有回路电流，叫分子电流(图 10.13)．每个分子电流在磁效应方面相当于一个小磁针．对于一般的物质(非磁体)，各分子电流方向杂乱无章，磁性互相抵消；对于永磁体，各分子电流做规则排列，磁性互相加强而导致整体显示磁性．即物质对外的磁性就是物质中的分子电流趋向于同一方向排列的结果．现代理论认为原子核外电子绕核公转和电子的自旋构成了等效分子电流．因此安培的上述假说虽然受到历史条件的限制而难免有所粗糙，但是其本质与近代物理对磁本质的看法是一致的．

10.4.2　磁感应强度

现代理论已证明，磁铁与电流之间、电流与磁铁之间、电流与电流之间或电流与运动电荷之间等之所以存在着相互作用力，是因为磁铁、电流或运动电荷在其周围空间产生了一种特殊的物质，这种特殊物质叫磁场，而磁场的基本性质之一是对置于其中的其他载流导线、磁铁或运动电荷施加有作用力．

在讨论静电场时，我们已经知道，静电场中任一点的性质由场强 $\boldsymbol{E}(\boldsymbol{F}=q\boldsymbol{E})$ 描述．$\boldsymbol{E}$ 的方向即单位正电荷在该点的受力方向，$\boldsymbol{E}$ 的大小为 $E=F/q$，即单位正电荷在该点所受的静电力的大小．对于磁场，我们将采用类似的方法来描述场中各点的性质，但在表述上要复杂一些．

参考图 10.14，我们利用电量为 q、速度为 $\boldsymbol{v}$ 的运动试探电荷来探测空间某点 P 处磁场的性质．实验发现，电量为 q、速度为 $\boldsymbol{v}$ 的运动试探电荷在通过 P 点时受的力有如下特征：

① 电量为 q 的点电荷以速度 $\boldsymbol{v}$ 在磁场中运动，q 经过空间不同点时，其受力大小一般不同．对于场中选定的一点 P，q 所受磁力的大小与电量 q 有关、与 $\boldsymbol{v}$ 的大小有关、与 $\boldsymbol{v}$ 的方向也有关．

② 过场中 P 点，有一个特殊的方向，当 $\boldsymbol{v}$ 沿着(或逆着)该方向时，q 所受到的磁力为零，即 $\boldsymbol{F}=0$．这个方向与运动试探电荷带电量大小、正负，速度大小等无关．

显然这个特殊的方向能够反映磁场本身的某一个性质.

③ 当 $\boldsymbol{v}$ 沿着其他方向通过 P 点时，$\boldsymbol{F}\neq 0$，但 $\boldsymbol{F}$ 始终垂直于 $\boldsymbol{v}$ 与上述特殊方向所组成的平面，且 $\boldsymbol{F}$ 的大小与 $\boldsymbol{v}$ 的方向有关. 特别是当该运动试探电荷以速度 $\boldsymbol{v}$ 垂直上述特殊方向通过 P 点时，所受的力最大.

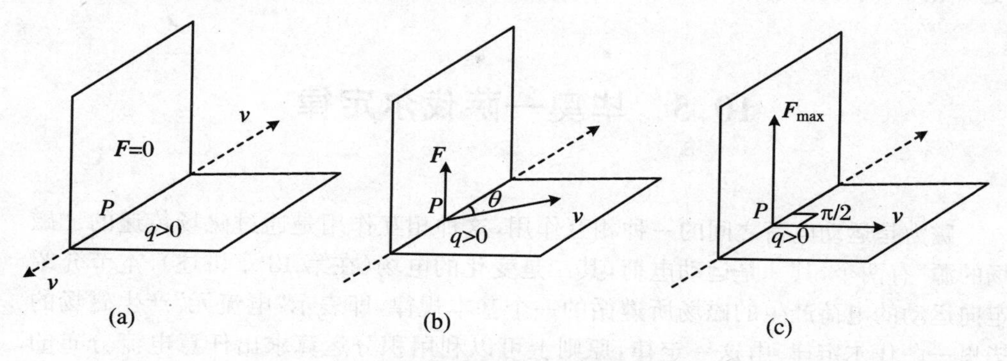

图 10.14　定义磁感应强度用图

物理学中引入磁感应强度 $\boldsymbol{B}$ 这个物理量来描述磁场中任一点 P 的性质，根据上述实验结论，对 $\boldsymbol{B}$ 做如下定义：当正运动试探电荷 q 经过 P 点且沿垂直于特殊方向以速度 $\boldsymbol{v}$（此时可把速度记为 $\boldsymbol{v}_\perp$）运动时，受到的最大的力记为 $\boldsymbol{F}_{\max}$，将 $\boldsymbol{F}_{\max}\times\boldsymbol{v}_\perp$ 的方向定义为该点的 $\boldsymbol{B}$ 的方向，把 $F/(qv_\perp)$ 定义为 P 点 $\boldsymbol{B}$ 的大小. 在国际单位制中，$\boldsymbol{B}$ 的单位是特斯拉(Tesla)，符号为 T(有时也用高斯(Gs)作 $\boldsymbol{B}$ 的单位：$1\ \mathrm{T}=10^4\ \mathrm{Gs}$).

为此，在实验的基础上定义了一个描述磁场的物理量，即磁感应强度 $\boldsymbol{B}$. 按照这个定义，加上实验基础，可总结出运动带电粒子在磁场中所受的磁力，即洛伦兹力为

$$\boldsymbol{F}_m = q\boldsymbol{v}\times\boldsymbol{B} \tag{10.4.1}$$

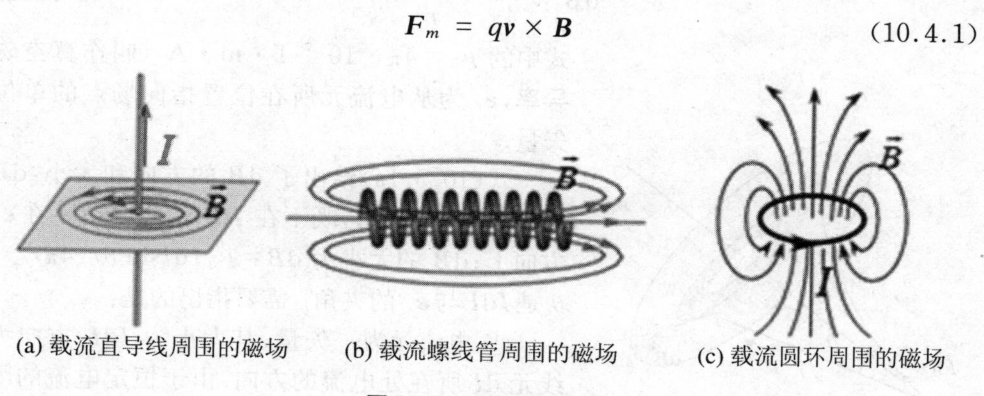

(a) 载流直导线周围的磁场　(b) 载流螺线管周围的磁场　(c) 载流圆环周围的磁场

图 10.15　磁感应线

如果知道空间各点的 $\boldsymbol{B}$，则可在磁场中画出一系列的磁感应线(即 $\boldsymbol{B}$ 线)来形象描述空间磁场的分布，磁感应线与电场线的定义方法相同.

图 10.15 给出了几种典型的电流分布产生的磁场的磁感应线，由此可知磁感应线有如下基本性质：① 在任何磁场中，每一条磁感应线都是和闭合电流相互套链的无头无尾的闭合线。② 磁感应线的环绕方向和电流的方向成右手螺旋关系（这是由 $\boldsymbol{B}$ 的方向的定义决定的）.

10.5 毕奥—萨伐尔定律

磁力是运动电荷之间的一种相互作用，这种相互作用是通过磁场传递的."磁场的源"有两个，其一是运动电荷，其二是变化的电场（在第 13 章讲述）.本节介绍定向运动的电荷产生的磁场所遵循的一个基本规律，即表示"电流元"产生磁场的毕奥—萨伐尔定律.由这一定律，原则上可以利用积分运算求出任意电流分布的磁场.

10.5.1 毕奥—萨伐尔定律

法国物理学家 J. B. Biot(1774～1862)和 Felix Savart(1791～1841)于 1822 年前后，合作分析了一些载流导线产生磁场的实验结论，归纳总结出"电流元"产生磁场的规律，即毕奥—萨伐尔定律（参考图 10.16）：在载有稳恒电流 I 的导线上，取一段线元 $\mathrm{d}\boldsymbol{l}$，称 $I\mathrm{d}\boldsymbol{l}$ 为该恒定电流的一个"电流元"，电流元 $I\mathrm{d}\boldsymbol{l}$ 在真空中任意一点产生的磁感应强度为

$$\mathrm{d}\boldsymbol{B} = \frac{\mu_0}{4\pi}\frac{I\mathrm{d}\boldsymbol{l}\times\boldsymbol{e}_r}{r^2} \tag{10.5.1a}$$

式中的 $\mu_0 = 4\pi\times10^{-7}\ \mathrm{T\cdot m\cdot A^{-1}}$ 叫作**真空磁导率**，$\boldsymbol{e}_r$ 为从电流元所在位置指向场点的单位矢量.

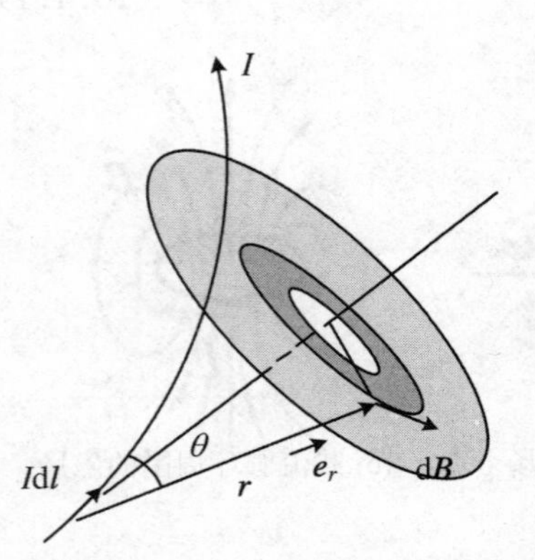

图 10.16 说明毕奥—萨伐尔定律用图

式(10.5.1a)给出了 $\mathrm{d}\boldsymbol{B}$ 的方向和大小：$\mathrm{d}\boldsymbol{B}$ 的方向沿 $I\mathrm{d}\boldsymbol{l}\times\boldsymbol{e}_r$，既不在 $I\mathrm{d}\boldsymbol{l}$ 的方向也不在 $\boldsymbol{e}_r$ 方向上；$\mathrm{d}\boldsymbol{B}$ 的大小为 $\mathrm{d}B=\mu_0 I\mathrm{d}l\sin\theta/(4\pi r^2)$，$\theta$ 是 $I\mathrm{d}\boldsymbol{l}$ 与 $\boldsymbol{e}_r$ 的夹角. 需要指出的是：

① 电流元为一矢量，其大小为 $I\mathrm{d}l$，方向为线元 $\mathrm{d}l$ 所在处电流的方向. 由于恒定电流的闭合性，恒定电流元不可能单独存在.

② 该定律是对大量实验的总结和推理，是一个不能被实验直接验证的定律. 在实验方面，我们不能像在静电场中得到单独的

电荷那样得到孤立的"电流元 $I\mathrm{d}\boldsymbol{l}$"，而只能从测量所有电流元在空间某点所产生的总的磁感应强度来间接验证该定律的正确性.

任意形状的载流导线产生的磁场可按下式计算：

$$\boldsymbol{B} = \int_L \mathrm{d}\boldsymbol{B} = \int_L \frac{\mu_0}{4\pi} \frac{I\mathrm{d}\boldsymbol{l} \times \boldsymbol{e}_r}{r^2} \tag{10.5.1b}$$

在直角坐标系下，式(10.5.1a)和式(10.5.1b)可分解为

$$\mathrm{d}\boldsymbol{B} = \mathrm{d}B_x\boldsymbol{i} + \mathrm{d}B_y\boldsymbol{j} + \mathrm{d}B_z\boldsymbol{k}$$

其中 $\mathrm{d}B_x = \mathrm{d}\boldsymbol{B} \cdot \boldsymbol{i}$，其余类推.

$$\boldsymbol{B} = B_x\boldsymbol{i} + B_y\boldsymbol{j} + B_z\boldsymbol{k}$$

其中 $B_x = \int_a^b \mathrm{d}B_x$，其余类推.

注意　高等数学中没有矢量积分的计算方法，因此矢量积分只有化成分量式后才能进行运算. 在运算过程中，要借助几何关系，将诸变量统一用某一个变量或其函数表示出，再做积分运算，详见后续例题.

*10.5.2　运动点电荷的磁场

利用毕奥—萨伐尔定律，可以讨论运动电荷所产生的磁场. 参考图 10.17，电流源于载流子的定向运动，设导体内每个载流子的电量为 q（q 为代数量，此处假设 $q>0$），运动速度为 $\boldsymbol{v}$（$v \ll c$），单位体积内的载流子数（即载流子的浓度）为 n，导线截面积为 S，导线内的电流密度为 $\boldsymbol{J}$，则 $I = \boldsymbol{J} \cdot \boldsymbol{S} = nqvS$. 根据毕奥—萨伐尔定律，得

$$\mathrm{d}\boldsymbol{B} = \frac{\mu_0}{4\pi} \frac{I\mathrm{d}\boldsymbol{l} \times \boldsymbol{e}_r}{r^2} = \frac{\mu_0}{4\pi} \cdot \frac{Snq\boldsymbol{v}\mathrm{d}l \times \boldsymbol{e}_r}{r^2} = \mathrm{d}N \frac{\mu_0}{4\pi} \cdot \frac{q\boldsymbol{v} \times \boldsymbol{e}_r}{r^2}$$

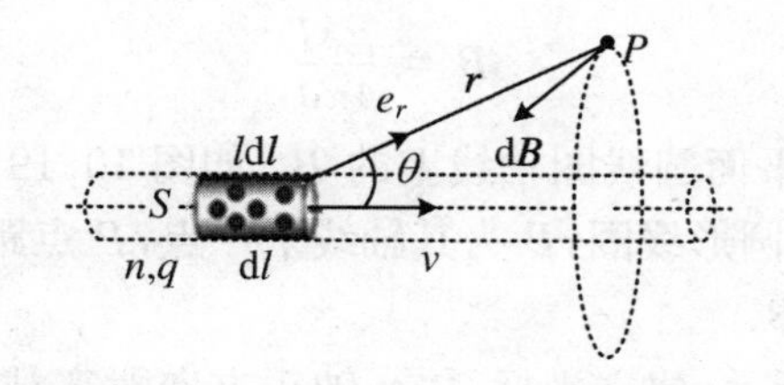

图 10.17　运动电荷产生的磁场

其中 $\mathrm{d}N = nS\mathrm{d}l$ 是线元 $\mathrm{d}l$ 中的总的载流子数. 由此可知，线元 $\mathrm{d}l$ 中每个做定向运动的带电粒子在 P 点产生的磁感应强度为 $\boldsymbol{B} = \mathrm{d}\boldsymbol{B}/\mathrm{d}N$，即有

$$\boldsymbol{B} = \frac{\mu_0}{4\pi} \cdot \frac{q\boldsymbol{v} \times \boldsymbol{e}_r}{r^2} \tag{10.5.2}$$

10.5.3　毕奥—萨伐尔定律的应用

例 10.3　求载流长直导线周围的 $\boldsymbol{B}$. 如图 10.18 所示,真空中有一载流为 I 的长直导线,P 为导线轴截面上与导线相距为 a 的某场点. 导线的始端到场点 P 的矢量与电流方向的夹角为 θ_1,终端到场点 P 的矢量与电流方向的夹角为 θ_2. 求 P 点处的磁感应强度 $\boldsymbol{B}$.

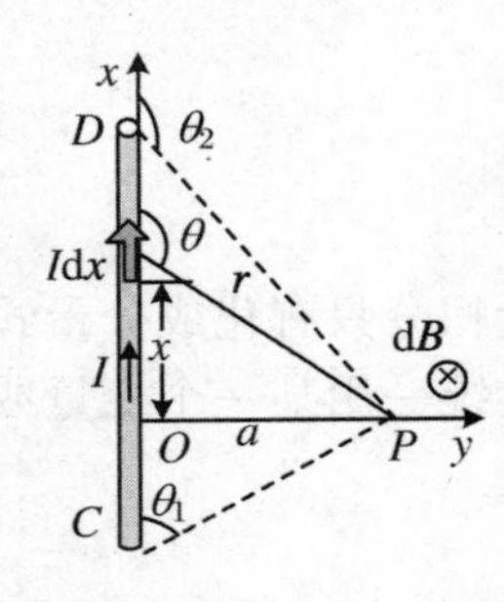

图 10.18　例 10.3 用图

解　参考图 10.18,建立一维坐标系,坐标原点 O 取在垂足处,x 轴的方向沿电流方向. 在导线上坐标 x 与 $x+\mathrm{d}x$ 间取一电流元 $I\mathrm{d}\boldsymbol{x}$. 该电流元在场点 P 处产生的磁感应强度大小为 $\mathrm{d}B=\mu_0 I\mathrm{d}x\sin\theta/(4\pi r^2)$,方向垂直于纸面向里. 分析可知:每个电流元在场点 P 处产生的磁感应强度 $\boldsymbol{B}$ 的方向相同,因而 P 点总的磁感应强度为

$$B=\int_L \mathrm{d}B=\int_L \frac{\mu_0}{4\pi}\frac{I\mathrm{d}x\sin\theta}{r^2}$$

因为 $r=a/\sin\theta, x=-a\cot\theta, \mathrm{d}x=a\cdot\mathrm{d}\theta/\sin^2\theta$,所以有

$$B=\int_L \frac{\mu_0}{4\pi}\frac{I\mathrm{d}x\sin\theta}{r^2}=\frac{\mu_0}{4\pi a}\int_{\theta_1}^{\theta_2}\sin\theta\mathrm{d}\theta=\frac{\mu_0 I}{4\pi a}(\cos\theta_1-\cos\theta_2) \tag{10.5.3a}$$

如果载流直导线无限长,则 $\theta_1\to 0, \theta_2\to\pi$,根据式(10.5.3a)可以得出其周围的磁感应强度大小为

$$B=\frac{\mu_0 I}{2\pi a} \tag{10.5.3b}$$

对于半无限长的载流直导线($\theta_1\to\pi/2, \theta_2\to\pi$ 或 $\theta_1\to 0, \theta_2\to\pi/2$),其周围 P 点磁感应强度大小为

$$B=\frac{\mu_0 I}{4\pi a} \tag{10.5.3c}$$

例 10.4　求载流平面圆线圈轴线上的 $\boldsymbol{B}$. 如图 10.19 所示,真空中有一半径为 R、载有电流为 I 的圆形线圈,P 为其轴线上一点,P 点距线圈中心的距离为 x. 求 P 点处磁感应强度 $\boldsymbol{B}$.

解　如图 10.19 所示,建立坐标系,x 轴正方向背离载流平面线圈,坐标原点在圆线圈的中心. 在载流线圈上任意一点 A 处取电流元 $I\mathrm{d}\boldsymbol{l}$,其在线圈轴线上 P 点产生的磁场为

$$\mathrm{d}\boldsymbol{B}=\frac{\mu_0}{4\pi}\frac{I\mathrm{d}\boldsymbol{l}\times\boldsymbol{e}_r}{r^2}$$

$I\mathrm{d}\boldsymbol{l}$ 与 $\boldsymbol{e}_r$ 的夹角为 $\pi/2$,所以 $\mathrm{d}B$ 的大小为

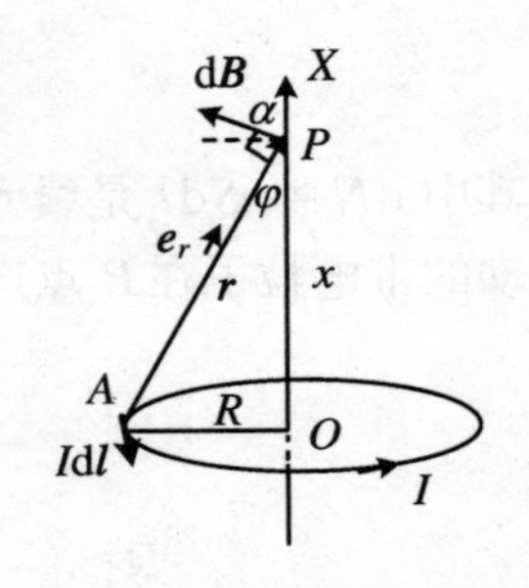

图 10.19　例 10.4 用图

$$\mathrm{d}B = \frac{\mu_0}{4\pi}\frac{I\mathrm{d}l\sin\frac{\pi}{2}}{r^2} = \frac{\mu_0}{4\pi}\frac{I\mathrm{d}l}{r^2}$$

分析可知：$\mathrm{d}\boldsymbol{B}$ 垂直于矢量 $I\mathrm{d}\boldsymbol{l}$ 与 $\boldsymbol{r}$ 决定的平面，且在 OAP 平面内，所以图中的平面角 α 和角 φ 互余．在平行轴和垂直轴的方向上分解 $\mathrm{d}B$，有

$$\mathrm{d}B_{/\!/} = \mathrm{d}B\cos\alpha = \mathrm{d}B\sin\varphi,\quad \mathrm{d}B_{\perp} = \mathrm{d}B\sin\alpha = \mathrm{d}B\cos\varphi$$

由对称性分析可知：$B_{\perp} = \oint_L \mathrm{d}B_{\perp} = 0$，则轴线上任意 P 点处的磁感应强度只有沿轴线的分量，即

$$B = B_{/\!/} = \oint_L \mathrm{d}B_{/\!/} = \oint_L \frac{\mu_0}{4\pi}\frac{I\mathrm{d}l}{r^2}\sin\varphi = \frac{\mu_0 I}{4\pi}\frac{2\pi R}{r^2}\sin\varphi = \frac{\mu_0 I}{2}\frac{R^2}{(R^2+x^2)^{3/2}}$$

故

$$\boldsymbol{B} = \frac{\mu_0 I}{2}\frac{R^2}{(R^2+x^2)^{3/2}}\boldsymbol{i} \tag{10.5.4a}$$

载流线圈中心处 $x=0$，磁场 $\boldsymbol{B}_0$ 大小为

$$B_0 = \frac{\mu_0 I}{2R} \tag{10.5.4b}$$

物理学上通常引入平面载流线圈的磁矩 $\boldsymbol{p}_m$ 来描述载流线圈自身的物理性质．单匝平面载流线圈的磁矩定义为

$$\boldsymbol{p}_m = IS\boldsymbol{e}_n \tag{10.5.5}$$

式中，$\boldsymbol{e}_n$ 为线圈平面的单位法矢量，其与线圈中电流的流向成右手螺旋关系．如果线圈为相同的 N 匝并绕，则 $\boldsymbol{p}_m = NIS\boldsymbol{e}_n$，$\boldsymbol{p}_m$ 的单位是 $\mathrm{A\cdot m^2}$．

式(10.5.4a)可用磁矩 $\boldsymbol{p}_m$ 表示为

$$\boldsymbol{B} = \frac{\mu_0}{2\pi}\frac{\boldsymbol{p}_m}{(R^2+x^2)^{3/2}} \tag{10.5.6a}$$

即载流平面线圈轴线上任意一点处的 $\boldsymbol{B}$ 沿 $\boldsymbol{p}_m$ 的方向．如果 $x \gg R$，则有

$$\boldsymbol{B} \approx \frac{\mu_0 IR^2}{2x^3}\boldsymbol{i} = \frac{\mu_0 IS}{2\pi x^3}\boldsymbol{i} = \frac{\mu_0 \boldsymbol{p}_m}{2\pi x^3} \tag{10.5.6b}$$

例 10.5　求载流直螺线管内部轴线上的 $\boldsymbol{B}$．如图 10.20 所示，已知长直密绕螺线管的管口半径为 R，单位长度的匝数为 n，每匝电流为 I，轴线上 P 点到螺线管两端口的引线与轴线正方向（该正方向与电流 I 成右手螺旋关系）的夹角分别为 β_1 和 β_2．求 P 点的磁感应强度．

分析　一般的螺线管，各匝线圈之间都是螺旋形的．直螺线管可看成是由许多圆形载流线圈紧密排列而成，即采用的是“并排圆电流”模型．为此直螺线管轴线上的磁场应等于各匝圆电流在该处产生的磁场的矢量和．

解　如图建立一维坐标系，坐标原点在 P 点，x 轴方向与 I 的流向成右手螺旋关系．在坐标 x 与 $x+\mathrm{d}x$ 间截取宽为 $\mathrm{d}x$ 的一小段，该段包含的线圈的匝数为 $\mathrm{d}N = n\mathrm{d}x$，把这一部分看作为一个载流圆线圈，其电流为 $\mathrm{d}I = I\mathrm{d}N = In\mathrm{d}x$．根据例

10.4 的结论(10.5.4a)式可知,这个载流为 $\mathrm{d}I$ 的圆线圈在 P 点产生的磁场为

$$\mathrm{d}B = \frac{\mu_0 \mathrm{d}I}{2}\frac{R^2}{(R^2+x^2)^{3/2}} = \frac{\mu_0 n \mathrm{d}x R^2 I}{2(R^2+x^2)^{3/2}}$$

$\mathrm{d}\boldsymbol{B}$ 的方向与 I 的流向成右手螺旋关系. 因为 $x = R\operatorname{ctan}\beta, \mathrm{d}x = -R\cdot\mathrm{d}\beta/\sin^2\beta$,所以

$$B = \int_{A_1}^{A_2}\mathrm{d}B = -\frac{\mu_0}{2}nI\int_{\beta_2}^{\beta_1}\sin\beta\mathrm{d}\beta = \frac{\mu_0}{2}nI(\cos\beta_1 - \cos\beta_2) \qquad (10.5.7\text{a})$$

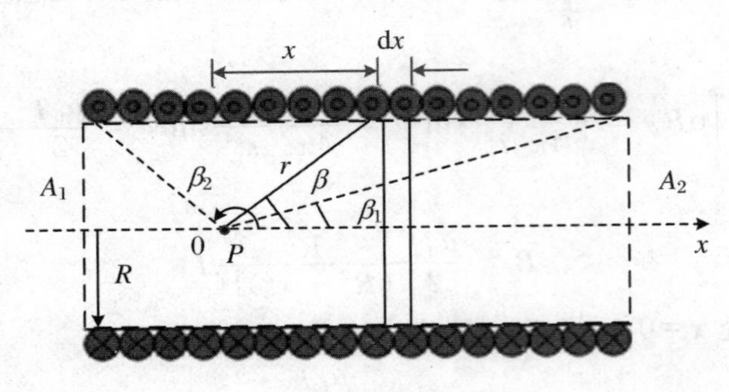

图 10.20 例 10.5 用图

对于无限长载流直螺线管,由于轴线上任何一点对应的 $\beta_1\to\pi, \beta_2\to 0$,所以轴线上任何一点的磁感应强度为

$$B = \mu_0 nI \qquad (10.5.7\text{b})$$

实际的载流螺线管的长度 L 总是有限的,但是只要 $L\gg R$,我们就认为该螺线管内部轴线上的磁场满足(10.5.7b)式. 另外,对于长直螺线管的轴线端点,例如 $A_1: \beta_2\to\pi/2, \beta_1\to 0, A_2: \beta_2\to\pi, \beta_1\to\pi/2$,其磁感应强度为

$$B = \frac{1}{2}\mu_0 nI \qquad (10.5.7\text{c})$$

10.6 磁场的高斯定理 安培环路定理

本节先讨论磁场对任意闭合曲面的通量所遵循的规律,再讨论磁场对任意闭合曲线的环流所遵循的规律.

10.6.1 磁场的高斯定理

类比电通量,磁感应强度 $\boldsymbol{B}$ 对任意曲面 S(无论其闭合与否)的通量,即通过曲面 S 的磁通量可以表示为

$$\Phi_m = \iint_S \boldsymbol{B} \cdot \mathrm{d}\boldsymbol{S} \tag{10.6.1a}$$

磁通量(简称磁通)的国际单位为韦伯(Wb),1 Wb = 1 T·m²(其中T代表磁感应强度 $\boldsymbol{B}$ 的单位特斯拉).通过曲面 S 的磁通量的几何意义是垂直穿过 S 的磁感应线条数.实验告诉我们,磁感应线是闭合的,若在磁场中作一个任意形状的闭合曲面 S,则根据磁感应线的闭合性,进入该闭合曲面的磁感应线条数一定等于离开该闭合曲面的磁感应线条数.结合磁通量的几何特征,很容易得出闭合曲面上的磁通量 Φ 为零,这一结论在数学上可表示为

$$\oiint_S \boldsymbol{B} \cdot \mathrm{d}\boldsymbol{S} = 0 \tag{10.6.2}$$

这个规律称为磁场的高斯定理,说明了磁场是无源场.它是磁感应线闭合性的数学表示,也是自然界中不存在磁单极子(单个磁极)的数学表示.磁场的高斯定理可以从毕奥—萨伐尔定律出发结合磁感应管模型严格证明.

由磁场的高斯定理可以得到一个重要推论:以任意闭合曲线 L 为边线的所有曲面上具有相同的磁通.如图10.20所示,设 S_1、S_2 是以闭合曲线 L 为边线的两个任意曲面,两曲面上任意面元的单位法矢量 $\boldsymbol{e}_{n1}$ 和 $\boldsymbol{e}_{n2}$ 在形式上取得和 L 的环绕方向成右手螺旋关系,则曲面 S_1、S_2 上的磁通可分别表示为:$\Phi_{1m} = \iint_{S_1} \boldsymbol{B} \cdot \mathrm{d}\boldsymbol{S}$, $\Phi_{2m} = \iint_{S_2} \boldsymbol{B} \cdot \mathrm{d}\boldsymbol{S}$.由于 S_1、S_2 合在一起构成一个闭合曲面 S,根据磁场的高斯定理,很容易得出 $0 = \oiint_S \boldsymbol{B} \cdot \mathrm{d}\boldsymbol{S} = \Phi_{2m} + (-\Phi_{1m})$,于是得出 $\Phi_{1m} = \Phi_{2m}$.

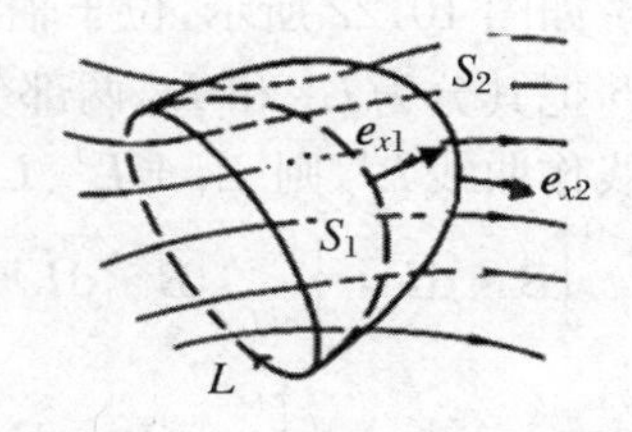

图10.20　以闭合曲线L为边的任意曲面上具有相同的磁通

以闭合曲线 L 为边线的任意曲面上具有相同的磁通,这一性质使“穿过某闭合曲线 L 的磁通”一说法具有明确的意义,这里“穿过某闭合曲线 L 的磁通”指的自然是以该闭合曲线为边线的任意曲面上的磁通.这一术语在电磁感应问题中经常使用.

10.6.2　安培环路定理

静电场的“环流”等于零,说明静电场是势场,在静电场中可以引入电势概念.但恒定磁场不具备这种性质.

以长直电流为例来研究恒定磁场中的 $\oint_L \boldsymbol{B} \cdot \mathrm{d}\boldsymbol{l}$.式(10.5.3b)给出了无限长载流直导线在其周围激发的磁场为 $B = \mu_0 I/(2\pi r)$(在此用 r 表示场点到导线的垂直距离),$\boldsymbol{B}$ 的方向与电流的流向之间成右手螺旋关系.分如下几种情况来讨论磁感应强度 $\boldsymbol{B}$ 的环流.

1. 闭合回路 L 包围长直导线,且位于其轴截面内

如图 10.21 所示,在载流长直导线的轴截面内,取围绕 I 的任意闭合回路 L,并取 L 的绕行方向(即积分方向)和 I 成右手螺旋关系,则有

$$\oint_L \boldsymbol{B}\cdot \mathrm{d}\boldsymbol{l} = \oint_L B\mathrm{d}l\cos\theta = \int_0^{2\pi}\frac{\mu_0 I}{2\pi r}\cdot r\mathrm{d}\varphi = \mu_0 I$$

环路积分$\oint_L \boldsymbol{B}\cdot\mathrm{d}\boldsymbol{l}$叫作磁感应强度$\boldsymbol{B}$的环流. 该结论告诉我们:当选择回路 L 的积分方向与所包围的电流 I 的正方向成右手螺旋关系时,闭合回路 L 上 $\boldsymbol{B}$ 的环流等于$\mu_0 I$. 容易推出,当选择回路 L 的积分方向与所包围的电流 I 的正方向成左手螺旋关系时,闭合回路 L 上 $\boldsymbol{B}$ 的环流应等于 $\mu_0\cdot(-I)$. 即有

$$\oint_L \boldsymbol{B}\cdot\mathrm{d}\boldsymbol{l} = \mu_0\cdot(\pm I)$$

2. 闭合回路 L 不包围长直导线,但位于其轴截面内

如图 10.22 所示,位于轴截面内的闭合回路 L 不包围电流 I. L 上任意两点 a 和 b 把其分为 L_1 和 L_2 两部分. 在 L 决定的平面内,从 a 点到 b 点围绕载流长直导线作曲线 L',则 L_1+L'、L_2+L'构成两个围绕载流长直导线的闭合回路. 则有

$$\begin{aligned}\oint_L \boldsymbol{B}\cdot\mathrm{d}\boldsymbol{l} &= \int_{a(L_2)}^{b}\boldsymbol{B}\cdot\mathrm{d}\boldsymbol{l} + \int_{b(L_1)}^{a}\boldsymbol{B}\cdot\mathrm{d}\boldsymbol{l}\\ &= \left(\int_{a(L_2)}^{b}\boldsymbol{B}\cdot\mathrm{d}\boldsymbol{l} + \int_{b(L')}^{a}\boldsymbol{B}\cdot\mathrm{d}\boldsymbol{l}\right) + \left(\int_{b(L_1)}^{a}\boldsymbol{B}\cdot\mathrm{d}\boldsymbol{l} + \int_{a(L')}^{b}\boldsymbol{B}\cdot\mathrm{d}\boldsymbol{l}\right)\\ &= \oint_{(L_2+L')}\boldsymbol{B}\cdot\mathrm{d}\boldsymbol{l} + \oint_{(L_1+L')}\boldsymbol{B}\cdot\mathrm{d}\boldsymbol{l} = -\mu_0 I + \mu_0 I = 0\end{aligned}$$

当平面回路不包围电流时,磁感应强度的环流为零,即$\oint_L \boldsymbol{B}\cdot\mathrm{d}\boldsymbol{l} = 0$.

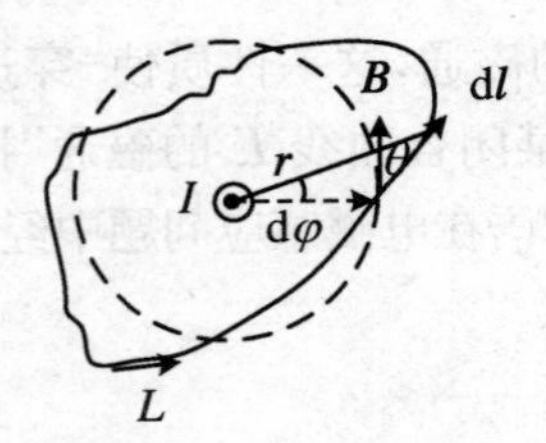

图 10.21 闭合曲线 L 包围直导线

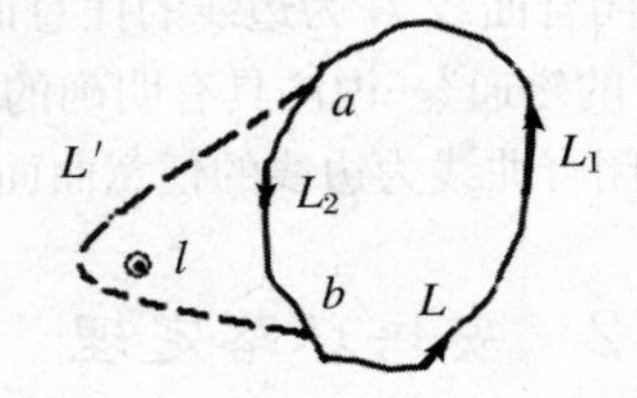

图 10.22 闭合曲线 L 不包围直导线

3. 包围载流长直导线的回路 L 不是平面回路

如图 10.23 所示,假设围绕载流长直导线的任意积分路径 L 不在同一平面内. L 总会在载流导线的某轴截面内形成一个闭合的投影曲线,而直导线的电流产生的磁场 $\boldsymbol{B}$ 仅在轴截面内有分量,所以有

$$\oint_L \boldsymbol{B}\cdot\mathrm{d}\boldsymbol{l} = \oint_L \boldsymbol{B}\cdot(\mathrm{d}\boldsymbol{l}_{/\!/} + \mathrm{d}\boldsymbol{l}_{\perp}) = \oint_L \boldsymbol{B}\cdot\mathrm{d}\boldsymbol{l}_{/\!/} = \mu_0 I$$

尽管以上的讨论仅涉及一根载流长直导线的磁场，但由于任何电流都可以看作是线电流的集合，且磁场满足叠加原理，所以即使在若干线电流产生的磁场中取闭合回路 L，磁感应强度的环流也有

$$\oint_L \boldsymbol{B}\cdot\mathrm{d}\boldsymbol{l}=\oint_L\sum_i \boldsymbol{B}_i\cdot\mathrm{d}\boldsymbol{l}=\sum_i\oint_L \boldsymbol{B}_i\cdot\mathrm{d}\boldsymbol{l}=\mu_0 I_{\mathrm{int}}$$

其中 I_{int} 表示积分回路 L 包围的电流的代数和.

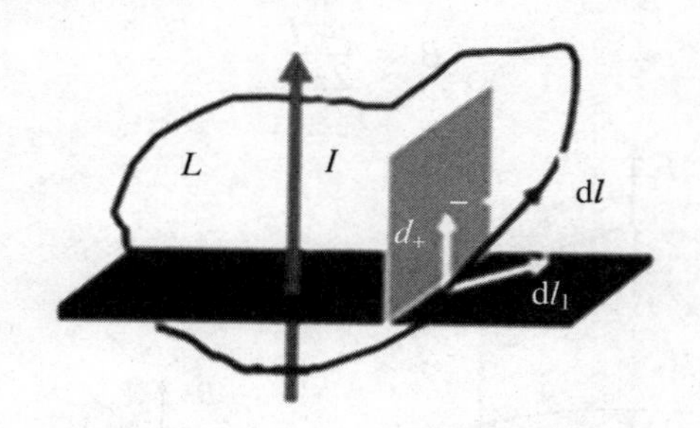

图 10.23 非平面回路

综上所述，我们得出如下结论：在恒定电流的磁场中，磁感应强度 $\boldsymbol{B}$ 沿任意闭合路径 L 的线积分（也称 $\boldsymbol{B}$ 的环流），等于该闭合路径 L 所包围的电流强度的代数和 I_{int} 的 μ_0 倍. 这个定理叫安培环路定理，其数学表达式为

$$\oint_L \boldsymbol{B}\cdot\mathrm{d}\boldsymbol{l}=\mu_0 I_{\mathrm{int}} \tag{10.6.3}$$

需要说明的是：虽然式(10.6.3)左边积分号内的 $\boldsymbol{B}$ 是空间所有电流共同产生的，但右边的电流 I_{int} 却只是“回路 L 所包围的电流的代数和”，更确切地讲是以 L 为边的任意曲面上的电流.

10.6.3 安培环路定理的应用

磁场的高斯定理和安培环路定理是恒定磁场的两个重要定理. 当电流分布具有对称性时，利用安培环路定理可求解磁感应强度.

例 10.6 求无限长圆柱形均匀载流直导线的磁场. 参考图 10.24(a)，设无限长圆柱形直导线的半径为 R，沿轴向均匀载有电流 I. 求导线内外的磁感强度 $\boldsymbol{B}$.

解 先分析一下磁场的分布情况. 参考图 10.24(a)，从任意场点 P 到轴作垂线，O 为垂足，$\boldsymbol{r}$ 为 O 到 P 点的矢径. 在过 O 点的轴截面内，O 为圆心、r 为半径作一个圆环 $\boldsymbol{l}$，$\boldsymbol{l}$ 的绕向与电流成右手螺旋关系. 可以设想在载流圆柱体内存在无数对关于 OP 对称的电流条，现任取一对关于 OP 对称的电流条，根据例 10.3 的结论式(10.5.3b)可知，这对电流条在 P 点产生的合磁场 $\mathrm{d}\boldsymbol{B}$ 的方向一定是沿 $\boldsymbol{l}$ 的切向（没有轴向分量，也没有径向分量），由此推出这无数对电流条在 P 点产生的总磁场 $\boldsymbol{B}$ 的方向也一定是沿 $\boldsymbol{l}$ 的切向，并且外推出 $\boldsymbol{l}$ 上各点的 $\boldsymbol{B}$ 的大小相同. 再根

据电流分布具有沿轴平移的对称性可知，无限长圆柱形均匀载流直导线的磁场分布是：在半径为 r 的同轴圆柱面上各点的 $\boldsymbol{B}$ 的大小相等，方向均与 I 成右手螺旋关系. 为此只需讨论任意轴截面内的磁场即可.

(1) 当 $r \geqslant R$ 时，在轴截面内，过场点 P 作以 O 为圆心、r 为半径的圆周 $\boldsymbol{l}$，利用安培环路定理 $\oint_l \boldsymbol{B} \cdot \mathrm{d}\boldsymbol{l} = \mu_0 I_{\text{int}}$，即 $2\pi r B = \mu_0 I$，得

$$B = \frac{\mu_0 I}{2\pi r} \tag{10.6.4a}$$

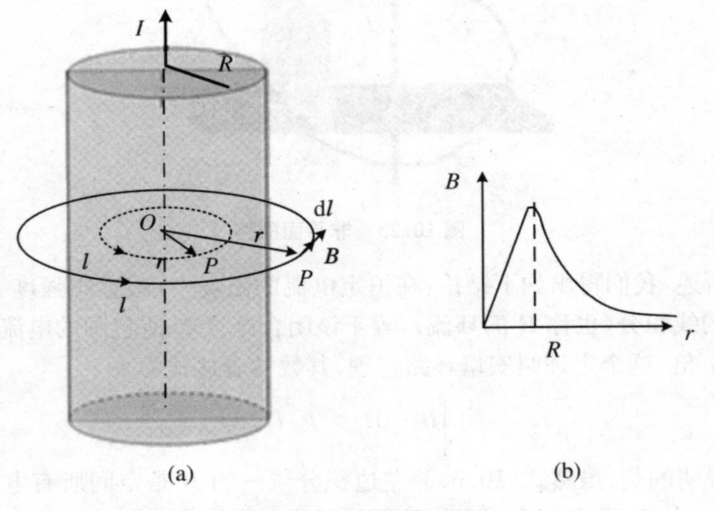

图 10.24　例 10.6 用图

(2) 当 $r \leqslant R$ 时，$\oint_l \boldsymbol{B} \cdot \mathrm{d}\boldsymbol{l} = \mu_0 I_{\text{int}}$，即 $2\pi r B = [\pi r^2/(\pi R^2)] I$，则有

$$B = \frac{\mu_0 r}{2\pi R^2} I \tag{10.6.4b}$$

根据以上结果，可作出无限长圆柱形均匀载流直导线磁场分布的 $B-r$ 函数曲线，如图 10.24(b)所示.

由于 $I/(\pi R^2)$ 就是载流导线中电流密度 $\boldsymbol{J}$ 的大小，为此可用下面的矢量式表示无限长圆柱形均匀载流直导线内、外磁感应强度 $\boldsymbol{B}$ 的大小和方向：

$$\boldsymbol{B} = \begin{cases} \dfrac{\mu_0 R^2}{2r^2} \boldsymbol{J} \times \boldsymbol{r} & (r \leqslant R) \\ \dfrac{\mu_0}{2} \boldsymbol{J} \times \boldsymbol{r} & (r \geqslant R) \end{cases} \tag{10.6.5}$$

如果电流在柱面上沿轴向均匀流动，则 $r < R$ 区域的 $\boldsymbol{B} = 0$，$r > R$ 区域的磁场同(10.6.4a)式；另外对于载流长直细导线，利用安培环路定理容易得出其周围磁场表达式仍为(10.6.4a)式，这要比直接利用毕奥—萨伐尔定律计算简单得多.

例10.7　求无限长载流螺线管的磁场．参考图10.25，一无限长载流螺线管，单位长度上绕有 n 匝线圈，每匝导线通有电流 I．试求管内、外的磁感应强度 $\boldsymbol{B}$．

解　由例10.5的式(10.5.7b)可知，无限长载流螺线管轴线上的磁感应强度 $B=\mu_0 nI$，方向与电流成右手螺旋关系．参考图10.17(a)，根据电流沿轴向平移的对称性可知，同轴圆柱面上各点 $\boldsymbol{B}$ 的大小相等，且与轴线上的磁场有相同的方向．

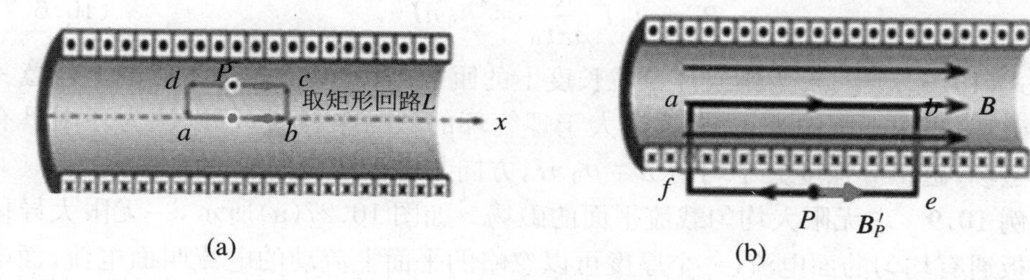

图10.25　例10.7用图

参考图10.25(a)，设 P 为管内非轴线上的任意一点，过场点 P 作矩形安培回路 $abcda$，其中一边 ab 在轴线上，对回路 $abcda$ 应用安培环路定理，有 $\oint_{abcda}\boldsymbol{B}\cdot d\boldsymbol{l}=\mu_0 I_{\text{int}}=0$．注意到在回路的两个竖边上 $\boldsymbol{B}$ 的线积分为零，则有

$$\oint_{abcda}\boldsymbol{B}\cdot d\boldsymbol{l}=B_{轴}\overline{ab}-B_P\overline{cd}=0$$

$$B_P=B_{轴}=\mu_0 nI\quad(管内)\tag{10.6.6a}$$

上式说明了无限长载流螺线管内部磁场均匀．

如果场点 P 在螺线管外，如图10.25(b)，过 P 作矩形安培回路 $abefa$，同样边 ab 在轴线上，运用安培环路定理，有 $\oint_{abefa}\boldsymbol{B}\cdot d\boldsymbol{l}=\mu_0 I_{\text{int}}=\mu_0\overline{ab}\cdot nI$．注意到在回路的两个竖边上 $\boldsymbol{B}$ 的线积分为零，则有

$$\oint_{abefa}\boldsymbol{B}\cdot d\boldsymbol{l}=B_{轴}\overline{ab}-B_P{}'\overline{ef}=\mu_0\overline{ab}\cdot nI$$

$$B_P{}'=0\quad(管外)\tag{10.6.6b}$$

例10.8　求载流密绕螺绕环内的磁场．绕在圆环上(一般圆环的截面为圆形，但有的圆环的截面也可为矩形)的螺旋形线圈叫螺绕环，当螺绕环的线圈密绕而螺距可以忽略时，就被称为密绕螺绕环．设载流密绕螺绕环总匝数为 N，每匝电流为 I．求环内的磁感应强度 $\boldsymbol{B}$．

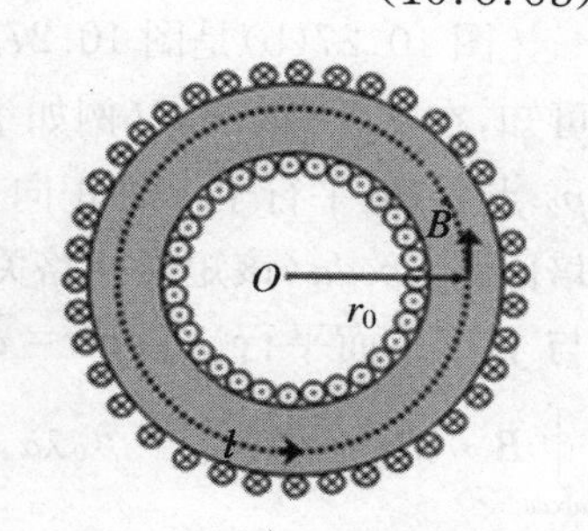

图10.26　例10.8用图

解　如图10.26所示，在载流密绕螺绕环过环心 O 的剖面上，以螺绕环的内、外半径的平均值 r_0 为半径作一个同心圆 l，称为螺绕环的中心圆．由对称性分

析可知，中心圆环上任意一点的磁场都与该中心圆的圆周相切，与电流成右手螺旋关系. 把安培环路定理应用到中心圆 l 上，有 $\oint_l \boldsymbol{B}\cdot\mathrm{d}\boldsymbol{l} = \mu_0 I_{\text{int}} = \mu_0 NI$，则有

$$\oint_l \boldsymbol{B}\cdot\mathrm{d}\boldsymbol{l} = 2\pi r_0 B = \mu_0 NI$$

$$B = \mu_0 I \frac{N}{2\pi r_0} = \mu_0 nI \tag{10.6.7}$$

式(10.6.7)中，n 为螺绕环单位长度上的匝数. 该式给出的是中心圆上任意一点的磁场，当中心圆的半径 r_0 远远大于螺绕环的截面半径时，可以认为环内具有均匀磁场，磁感应强度大小均为 $B=\mu_0 nI$，方向与电流的绕向成右手螺旋关系.

例 10.9 求无限大均匀载流平面的磁场. 如图 10.27(a)所示，一无限大导体薄平板通有均匀的面电流(一个厚度可以忽略的平面上流动的电流叫面电流，面电流是一种理想的物理模型)，面电流密度为 $\boldsymbol{\alpha}$(即通过与电流方向垂直的单位长度上的电流强度)，$\boldsymbol{\alpha}$ 的方向与该点电流方向相同. 求平面两边的磁场分布.

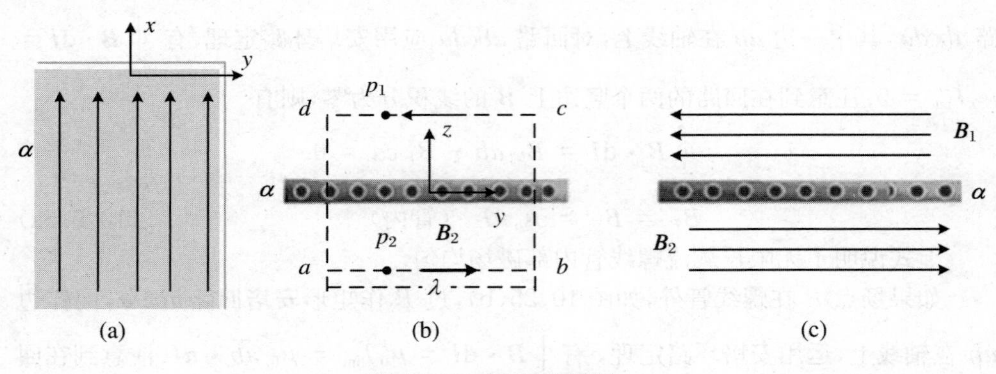

图 10.27 例 10.9 用图

解 如图 10.27(a)所示，建立直角坐标系(z 轴正向垂直纸面向内)，因为电流分布具有沿 x 轴和 y 轴的平移不变性，分析可知，与载流平面平行的同一平面上各点的 $\boldsymbol{B}$ 大小相等，且关于载流平面对称的两个平面上 $\boldsymbol{B}$ 的大小相等、方向相反.

图 10.27(b)是图 10.27(a)的俯视图，在载流平面两侧取对称点 p_1、p_2，分析可知，在 $z>0$ 的区域(例如 p_1 点)，$\boldsymbol{B}_1$ 反平行于 y 轴正向，在 $z<0$ 的区域(例如 p_2 点)，$\boldsymbol{B}_2$ 平行于 y 轴正向，设 $B_1=B_2=B$. 参考图 10.27(b)，过 p_1、p_2 作矩形安培回路 $abcda$(该矩形回路关于载流平面对称，且其所处的平面与载流平面垂直、与 yOz 平面平行). 设 $\overline{ab}=\overline{cd}=\lambda$，取反时针为积分方向，运用安培环路定理，有

$\oint_{abcda} \boldsymbol{B}\cdot\mathrm{d}\boldsymbol{l} = \mu_0 I_{\text{int}} = \mu_0\lambda\alpha$，有 $B_2\lambda + B_1\lambda = \mu_0\lambda\alpha$，即有

$$B = \frac{\mu_0\alpha}{2} \tag{10.6.8a}$$

如果用 $\boldsymbol{e}_n$ 表示背离载流平面的单位法矢量，则可用矢量式表示载流平面外任意一点的磁感应强度：

$$\boldsymbol{B} = \frac{\mu_0}{2}\boldsymbol{\alpha} \times \boldsymbol{e}_n \qquad (10.6.8b)$$

图 10.27(c)中画出了无限大均匀载流平面两边的磁场分布，无限大均匀载流平面两边各自为均匀磁场，且平面两边磁场有突变.

10.7　磁场对载流导线的作用　磁力的功

10.7.1　载流导线在磁场中所受的安培力

实验表明，处在磁场中的载流导线要受到磁力的作用，磁力的计算是由法国著名物理学家安培总结出来的，故称这种力为安培力.

参考图 10.28，若电流元 $I\mathrm{d}\boldsymbol{l}$ 所在处的磁感应强度为 $\boldsymbol{B}$，则磁场对该电流元的作用力为

$$\mathrm{d}\boldsymbol{F} = I\mathrm{d}\boldsymbol{l} \times \boldsymbol{B} \qquad (10.7.1)$$

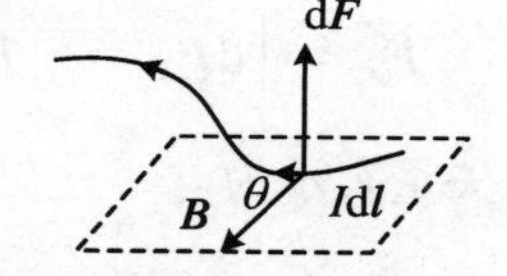

图 10.28　电流元受的安培力

式(10.7.1)就是安培力公式.其中 $\mathrm{d}\boldsymbol{F}$ 的大小为 $|\mathrm{d}\boldsymbol{F}| = BI\mathrm{d}l\sin\theta$（$\theta$ 是电流元 $I\mathrm{d}\boldsymbol{l}$ 与 $\boldsymbol{B}$ 的夹角），$\mathrm{d}\boldsymbol{F}$ 的方向由 $I\mathrm{d}\boldsymbol{l} \times \boldsymbol{B}$ 的方向决定.

根据安培力公式，采用力的叠加原理，很容易得出长为 l、载流为 I 的导体在磁场中受到的作用力可以按下式处理：

$$\boldsymbol{F} = \int_l \mathrm{d}\boldsymbol{F} = \int_l I\mathrm{d}\boldsymbol{l} \times \boldsymbol{B} \qquad (10.7.2)$$

例 10.10　如图 10.29 所示，长为 L、载有电流 I 的直导线处在磁感应强度为 $\boldsymbol{B}$ 的均匀磁场中，已知电流与磁场方向的夹角为 θ. 求该载流直导线所受的安培力.

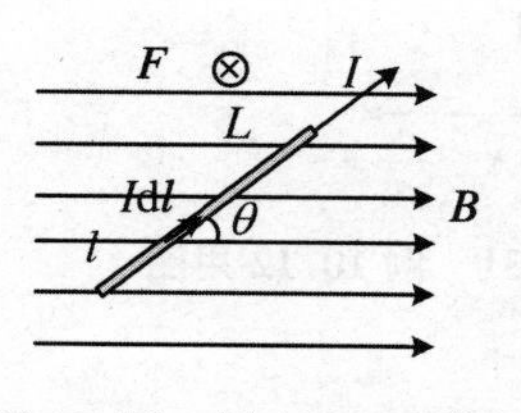

图 10.29　例 10.10 用图

解　沿着电流的方向，从棒的一端开始，在长度 l 与 $l+\mathrm{d}l$ 间取电流元 $I\mathrm{d}\boldsymbol{l}$. 根据安培力公式，该电流元所受的安培力为 $\mathrm{d}\boldsymbol{F} = I\mathrm{d}\boldsymbol{l} \times \boldsymbol{B}$，该力的大小为 $\mathrm{d}F = I\mathrm{d}l\sin\theta$，方向垂直纸面向里. 分析可知，所有电流元所受的安培力均沿同一个方向，故该载流直导线所受的安培力为

$$F = \int_0^L \mathrm{d}F = IB\sin\theta\int_0^L \mathrm{d}l = IBL\sin\theta$$

$\boldsymbol{F}$ 的方向垂直纸面向里. 当 $\theta = 0$ 时，$F = 0$；当 $\theta = 90^\circ$ 时，$F = IBL$.

例 10.11 如图 10.30 所示，在磁感应强度为 $\boldsymbol{B}$ 的均匀磁场中，有一段载有电流 I 的平面弯曲导线，两个端点 O、A 间的距离为 L，导线所在平面与磁场垂直．求导线所受磁力．

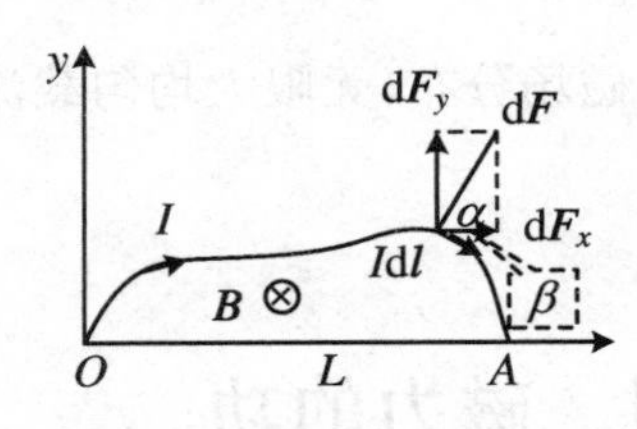

图 10.30 例 10.11 用图

解 建立直角坐标系，坐标原点为导线的一个端点 O（电流起始端），x 轴沿着导线两端的连线．沿着电流的流向，在导线上某处取一电流元 $I\mathrm{d}\boldsymbol{l}$，由安培力公式(10.7.1)式可得该电流元所受安培力为 $\mathrm{d}\boldsymbol{F}=I\mathrm{d}\boldsymbol{l}\times\boldsymbol{B}$，力的大小为 $\mathrm{d}F=I\mathrm{d}lB\sin 90^\circ=I\mathrm{d}lB$，方向如图．分析可知，不同位置的电流元所受安培力的方向是不同的，为此先求出 $\mathrm{d}\boldsymbol{F}$ 在两个坐标轴上的分量，然后积分求解．为了便于处理，取 $\mathrm{d}\boldsymbol{F}$ 与 x 正方向的夹角为 α，电流元 $I\mathrm{d}\boldsymbol{l}$ 与 x 正方向的夹角为 β．即有

$$\mathrm{d}F_x=\mathrm{d}F\cos\alpha=\mathrm{d}F\sin\beta=IB\mathrm{d}l\sin\beta=-IB\mathrm{d}y$$

$$\mathrm{d}F_y=\mathrm{d}F\sin\alpha=\mathrm{d}F\cos\beta=IB\mathrm{d}l\cos\beta=IB\mathrm{d}x$$

得

$$F_x=\int_L\mathrm{d}F_x=-IB\int_{y_A}^{y_B}\mathrm{d}y=0,\quad F_y=\int_L\mathrm{d}F_y=IB\int_{x_O}^{x_A}\mathrm{d}x=IBL$$

力的矢量表示为

$$\boldsymbol{F}=F_x\boldsymbol{i}+F_y\boldsymbol{j}=BIL\boldsymbol{j}$$

由例 10.11 可知，在同一个均匀磁场中，如果在 O、A 间放置一根载流直导线，且电流大小为 I，方向自 O 到 A，则其受到的安培力也是 $BIL\boldsymbol{j}$；如果电流反向，则该直导线受到的安培力为 $-BIL\boldsymbol{j}$．由此可以推断，在均匀磁场中，闭合载流回路所受的安培力为零．

例 10.12 如图 10.31 所示，在载流为 I_0 的长直导线 MN 附近，放置一长为 a 且载流为 I 的直导线 CD，两导线相互垂直，C 点到 MN 的垂直距离为 d．求 CD 所受的安培力．

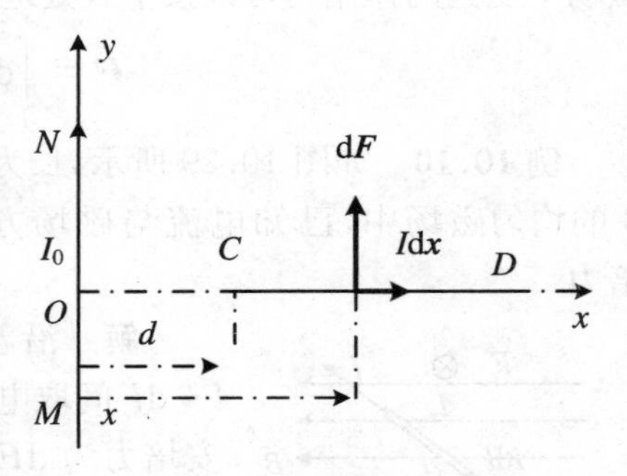

图 10.31 例 10.12 用图

解 如图建立坐标系，取垂足 O 为坐标原点．在载流为 I 的直导线上坐标为 x 和 $x+\mathrm{d}x$ 间取电流元 $I\mathrm{d}\boldsymbol{x}$，则该电流元所在处的磁感应强度为 $B(x)=\dfrac{\mu_0 I_0}{2\pi x}$，电流元所受到的安培力为

$$\mathrm{d}\boldsymbol{F}=I\mathrm{d}\boldsymbol{x}\times\boldsymbol{B}=I\mathrm{d}xB\boldsymbol{j}$$

即

$$dF = IdxB = Idx\frac{\mu_0 I_0}{2\pi x}$$

各电流元受力方向相同，均沿 y 轴方向，故

$$\boldsymbol{F} = \left(\int_d^{d+a} \frac{\mu_0 I I_0}{2\pi x} dx\right)\boldsymbol{j} = \frac{\mu_0 I I_0}{2\pi}\ln\left(\frac{d+a}{d}\right)\boldsymbol{j}$$

10.7.2　载流线圈在均匀外磁场中受到的磁力矩

下面我们讨论载流平面线圈在恒定磁场中所受的磁力矩. 如图 10.32(a)所示，在磁感应强度为 $\boldsymbol{B}$ 的均匀磁场中，有一个平面载流矩形线圈，线圈边长分别为 l_1、l_2，$\boldsymbol{e}_n$ 为载流线圈的法向单位矢量，$\boldsymbol{e}_n$ 与线圈中的电流成右手螺旋关系，α 为 $\boldsymbol{e}_n$ 与 $\boldsymbol{B}$ 的夹角. 则各边受力分别为

$$f_{ad} = l_1 IB\sin(\pi - \theta) = l_1 IB\sin\theta, \quad f_{bc} = l_1 IB\sin\theta, \quad f_{ab} = f_{cd} = l_2 IB$$

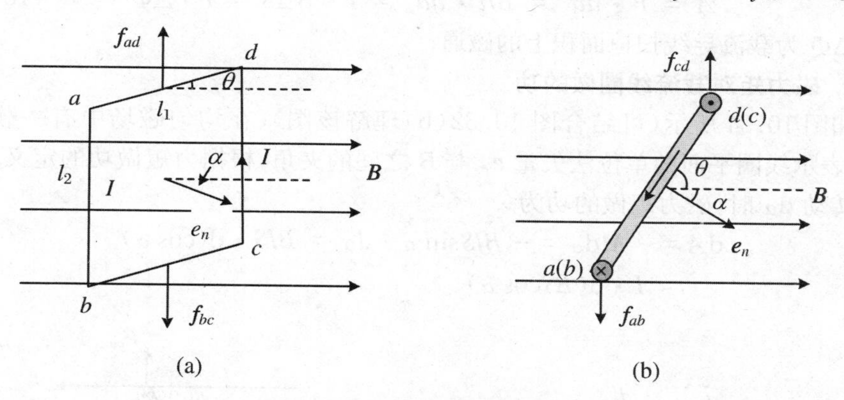

图 10.32　载流线圈受的磁力矩

$\boldsymbol{f}_{ad}$ 和 $\boldsymbol{f}_{bc}$ 大小相等、方向相反，且在同一条直线上，因此合力为零. $\boldsymbol{f}_{ab}$ 和 $\boldsymbol{f}_{cd}$ 大小相等、方向相反，但作用线不在同一直线上，参考图 10.32(a)的俯视图 10.32(b)，可方便地求出整个载流平面线圈所受的磁力矩大小为

$$M = f_{ab}\frac{l_1}{2}\sin\alpha + f_{cd}\frac{l_1}{2}\sin\alpha = f_{ab} l_1 \sin\alpha = l_2 IBl_1\sin\alpha = ISB\sin\alpha$$

如果线圈为 N 匝，则 $M = NISB\sin\alpha$，矢量式为 $\boldsymbol{M} = NIS\boldsymbol{e}_n \times \boldsymbol{B}$. 根据平面载流线圈(设为 N 匝)的磁矩的定义 $\boldsymbol{p}_m = NIS\boldsymbol{e}_n$，可知载流平面线圈在恒定磁场中所受的磁力矩为

$$\boldsymbol{M} = \boldsymbol{p}_m \times \boldsymbol{B} \tag{10.7.3}$$

当线圈的磁矩 $\boldsymbol{p}_m$ 与磁感应强度 $\boldsymbol{B}$ 之间的夹角 $\alpha = \pi/2$ 时，载流线圈受的磁力矩数值最大；当 $\alpha = 0$ 时，载流线圈受到的磁力矩为零，线圈处在稳定平衡状态；当 $\alpha = \pi$ 时，虽然线圈受到的磁力矩也为零，但此时线圈处在非稳定平衡状态，稍有扰动，线圈就会转到 $\alpha = 0$ 的状态.

以上讨论说明了均匀磁场中的载流线圈所受合力为零，但力矩不为零. 线圈只转动而不平动. 另外，非均匀磁场中的载流平面线圈既受到磁力矩的作用，还受到不为零的磁力的作用，线圈既要转动又要向磁场较大的方向平动. 式(10.7.3)不仅适用于平面载流线圈，还适用于任意形状的载流线圈. 对于任意形状的载流线圈，其磁矩 $\boldsymbol{p}_m$ 可用分割法求出.

*10.7.3　磁力的功

1. 磁力对载流导线做的功

如图 10.33 所示，长为 l 的载流导线 cd 与均匀磁场 $\boldsymbol{B}$ 垂直，导线中通有电流 I，则其受水平向右的安培力 $F = BIl$. 该载流导线在光滑的金属导轨上从 cd 移动到 $c'd'$ 的过程中，磁力做的功为

$$A = F \cdot \overline{dd'} = BIl \cdot \overline{dd'} = I \cdot B\Delta S = I \cdot \Delta\Phi \tag{10.7.4}$$

式中 $\Delta\Phi$ 为载流导线扫掠面积上的磁通.

2. 磁力矩对载流线圈做的功

如图 10.34 所示(可结合图 10.32(b)理解该图)，在均匀磁场中有一载流线圈，α 表示线圈平面的单位法矢量 $\boldsymbol{e}_n$ 与 $\boldsymbol{B}$ 之间的夹角，根据力矩做功的定义，可知线圈转动 $d\alpha$ 时，磁力矩做的功为

$$\begin{aligned} dA &= -Md\alpha = -BIS\sin\alpha \cdot d\alpha = BIS \cdot d(\cos\alpha) \\ &= I \cdot d(BS\cos\alpha) \end{aligned}$$

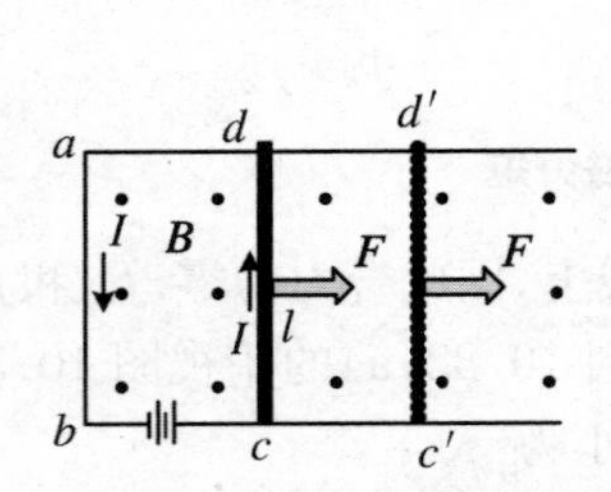

图 10.33　磁力对载流导线做功

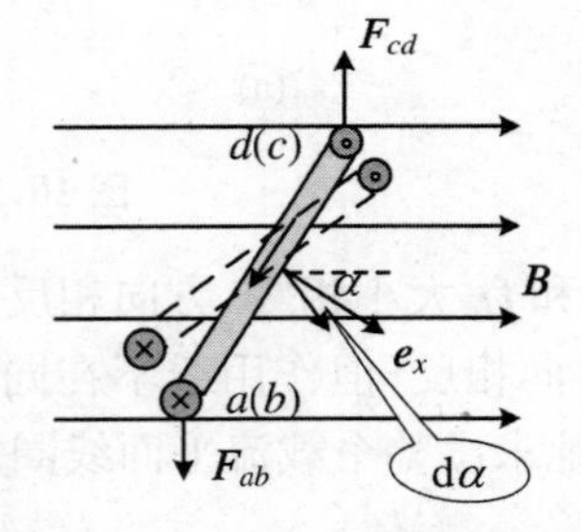

图 10.34　磁力矩对载流线圈做功

上面的计算之所以加负号，是因为磁力矩 $\boldsymbol{M}$ 使 α 减小而非增加，即有

$$dA = Id\Phi$$

线圈从 α_1 转到 α_2 的过程中，磁力矩做的功为

$$A = \int_{\Phi_1}^{\Phi_2} Id\Phi = I(\Phi_2 - \Phi_1) = I \cdot \Delta\Phi \tag{10.7.5}$$

式(10.7.4)和式(10.7.5)两式分别给出了电流 I 不变时，磁力做的功或磁力矩做的功，所表达的结果具有普遍适用性.

例 10.13　如图 10.35 所示，半径 R、载流 I 的半圆形闭合线圈共有 N 匝，当均匀外磁场方向与线圈法向之间的夹角 $\theta=60^\circ$ 时，求：

(1) 载流线圈的磁矩，及此时线圈所受磁力矩；

(2) 从该位置转到平衡位置，磁力矩所做的功.

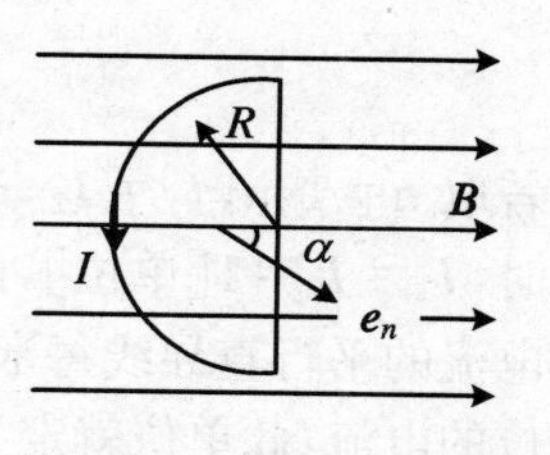

图 10.35　例 10.13 用图

解　(1) 载流线圈上的磁矩为

$$\boldsymbol{p}_m = NIS\boldsymbol{e}_n = \frac{1}{2}NI\pi R^2\boldsymbol{e}_n$$

磁力矩的方向为竖直向上，大小为

$$M = p_m B\sin 60^\circ = \frac{1}{2}NI\pi R^2 B\cdot\frac{\sqrt{3}}{2} = \frac{\sqrt{3}}{4}NIB\pi R^2$$

(2) 线圈从该位置转到平衡位置时，磁力矩做的功为

$$A = I\Delta\Phi = I(\Phi_2-\Phi_1) = NI\left(B\cdot\frac{\pi R^2}{2} - B\cdot\frac{\pi R^2}{2}\cos 60^\circ\right) = \frac{1}{4}NIB\pi R^2$$

磁力矩做正功，它使 $\boldsymbol{e}_n$ 与 $\boldsymbol{B}$ 间的夹角 α 减小到零.

10.7.4　平行电流间的相互作用　电流单位“安培”的定义

参考图 10.36，讨论平行电流间的相互作用力. 当电流同向时相互吸引(图 10.36(a))，当电流反向时相互排斥(图 10.36(b)). 电流元所受到的安培力为

$$\mathrm{d}f_1 = I_1\mathrm{d}l_1B_2 = \frac{\mu_0 I_1 I_2\mathrm{d}l_1}{2\pi a},\quad \mathrm{d}f_2 = I_2\mathrm{d}l_2B_1 = \frac{\mu_0 I_1 I_2\mathrm{d}l_2}{2\pi a}$$

单位长度上的电流元所受到的安培力为

$$\frac{\mathrm{d}f_1}{\mathrm{d}l_1} = \frac{\mathrm{d}f_2}{\mathrm{d}l_2} = \frac{\mu_0 I_1 I_2}{2\pi a}$$

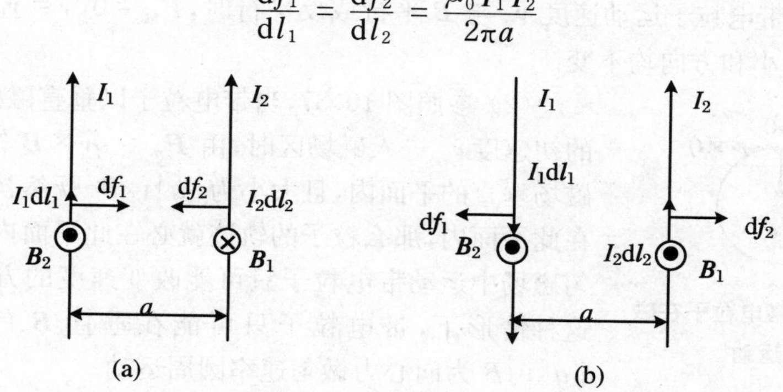

图 10.36　平行载流导线间的安培力

“安培”是电磁学国际单位制中的四个基本单位之一，其定义如下：按上面的计算，两平行长直载流导线间每单位长度上相互作用力为

$$\frac{\mathrm{d}f_1}{\mathrm{d}l_1}=\frac{\mu_0 I_1 I_2}{2\pi a}=\frac{2I_1 I_2}{a}\times 10^{-7}$$

若取 $a=1\ \mathrm{m}$，$I_1=I_2$，改变 I_1、I_2 的大小，测 $\mathrm{d}f/\mathrm{d}l$．当 $\mathrm{d}f/\mathrm{d}l=2\times 10^{-7}\ \mathrm{N\cdot m^{-1}}$ 时，$I_1=I_2=1$[单位]，此单位称为“安培”．也就是说：相距为 1 m 且载有相等大小电流的平行直导线每米长度上相互作用力为 2×10^{-7} N 时，各导线中通有一个单位的电流，此单位就定义为“安培”([A])．

10.8　带电粒子在磁场中的运动

质量为 m、带电为 q 的粒子在磁感应强度为 $\boldsymbol{B}$ 的匀强磁场中以速度 $\boldsymbol{v}$ 运动时，要受到洛伦兹力 $\boldsymbol{F}_m=q\boldsymbol{v}\times\boldsymbol{B}$ 的作用．当 $v\ll c$ 时，带电粒子的运动方程按牛顿第二定律表示为 $m\boldsymbol{a}=q\boldsymbol{v}\times\boldsymbol{B}$，其中粒子的加速度 $\boldsymbol{a}=\mathrm{d}\boldsymbol{v}/\mathrm{d}t$，且 $\boldsymbol{v}=\mathrm{d}\boldsymbol{r}/\mathrm{d}t$．当粒子从位置 a 运动到位置 b 时，根据动能定理可知：

$$\frac{1}{2}mv_b^2-\frac{1}{2}mv_a^2=\int_a^b\boldsymbol{F}_m\cdot\mathrm{d}\boldsymbol{r}=\int_a^b(q\boldsymbol{v}\times\boldsymbol{B})\cdot\mathrm{d}\boldsymbol{r}=\int_a^b(q\boldsymbol{v}\times\boldsymbol{B})\cdot\boldsymbol{v}\mathrm{d}t=0$$

即在均匀磁场中，运动带电粒子的速率保持不变．或者说，在洛伦兹力的作用下，运动带电粒子只可能改变速度的方向．下面我们将分四种常见的情形来对带电粒子在均匀磁场中的运动进行讨论．

10.8.1　带电粒子在磁场中的运动

(1) 当带电粒子运动速度 $\boldsymbol{v}_0$ 与 $\boldsymbol{B}$ 平行或反平行时，$\boldsymbol{F}_m=0$，$\boldsymbol{v}=\boldsymbol{v}_0$，即带电粒子速度的大小和方向均不变．

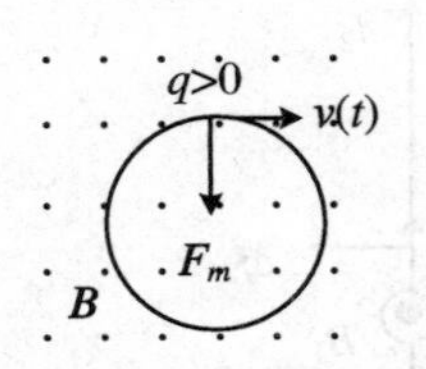

图 10.37　带电粒子在磁场中做圆周运动

(2) 参照图 10.37，当带电粒子以垂直磁感应强度 $\boldsymbol{B}$ 的初速度 $\boldsymbol{v}_0$ 进入磁场区时，由 $\boldsymbol{F}_m=q\boldsymbol{v}\times\boldsymbol{B}$ 知，$\boldsymbol{F}_m$ 在与磁场垂直的平面内，且大小为 $|q|v_0B$．既然初速度 $\boldsymbol{v}_0$ 也在此平面内，那么粒子的轨迹就必在此平面内．由于在均匀磁场中运动带电粒子只可能改变速度的方向，因此在这种情形下，带电粒子只可能在垂直 $\boldsymbol{B}$ 的平面内以 $|q|v_0B$ 为向心力做匀速率圆周运动．

图 10.37 为 $q>0$ 的粒子在匀强磁场中做匀速率圆周运动的静态图．设圆周的半径为 R，则有 $mv_0^2/R=qv_0B$．根据此关系可进一步推出粒子做匀速率圆周运动的其他参量，如匀速率圆周运动的半径 R、周期 T、频率 f、角速度 ω 分别为

$$R=\frac{mv_0}{qB},\quad T=\frac{2\pi m}{qB},\quad f=\frac{qB}{2\pi m},\quad \omega=\frac{qB}{m}\tag{10.8.1}$$

如果粒子带负电，则以上几式中的电量 q 应取绝对值．

（3）如图 10.38 所示，当带电粒子的初始速度 $\boldsymbol{v}_0$ 与 $\boldsymbol{B}$ 夹任意角 θ 时，将 $\boldsymbol{v}_0$ 分解为与 $\boldsymbol{B}$ 垂直的分量 $\boldsymbol{v}_\perp$ 及与 $\boldsymbol{B}$ 平行的分量 $\boldsymbol{v}_{/\!/}$，即 $\boldsymbol{v}_0=\boldsymbol{v}_\perp+\boldsymbol{v}_{/\!/}$．初速度两个分量的大小分别为 $v_\perp=v_0\sin\theta$，$v_{/\!/}=v_0\cos\theta$．显然，当 $\boldsymbol{v}_{/\!/}=0$ 时，带电粒子将在与 $\boldsymbol{B}$ 垂直的平面内做匀速率圆周运动；当 $\boldsymbol{v}_\perp=0$ 时，则带电粒子不受洛伦兹力，因而做与 $\boldsymbol{B}$ 平行或反平行的匀速直线运动．当 $\boldsymbol{v}_\perp$ 和 $\boldsymbol{v}_{/\!/}$ 都不为零时，粒子的运动自然是以上两种运动的合成，其轨迹应是一条螺旋线，螺旋线的半径 R 和螺距 h 分别为

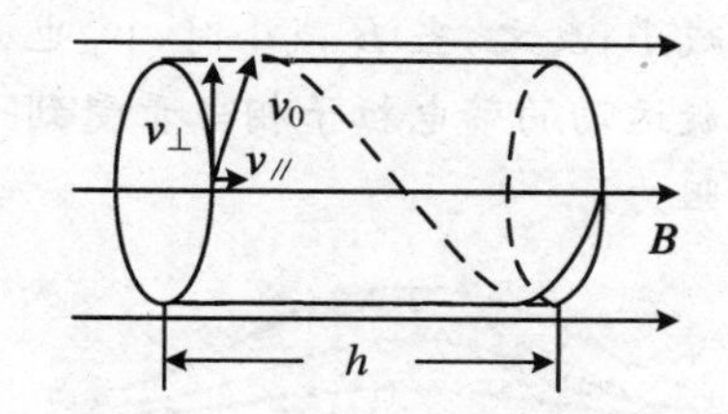

图 10.38　带电粒子在磁场中做螺旋运动

$$R=\frac{mv_\perp}{qB}=\frac{mv_0}{qB}\sin\theta,\quad h=Tv_{/\!/}=\frac{2\pi m}{qB}v_{/\!/}=\frac{2\pi m}{qB}v_0\cos\theta \tag{10.8.2}$$

式(10.8.2)表明，仅就对初速度的依赖而言，半径 R 只依赖于初速度的垂直分量大小，而螺距则只依赖于初速度的平行分量大小．

参考图 10.39，若从磁场中某点 A 处，沿着与磁感应强度 $\boldsymbol{B}$ 平行的方向发射一束同种带电粒子，设它们的速率均为 v_0，发散角为 θ_i，则根据式(10.8.2)可知，这些带电粒子的回旋半径 R_i 及螺距 h_i 均不相同．但是当发散角度 θ_i 非常小时，$\sin\theta_i\approx\theta_i$，$\cos\theta_i\approx1$，则各粒子的回旋半径及螺距可以表示为

$$R_i\approx\frac{mv_0}{qB}\theta_i,\quad h_i\approx\frac{2\pi m}{qB}v_0$$

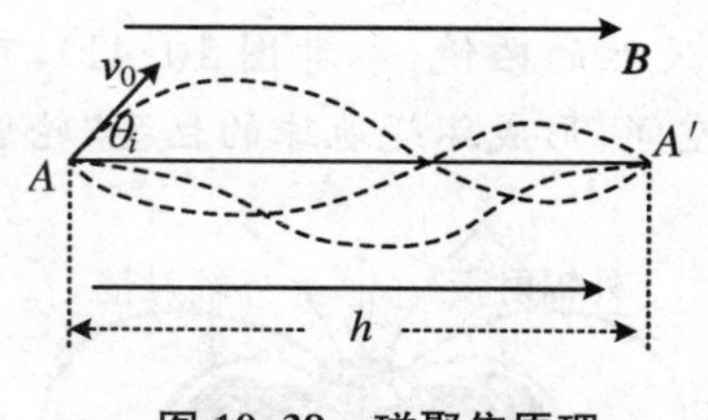

图 10.39　磁聚焦原理

也就是说，尽管这些带电粒子的回旋半径不同，但这些带电粒子的螺距相同，当它们向前推进整数倍螺距后将会汇聚到同一点，这种类似于光束经过透镜后聚焦的现象叫磁聚焦．载流长直螺线管可以产生匀强磁场，实现磁聚焦．实际上在很多电真空器件(如电子显微镜)中，常用载流线圈产生非均匀磁场来实现磁聚焦．

对于非匀强磁场，只要带电粒子的回旋半径 R 远小于磁场的不均匀尺度，带电粒子的运动仍然可以看作是沿磁感应线方向或反方向的螺旋运动，即带电粒子的回旋中心(引导中心)只能沿磁感应线做纵向运动，只是回旋半径和螺距都将不断变化．在这种情况下，粒子的速度大小仍然不变，但速度的垂直分量 $\boldsymbol{v}_\perp$ 和平行分量 $\boldsymbol{v}_{/\!/}$ 却不再不变．当磁场梯度变化不是太大时，粒子的回旋磁矩 $\boldsymbol{p}_m$ 的大小仍然是一个守恒量，即

$$p_m=IS=\frac{q}{T}\pi R^2=\frac{q^2B}{2\pi m}\cdot\pi\left(\frac{mv_\perp}{qB}\right)^2=\frac{mv_\perp^2}{2B}$$

由于回旋磁矩 p_m 的大小是一个不变量,所以当 B 增大时,$v_\perp$ 也必将增大,由于洛伦兹力不做功,所以带电粒子的动能守恒,即粒子的速度大小 v 保持不变,所以 $v_{/\!/}$ 必然减小;反之,当 B 减小时,$v_\perp$ 也必将减小,$v_{/\!/}$ 必然增大.也就是说,沿磁感应线做螺旋运动的带电粒子相当于受到一个把它推向磁场较弱的区域的作用力(称为纵向阻力).

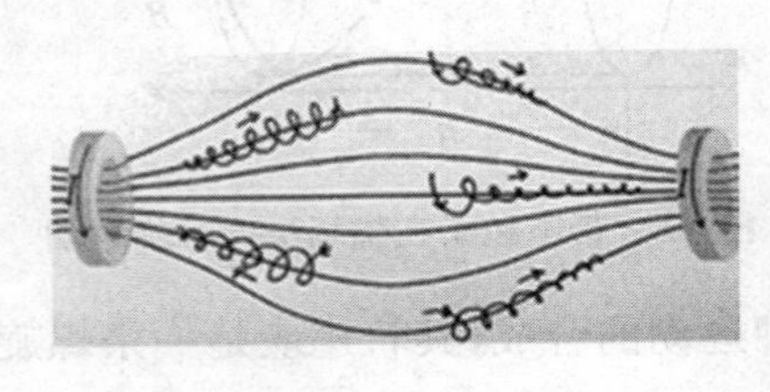

图 10.40　磁旋

图 10.40 给出了由两个载有同向电流的线圈产生的非均匀磁场,该磁场的特点是中部磁场较弱、两端磁场较强.把运动带电粒子置于该磁场中时,无论粒子带负电还是带正电,均将沿磁感应线做螺旋运动.以带负电的电子为例(对带正电的粒子可做同样的分析),设其投射角为 θ(投射入磁场时的速度 $\boldsymbol{v}_0$ 与该处磁场 $\boldsymbol{B}$ 的夹角),若 $\theta>90^\circ$,则该电子沿磁感应线方向做螺旋运动,若 $\theta>90^\circ$,则该电子沿磁感应线反方向做螺旋运动.由于电子在螺旋运动中的回旋磁矩和速率保持不变,所以当电子由左向右沿磁感应线螺旋运动到磁场中点时,B 最小,$v_\perp$ 最小,而 $v_{/\!/}$ 最大.越过磁场最弱处继续向右运动时,磁场增强,$v_\perp$ 也随之增大,$v_{/\!/}$ 减小.在磁场最右端,只要磁场 $\boldsymbol{B}$ 足够强,$v_\perp$ 将增至最大,$v_{/\!/}$ 将趋于零,这时电子不能再向右运动,但是由于回旋磁矩受到一指向弱磁场方向的作用力,电子将反向沿磁感应线向左运动,直到左端磁场最大处,$v_{/\!/}$ 又趋于零,然后再反向向右沿磁感应线做螺旋运动.如此左右运动,电子不能逃出磁场(但是对于 $v_{/\!/}$ 足够大的带电粒子,显然容易逃逸),磁场对带电粒子的这种约束叫纵向磁约束.这种能把运动带电粒子约束在磁场中的不均匀磁场装置称为磁镜.

地球磁场具有中间弱、两极强的特点,是一个天然的磁镜(参考图 10.41),可以捕获宇宙射线中的部分带电粒子并约束在近地空间,形成环绕地球的巨型“轮胎状”的高能粒子辐射层——范艾伦辐射带.辐射带有内、外两个,高度在 1~2 个地球半径之间的叫内辐射带,主要约束了高能质子;距离地球的高度在 3~4 个地球半径之间的叫外辐射带,主要约束了高能电子.范艾伦辐射带将地球包围在中间,保护地球免遭辐射.但是当粒子的能量足够大时,它们就会挣脱地球磁场的约束,在磁极附近激发高层空气分子电离,产生绚丽的发光现象,这就是极光.

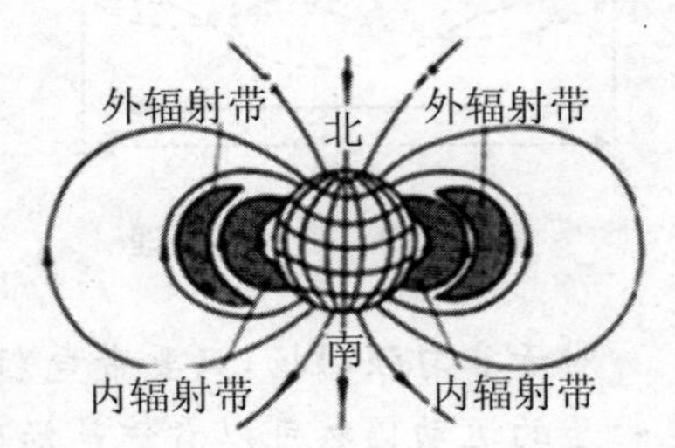

图 10.41　地球磁场

10.8.2　霍尔效应

1879 年，美国物理学家霍尔（A. H. Hall，1855～1938）在美国约翰·霍普金斯大学著名教授罗兰的指导下用铜箔做实验时发现：处在外磁场中的载流导体，在与电流和磁场方向均垂直的方向上，导体的两侧之间会出现电势差，这种现象被称为**霍尔效应**，相应的电势差叫**霍尔电压**.

参考图 10.42，实验表明在磁场不太强时，霍尔电压 $U_{AA'}$ 与电流强度 I、磁感应强度 $\boldsymbol{B}$ 的大小成正比，与板沿磁场方向的厚度 d 成反比，即有

$$U_{AA'} = K_{\mathrm{H}} \frac{IB}{d} \tag{10.8.3}$$

式(10.8.3)中，K_{H} 叫霍尔系数，与材料的性质及温度有关.

进一步实验发现，半导体材料（分 n 型半导体和 p 型半导体，前者载流子主要是带负电的电子，后者载流子是带正电的"空穴"）中也会出现霍尔效应.

处在磁场中的载流导体或半导体产生霍尔效应的原因，是导体或半导体内载流子受到洛伦兹力作用而发生偏转的结果. 图 10.42 中，d、h、l 为材料的几何尺寸，设载流子的数密度为 n（单位体积内载流子数），每个载流子的电量为 q，定向运动的速度为 $\boldsymbol{u}$，显然无论载流的电量 $q>0$ 还是 $q<0$，其受到的洛伦兹力均指向 A 面.

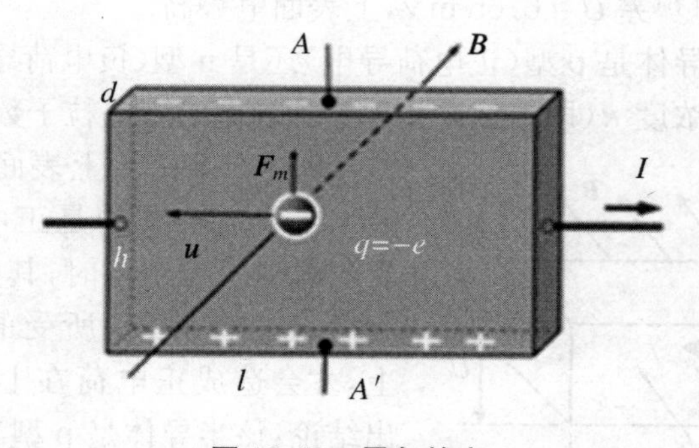

图 10.42　霍尔效应

以电子导电为例（即 $q=-e$），在洛伦兹力的作用下，电子在上表面堆积，同时正电中心下移，在下表面堆积，从而建立一个自下而上的横向电场（当 $q>0$ 时，这个电场的方向是自上而下），该电场会对载流子施加一个与洛伦兹力方向相反的阻力. 开始时洛伦兹力占主导地位，随着载流子在材料表面的堆积，横向电场也随之增大，直到达到平衡状态. 设平衡时横向电场为 $\boldsymbol{E}_{\mathrm{H}}$（叫霍尔电场），则有 $-e\boldsymbol{u}\times\boldsymbol{B}+(-e\boldsymbol{E}_{\mathrm{H}})=0$，即 $E_{\mathrm{H}}=uB$. 由于电流强度大小可以表示为 $I=JS=Jhd=neuhd$，所以霍尔电压为

$$U_{AA'} = V_A - V_A{}' = -hE_H = -huB = \frac{1}{n(-e)} \cdot \frac{IB}{d} = \frac{1}{nq} \cdot \frac{IB}{d} \tag{10.8.4}$$

如果参与导电的载流子的电量 $q>0$，则用同样的方法也可得出式(10.8.4). 比较式(10.8.4)和式(10.8.3)两式，可以看出霍尔系数为

$$K_H = \frac{1}{nq} \tag{10.8.5}$$

式(10.8.5)表明，霍尔系数与载流子的数密度 n 成反比. 因为半导体内载流子数密度 n 远远小于金属中载流子的浓度，所以半导体的霍尔系数比金属在数值上大得多. 由于半导体内载流子数密度 n 受温度、杂质和其他因素影响很大，所以霍尔效应为研究半导体 n 的变化提供了重要的方法.

另外，从式(10.8.4)和式(10.8.5)两式可知，当 $q<0$ 时，$K_H<0$，$U_{AA'}<0$；当 $q>0$ 时，$K_H>0$，$U_{AA'}>0$. 所以根据霍尔系数的正、负，还可以判断载流子所带电荷的正、负，确定半导体的导电类型(p 型或 n 型).

霍尔效应还可以用于磁场的测量. 根据霍尔效应做成的霍尔传感器已广泛用于测量技术、电子技术、自动化技术等领域.

例 10.14　如图 10.43 所示，一块半导体样品的体积为 $d\times h\times l$，沿 l 方向有电流 I，沿厚度 d 方向加有均匀外磁场 $\boldsymbol{B}$（$\boldsymbol{B}$ 的方向和样品中电流密度方向垂直). 实验得出的数据为：$d=0.1$ cm，$h=0.35$ cm，$l=1.0$ cm，$I=1$ mA，$B=3.0\times10^{-1}$ T，沿 h 边两侧的电势差 $U=6.65$ mV，上表面电势高.

(1) 问这个半导体是 p 型(正电荷导电)还是 n 型(负电荷导电)?

(2) 求载流子浓度 n(即单位体积内参加导电的带电粒子数).

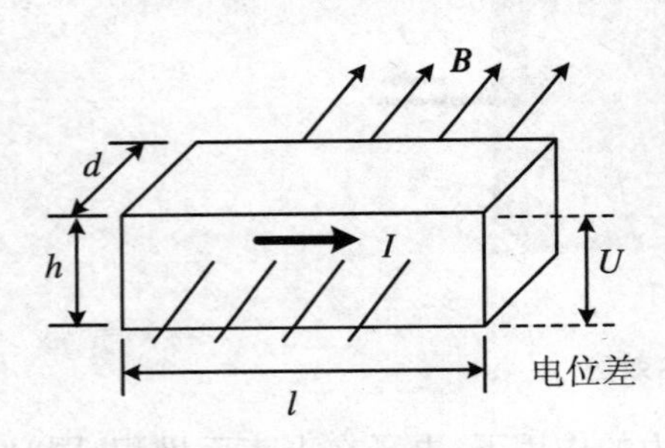

图 10.43　例 10.14 用图

解　(1) 由于上表面电势高，所以可判断出上表面堆积的是正电荷. 分析可知，只有当载流子带正电时，其定向运动速度方向与电流方向相同，所受的洛伦兹力方向向上，才会造成正电荷在上表面堆积. 由此得出结论：该半导体是 p 型半导体.

(2) 由霍尔效应知，在磁场不太强时，霍尔电势差 U 与电流强度 I、磁感应强度 B 成正比，而与样品厚度 d 成反比，即

$$U = K_H \frac{IB}{d} \quad \left(\text{其中 } K_H = \frac{1}{nq}\right)$$

根据题给条件，载流子浓度为

$$n = \frac{IB}{qdU} = 2.82\times10^{20}\,(\mathrm{m}^{-3})$$

习　题　10

10.1　室温下，铜导线内自由电子数密度为 $n = 8.5\times10^{28}$ 个/m^3，导线中电流密度的大小 $J = 2\times10^6\ \text{A/m}^2$，则电子定向漂移速率为(　　).

A. 1.5×10^{-4} m/s　　B. 1.5×10^{-2} m/s

C. 5.4×10^{2} m/s　　D. 1.1×10^{5} m/s

10.2　如图 10.44 所示，在一个长直圆柱形导体外面套一个与它共轴的长圆筒导体，两导体的电导率可以认为是无限大.在圆柱与圆筒之间充满电导率为 γ 的均匀导电物质，当在圆柱与圆筒间加上一定电压时，在长度为 l 的一段导体上总的径向电流为 I.则在柱与筒之间与轴线的距离为 r 的点处电场强度为(　　).

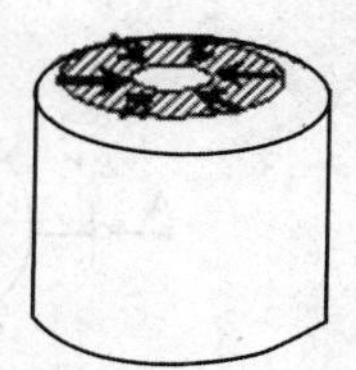

图 10.44

A. $\dfrac{2\pi rI}{l^2\gamma}$　　B. $\dfrac{I}{2\pi rl\gamma}$

C. $\dfrac{Il}{2\pi r^2\gamma}$　　D. $\dfrac{I\gamma}{2\pi rl}$

10.3　已知直径为 0.02 m、长为 0.1 m 的圆柱形导线中通有稳恒电流，在 60 秒钟内导线放出的热量为 100 J.已知导线的电导率为 $6\times10^7\ \Omega^{-1}\cdot\text{m}^{-1}$，则导线中的电场强度为(　　).

A. $2.78\times10^{-13}\ \text{V}\cdot\text{m}^{-1}$　　B. $10^{-13}\ \text{V}\cdot\text{m}^{-1}$

C. $2.97\times10^{-2}\ \text{V}\cdot\text{m}^{-1}$　　D. $3.18\ \text{V}\cdot\text{m}^{-1}$

10.4　如图 10.45 所示的电路中，两电源的电动势分别为 ε_1、ε_2，内阻分别为 r_1、r_2. 3 个负载电阻阻值分别为 R_1、R_2、R，电流分别为 I_1、I_2、I_3，方向如图所示.则 A、B 之间的电势差 U_{BA} 为(　　).

A. $\varepsilon_2-\varepsilon_1-I_1R_1+I_2R_2-I_3R$

B. $\varepsilon_2+\varepsilon_1-I_1(R_1+r_1)+I_2(R_2+r_2)-I_3R$

C. $\varepsilon_2-\varepsilon_1-I_1(R_1+r_1)+I_2(R_2+r_2)$

D. $\varepsilon_2-\varepsilon_1-I_1(R_1-r_1)+I_2(R_2-r_2)$

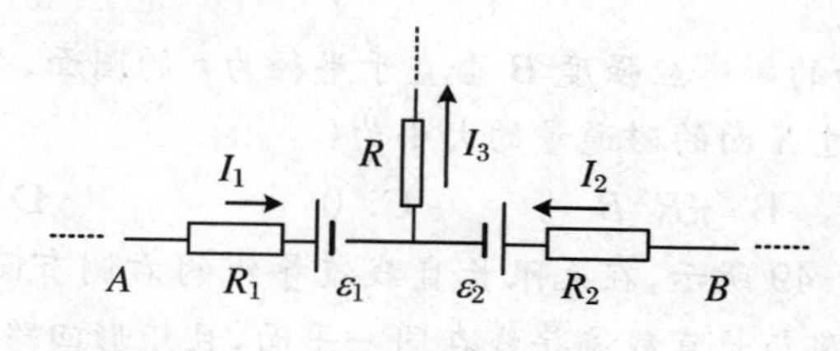

图 10.45

10.5　电动势为 ε、内阻为 r 的六个电源按图 10.46 连接，导线电阻忽略不计，则 U_{AB} 等于(　　).

A. 0　　B. 4ε　　C. 2ε　　D. -2ε

10.6　如图 10.47 所示，无限长直导线在 P 处弯成半径为 R 的圆，当通以电流 I 时，则在圆心 O 点的磁感应强度大小等于(　　).

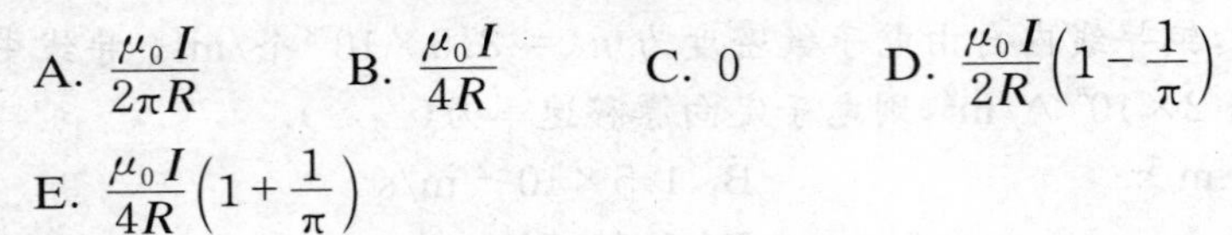

A. $\dfrac{\mu_0 I}{2\pi R}$　　B. $\dfrac{\mu_0 I}{4R}$　　C. 0　　D. $\dfrac{\mu_0 I}{2R}\left(1-\dfrac{1}{\pi}\right)$

E. $\dfrac{\mu_0 I}{4R}\left(1+\dfrac{1}{\pi}\right)$

图 10.46　　　　图 10.47

10.7　一载有电流 I 的细导线分别均匀密绕在半径为 R 和 r 的长直圆筒上形成两个螺线管，两螺线管单位长度上的匝数相等. 设 $R = 2r$，则两螺线管中的磁感强度大小 B_R 和 B_r 满足(　　).

A. $B_R = 2B_r$　　B. $B_R = B_r$　　C. $2B_R = B_r$　　D. $B_R = 4B_r$

10.8　如图 10.48 所示，载流的圆形线圈(半径为 a_1)与正方形线圈(边长为 a_2)通有相同电流 I. 若两个线圈的中心 O_1、O_2 处的磁感强度大小相同，则半径 a_1 与边长 a_2 之比 $a_1 : a_2$ 为(　　).

A. $1:1$　　B. $\sqrt{2}\pi:1$　　C. $\sqrt{2}\pi:4$　　D. $\sqrt{2}\pi:8$

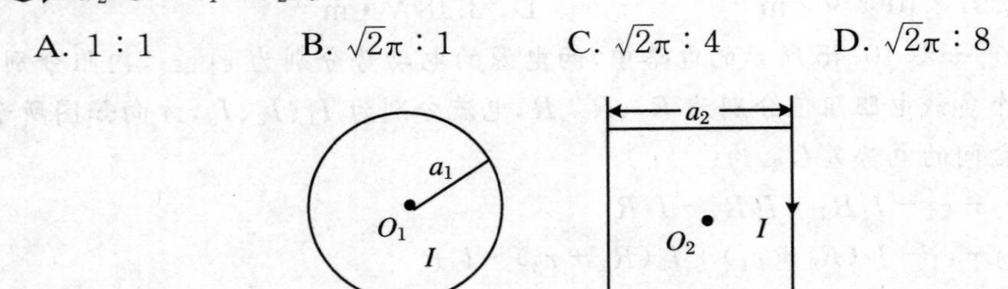

图 10.48

10.9　均匀磁场的磁感应强度 B 垂直于半径为 r 的圆面，今以该圆周为边线，作一半球面 S，则通过 S 面的磁通量的大小为(　　).

A. $2\pi R^2 B$　　B. $\pi R^2 B$　　C. 0　　D. 无法确定

10.10　如图 10.49 所示，在无限长直载流导线的右侧有面积为 S_1 和 S_2 的两个矩形回路，两个回路与长直载流导线在同一平面，且矩形回路的一边与长直载流导线平行，则通过面积为 S_1 的矩形回路的磁通量与通过面积为 S_2 的矩形回路的磁通量之比为(　　).

A. 1 : 2　　B. 2 : 1　　C. 1 : 4　　D. 1 : 1

10.11　如图10.50所示,半径为 R 的圆柱体上载有电流 I,电流在其横截面上均匀分布,一回路 L 通过圆柱内部将圆柱体横截面分为两部分,其面积大小分别为 S_1、S_2,则 $\oint_L \boldsymbol{B}\cdot d\boldsymbol{l}$ 等于(　　).

A. 0　　B. $\mu_0 I$

C. $-\mu_0 S_2 I/(S_1+S_2)$　　D. I

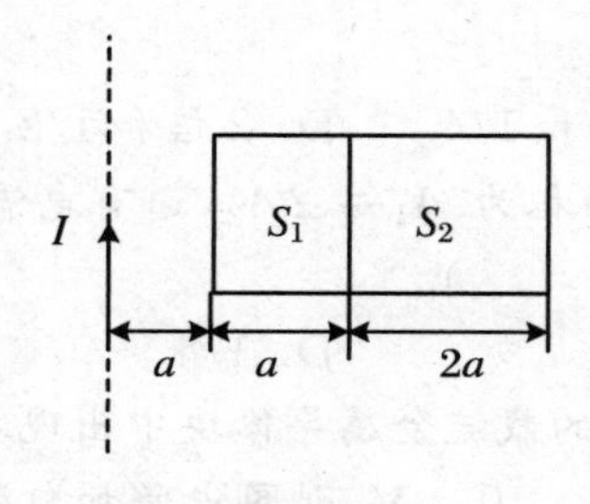

图10.49

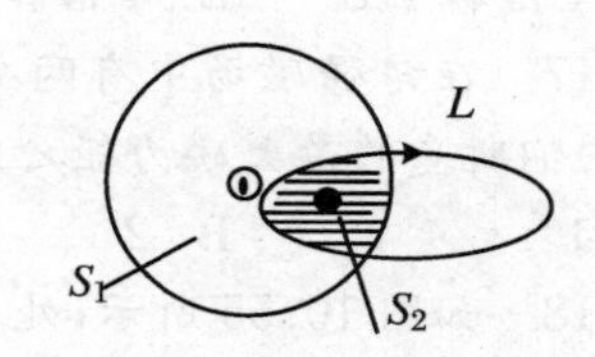

图10.50

10.12　如图10.51所示,两根直导线 ab 和 cd 沿半径方向被接到一个截面处处相等的铁环上,稳恒电流 I 从 a 端流入而从 d 端流出,则磁感应强度沿图中闭合路径 L 的积分 $\oint_L \boldsymbol{B}\cdot d\boldsymbol{l}$ 等于(　　).

A. $\mu_0 I$　　B. $\frac{1}{3}\mu_0 I$　　C. $\mu_0 I/4$　　D. $2\mu_0 I/3$

10.13　如图10.52所示,一电子以速度 $\boldsymbol{v}$ 垂直地进入磁感应强度为 $\boldsymbol{B}$ 的均匀磁场中,则此电子在磁场中运动轨道所围的面积内的磁通量为(　　).

A. 正比于 B,反比于 v^2　　B. 反比于 B,正比于 v^2

C. 正比于 B,反比于 v　　D. 反比于 B,反比于 v

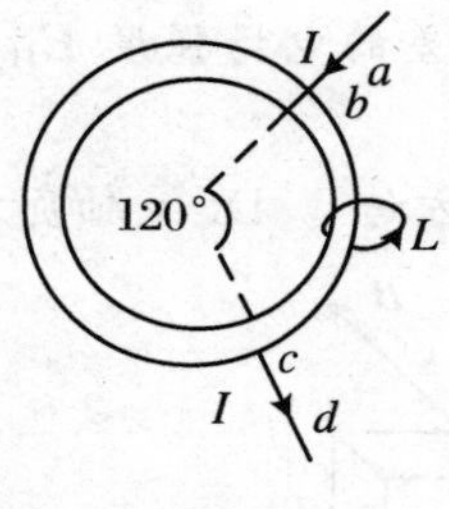

图10.51

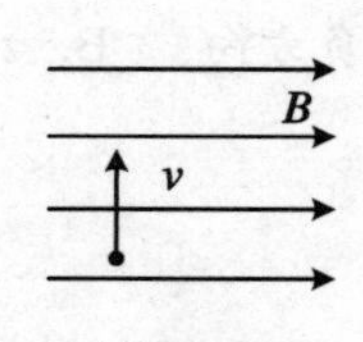

图10.52

10.14　如图10.53所示,在一固定的载流大平板附近有一载流小线框能自由转动或平动,线框平面与大平板垂直,大平板的电流与线框中电流方向如图所示,则对着大平板看通电线框的运动情况是(　　).

A. 靠近大平板　　B. 顺时针转动

C. 逆时针转动　　D. 离开大平板向外运动

10.15　如图 10.54 所示,长直电流 I_2 与圆形电流 I_1 共面,并与其一直径相重合(但两者间绝缘),设长直电流不动,则圆形电流将(　　).

A. 绕 I_2 旋转　　B. 向左运动　　C. 向右运动

D. 向上运动　　E. 不动

10.16　有一半径为 R 的单匝圆线圈,通以电流 I,若将该导线弯成匝数 $N=2$ 的平面圆线圈,导线长度不变,并通以同样的电流,则线圈中心的磁感应强度和线圈的磁矩分别是原来的(　　).

A. 4 倍和 1/8　　B. 4 倍和 1/2　　C. 2 倍和 1/4　　D. 2 倍和 1/2

10.17　在匀强磁场中有两个平面线圈,其面积为 $A_1=2A_2$,通有电流 $I_1=2I_2$,则它们所受的最大磁力矩之比 $M_1:M_2$ 等于(　　).

A. 1　　B. 2　　C. 4　　D. 1/4

10.18　如图 10.55 所示,处在某匀强磁场中的载流金属导体块中出现霍尔效应,测得两底面 M、N 的电势差为 $V_M-V_N=0.3\times10^{-3}$ V,则图中所加匀强磁场的方向为(　　).

A. 沿 z 轴正方向　　B. 沿 z 轴负方向

C. 沿 x 轴正方向　　D. 沿 x 轴负方向

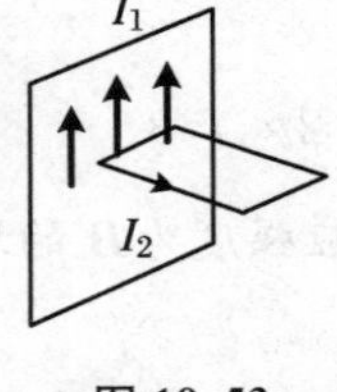

图 10.53

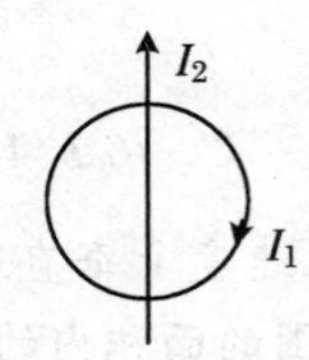

图 10.54

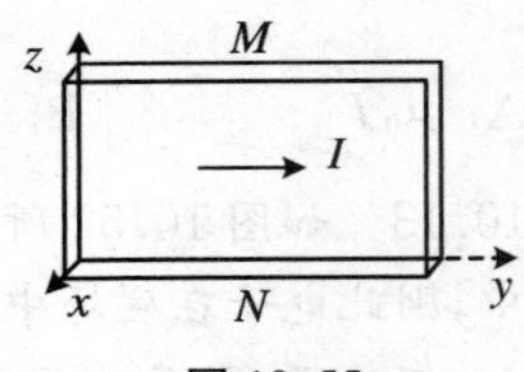

图 10.55

10.19　如图 10.56 所示为磁场中的通电薄金属板,当磁感强度 $\boldsymbol{B}$ 沿 x 轴负向,电流 I 沿 y 轴正向时,金属板中对应于霍尔电势差的电场强度 $\boldsymbol{E}_{\mathrm{H}}$ 的方向沿(　　).

A. z 轴负方向　　B. z 轴正方向　　C. y 轴正方向　　D. y 轴负方向

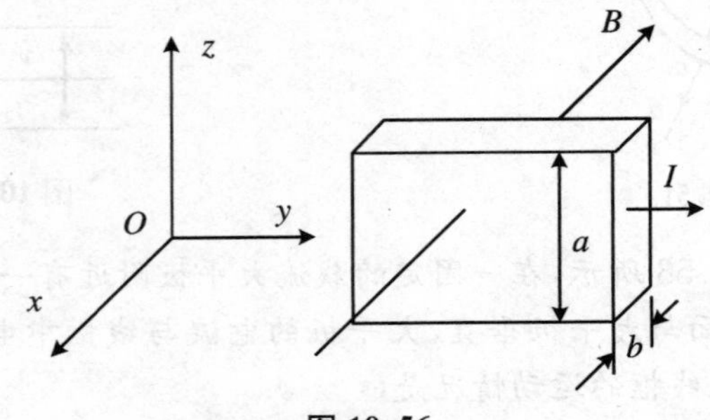

图 10.56

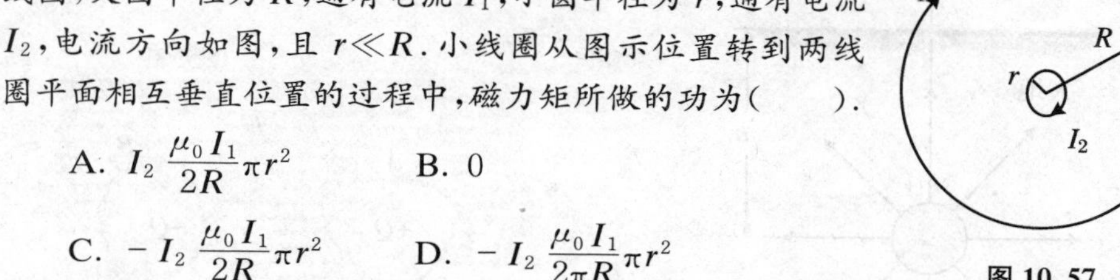

10.20　如图 10.57 所示，两个在同一平面内的同心圆线圈，大圆半径为 R，通有电流 I_1，小圆半径为 r，通有电流 I_2，电流方向如图，且 $r \ll R$. 小线圈从图示位置转到两线圈平面相互垂直位置的过程中，磁力矩所做的功为（　　）.

A. $I_2 \dfrac{\mu_0 I_1}{2R} \pi r^2$　　B. 0

C. $-I_2 \dfrac{\mu_0 I_1}{2R} \pi r^2$　　D. $-I_2 \dfrac{\mu_0 I_1}{2\pi R} \pi r^2$

图 10.57

10.21　有一导线，直径为 0.02 m，导线中自由电子数密度为 $8.9 \times 10^{21}\ \mathrm{m^{-3}}$，电子的漂移速率为 1.5×10^{-4} m/s，求导线中的电流强度.

10.22　用一根铝线代替一根铜线接在电路中，若铝线和铜线的长度、电阻都相等，已知铜的电阻率为 $\rho_1 = 1.67 \times 10^{-8}\ \Omega \cdot \mathrm{m}$，铝的电阻率为 $\rho_2 = 2.66 \times 10^{-8}\ \Omega \cdot \mathrm{m}$，当电路与电源接通时，求铜线和铝线中电流密度之比 $J_1 : J_2$.

10.23　已知碳材料和铁材料在 0 ℃时的电阻率分别为 $\rho_{0\mathrm{C}} = 3.5 \times 10^{-5}\ \Omega \cdot \mathrm{m}$ 和 $\rho_{0\mathrm{Fe}} = 8.7 \times 10^{-8}\ \Omega \cdot \mathrm{m}$，温度系数分别为 $\alpha_{\mathrm{C}} = -5 \times 10^{-4}\ \mathrm{K^{-1}}$ 和 $\alpha_{\mathrm{Fe}} = 5 \times 10^{-3}\ \mathrm{K^{-1}}$. 现将同样粗细的碳棒和铁棒串联起来，适当地选取两棒的长度，使两棒串联的总电阻的阻值不随温度发生变化，求此时两棒的长度之比 $l_{\mathrm{Fe}} : l_{\mathrm{C}}$.

10.24　有一根电阻率为 ρ、截面直径为 d、长度为 L 的导线，将电压 U 加在该导线的两端，若导线中自由电子数密度为 n，求：

(1) 单位时间内流过导线横截面的自由电子数.

(2) 电子平均漂移速率.

10.25　内、外半径分别为 r_1、r_2 的两个同心球壳构成一电阻元件，在两球壳间填满电阻率为 ρ 的材料，求该电阻器沿径向的电阻.

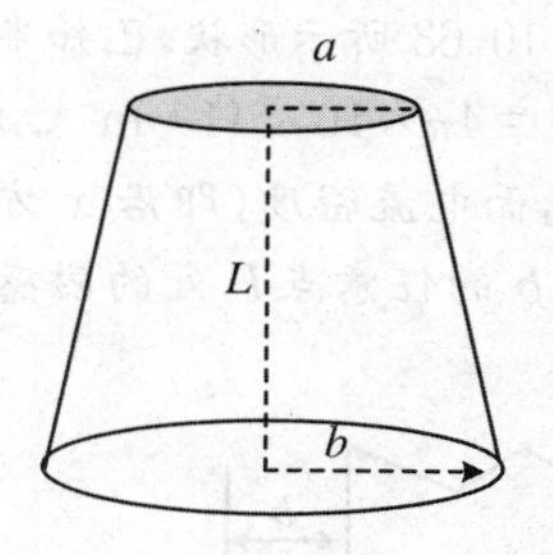

图 10.58

10.26　如图 10.58 所示，用电阻率为 ρ（常量）的金属材料制作一个长度为 L、底面半径分别为 a 和 b 的锥台形电阻器，求沿长度方向的电阻 R.

10.27　如图 10.59 所示，一个半径为 a 的金属球经一根导线埋入地面下 h 处，$h \gg a$，已知大地的电导率为 γ，导线中的电流 I 经金属球均匀流入大地，求该装置的接地电阻 R.

10.28　如图 10.60 所示，两个导体 A、B 分别带电 $-Q$、Q，被相对电容率为 ε_r、电阻率为 ρ 的物质包围，证明两导体之间电流与导体尺寸及它们间的距离无关.

10.29　如图 10.61 所示，一电容器由任意形状的两个导体 A、B 之间充满各向同性的均匀电介质组成，电介质的相对介电常数为 ε_r、漏电电阻率为 ρ. 试证明两导体之间的电容 C 和电阻 R 之间的关系为 $C = \varepsilon_0 \varepsilon_r \rho / R$.

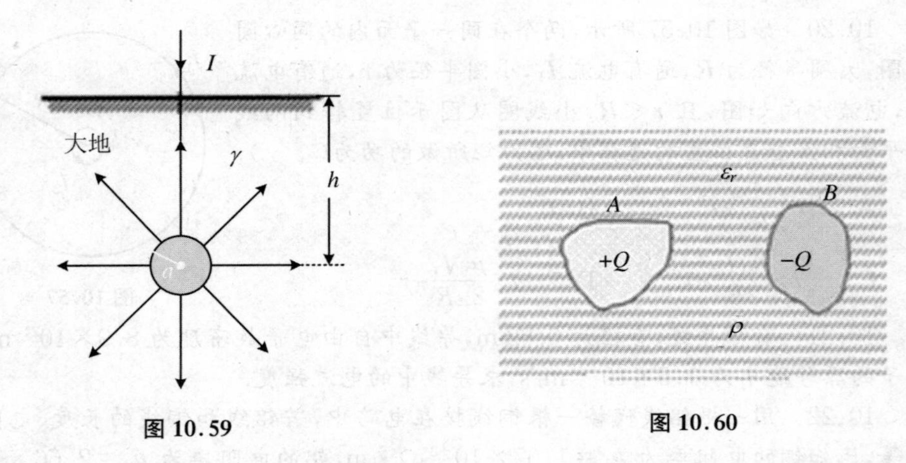

图 10.59　　图 10.60

10.30　如图 10.62 所示的电路中，两电源电动势均为 ε、内阻均为 r，串联的两电阻相同均为 R，求电压 U_{AB}.

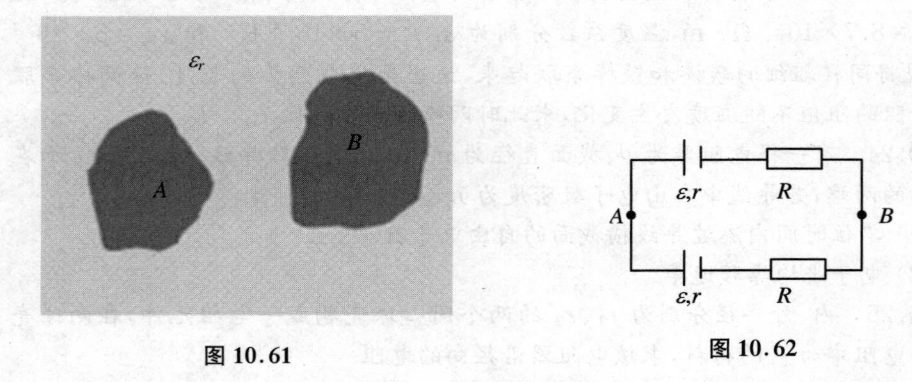

图 10.61　　图 10.62

10.31　将通有电流 $I = 5.0\,\mathrm{A}$ 的无限长导线折成如图 10.63 所示形状，已知半圆环的半径为 $R=0.10\,\mathrm{m}$，求圆心 O 点处的磁感应强度.（$\mu_0 = 4\pi\times10^{-7}\ \mathrm{H\cdot m^{-1}}$.）

10.32　如图 10.64 所示，一无限长载流平板宽度为 a，面电流密度（即沿 x 方向单位长度上的电流）为 $\boldsymbol{\alpha}$，求与平板共面且距平板一边为 b 的任意点 P 处的磁感应强度.

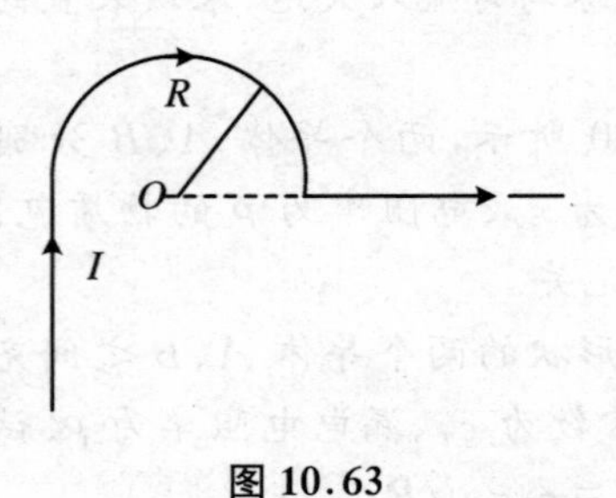

图 10.63

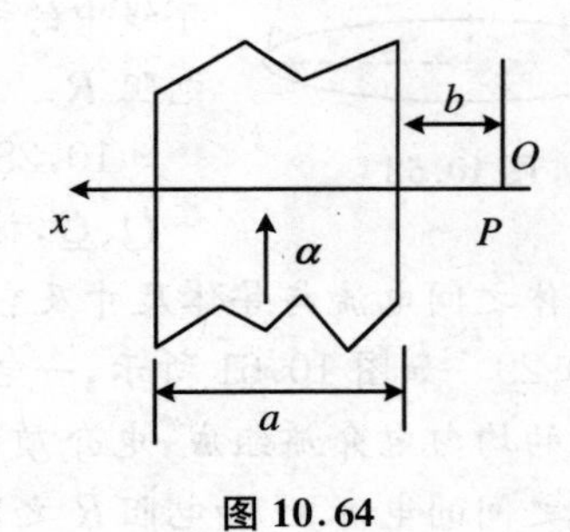

图 10.64

10.33　如图10.65所示，一半径为R的带电塑料圆盘，其中半径为r的阴影部分均匀带正电荷，面电荷密度为$+\sigma$，其余部分均匀带负电荷，面电荷密度为$-\sigma$. 当圆盘以角速度ω旋转时，测得圆盘中心O点处的磁感应强度为零，问R与r满足什么关系？

10.34　如图10.66所示，一扇形薄片，半径为R，张角为θ，其上均匀分布正电荷，面电荷密度为σ，薄片绕过角顶点O且垂直于薄片的轴转动，角速度为ω，求O点处的磁感应强度.

图10.65　　　　图10.66

10.35　半径为R的导体球壳表面流有沿同一绕向均匀分布的面电流，通过垂直于电流方向的每单位长度的电流为K，求球心处的磁感应强度大小.

*10.36　如图10.67所示，在一半径为R的无限长半圆柱形金属薄片中，沿长度方向有在横截面上均匀分布的电流I通过，试求圆柱轴线上任一点处的磁感应强度.

10.37　如图10.68所示，半径为a、带正电荷且线密度是λ（常量）的半圆以角速度ω绕轴$O'O''$匀速旋转，求：

(1) O点处的$\boldsymbol{B}$.

(2) 旋转的带电半圆的磁矩$\boldsymbol{p}_m$.

（积分公式：$\int_0^{\pi}\sin^2\theta\mathrm{d}\theta=\dfrac{1}{2}\pi$.）

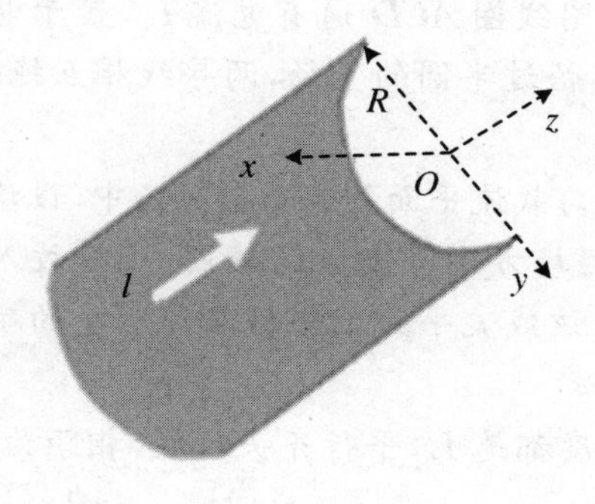

图10.67

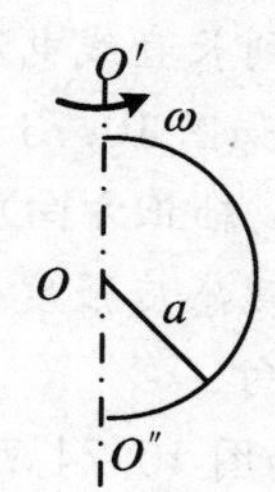

图10.68

10.38　如图10.69所示，一半径为R的均匀带电无限长直圆筒，面电荷密度为σ，该筒以角速度ω绕其轴线匀速旋转，试求圆筒内部的磁感应强度.

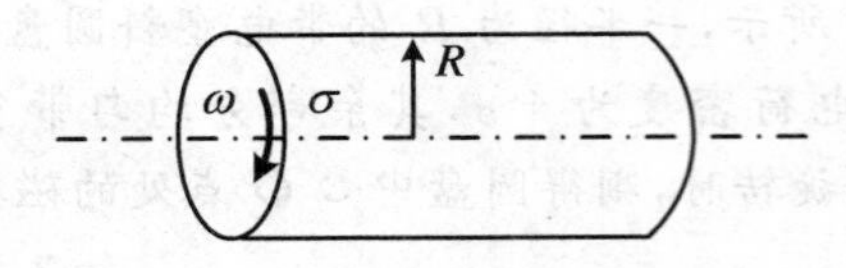

图 10.69

10.39　一无限长圆柱形铜导体(磁导率 μ_0)，半径为 R，通有均匀分布的电流 I. 今取一矩形平面 S (长为 h，宽为 $2R$)，位置如图 10.70 中斜线部分所示. 求：通过矩形平面 S 的磁通量.

10.40　参考图 10.71，横截面为矩形的螺绕环(环形螺线管)，圆环内、外半径分别为 R_1 和 R_2，芯子材料的磁导率为 μ_0，导线总匝数为 N，绕得很密，线圈每匝通电流 I.

(1) 以 r 代表环内任意一点与环心的距离，求磁感应强度的大小 B 作为 r 的函数的表达式.

(2) 求螺绕环横截面的磁通量 Φ.

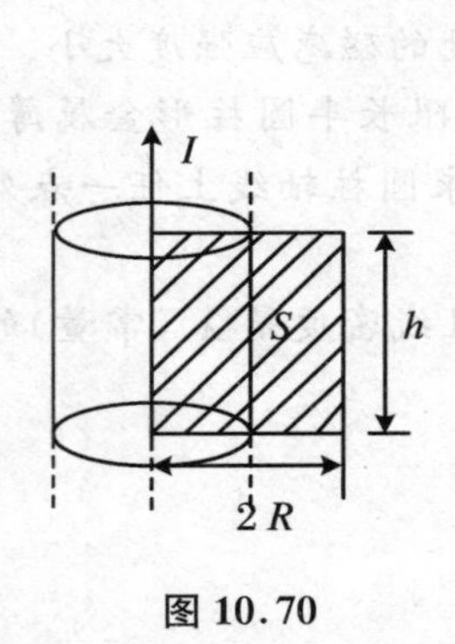

图 10.70

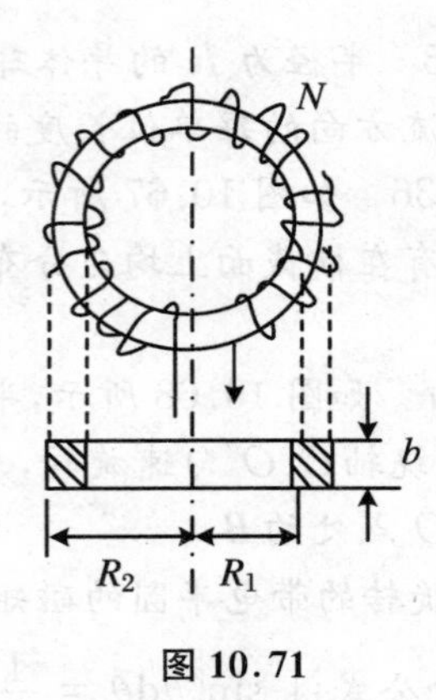

图 10.71

10.41　如图 10.72 所示，半径为 R 的半圆线圈 ACD 通有电流 I_2，置于电流为 I_1 的无限长直线电流的磁场中，直线电流 I_1 恰过半圆的直径，两导线相互绝缘，求半圆线圈受到长直线电流 I_1 的磁力 F.

*10.42　如图 10.73 所示，将一无限大均匀载流平面放入均匀磁场中(设均匀磁场方向沿 Ox 轴正方向)，且其电流方向与磁场方向垂直指向纸内. 已知放入后平面两侧的总磁感应强度分别为 $\boldsymbol{B}_1$ 与 $\boldsymbol{B}_2$，求该载流平面上单位面积所受的磁场力的大小及方向.

10.43　如图 10.74 所示，两条细导线，长度都是 L，平行齐头放置，相距为 a，通有同向等值电流 I，求它们之间作用力的大小和方向. (积分公式：$\int \frac{x\mathrm{d}x}{\sqrt{x^2+a^2}} = \sqrt{x^2+a^2}$.)

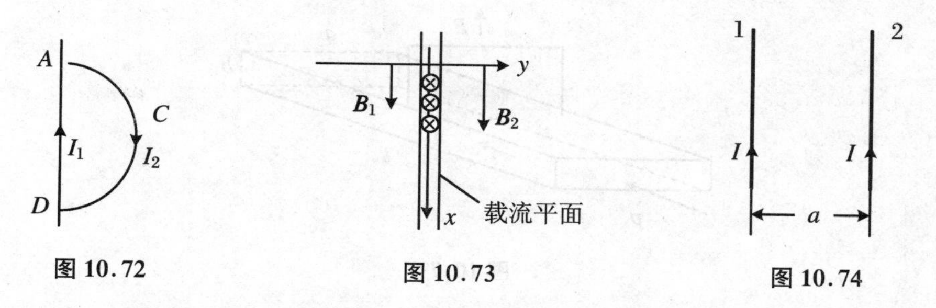

图10.72　　图10.73　　图10.74

10.44　如图10.75所示，有一无限大平面导体薄板，自下而上均匀通有电流，已知其面电流密度为$\boldsymbol{\alpha}$(即单位长度上通过的电流强度)．

(1) 试求板外空间任一点处磁感应强度的大小和方向．

(2) 有一质量为m、带正电荷q的粒子，以速度v沿平板法线方向向外运动，问：(a) 带电粒子最初至少在距板什么位置处才不与大平板碰撞？(b) 需经多长时间，带电粒子才能回到初始位置(不计粒子重力)？

10.45　如图10.76所示，在一顶点为O的45°扇形区域，有磁感应强度为$\boldsymbol{B}$方向垂直指向纸面内的均匀磁场，今有一电子(质量为m，电荷为$-e$)在底边距顶点O为l的地方，以垂直底边的速度$\boldsymbol{v}$射入该磁场区域，若要使电子不从上面边界跑出，电子的速度最大不应超过多少？

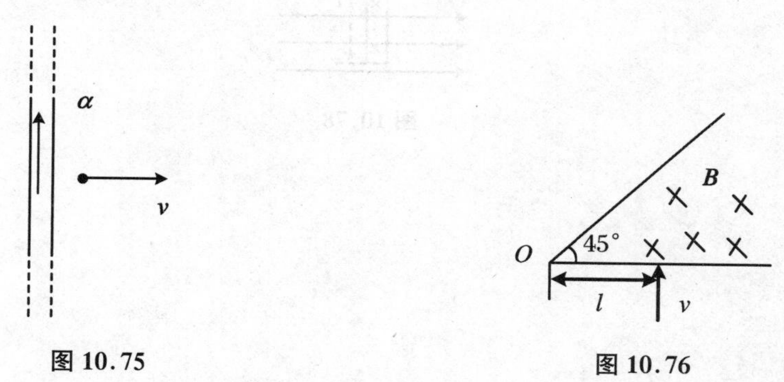

图10.75　　图10.76

*10.46　如图10.77所示，有一矩形管，长为l，宽为a，高为b．两个相距为a的侧面是导体，上、下平面是绝缘体．现将两导体平面用导线短路，在垂直于上、下平面方向上加一磁感应强度为$\boldsymbol{B}$的均匀磁场．令电阻率为ρ的水银流过该矩形管．如果水银通过管子的速度和加在管子两端的压强差成正比，证明：当加在管子上的压强差为p时，水银的流速为

$$v = v_0\left(1 + \frac{v_0 lB^2}{p\rho}\right)^{-1}$$

其中v_0是无磁场且压强差为p时水银的流速．

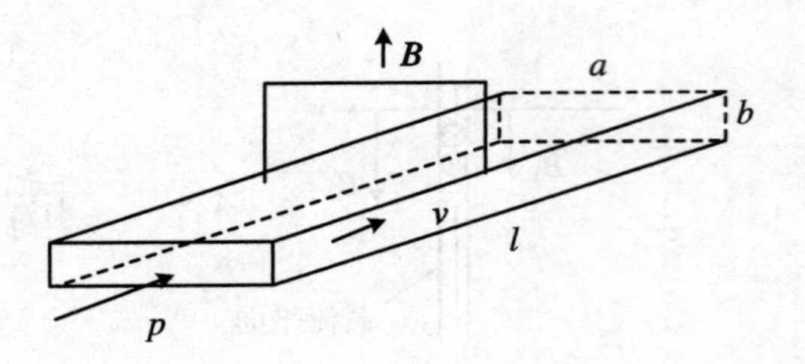

图 10.77

10.47　如图 10.78 所示是霍尔效应实验中载流铜片的横截面图(×代表电流方向),已知 $B=2\ \mathrm{T}$, $l=2\times10^{-2}\ \mathrm{m}$, $d=10^{-3}\ \mathrm{m}$, $I=50\ \mathrm{A}$,单位体积内的电子数为 $n=1.1\times10^{29}\ \mathrm{m}^{-3}$,求:

(1) 铜片中电子的定向漂移速率.

(2) 磁场中作用在一个电子上的洛伦兹力大小和方向.

(3) 霍尔电场的大小和方向.

(4) 霍尔电压.

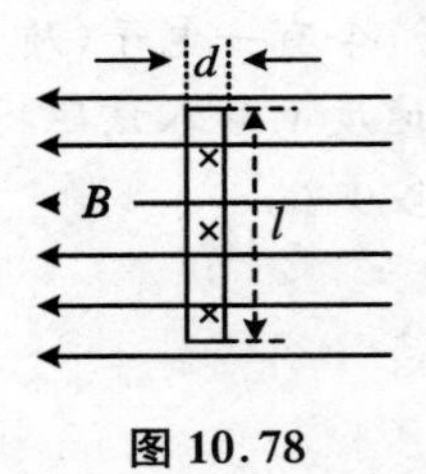

图 10.78

第11章 磁 介 质

上一章讨论了真空中恒定磁场所满足的基本规律，本章讨论恒定磁场中有磁介质存在时，磁场与磁介质间的相互作用和相互影响问题.

11.1 磁介质的磁化 磁化电流

11.1.1 磁介质的磁化

实验表明磁铁棒能吸引铁、能指向南北，我们把磁铁棒的这种性质叫**磁性**，其两端是磁性最强的部分，被称为**磁极**；磁铁棒悬挂后方向大致指向南北，指北的一端称为北极（N 极），指南的一端称为南极（S 极）；同性磁极相斥，异性磁极相吸. 地球是一个天然的磁体，地磁南极在地理北极附近，地磁北极在地理南极附近.

除了磁铁以外，一般物质通常并无磁性，但是在外磁场 $\boldsymbol{B}_0$ 的作用下，一般物质内部状态也会或多或少地发生变化，因而也都会具有一些磁性，并能反过来影响原磁场的分布. 物理学上把在磁场的作用下内部状态发生变化并能反过来影响原磁场的物质叫**磁介质**. 磁介质从无磁性变为有磁性的过程称为**磁介质的磁化**. 磁介质磁化后会在空间产生附加磁场 $\boldsymbol{B}'$. 为此，当磁场中放进了某种磁介质后，空间中任一点的磁感应强度 $\boldsymbol{B}$ 等于 $\boldsymbol{B}_0$ 和 $\boldsymbol{B}'$ 的矢量和，即 $\boldsymbol{B}=\boldsymbol{B}_0+\boldsymbol{B}'$.

以铁为代表的一类磁介质可具有很强的磁性，甚至当外磁场撤去后，其磁性仍不会消失，这一类特殊的磁介质被称为**铁磁质**，在电工技术中有广泛的应用，例如铁、镍、钴、钆以及这些金属的合金，还有铁氧体等物质都属于铁磁质. 其余大多数磁介质磁化后只是具有很弱的磁性. 如果磁介质被磁化后，内部任意一点附加磁场 $\boldsymbol{B}'$ 与外磁场 $\boldsymbol{B}_0$ 的方向相同，则该类磁介质叫**顺磁质**；如果磁介质被磁化后，内部任意一点附加磁场 $\boldsymbol{B}'$ 与外磁场 $\boldsymbol{B}_0$ 的方向相反，则该类磁介质叫**抗磁质**. 铁磁质属于特殊的顺磁质.

可用安培的“分子电流模型”来解释物质的磁性及其磁化问题.“分子电流模型”认为：物质的每个分子均相当于一个环形电流，该环形电流是电荷的某种运动形成的. 这种分子电流具有一定的磁矩，称为分子的固有磁矩，用符号 $\boldsymbol{p}_m$ 表示. 如

果以 i 表示分子电流的大小，以 S 表示环形回路所围的面积，则有 $\boldsymbol{p}_m = iS\boldsymbol{e}_n$，其中 $\boldsymbol{e}_n$ 为圆的正法线方向的单位矢量，它与电流流向间成右手螺旋关系.

可以换个角度来理解分子的固有磁矩，在一个分子中可能会有许多电子和若干个核，一个分子的磁矩就是电子磁矩(分子中所有电子的轨道磁矩和自旋磁矩)以及核磁矩(核内质子的轨道磁矩和自旋磁矩等)的矢量和.需要说明的是，原子核的磁矩比电子的磁矩差不多小三个数量级，因此在普通物理学范围内计算分子的总磁矩时，核磁矩的影响可以忽略.但有的情况下要单独考虑核磁矩，如核磁共振技术.

在正常情况下，有些物质的分子固有磁矩为零，这类分子表现为**抗磁性**，由这类分子组成的物质叫**抗磁质**，例如铜、铋、氢、银、金、锌、铅等都属于抗磁质；有些物质的分子固有磁矩不为零，这类分子表现为**顺磁性**，由这类分子组成的物质叫**顺磁质**，例如液态氧、氧气、氧化钾、氯化铜、铝、铂、钠、锂、锰、铬等都属于顺磁性物质.

1. 顺磁质的磁化

参考图 11.1，无外磁场时，尽管顺磁质分子的固有磁矩不为零，但方向杂乱无章，各分子电流对外磁效应的总和为零，即总体对外不显磁性.加上外磁场后，分子的固有磁矩 $\boldsymbol{p}_m$ 就要受到磁场力矩 $\boldsymbol{M} = \boldsymbol{p}_m \times \boldsymbol{B}$ 的作用，该磁力矩力图使 $\boldsymbol{p}_m$ 的方向转向外磁场 $\boldsymbol{B}_0$ 的方向，总体对外显示磁性，这就是顺磁质的磁化.显然，在磁介质内部，磁化产生的附加磁场 $\boldsymbol{B}'$ 与外磁场 $\boldsymbol{B}_0$ 的方向相同.受分子热运动的影响，外磁场较弱时，分子磁矩的转向排列不整齐，外磁场越强，排列就越整齐.

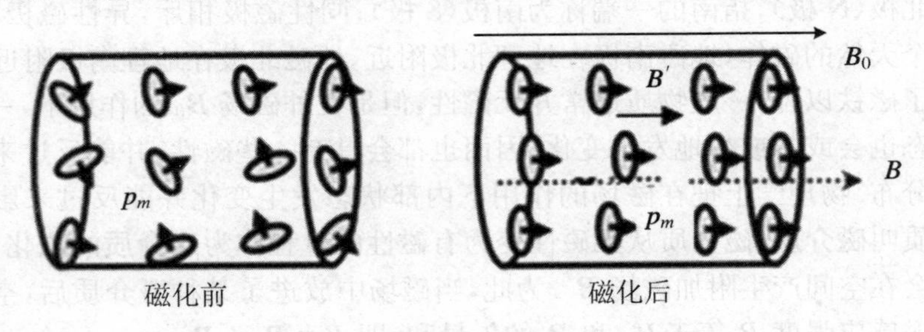

图 11.1　顺磁质及其磁化

2. 抗磁质的磁化

参考图 11.2，尽管抗磁质分子的固有磁矩为零，但也能受到磁场的影响并反过来影响磁场的分布.这是由于在外磁场中，每个分子都会产生一个与外磁场 $\boldsymbol{B}_0$ 方向相反的附加磁矩 $\Delta\boldsymbol{p}_m$，而附加磁矩会产生附加磁场，致使抗磁质对外显示磁性.在磁介质内部，所有分子的附加磁矩产生的附加磁场 $\boldsymbol{B}'$ 与外加磁场 $\boldsymbol{B}_0$ 方向一定是相反的.

既然在外磁场中所有分子都会产生附加磁矩，那么对于顺磁质分子也不应例外.也就是说，对于具有固有磁矩 $\boldsymbol{p}_m$ 的顺磁质分子，在外磁场中除了要受到磁力矩作用而转向外磁场的方向以外，也一定会产生与外磁场方向相反的附加磁矩

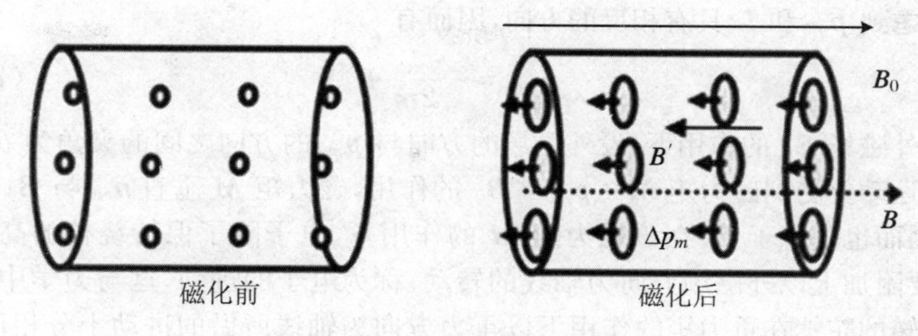

图 11.2 抗磁质的磁化

$\Delta \boldsymbol{p}_m$，即也具有抗磁性.但是在实验室通常能获得的磁场中，一个分子所产生的附加磁矩 $\Delta \boldsymbol{p}_m$ 要比其分子的固有磁矩 $\boldsymbol{p}_m$ 小 5 个数量级以下，所以对于处在磁场中的顺磁质，$\Delta \boldsymbol{p}_m$ 与 $\boldsymbol{p}_m$ 相比完全可以忽略，顺磁质的顺磁性占绝对主导地位.即抗磁性存在于一切磁介质之中，只是由于顺磁质中的顺磁性比抗磁性强得多，所以才被称为顺磁质.

分子附加磁矩的起因：为简单起见，我们主要讨论在外磁场中一个电子因轨道运动而产生的附加磁矩 $\Delta \boldsymbol{p}_{m0}$.

参考图 11.3，质量为 m_e 的电子在原子核库仑力的作用下做圆周运动，相当于一个圆电流 i.设其圆周运动的半径为 r、角速度大小为 ω_0、线速度为 $\boldsymbol{v}$，则其轨道运动磁矩（记为 $\boldsymbol{p}_{m0}$）的大小为

$$p_{m0} = iS = \frac{ev}{2\pi r}\pi r^2 = \frac{evr}{2} \tag{11.1.1a}$$

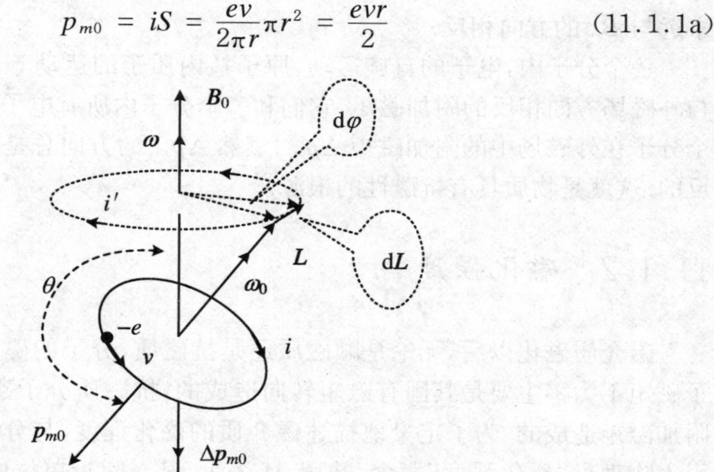

图 11.3 外磁场中电子因轨道运动而产生的附加磁矩

由于电子轨道运动的角动量大小 $L = m_e vr$，所以电子的轨道磁矩 $\boldsymbol{p}_{m0}$ 的大小还可以表示为

$$p_{m0} = \frac{e}{2m_e}L \tag{11.1.1b}$$

考虑到 $\boldsymbol{p}_{m0}$ 和 $\boldsymbol{L}$ 具有相反的方向,因而有

$$\boldsymbol{p}_{m0} = -\frac{e}{2m_e}\boldsymbol{L} \tag{11.1.2}$$

在外磁场 $\boldsymbol{B}_0$ 的作用下(设外磁场的方向与 $\boldsymbol{p}_{m0}$ 的方向之间的夹角为 θ),电子的轨道运动要受到磁力矩 $\boldsymbol{M}=\boldsymbol{p}_{m0}\times\boldsymbol{B}_0$ 的作用,磁力矩 $\boldsymbol{M}$ 垂直 $\boldsymbol{p}_{m0}$ 与 $\boldsymbol{B}_0$ 决定的平面,因而也垂直于 $\boldsymbol{L}$. 在该磁力矩 $\boldsymbol{M}$ 的作用下,电子除了保持绕核的高速公转外,还要附加上以外磁场方向为轴线的转动,称为电子的进动,这与力学中所讲的高速旋转的陀螺在重力矩的作用下以重力方向为轴线所做的进动十分相似. 根据刚体转动定律 $\boldsymbol{M}=\mathrm{d}\boldsymbol{L}/\mathrm{d}t$ 可知,角动量 $\boldsymbol{L}$ 变化的方向与 $\boldsymbol{M}$ 的方向相同,即 $\boldsymbol{L}$ 绕固定轴(平行于 $\boldsymbol{B}_0$)的转动的方向(电子的进动方向)与 $\boldsymbol{B}_0$ 成右手螺旋关系.

由于 $\mathrm{d}L=L\sin(\pi-\theta)\mathrm{d}\varphi$,所以 $\mathrm{d}\varphi=\mathrm{d}L/(L\sin\theta)$,可求出电子进动角速度 $\boldsymbol{\omega}$ 大小为

$$\omega=\frac{\mathrm{d}\varphi}{\mathrm{d}t}=\frac{\mathrm{d}L}{L\sin\theta\cdot\mathrm{d}t}=\frac{M}{L\sin\theta}=\frac{p_{m0}B_0}{L}=\frac{e}{2m_e}B_0$$

考虑到方向,有

$$\boldsymbol{\omega}=\frac{e}{2m_e}\boldsymbol{B}_0 \tag{11.1.3}$$

不论 θ 为何值,在外磁场 $\boldsymbol{B}_0$ 中,电子进动角速度 $\boldsymbol{\omega}$ 的方向总是和 $\boldsymbol{B}_0$ 的方向相同. 电子的进动也相当于一个圆电流,因为电子带负电,所以这种与电子进动相关联的等效圆电流(i')的磁矩(即电子进动产生的附加磁矩,用 $\Delta\boldsymbol{p}_{m0}$ 表示)的方向永远与 $\boldsymbol{B}_0$ 的方向相反.

一个分子内,电子的自旋运动、原子核内质子的运动等,在外磁场中均会产生与外磁场方向相反的附加磁矩,它们和一个分子内所有电子的 $\Delta\boldsymbol{p}_{m0}$ 一起构成了一个分子在外磁场中的附加磁矩 $\Delta\boldsymbol{p}_m$. 显然 $\Delta\boldsymbol{p}_m$ 的方向总是和外加磁场 $\boldsymbol{B}_0$ 方向相反的. 这就是物质具有抗磁性的根源.

11.1.2 磁化强度

磁介质磁化以后,无论是顺磁质还是抗磁质,分子的磁矩都不为零. 顺磁质分子磁矩不为零主要是其固有磁矩转向造成的,抗磁质分子磁矩不为零是由分子的附加磁矩造成的. 为了定量地描述磁介质的磁化程度,与分析电介质的极化相似,引入物理量"磁化强度"概念,并用 $\boldsymbol{M}$ 表示:某点附近单位体积内分子磁矩的矢量和叫作该点的磁化强度,即

$$\boldsymbol{M}=\lim_{\Delta V\to 0}\frac{\sum\boldsymbol{p}_{mi}}{\Delta V} \tag{11.1.4}$$

式(11.1.4)中,$\sum\boldsymbol{p}_{mi}$ 表示体元 ΔV 内所有分子磁矩的矢量和(对于顺磁质,主要是转向后的分子固有磁矩的矢量和;对于抗磁质,一定是所有分子附加磁矩的

矢量和).磁化强度 $\boldsymbol{M}$ 是空间位置的矢量函数,构成空间中的宏观矢量场,$\boldsymbol{M}$ 的单位是 A/m.如果磁介质中的某区域中各点 $\boldsymbol{M}$ 相同,就说该区域是被均匀磁化的.真空可看作磁介质的特例,其中各点 $\boldsymbol{M}=0$.

实验表明,对线性各向同性磁介质(今后如不加特殊说明,所涉及的磁介质均指该类磁介质),其中每一点的磁化强度 $\boldsymbol{M}$ 与该点的磁感应强度 $\boldsymbol{B}$ 之间存在下列关系:

$$\boldsymbol{M} = g\boldsymbol{B} \tag{11.1.5}$$

式中 g 是一个反映磁介质每点磁化特性的物理量,g 的数值可正可负.对于顺磁质,$g>0$,$\boldsymbol{M}$ 与 $\boldsymbol{B}$ 同向;对于抗磁质,$g<0$,$\boldsymbol{M}$ 与 $\boldsymbol{B}$ 反向.对于铁磁质,$g\gg0$.

11.1.3　磁化电流

参考图 11.4(可结合图 11.1 和图 11.2 理解),磁介质磁化后,表面会出现未被相互抵消的分子电流.从宏观上看,可以精确地认为这种电流在磁介质表面上流动,因而可以把它们看成是“面电流”,叫面磁化电流.对于某些磁介质,磁化后内部还可以产生体磁化电流,即通过以某闭合曲线为边界所围的曲面上的电流,也是分子电流的宏观表现.磁化电流不能用导线引走,也不能产生热效应.外磁场撤去后,这种等效电流自然消失(铁磁质除外).

由于磁化电流是磁介质磁化的结果,所以磁化电流和磁化强度 $\boldsymbol{M}$ 之间一定存在着某种定量关系.下面从特例出发给出普遍的结论.

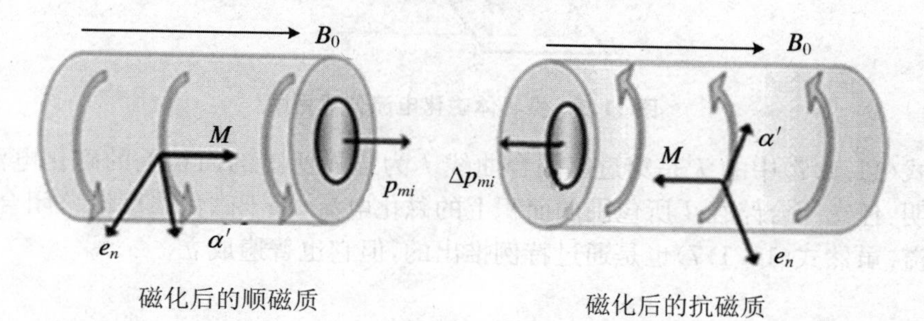

图 11.4　面磁化电流

1. 面磁化电流密度 $\boldsymbol{\alpha}'$ 与磁化强度 $\boldsymbol{M}$ 的关系

通常用面磁化电流密度 $\boldsymbol{\alpha}'$ 来定量地描述面磁化电流.参考图 11.4,设长为 l、截面积为 S 的圆柱形磁介质沿轴向被均匀磁化,磁化强度为 $\boldsymbol{M}$.取整个磁介质为讨论对象,对于被磁化的顺磁质,其内部分子总磁矩大小为 $\sum p_{mi} = \alpha' lS = \alpha' V$;对于被磁化的抗磁质,其内部分子总磁矩大小也为 $\sum p_{mi} = \sum \Delta p_{mi} = \alpha' lS = \alpha' V$.根据磁化强度的定义,可得磁介质内各点磁化强度的大小为 $M = \sum P_{mi}/V$

$=\alpha'$，如果考虑方向，则磁介质表面的面磁化电流密度 $\boldsymbol{\alpha}'$ 为

$$\boldsymbol{\alpha}' = \boldsymbol{M}\times\boldsymbol{e}_n \tag{11.1.6}$$

式中 $\boldsymbol{e}_n$ 为磁介质表面某点的单位法矢量（从磁介质内部指向外部）.（11.1.6）式虽然是从具体形状的磁介质推导出来的，但却是计算磁介质与真空交界面上面磁化电流密度 $\boldsymbol{\alpha}'$ 的通用公式.

2. 体磁化电流强度 I' 与磁化强度 $\boldsymbol{M}$ 的关系

参考图 11.5（结合图 11.4 理解）. 设某圆柱形顺磁质沿轴向被均匀磁化，磁化强度为 $\boldsymbol{M}$. 在空间任意作一个矩形闭合回路 l（图中的 $abcda$），设 ab 边在磁介质内，且与轴平行，另一边在磁介质外，其所围平面与磁介质表面交线为 ef. 取闭合回路的绕行方向为顺时针方向. 考察该闭合回路 l 上 $\boldsymbol{M}$ 的环路积分（即 $\boldsymbol{M}$ 的环流），因为 bf 和 ea 段上 $\boldsymbol{M}$ 和 $\mathrm{d}\boldsymbol{l}$ 垂直，且磁介质外部为真空（$\boldsymbol{M}=0$），所以有

$$\oint_l \boldsymbol{M}\cdot\mathrm{d}\boldsymbol{l} = \int_a^b \boldsymbol{M}\cdot\mathrm{d}\boldsymbol{l} = M\overline{ab} = \alpha'\cdot\overline{ab} = \alpha'\cdot\overline{ef} = I'$$

即

$$I' = \oint_l \boldsymbol{M}\cdot\mathrm{d}\boldsymbol{l} \tag{11.1.7}$$

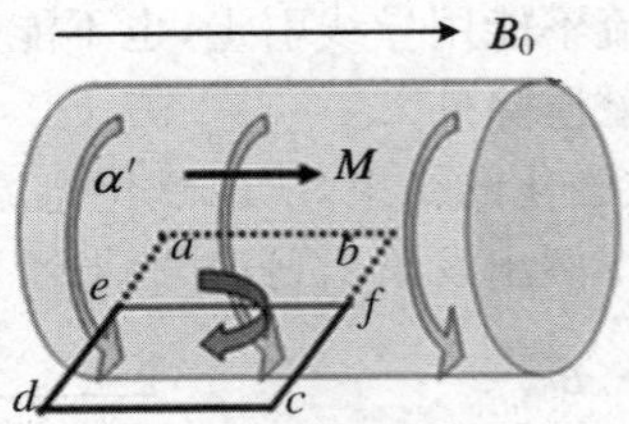

图 11.5　推导体磁化电流公式用图

式（11.1.7）中的 I' 是穿过以闭合曲线 l 为边界所围的面积上的磁化电流. 该式说明：任意闭合路径 l 所包围的面积上的磁化电流，等于磁化强度沿该闭合路径的环流. 虽然式（11.1.7）也是通过特例推出的，但它也普遍成立.

11.2　磁介质存在时恒定磁场的基本规律

在传导电流 I_0 产生的磁场 $\boldsymbol{B}_0$ 中，磁介质被磁化后，磁介质表面或内部因磁化会出现磁化电流，磁化电流要产生附加磁场 $\boldsymbol{B}'$，且空间任意一点总的磁感应强度 $\boldsymbol{B} = \boldsymbol{B}_0 + \boldsymbol{B}'$. 由于 $\boldsymbol{B}'$ 和 $\boldsymbol{B}_0$ 一样，都遵循毕奥 — 萨伐尔定律，所以总磁场的高斯定理 $\oiint_S \boldsymbol{B}\cdot\mathrm{d}\boldsymbol{S} = 0$ 和安培环路定理 $\oint_l \boldsymbol{B}\cdot\mathrm{d}\boldsymbol{l} = \mu_0 I_{\text{int}}$ 在形式上仍均成立，总磁场仍然

是无源有旋场.

11.2.1　磁场强度　有磁介质时的安培环路定理

参考图 11.6,研究安培环路定理发现,当有磁介质存在时,闭合回路 l 所围面积上的 I_{int} 应该理解为所有电流的代数和,既包含所围面积上的传导电流,同时也包含所围面积上的磁化电流.为此,从磁场计算的角度来讲,以已知传导电流 I_0 为前提,利用安培回路定理求磁感应强度 $\boldsymbol{B}$ 的方法遇到了困难,需要补充或附加有关磁介质磁化性质的已知条件才能克服这一困难.为此,把式(11.1.7)代入到 $\oint_l \boldsymbol{B}\cdot \mathrm{d}\boldsymbol{l} = \mu_0 I_{\text{int}}$ 中,有

$$\oint_l \boldsymbol{B}\cdot \mathrm{d}\boldsymbol{l} = \mu_0 I_{\text{int}} = \mu_0 (I_{0\text{int}} + I'_{\text{int}}) = \mu_0 \left(I_{0\text{int}} + \oint_l \boldsymbol{M}\cdot \mathrm{d}\boldsymbol{l} \right)$$

$$\oint_l \left(\frac{\boldsymbol{B}}{\mu_0} - \boldsymbol{M} \right)\cdot \mathrm{d}\boldsymbol{l} = I_{0\text{int}}$$

引入一个辅助物理量来表示等式左边积分号内的合成矢量,并把这个辅助物理量叫磁场强度,且用 $\boldsymbol{H}$ 表示,即定义

$$\boldsymbol{H} = \frac{\boldsymbol{B}}{\mu_0} - \boldsymbol{M} \tag{11.2.1}$$

则有

$$\oint_l \boldsymbol{H}\cdot \mathrm{d}\boldsymbol{l} = I_{0\text{int}} \tag{11.2.2}$$

式(11.2.2)叫有磁介质时的安培环路定理,它指出:磁场强度沿任意闭合路径的环流等于穿过该闭合路径所包围面积上的传导电流的代数和.由于式(11.2.2)是以 $\boldsymbol{H}$ 场的环流的形式表达的,故也称为“$\boldsymbol{H}$ 的环路定理”.显然真空中的安培环路定理式(10.6.3)是式(11.2.2)的特例,而式(11.2.2)是真空中安培环路定理的推广.

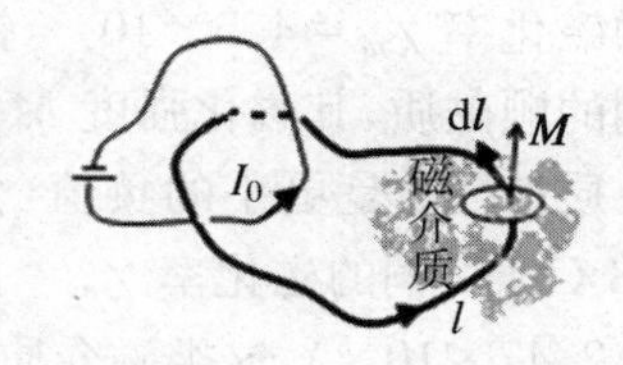

图 11.6　推导有磁介质时安培环路定理用图

$\boldsymbol{H}$ 被称为“磁场强度”是由历史原因(磁荷理论的先入为主)造成的,因为在磁荷理论中,$\boldsymbol{H}$ 与 $\boldsymbol{E}$ 正好对应.在我们普遍接受的“分子电流理论”中,$\boldsymbol{H}$ 作为一个辅助物理量,不与 $\boldsymbol{E}$ 对应,而与 $\boldsymbol{D}$ 对应.$\boldsymbol{H}$ 是一个宏观矢量点函数,单位为 A/m,其在空间构成的矢量场叫 $\boldsymbol{H}$ 场.虽然 $\boldsymbol{H}$ 关于某闭合回路的环流只与穿过以该闭合回路为边线的任意曲面的传导电流有关,但空间任何一点的磁场强度 $\boldsymbol{H}$ 应与空间所有电流有关,这一点从 $\boldsymbol{H}$ 的引入式(11.2.1)式不难看出.

11.2.2 B、H、M 三矢量间的关系

式(11.2.1)给出了三矢量间的普适关系(三矢量间点点对应).对于线性各向同性磁介质,利用式(11.1.5),有

$$\boldsymbol{H} = \frac{\boldsymbol{B}}{\mu_0} - \boldsymbol{M} = \frac{\boldsymbol{B}}{\mu_0} - g\boldsymbol{B} = \frac{\boldsymbol{B}}{\mu_0/(1-g\mu_0)}$$

令 $\mu_r = 1/(1-g\mu_0)$,$\mu = \mu_0\mu_r$,则上式可表示为

$$\boldsymbol{H} = \frac{\boldsymbol{B}}{\mu} \quad 或 \quad \boldsymbol{B} = \mu\boldsymbol{H} \tag{11.2.3}$$

式(11.2.3)是描述线性各向同性磁介质中同一点 $\boldsymbol{H}$ 与 $\boldsymbol{B}$ 之间关系的重要等式,叫线性各向同性磁介质的性能方程(简称磁介质的性能方程).该式说明在线性各向同性磁介质中,每一点的 $\boldsymbol{B}$ 与 $\boldsymbol{H}$ 同向,且大小呈正比.上面引入的 μ 叫作磁介质的绝对磁导率,μ_r 叫作磁介质的相对磁导率.μ 与 μ_0 的单位相同.μ_r 是一个无量纲且大于零的纯数.对于顺磁质,由于 $g>0$,因而 $\mu_r>1$;对于抗磁质,由于 $g<0$,因而 $\mu_r<1$.但是不论顺磁质还是抗磁质,μ_r 与 1 之差都非常小.以后会看到,铁磁质的 $\mu_r \gg 1$.

此外,实验发现线性各向同性磁介质的磁化强度 $\boldsymbol{M}$ 与磁场强度 $\boldsymbol{H}$ 之间满足线性关系,即

$$\boldsymbol{M} = \chi_m \boldsymbol{H} \tag{11.2.4}$$

式(11.2.4)中的 χ_m 叫磁介质的磁化率或磁化系数.在弱磁性磁介质中,多数磁介质的 χ_m 是很小的正数($\chi_m>0$),一般在10^{-4}~10^{-5}范围取值(例如,在18 ℃时,铬的磁化率 $\chi_m = 4.5\times10^{-5}$,铝的磁化率 $\chi_m = 0.82\times10^{-5}$),这类磁介质就是前面提到的顺磁质,其磁化强度 $\boldsymbol{M}$ 和磁场强度 $\boldsymbol{H}$ 方向相同;弱磁性磁介质中还有少数磁介质的 χ_m 是更小的负值($\chi_m<0$),一般 $|\chi_m|$ 在10^{-5}~10^{-6}范围取值(例如,在18 ℃ 时,铜的磁化率 $\chi_m = -0.108\times10^{-5}$,在 1 atm、20 ℃时,氢的磁化率 $\chi_m = -2.47\times10^{-5}$),这类磁介质就是前面提到的抗磁质,其磁化强度 $\boldsymbol{M}$ 和磁场强度 $\boldsymbol{H}$ 方向相反.

利用式(11.1.5)和式(11.2.3)可得

$$\boldsymbol{M} = g\boldsymbol{B} = g\mu\boldsymbol{H} = g\mu_0\mu_r\boldsymbol{H} = (\mu_r - 1)\boldsymbol{H} \tag{11.2.5}$$

比较式(11.2.4)和式(11.2.5)可知

$$\chi_m = \mu_r \quad 1 \tag{11.2.6}$$

例 11.1 在均匀密绕的螺绕环内,充满均匀非铁磁质.已知螺绕环上每匝线圈中的传导电流为 I_0,单位长度上的线圈的匝数为 n,环的截面半径比环的平均半径小得多.磁介质的磁导率为 μ.求:

(1) 环内、外的 $\boldsymbol{H}$、$\boldsymbol{B}$、$\boldsymbol{M}$ 的大小;

(2) 磁介质表面的磁化面电流密度 $\boldsymbol{\alpha}'$的大小.

解　(1) 在环内取一点,过该点作一个与环同心的圆周 l.由对称性分析可知,圆周上各点 $\boldsymbol{H}$ 大小相等,方向沿环的切向,且与线圈中的传导电流流向间成右手螺旋关系.

对圆周 l 运用关于 $\boldsymbol{H}$ 的环路定理 $\oint_l \boldsymbol{H}\cdot \mathrm{d}\boldsymbol{l} = NI_0$,则有 $2\pi rH = NI_0$,即

$$H = \frac{NI}{2\pi r} = nI_0$$

根据磁介质的性能方程得

$$B = \mu_0\mu_r H = \mu H = \mu n I_0$$

由 $\boldsymbol{H} = \boldsymbol{B}/\mu_0 - \boldsymbol{M}$,得环内各点的磁化强度大小为

$$M = \frac{B}{\mu_0} - H = n\left(\frac{\mu}{\mu_0} - 1\right)I_0$$

对螺绕环外各点,用类似的方法可得:$H = 0, B = 0, M = 0$.

(2) 磁介质表面磁化面电流密度大小为

$$\alpha' = M = n\left(\frac{\mu}{\mu_0} - 1\right)I_0$$

*11.3　铁磁性与铁磁质

铁磁质是一种性能特异、用途广泛的磁介质,即使不存在外磁场,这类磁介质仍然可以有磁化(叫自发磁化).铁、钴、镍及其许多合金以及含铁的氧化物(铁氧体)等都属于铁磁质.

本章前两节介绍了磁介质的磁化以及恒定磁场的基本规律,所得出的一些结论对铁磁质并非完全成立.对铁磁质不成立的结论主要是反映各向同性非铁磁质自身磁化性能的公式以及有关结论,它们对铁磁质之所以不成立,主要是由铁磁质内部的特殊结构决定的.例如 $\boldsymbol{M} = g\boldsymbol{B}$ 反映各向同性非铁磁质的磁化强度 $\boldsymbol{M}$ 与引起磁化的磁感应强度 $\boldsymbol{B}$ 的方向平行(顺磁质)或反平行(抗磁质),大小成正比,但实验发现,铁磁质中的 $\boldsymbol{M}$ 与 $\boldsymbol{B}$ 的方向不总是平行的,且大小也不成正比,甚至没有单值关系.各向同性非铁磁质的性能方程 $\boldsymbol{B} = \mu\boldsymbol{H}$ 对铁磁质当然不成立,但是粗略讨论中有时也用到它.另外绝对磁导率的计算式 $\mu = \mu_0/(1 - g\mu_0)$ 对铁磁质显然也不成立.

11.3.1　铁磁质的磁化规律

下面从实验出发,介绍铁磁质的磁化性能,并粗略地给出铁磁性的形成原因.

铁磁质的磁化性能(或磁化规律)一般指的是 $\boldsymbol{M}$ 和 $\boldsymbol{B}$ 之间的依存关系.由于 $\boldsymbol{H}=\boldsymbol{B}/\mu_0-\boldsymbol{M}$,因此也常说磁化性能是 $\boldsymbol{M}$ 与 $\boldsymbol{H}$ 之间的关系或 $\boldsymbol{H}$ 与 $\boldsymbol{B}$ 之间的关系.由于实验中易测量 $\boldsymbol{H}$ 和 $\boldsymbol{B}$,所以我们一般通过实验来研究 $\boldsymbol{H}$ 与 $\boldsymbol{B}$ 之间的关系.

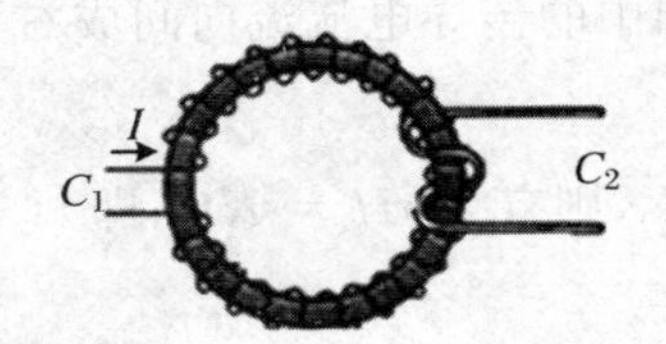

图 11.7　铁磁质磁化曲线的测定

用实验研究铁磁质的性能时通常把铁磁质试样制作成环状,外面绕上两组线圈,如图 11.7 所示.当图中 C_1 组线圈通入电流后,磁介质被磁化.根据 H 的环路定理,当励磁电流为 I(在此传导电流 I 起到励磁作用)时,环中的磁场强度为 $H=nI$.因此可通过测量 I 来间接测量环中的 H 的大小.另外,根据电磁感应原理(参见第 12 章),通过另一组线圈 C_2 可测量样品环中磁感应强度 B 的大小.随着励磁电流 I 的大小和通电方向的改变,样品环中的 H 和 B 会做相应的改变.略去实验中的细节,实验结论如下:

(1) *起始磁化曲线*

样品环从未磁化状态($H=B=0$)开始,电流 I 沿一个方向逐渐增大,测出多组(H,B)值,可描绘出一条曲线,该曲线叫起始磁化曲线(图 11.8).该曲线的显著特点是非线性,Oa 段增长较慢,ab 段增长较快,bc 段又趋于缓慢,到了 S 点及以后,曲线几乎不再增长.我们说从 S 开始,磁化达到了饱和.B_S、H_S 分别叫**饱和磁感应强度**和**饱和磁场强度**.

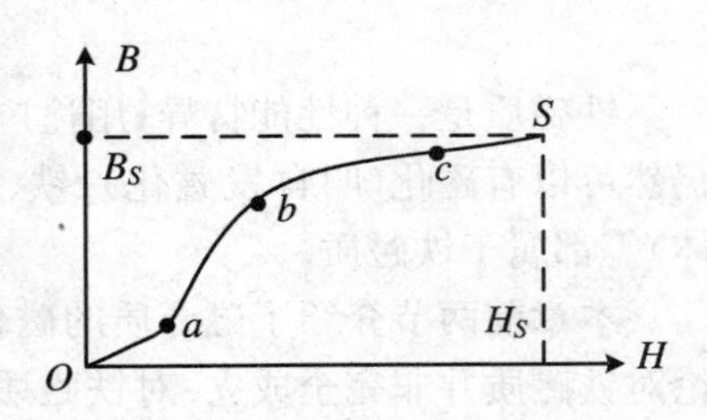

图 11.8　铁磁质的起始磁化曲线

从起始磁化曲线可以看出,$\boldsymbol{B}$ 与 $\boldsymbol{H}$ 间存在非线性关系,如果我们把磁介质的磁导率 μ 理解为常量(如非铁磁质中那样)的话,公式 $B=\mu H$ 对铁磁质自然不成立.但我们可以根据起始磁化曲线,按 $\mu=B/H$ 来定义铁磁质的磁导率 μ(可结合后面的内容理解为什么约定选取起始磁化曲线来定义 μ).这样,对于每一个 H 值就有一个确定的 μ 值.但不同的 H 值对应的 μ 值可以不同,即 μ 随 H 的变化而变化.对于铁磁质,$\mu_r\gg1$,μ_r 一般在 $10^2\sim10^4$,最高可达 10^6.

(2) *磁滞回线*

令 H 从 H_S 减小(即减小励磁电流)到零,再次测出 $B\sim H$ 曲线(图 11.9 的 SR 段),会发现所测的曲线并不与起始磁化曲线重合,这说明铁磁质中 B 与 H 之间并不存在单值关系.要知道某一 B 值所对应的 H 值,必须要知道它的磁化历史,即铁磁质具有"记忆性".比较 OS 段与 SR 段可知,虽然 H 减小时 B 也减小,但 B 的减小跟不上 H 的减小,例如,当 H 降为 H_1 时,按原来上升的规律,B 本应为 B_1,但实际上为 B_1'(不应理解为时间上的跟不上),这种现象叫磁滞.磁滞的一个显著特点

是当 $H=0$ 时，$B\neq0$，说明了铁磁质在没有励磁电流时也可有磁性(图 11.9 中的 B_R)，这种磁性叫剩磁.

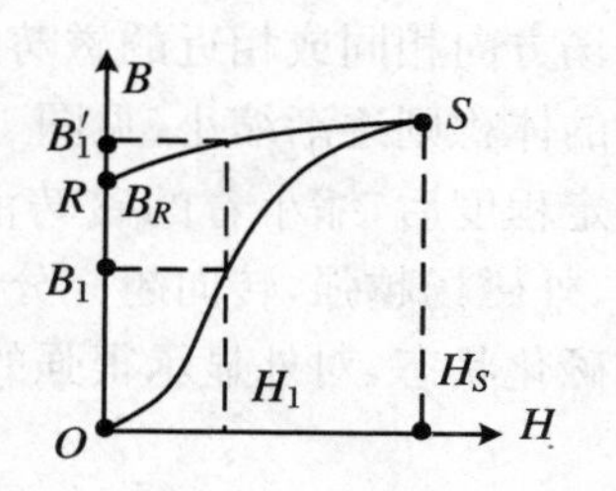

图 11.9　铁磁质的 B 和 H 间不存在单值关系

反向增大励磁电流直至使 $B=0$，此时磁场强度 $H<0$，说明为了消除剩磁，必须加一个反向的 H_D，这个 H_D 叫矫顽力.继续反向增加励磁电流，达到反向磁饱和后(图 11.10 中的 S')，再减小反向励磁电流，之后再正向增加，最终回到 S 点.如此可以绘出一个闭合的曲线，这条闭合曲线叫磁滞回线(图 11.10)，其关于原点对称.工程上把磁滞回线比较细窄、矫顽力(H_D、H_D')很小的铁磁材料叫软磁材料，相反的则叫硬磁材料.软磁材料适合于制造变压器和电动机，硬磁材料适合于制造永磁体.

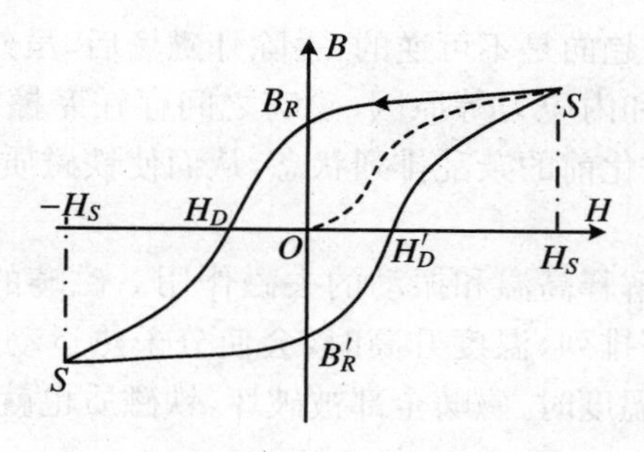

图 11.10　磁滞回线

实验还发现，每种铁磁质都有一个临界温度 T_C，称为居里点(或叫居里温度)，当工作温度高于 T_C 时(如纯铁的 $T_C=770$ ℃)，铁磁质将丧失其铁磁性而转化为普通的顺磁质.

11.3.2　铁磁性的起因

尽管铁磁质是一种特殊的顺磁质，然而铁磁质的磁化特性不能用一般的顺磁质的磁化理论来解释.解释铁磁质磁性起源的理论称为磁畴理论，在此简单介绍该理论的主要观点.

在铁磁质中，相邻原子和电子间存在着很强的交换耦合作用，这种相互作用促使相邻原子中的电子的自旋磁矩平行地排列起来，形成一个自发磁化达到饱和状态的微小区域，这些区域称为磁畴.磁畴的体积约10^{-15} m^3，约含10^{15}个原子.每个磁畴中，所有原子的磁矩全都沿着一个方向整齐排列.

无外磁场时，各磁畴磁矩方向杂乱无章(见图 11.11(a))，因而磁介质整体在宏观上无明显的磁性.当在铁磁质上加上外磁场并逐渐增大时，造成磁矩方向和外磁场方向相同或相近的磁畴的体积逐渐增大,而磁矩方向与外磁场方向相反的磁畴的体积则逐渐缩小(见图 11.11(b)),这种现象叫畴壁运动.最后,当磁场增大到一定程度后,缩小着的磁畴消失,其他所有磁畴的磁矩方向也都转向同一个方向了.外磁场越强,转向越充分.当所有磁畴都沿外磁场方向排列时,磁介质则达到饱和磁化状态,对外显示很强的磁性.

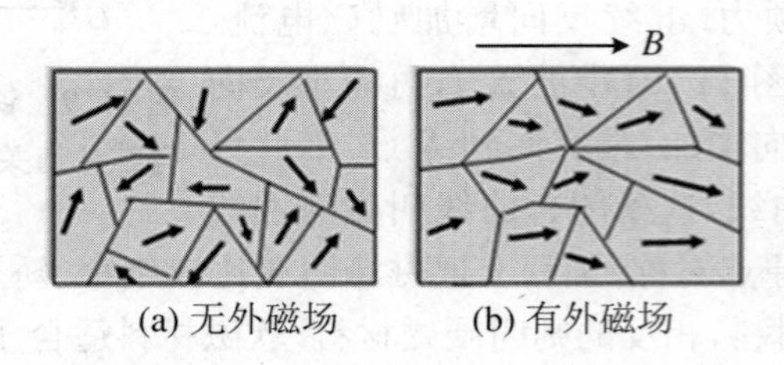

图 11.11　磁畴及其在外磁场作用下的变化

畴壁运动及磁矩的趋向是不可逆的,去除外磁场后,虽然铁磁质内部又分裂成许多磁畴,但由于掺杂和内应力等原因,磁畴之间存在摩擦阻力,使磁畴不能按原来的规律逆着恢复到磁化前的杂乱排列状态,从而使铁磁质内仍保留部分磁性,这就是磁滞现象.

根据磁畴理论,可解释高温和振动的去磁作用.磁畴的形成源于原子中电子的自旋磁矩的自发有序排列,温度升高时,会使分子热运动加剧,从而破坏这种有序性.当温度达到临界温度时,磁畴全部被破坏,铁磁质也就转为普通的顺磁质了.

习　题　11

11.1　关于稳恒电流磁场的磁场强度 H,下列几种说法中哪个是正确的?(　　).

A. H 仅与传导电流有关

B. 若闭合曲线内没有包围传导电流,则曲线上各点的 H 必为零

C. 若闭合曲线上各点 H 均为零,则该曲线所包围传导电流的代数和为零

D. 以闭合曲线 L 为边缘的任意曲面的 H 通量均相等

11.2　磁介质有三种,用相对磁导率 μ_r 表征它们各自的特性,正确的是(　　).

A. 顺磁质 $\mu_r>0$,抗磁质 $\mu_r<0$,铁磁质 $\mu_r\gg0$

B. 顺磁质 $\mu_r>1$,抗磁质 $\mu_r=1$,铁磁质 $\mu_r\gg1$

C. 顺磁质 $\mu_r>1$,抗磁质 $\mu_r<1$,铁磁质 $\mu_r\gg1$

D. 顺磁质 $\mu_r<0$,抗磁质 $\mu_r<1$,铁磁质 $\mu_r\gg0$

11.3　如图 11.12 所示,Ⅰ、Ⅱ、Ⅲ线分别表示不同磁介质的 B-H 关系曲线,虚线是 $B=\mu_0 H$ 曲线,那么表示顺磁质的是(　　).

A. Ⅰ　　　　B. Ⅱ　　　　C. Ⅲ　　　　D. 没有画出

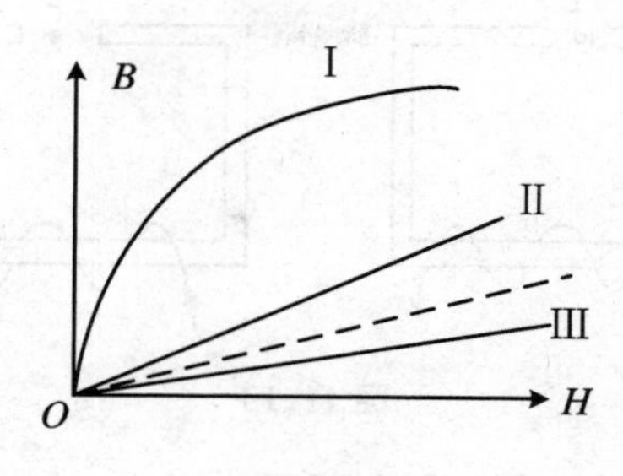

图 11.12

11.4　用细导线均匀密绕成长为 l、半径为 a ($l \gg a$)、总匝数为 N 的螺线管，管内充满相对磁导率为 μ_r 的均匀磁介质. 若线圈中载有稳恒电流 I，则管中任意一点的(　　).

A. 磁感应强度大小为 $B=\mu_0\mu_r NI$　　B. 磁感应强度大小为 $B=\mu_r NI/l$

C. 磁场强度大小为 $H=\mu_0 NI/l$　　D. 磁场强度大小为 $H=NI/l$

11.5　圆柱形无限长载流直导线置于均匀无限大磁介质之中，若导线中流过的稳恒电流为 I，磁介质的相对磁导率为 μ_r ($\mu_r>1$)，则与导线接触的磁介质表面上的磁化电流 I' 为(　　).

A. $(1-\mu_r)I$　　B. $(\mu_r-1)I$　　C. $\mu_r I$　　D. I/μ_r

11.6　用顺磁质制作一个空心圆柱形细管，然后在管面上密绕一层细导线. 当导线中通以稳恒电流时，下述四种说法中哪种正确？(　　).

A. 管外和管内空腔处的磁感应强度均为零

B. 介质中的磁感强度比空腔处的磁感应强度大

C. 介质中的磁感强度比空腔处的磁感应强度小

D. 介质中的磁感强度与空腔处的磁感应强度相等

11.7　在磁导率分别为 μ_1 和 μ_2 的不同介质分界面上，磁场的边界条件为(　　).

A. 垂直于界面的 $\boldsymbol{B}$ 分量相等

B. 垂直于界面的 $\boldsymbol{H}$ 分量相等

C. 平行于界面的 $\boldsymbol{B}$ 分量相等

D. 平行于界面的 $\boldsymbol{H}$ 分量之比等于 μ_1/μ_2

*11.8　如图 11.13 所示，两个外形尺寸相同的铁芯上的线圈安匝数相等，两铁芯的空隙一个很狭，一个很宽，则图中 1,2 两点处的磁场强度和磁感应强度大小的关系是(　　).

A. $H_1>H_2, B_1=B_2$　　B. $H_1>H_2, B_1>B_2$

C. $H_1<H_2, B_1<B_2$　　D. $H_1<H_2, B_1>B_2$

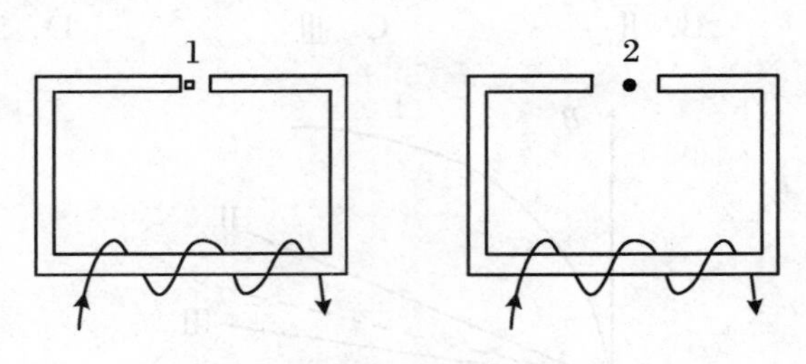

图 11.13

11.9　在国际单位制中，磁场强度 $\boldsymbol{H}$ 的单位是________，磁导率 μ 的单位是________.

11.10　长直电缆由一个圆柱导体和一共轴圆筒状导体组成，两导体中有等值反向均匀电流 I 通过，其间充满磁导率为 μ 的均匀磁介质，则介质中离中心轴距离为 r 的某点处的磁场强度的大小 $H=$________，磁感应强度的大小 $B=$________.

11.11　无限长密绕直螺线管通以电流 I，内部充满均匀各向同性的磁介质，磁导率为 μ，管上单位长度绕有 n 匝导线，则管内部的磁感应强度为________，内部的磁能密度为________.

11.12　磁介质的性能方程是描写各向同性非铁磁质中同一点的磁感应强度 $\boldsymbol{B}$ 和磁场强度 $\boldsymbol{H}$ 之间关系的重要等式，这个等式的表达形式是________.

11.13　铁磁质内存在许多自发磁化的小区域，称为________.每种铁磁质都有一个临界温度，当温度高于此值时，磁畴不复存在，铁磁质变为普通的顺磁质，当温度降到低于此值时则又还原为铁磁质，这一临界温度叫作________.

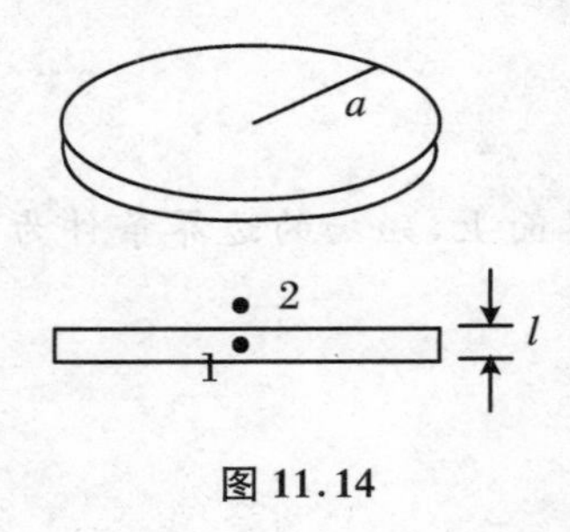

图 11.14

*11.14　如图 11.14 所示，一个被均匀磁化的薄铁磁质圆盘，其半径为 a，侧面高为 l，且 $a \gg l$，磁化强度 $\boldsymbol{M}$ 与圆盘表面垂直，则：(1) 图上点 1(在铁磁质中心)处 $B_1=$________，$H_1=$________.(2) 点 2(在铁磁质表面外紧邻 1 点)处 $B_2=$________.

11.15　一均匀磁化的磁棒，直径为 $d=25\ \mathrm{mm}$，长 $L=75\ \mathrm{mm}$，磁矩为 $p_m=12000\ \mathrm{A\cdot m^2}$，求磁棒表面磁化电流密度 $\boldsymbol{\alpha}'$ 的大小.

11.16　螺绕环中心周长 $L=10\ \mathrm{cm}$，环上均匀密绕线圈 $N=200$ 匝，线圈中通有电流 $I=0.1\ \mathrm{A}$，管内充满相对磁导率 $\mu_r=4200$ 的磁介质，求管内磁场强度和磁感应强度的大小.

11.17　一铁环的中心线周长为 $0.3\ \mathrm{m}$，横截面积为 $1.0\times10^{-4}\ \mathrm{m^2}$，在环上密绕 $N=300$ 匝表面绝缘的导线，当导线通有电流 $I=3.2\times10^{-2}\ \mathrm{A}$ 时，通过环的横截面的磁通量为 $\Phi=2.0\times10^{-5}\ \mathrm{Wb}$.求：(1) 铁环内部的磁感应强度；(2) 铁环内部的磁场强度；(3) 铁的磁化率；(4) 铁环的磁化强度.

11.18　一铁环中心线的周长 $l=0.5\ \mathrm{m}$，横截面积 $S=10^{-4}\ \mathrm{m}^2$，在环上紧密地绕有一层 $N=300$ 匝的线圈，当线圈中流有 $I=32\times10^{-3}\ \mathrm{A}$ 的电流时，铁环的相对磁导率为 $\mu_r=500$. 已知真空的磁导率 $\mu_0=4\pi\times10^{-7}\ \mathrm{T\cdot m/A}$，求：(1) 通过环横截面的磁通量；(2) 铁环的磁化强度；(3) 铁环的磁化面电流密度的大小.

11.19　半径为 R、通有电流 I 的一圆柱形长直导线，外面是一同轴的介质长圆管，管的内外半径分别为 R_1 和 R_2，相对磁导率为 μ_r，求：(1) 圆管上长为 l 的纵截面内的磁通量值；(2) 介质圆管外距轴 r 处的磁感应强度大小.

11.20　如图 11.15 所示，一个有矩形截面的环形铁芯，其上均匀地绕有 N 匝线圈. 线圈中通有电流 I 时，铁芯的磁导率为 μ. 求铁芯内与环中心线的轴相距 r 处磁化强度 M 的数值.

11.21　参考图 11.16，在 $\mu_r=500$ 的很大的铁磁质内，挖一半径为 r、长度为 l 的针形细长小洞($r\leqslant l$)，洞轴与 $\boldsymbol{B}$ 平行(假设挖洞后不影响其余部分磁化). 已知铁磁质内 $B=5\ \mathrm{T}$，方向如图，求洞中心 O 点的 $\boldsymbol{B}_0$ 与 $\boldsymbol{H}_0$ 的大小 .(提示：边界两边 $\boldsymbol{H}$ 切向连续.)

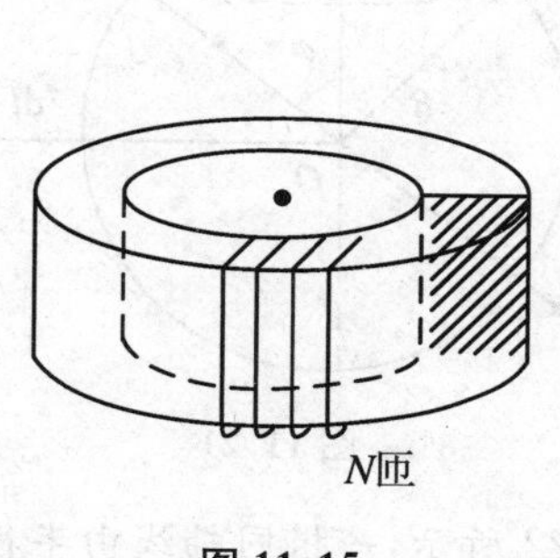

图 11.15

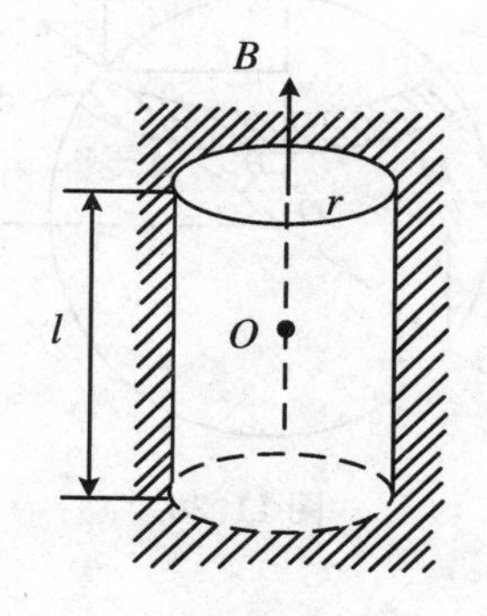

图 11.16

*11.22　参考图 11.17，试用安培环路定理证明：当界面上传导电流为零时，任何长度的沿轴向均匀磁化的磁棒的中垂面上侧表面内、外两点 1、2 的磁场强度 $\boldsymbol{H}$ 相等.

*11.23　如图 11.18 所示，一个环形磁化的永磁环开有一个很窄的缝，已知环内磁化强度的大小为 $\boldsymbol{M}$，求图中 a、b 两点的 B 和 H.

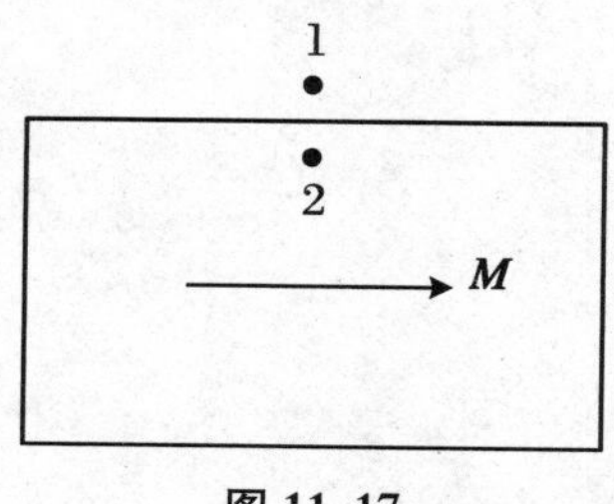

图 11.17

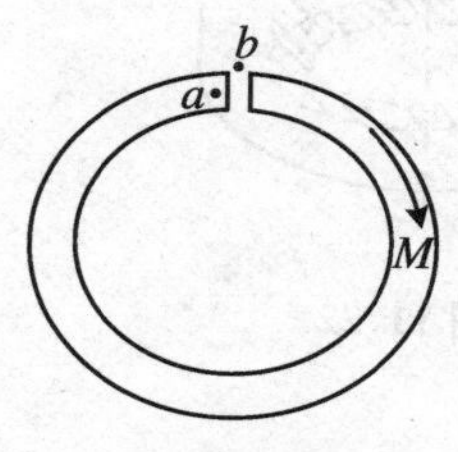

图 11.18

*11.24　如图 11.19 所示,一根沿轴向均匀磁化的细长永磁棒,磁化强度为 $\boldsymbol{M}$,求图中所标出的各点上的 $\boldsymbol{B}$ 和 $\boldsymbol{H}$.

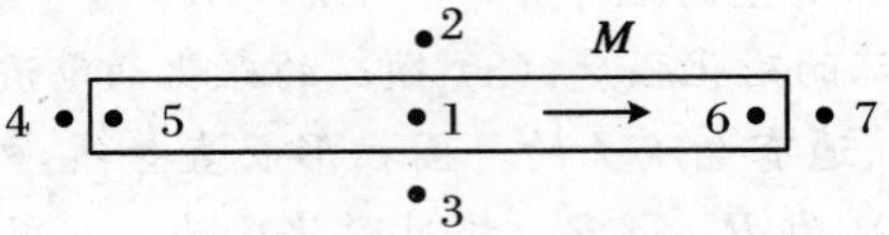

图 11.19

11.25　如图 11.20 所示,一半径为 R 的磁介质球被均匀磁化,磁化强度为 $\boldsymbol{M}$,求球心处的 $\boldsymbol{B}$ 和 $\boldsymbol{H}$.

*11.26　如图 11.21 所示,在磁化强度为 $\boldsymbol{M}$ 的均匀磁化的无限大磁介质中,挖出一个半径为 R 的球形腔,求此腔表面的磁化面电流密度 $\boldsymbol{\alpha}'$ 和磁化电流产生的磁矩 $\boldsymbol{p}_m$.

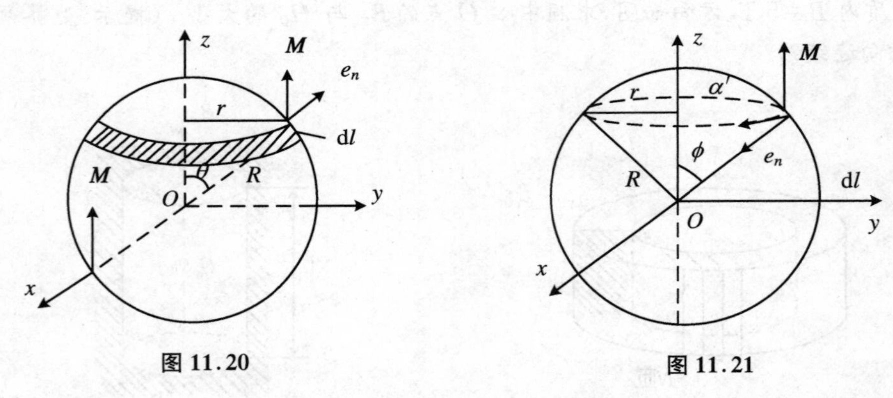

图 11.20　　　　图 11.21

*11.27　如图 11.22 所示,一根同轴线由半径为 R_1 的长导线和套在它外面的内半径为 R_2、外半径为 R_3 的同轴导体圆筒组成,中间充满磁导率为 μ 的各向同性均匀非铁磁绝缘材料.传导电流 I 沿导线向上流去,由圆筒向下流回,在它们的截面上电流都是均匀分布的.求同轴线内、外的磁感应强度大小 B 的分布.

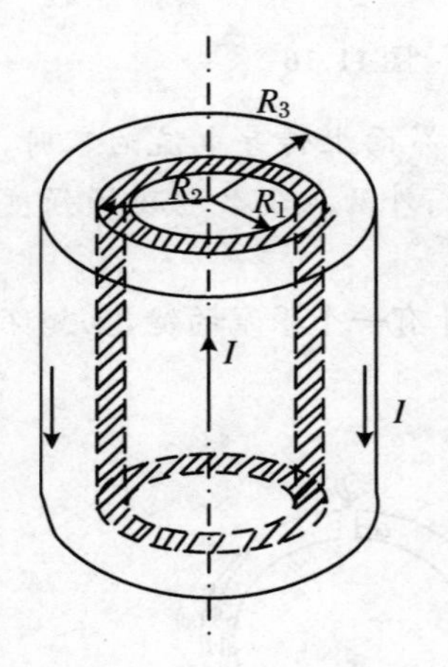

图 11.22

第12章 电磁感应

丹麦物理学家奥斯特于1820年发现了电流的磁效应，从一个侧面揭示了电与磁之间的联系，与此同时，物理学界开始关注电流磁效应的逆效应，即磁的电效应问题，探索这种逆效应将以怎样的形式表现出来.

天道酬勤，经过长达11年的努力，英国物理学家法拉第通过系统的实验研究，终于在1831年发现了这种逆效应，并且认识到这种逆效应是一种在变化和运动过程中才出现的暂态效应.1831年11月24日，法拉第在英国皇家学会宣读了关于这种逆效应的4篇论文，论文中正式把这种逆效应定名为“电磁感应”，并把电磁感应与静电感应类比，正确指出电磁感应与静电感应不同，感应电流并不是与原电流有关，而是与原电流的变化有关.

从理论上说，电磁感应现象的发现进一步揭示了电和磁之间的内在联系，促进了电磁理论的发展，使得当年出生的麦克斯韦后来有可能建立一套完整的电磁场理论体系；从实用的角度看，电磁感应现象的发现奠定了现代电工技术的基础，为人类获得巨大而廉价的能源开辟了一条崭新的途径，为人类生活走进电气化时代做出了无可估量的贡献.

本章通过实验介绍法拉第电磁感应定律，讨论动生电动势和感生电动势以及在电工技术中普遍存在的自感现象和互感现象，最后介绍 RL 电路的暂态过程和磁场的能量等.

12.1 电磁感应基本定律

12.1.1 电磁感应现象

电磁感应定律是建立在广泛的实验基础上的，先看看下面几个具有代表性的演示实验.

(1) 参考图12.1(a)，把线圈 L 和电流计G连接成一闭合回路，发现在磁棒插入线圈的过程中电流计G的指针有偏转，这表明在磁棒插入过程中回路中出现了电流；若磁棒插入线圈后不动，电流计指针降回到零点，这表明在磁棒相对线圈静止时，线圈回路中没有电流；在磁棒从线圈 L 中抽出的过程中，电流计指针又发生偏转，但偏转的方向与插入过程的偏转方向相反，这表明在磁棒抽出的过程中，回路中的电流方向与磁棒插入过程中回路的电流方向相反；如果加快磁棒插入或抽出的速度，则指针偏转加大，说明回路中电流加大. 固定磁棒不动使线圈相对磁棒运动，同样可观察到上述现象.

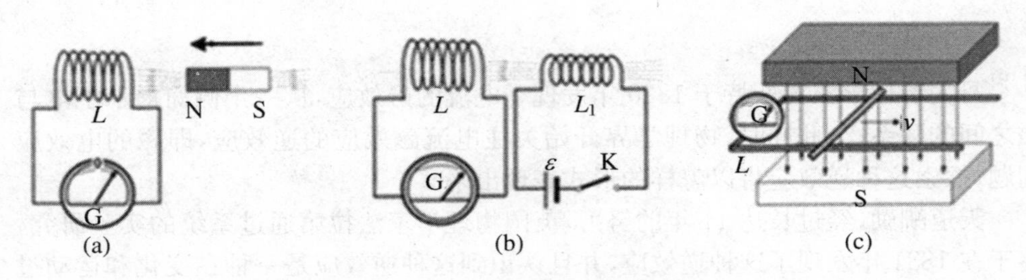

图 12.1　电磁感应现象演示实验

(2) 参考图 12.1(b)，把线圈 L_1 放在线圈 L 附近不动，线圈 L_1 通过开关 K 和一电池相连. 当将 K 合下时，发现电流计 G 指针偏转然后回到零点；将 K 打开时，发现电流计指针朝相反方向偏转后又回到零点. 这表明在线圈 L_1 通电和断电的过程中，线圈 L 中出现了电流.

(3) 参考图 12.1(c)，在均匀磁场中，一个带滑动金属杆的 U 形金属框与检流计 G 相连，构成闭合回路 L. 当滑动杆在 U 形框上移动时，检流计指针发生偏转，移动速度加快，检流计指针偏转角度增大；反向移动时，指针偏转也反向. 移动停止，检流计指针则不偏转.

这几个看来不同的实验存在共同点，即通过线圈 L 的磁通量随时间发生变化时，线圈中有电流产生.

深入分析发现，上述实验大体上可以归结为两类：一类是线圈 L 不动，因磁铁的运动或附近线圈中电流的通断，造成通过线圈 L 的磁通量发生变化，从而在线圈 L 中产生电流；二是磁场不变，线圈 L 的一部分切割磁感应线，致使通过线圈 L 的磁通量发生变化，从而使线圈 L 中产生电流.

进一步实验发现，如果在图 12.1(a)、图 12.1(b)中的线圈 L 内固定地放入一个铁芯，在其他条件不变的前提下，同样的实验步骤，发现线圈 L 中的电流明显增大，说明电流产生的原因是由于 L 中磁感应强度 $\boldsymbol{B}$ 通量的变化，而不是由于磁场强度 $\boldsymbol{H}$ 通量的变化.

法拉第将这些现象与静电感应类比，概括出一个能反映这类实验现象的结论：当穿过一个闭合导体回路所包围的面积内的磁通量发生变化时，无论这种变化是由什么原因引起的，在导体回路中就会产生电流. 这种现象称为电磁感应现象，这种电流叫作感应电流.

12.1.2 楞次定律

在大量实验结果的基础上,俄国物理学家楞次1833年独立得出了确定感应电流方向的法则,称为楞次定律:闭合回路中产生的感应电流具有确定的方向,它总是使感应电流所产生的通过回路面积的磁通量,去补偿或者反抗引起感应电流的磁通量的变化.

用楞次定律确定感应电动势的方向时,可按照以下步骤进行:

(1) 判明原磁场的方向以及穿过线圈的磁通的变换趋势(增或减).

(2) 确定感应电流产生的磁场的方向.

(3) 根据右手螺旋法则,由感应电流产生的磁场的方向确定感应电流的方向.

参考图12.2,长直载流导线附近,同平面地放一个矩形线框,导线中通有电流$I=I_0e^{-t/\tau}(I_0>0,\tau>0)$.根据楞次定律,按照上述三个步骤,可判断矩形线框中感应电流的方向为顺时针.

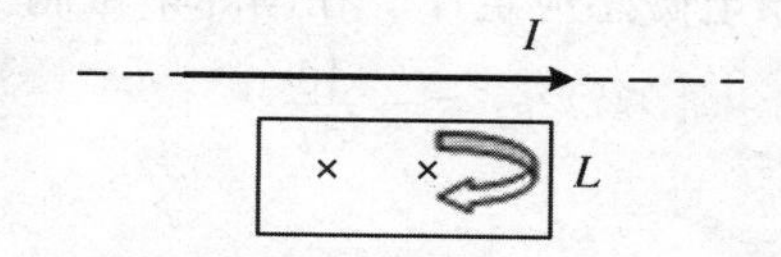

图12.2 用楞次定律判别线圈中感应电流的方向

感应电流的方向遵从楞次定律的事实表明:楞次定律本质上就是能量守恒定律在电磁感应现象中的具体表现.可通过图12.1(a)的实验做一个定性分析:假设图中磁铁棒沿水平路径匀速左移靠近线圈L(因而系统的重力势能和动能均不变),L内的磁感应线方向指向左,且通过L的磁通增加.按照楞次定律,L内的感应电流产生的磁通应阻碍这个磁通的增加,即在L内感应电流产生的磁场方向应该向右,致使线圈L右端应为N′极、左端应为S′极.由于同性磁极相互排斥,所以为了使得磁铁棒保持匀速左移,外力推动磁铁棒则必须做正功.外力做的正功转化为线圈L中电流的热能,符合能量守恒定律.否则,如果线圈L中的感应电流不按照楞次定律取方向,则L的右端就是S′极,磁铁棒会受到引力.为了保持磁铁棒匀速运动,外力要拉着磁铁棒做负功,问题变成了线圈L发热的同时,外力还必须做负功,这显然是违反能量守恒定律的.可见能量守恒定律要求感应电流的方向服从楞次定律.

12.1.3 法拉第电磁感应定律

经过深入研究和缜密思考,法拉第发现在相同条件下(可参考图12.1),不同金属导体回路L中产生的感应电流与导体的导电能力成正比.法拉第由此意识到:电磁感应现象中,导体回路中出现的感应电流只是表面现象,闭合回路中磁通量的变化直接产生的结果应是电动势.并认为即使回路的材质不是导体,这种电动势依然存在.这种与感应电流相联系的电动势称为感应电动势,用 ε_i 表示.

可以换个角度考虑这个问题:导体回路中出现感应电流,表明导体回路中的载流子在某种力的作用下做了定向运动,但这种定向运动并不是静电场力作用于载流子而形成的,因为在电磁感应的实验中并没有静止的电荷作为静电场的场源,感应电流的出现应该是导体回路中的一种非静电力对载流子作用的结果.由第 10 章可知,产生非静电力的装置叫作电源,而表征电源的特征量是电源的电动势,回路中出现感应电流,说明回路中一定有与这个感应电流相对应的电源,这个电源的电动势就是感应电动势.

如图 12.3 所示,设有一闭合回路 L,任意给回路 L 取一个绕行方向(同时也是回路中感应电动势 ε_i 的假设正方向),取 L 所包围的面积的法线方向为 $\boldsymbol{e}_n$,规定 $\boldsymbol{e}_n$ 与 L 的绕行方向之间成右手螺旋关系.大量实验表明:通过回路所包围面积上的磁通量发生变化时,回路中产生的感应电动势 ε_i 与该磁通量对时间的变化率成正比.这个规律叫法拉第电磁感应定律. 在国际单位制中,ε_i 表示为

$$\varepsilon_i = -\frac{\mathrm{d}\Phi}{\mathrm{d}t} \tag{12.1.1}$$

其中 $\Phi = \iint_S \boldsymbol{B} \cdot \mathrm{d}\boldsymbol{S}$.

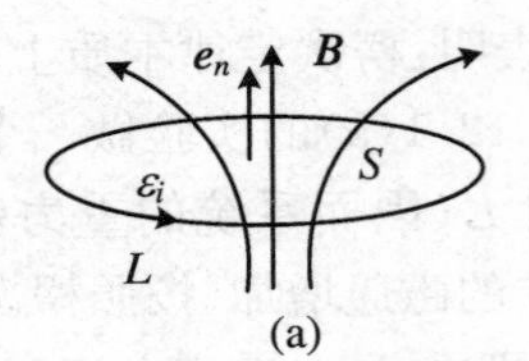

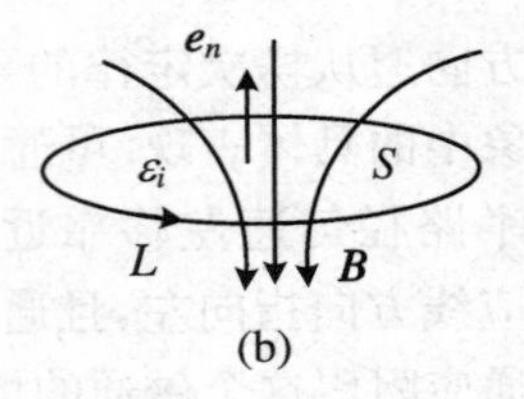

图 12.3　感应电动势

式(12.1.1)中的负号是楞次定律的体现,也是能量守恒定律的必然要求.按式(12.1.1)计算,若 $\varepsilon_i>0$,则表示感应电动势的实际方向(也是感应电流的实际方向)与所取的回路 L 的绕行方向相同;若 $\varepsilon_i<0$,则表示感应电动势的实际方向与所取的回路 L 的绕行方向相反.由于这样给出的感应电流的方向与用楞次定律给出的感应电流的方向是一致的,所以有时也可利用楞次定律先判断出感应电流的方向,从而确定感应电动势的方向.

下面列举几种具体情况,讨论如何利用式(12.1.1)来判断回路 L 中感应电动势的实际方向.

参考图 12.3(a),取回路 L 的绕行方向为顺时针,则回路所围面积上的磁通量 $\Phi = \iint_S \boldsymbol{B} \cdot \mathrm{d}\boldsymbol{S} > 0$. 当磁场增加时,$\mathrm{d}\Phi/\mathrm{d}t > 0$,$\varepsilon_i < 0$,说明回路中感应电动势的实

际方向与假设正方向相反,即为顺时针方向,这与利用楞次定律判断出回路 L 中的感应电流为顺时针方向(同时也是回路中的感应电动势的实际方向)是一致的;当磁场减少时,$\mathrm{d}\Phi/\mathrm{d}t<0,\varepsilon_i>0$,说明回路中感应电动势的实际方向与假设正方向相同,即为逆时针方向.

参考图12.3(b),仍取回路 L 的绕行方向为顺时针,则此时回路所围面积上的磁通量 $\Phi=\iint_S \boldsymbol{B}\cdot\mathrm{d}\boldsymbol{S}<0$.当磁场增加时,$\mathrm{d}\Phi/\mathrm{d}t<0,\varepsilon_i>0$,说明回路中感应电动势的实际方向与假设正方向相同,即为逆时针方向;当磁场减少时,$\mathrm{d}\Phi/\mathrm{d}t>0,\varepsilon_i<0$,说明回路中感应电动势的实际方向与假设正方向相反,即为顺时针方向.

尽管回路 L 的绕行方向是任意取的,但是在具体应用式(12.1.1)计算感应电动势 ε_i 时,为使计算简便,应尽量使得 $\boldsymbol{e}_n$ 与 $\boldsymbol{B}$ 同向,以保证 $\Phi>0$.此外,大多数情况下感应电动势的实际方向(因而也是感应电流的实际方向)可以用楞次定律判别,但有些问题(如下面的例12.1)回路中的磁通量变化并不容易看出,此时直接用式(12.1.1)判别就显得尤为重要.

式(12.1.1)的推论:

(1) 若导体回路 L 的电阻为 R,则回路中感应电流的强度为

$$I_i=\frac{\varepsilon_i}{R}=-\frac{1}{R}\frac{\mathrm{d}\Phi}{\mathrm{d}t}\tag{12.1.2}$$

(2) 在 $\Delta t=t_2-t_1$ 的时间内,通过导体回路 L 中任一截面积 S_0(指回路 L 的横截面)的电量为

$$\Delta q=\int\mathrm{d}q=\int_{t_1}^{t_2}I_i\mathrm{d}t=-\frac{1}{R}\int_{t_1}^{t_2}\mathrm{d}\Phi=\frac{1}{R}(\Phi(t_1)-\Phi(t_2))\tag{12.1.3}$$

式中的 $\Phi(t_1)$、$\Phi(t_2)$ 分别是 t_1、t_2 时刻通过导线回路所包围面积的磁通量.式(12.1.3)表明:在一段时间内通过导线截面的电荷量与这段时间内导线回路所包围的磁通量的变化值成正比,而与磁通量变化的快慢无关.据此,如果测出感生电荷量,而回路的电阻又为已知,就可以计算磁通量的变化量.常用的磁通计就是根据这个原理而设计的.

(3) 对于由导线绕成的 N 匝线圈回路,这 N 匝线圈是串联的,若通过每匝线圈的磁通量 Φ 都相同,则回路中总的感应电动势应为

$$\varepsilon_i=-N\frac{\mathrm{d}\Phi}{\mathrm{d}t}=-\frac{\mathrm{d}(N\Phi)}{\mathrm{d}t}=-\frac{\mathrm{d}\Psi}{\mathrm{d}t}\tag{12.1.4}$$

习惯上把 Ψ 称为磁通匝链数(简称磁链),磁链 Ψ 的单位和磁通量 Φ 的单位相同,都是韦伯(Wb).如果通过每匝线圈的磁通量不相同,则总电动势仍可按式(12.1.4)计算,但此时的 $\Psi=\Phi_1+\Phi_2+\cdots+\Phi_N$.

例12.1　如图12.4所示,真空中一长直导线通有电流 $I(t)=I_0\mathrm{e}^{-\lambda t}$(式中 I_0、λ 为常量,t 为时间),有一带滑动边的矩形导线框与长直导线平行共面,二者近边相距 a.矩形线框的滑动边与长直导线垂直,它的长度为 b,并且以匀速 $\boldsymbol{v}$(方向

平行长直导线)滑动.若忽略线框中的自感电动势,并设开始时滑动边与对边重合,(1) 求任意时刻 t 在矩形线框内的感应电动势 ε_i;(2) 讨论 ε_i 的方向.

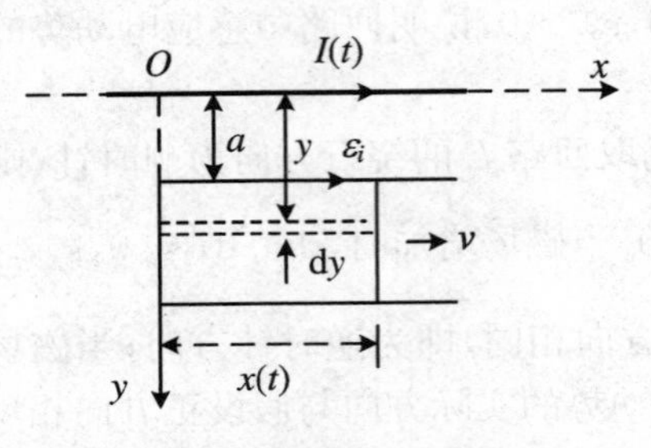

图 12.4　例 12.1 用图

解　(1) 取矩形线框回路的绕行方向为顺时针(同时规定了线框内感应电动势 ε_i 的参考正方向也是顺时针),此时矩形线框所围面积的法线方向 $\boldsymbol{e}_n$ 垂直纸面向内.如图建立 $O-xy$ 坐标系,则 t 时刻矩形线框内的磁通量 $\Phi(t)$ 为

$$\Phi(t) = \iint_S \boldsymbol{B} \cdot \mathrm{d}\boldsymbol{S} = \int_a^{a+b} \frac{\mu_0 I(t)}{2\pi y} x(t)\mathrm{d}y = \frac{\mu_0}{2\pi} I(t) x(t) \ln \frac{a+b}{a}$$

式中 $x(t) = vt$.根据法拉第电磁感应定律,可求得 t 时刻矩形线框内的感应电动势 ε_i 为

$$\varepsilon_i = -\frac{\mathrm{d}\Phi(t)}{\mathrm{d}t} = -\frac{\mu_0}{2\pi}\left(\ln\frac{a+b}{b}\right)\left(\frac{\mathrm{d}I(t)}{\mathrm{d}t}x(t) + I\frac{\mathrm{d}x(t)}{\mathrm{d}t}\right)$$

$$= \frac{\mu_0}{2\pi} I_0 \mathrm{e}^{-\lambda t} v(\lambda t - 1)\ln\frac{a+b}{a}$$

(2) ε_i 的方向:当 $\lambda t>1$ 时,$\varepsilon_i>0$,说明 ε_i 的实际方向与假设方向相同,即为顺时针方向;当 $\lambda t<1$ 时,$\varepsilon_i<0$,说明 ε_i 的实际方向为顺时针方向;当 $\lambda t=1$ 时,$\varepsilon_i=0$.

12.2　动生电动势

法拉第电磁感应定律表明,感应电动势来源于磁通量 Φ 的变化,而不问这种变化是由什么原因引起的.仔细分析以某闭合曲线为边的任意曲面上的磁通量计算式 $\Phi = \iint_S \boldsymbol{B} \cdot \mathrm{d}\boldsymbol{S} = \iint_S B\cos\theta \mathrm{d}S$,发现磁通量的变化原因无非下列三种情况:

(1) $\boldsymbol{B}$ 不随时间发生变化(恒定磁场),而闭合回路整体或局部在运动(整体运动如刚性线圈的平动、转动或平动加转动,局部运动指回路一部分的运动或线圈变形等),这样产生的电动势叫动生电动势,这种类型的电磁感应叫动生型电磁感应(或叫切割型电磁感应).

(2) $\boldsymbol{B}$ 随时间发生变化,闭合回路的任一部分都不动,这样产生的电动势叫感生电动势,这种类型的电磁感应叫感生型电磁感应(或叫场变型电磁感应).

(3) $\boldsymbol{B}$ 随时间发生变化且闭合回路也有运动,这时产生的感应电动势是动生电动势和感生电动势的叠加.

无论是动生电动势还是感生电动势,理论上都可以用法拉第电磁感应定律(12.1.1)式计算,显然也可以利用第10章给出的电动势的定义式(10.3.1a)式或(10.3.1b)式计算.因此要想深入了解动生电动势和感生电动势产生的根源,必须要知道产生动生电动势和感生电动势的非静电力.随着学习的深入会发现产生这两种电动势的非静电力是有本质区别的.

本节研究动生型电磁感应,重点讨论产生动生电动势的非静电力以及动生电动势的计算.

12.2.1 动生电动势及相应的非静电力

参考图12.5(a),在垂直纸面向里的均匀磁场 $\boldsymbol{B}$ 中,有一个U形金属框,长为 L 的直导线 MN 以速度 $\boldsymbol{v}$ 在金属框上无摩擦地滑动,设初始时刻 MN 与 CD 重合,现讨论 t 时刻回路 $CDNM$ 中的感应电动势.

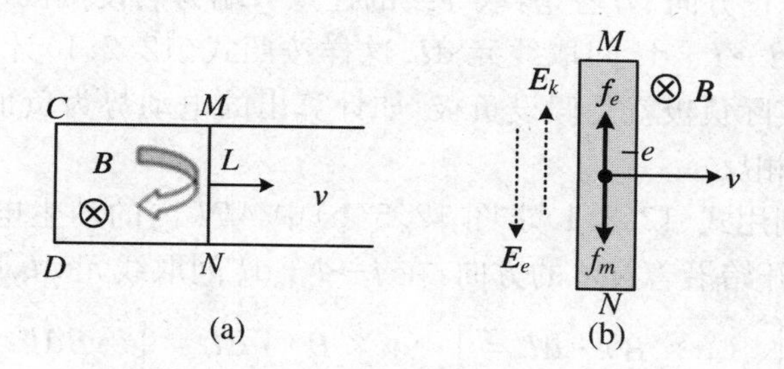

图12.5 动生电动势及其非静电力

MN 切割磁感应线,回路 $CDNM$ 所围的面积上磁通量发生变化,回路中有感应电动势产生,这是典型的动生型电磁感应问题.设回路的绕行方向(即感应电动势 ε_i 的参考正方向)为顺时针,则 t 时刻回路所围面积上的磁通量 $\Phi = \iint_S \boldsymbol{B} \cdot \mathrm{d}\boldsymbol{S} = BLvt$,根据式(12.1.1)可得 $\varepsilon_i = -\mathrm{d}\Phi/\mathrm{d}t = -BLv$(负号说明回路中动生电动势的实际方向与假设方向相反),结果表明回路 $CDNM$ 中动生电动势的大小为 BLv,方向是逆时针的.

法拉第电磁感应定律作为一个整体是实验定律,但是动生电动势所服从的规律却完全可以用已有的理论推导出来.为此,放大图12.5(a)中的导线 MN 如图12.5(b)所示.MN 中的电子随导线 MN 向右做牵连运动,所受的洛伦兹力为 $\boldsymbol{f}_m = (-e)\boldsymbol{v}\times\boldsymbol{B}$,方向从 M 指向 N,大小不变,它促使电子向下运动,如果 MN 与U形金属框脱离，则电子堆积在 N 端，同时正电荷堆积在 M 端，MN 内建立一个方向向下的静电场 $\boldsymbol{E}_e$，相应地每个运动电子又要受一个电场力 $\boldsymbol{f}_e = -e\boldsymbol{E}_e$ 的作用，$\boldsymbol{f}_e$ 阻碍电子向 N 端运动. $\boldsymbol{f}_e$ 是由零逐渐增大的，当 $\boldsymbol{f}_e$ 在数值上与电子所受的洛伦兹力 $\boldsymbol{f}_m$ 的大小相等即 $f_e = f_m$ 时，电子所受的合力为零，向 N 端的运动即停止，此时导线 MN 相当于一个处于开路状态的电源，N 为负极，M 为正极，电源的电动势 ε_i（即 MN 中动生电动势）的方向由 N 指向 M. 与第 10 章中介绍的电源的工作原理相比较，可知产生动生电动势的根源是载流子受到了洛伦兹力，或者说产生动生电动势的非静电力来自洛伦兹力.

单位正电荷所受到的非静电力叫作非静电场强，因此存在于运动导线 MN 中的非静电场强为 $\boldsymbol{E}_k = \boldsymbol{f}_m/(-e) = \boldsymbol{v} \times \boldsymbol{B}$，按第 10 章关于电动势的定义式 (10.3.1a) 式，有

$$\varepsilon_i = \int_-^+ \boldsymbol{E}_k \cdot \mathrm{d}\boldsymbol{l} = \int_-^+ (\boldsymbol{v} \times \boldsymbol{B}) \cdot \mathrm{d}\boldsymbol{l} \tag{12.2.1}$$

这是从理论上推导出的计算动生电动势的又一个公式，积分号内的部分可理解为切割磁感应线的导线上线元 $\mathrm{d}\boldsymbol{l}$ 中的动生电动势，即 $\mathrm{d}\varepsilon_i = (\boldsymbol{v} \times \boldsymbol{B}) \cdot \mathrm{d}\boldsymbol{l}$，其中 $\boldsymbol{v}$ 和 $\boldsymbol{B}$ 是指线元的切割速度以及线元 $\mathrm{d}\boldsymbol{l}$ 处的磁感应强度.

利用式(12.2.1)求动生电动势时，需要首先确定切割磁感应线的导线中动生电动势 ε_i 的参考正方向. 方法是：取导线的任意一端为假设负极，然后从假设负极开始沿着导线在 $l \to l + \mathrm{d}l$ 间取线元 $\mathrm{d}\boldsymbol{l}$. 这样按照式(12.2.1)计算出的动生电动势如为正值，则实际负极就是假设负极，如计算出的电动势为负值，则电源的实际负极与假设负极相反.

例如，为了利用式(12.2.1)求图 12.5(b)中 MN 内的动生电动势，可假设 N 端为负极，自 N 开始沿着 NM 的方向，在 $l \to l + \mathrm{d}l$ 间取线元 $\mathrm{d}\boldsymbol{l}$，则

$$\varepsilon_i = \int_-^+ (\boldsymbol{v} \times \boldsymbol{B}) \cdot \mathrm{d}\boldsymbol{l} = \int_N^M (\boldsymbol{v} \times \boldsymbol{B}) \cdot \mathrm{d}\boldsymbol{l} = \int_0^L vB\mathrm{d}l = BLv$$

结果为正，说明 MN 内动生电动势大小为 BLv，N 端为实际负极，ε_i 的实际方向是从 N 指向 M. 这与利用法拉第电磁感应定律求解的结果是一致的.

当用 U 形金属框将 MN 连成一个闭合回路时（见图 12.5(a)），回路中出现感应电流. 由此可知，利用法拉第电磁感应定律求出的闭合回路 $CDNM$ 中的动生电动势实际上只存在于 MN 段，切割磁感应线的 MN 段相当于一个电源，其他都是外电路. 即动生电动势只存在于运动着的导体内，导体回路只是起到电流通路的作用. 即使没有导体回路，切割磁感应线导线内的动生电动势仍然存在.

12.2.2 交流发电机的基本原理

如图 12.6 所示，在均匀磁场中，矩形线圈 $ABCD$ 以角速度 ω 绕转轴 OO' 匀速转动. 线圈的匝数为 N，每匝面积为 S，转轴与磁场 $\boldsymbol{B}$ 垂直. 在 $t = 0$ 时，线圈平面的

法向 $\boldsymbol{e}_n$ 与磁感应强度 $\boldsymbol{B}$ 的夹角为 0°. 则任意时刻 t,通过每匝线圈中的磁通量为 $\Phi=\boldsymbol{B}\cdot\boldsymbol{S}=BS\cos\theta=BS\cos(\omega t)$. 线圈中的动生电动势为

$$\varepsilon_i=-N\frac{\mathrm{d}\Phi}{\mathrm{d}t}=NBS\omega\sin(\omega t)=\varepsilon_{\max}\sin\omega t \tag{12.2.2}$$

这是一个交变电动势,其最大值为 $\varepsilon_{\max}=NSB\omega$,任意时刻的相位与时刻 t 及线圈的初始位置有关,此即交流发电机的基本原理.

例 12.2 如图 12.7 所示,在与均匀磁场垂直的平面内,有一长为 L 的导线 OA,导线在该平面内绕 O 点以匀角速 ω 转动,转轴与 $\boldsymbol{B}$ 平行. 求:(1) OA 上的动生电动势 ε_i;(2) O、A 之间的电压 U_{AO}.

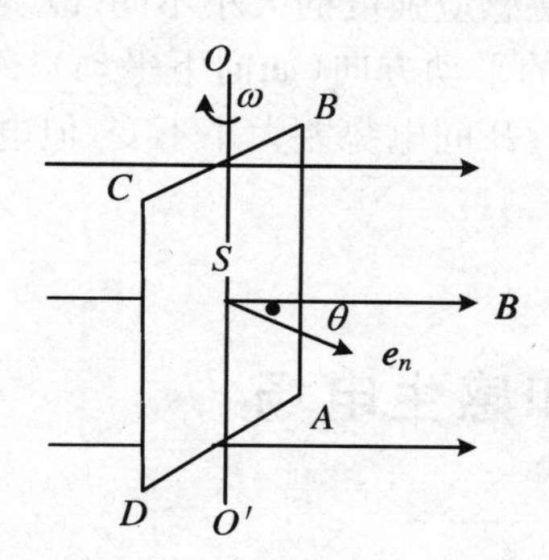

图 12.6 交流发电机原理

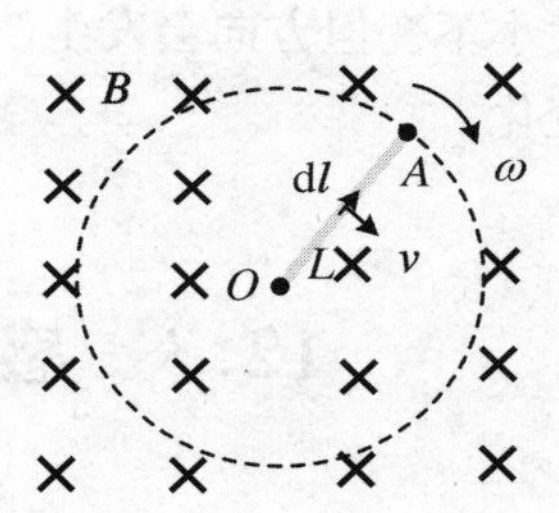

图 12.7 例 12.2 用图

解 (1) 在 OA 上,自 O 点开始在 $l\to l+\mathrm{d}l$ 间取线元 $\mathrm{d}\boldsymbol{l}$,方向为由 O 指向 A,则 OA 上总电动势为

$$\varepsilon_i=\int_O^A(\boldsymbol{v}\times\boldsymbol{B})\cdot\mathrm{d}\boldsymbol{l}=\int_0^L vB\mathrm{d}l=\int_0^L\omega lB\mathrm{d}l=\frac{1}{2}B\omega L^2 \tag{12.2.3}$$

结果为正,表明 O 点就是导线 OA 中电源的实际负极,即 OA 中的动生电动势的方向从 O 指向 A.

(2) 导线 OA 此时相当于一个开路的电源,电势差 U_{AO} 为

$$U_{AO}=V_A-V_O=\omega BL^2/2$$

本例是直导线在均匀磁场中转动切割磁感应线产生动生电动势的问题,尽管各线元 $\mathrm{d}\boldsymbol{l}$ 的转动角速度相同,但线速度不同. 改变转动方向或改变磁场方向,电动势大小不变但方向会发生改变,由此造成 O、A 间电势差大小不变,但电位高低发生变化.

例 12.3 如图 12.8 所示,一无限长直导线中通有电流 I. 一长为 L 并与长直导线垂直的金属棒 AB 以速度 $\boldsymbol{v}$ 向上匀速运动,棒的近导线的一端与导线的距离为 a,求棒中的动生电动势 ε_i.

解 在 AB 上,自 A 端开始,在 $l\to l+\mathrm{d}l$ 间取线元 $\mathrm{d}\boldsymbol{l}$,则金属棒 AB 中的电动势为

$$\varepsilon_i = \int_A^B (\boldsymbol{v} \times \boldsymbol{B}) \cdot \mathrm{d}\boldsymbol{l} = -\int_A^B Bv\mathrm{d}l = -\int_0^L \frac{\mu_0 I}{2\pi(a+l)} v\mathrm{d}l = -\frac{\mu_0 Iv}{2\pi}\ln\frac{a+L}{a}$$

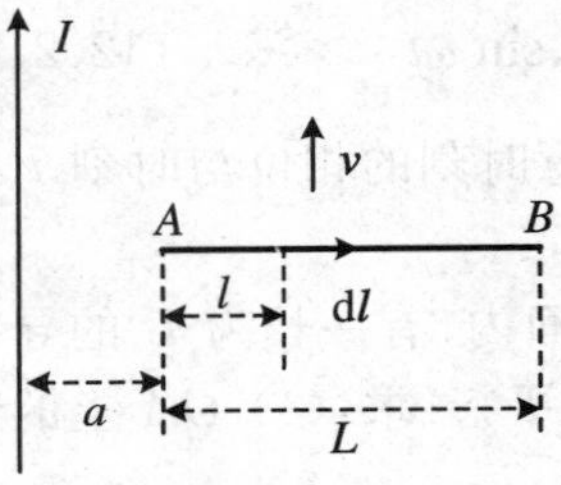

图 12.8　例 12.3 图

结果为负，表明 AB 中动生电动势 ε_i 的大小为 $\frac{\mu_0 Iv}{2\pi} \cdot \ln\frac{a+L}{a}$，$B$ 端为电源的实际负值，即 AB 中动生电动势的实际方向为由 B 指向 A.

本例是直导线在非均匀磁场中平动切割磁感应线产生动生电动势的问题，尽管各线元 $\mathrm{d}\boldsymbol{l}$ 的线速度相同，但各线元对应的磁感应强度的大小不同. 改变电流 I 的方向或改变 AB 的平动方向（如向下平动），AB 中电动势大小不变但方向会发生改变，由此造成 A、B 间电势差大小不变，但电位高低发生变化.

12.3　感生电动势和感生电场

本节讨论感生型电磁感应，即处于静止状态的导体回路或导线，由于磁场的变化而产生感生电动势的问题. 将引入感生电场概念，研究感生电场的性质，回答产生感生电动势的非静电力是什么，给出感生电动势的计算方法.

12.3.1　感生电场

参考图 12.9(a)，设在半径为 R 的圆柱形空间中存在变化的磁场（即 $\partial \boldsymbol{B}/\partial t \neq 0$），一个半径为 r 的导线圈 L 在圆柱形截面内同心放置（也可以是任意形状的闭合导线圈），实验发现无论是 $r<R$ 还是 $r \geqslant R$，回路 L 中均有感应电流产生，说明线圈 L 中存在感应电动势. 同样的磁场环境下，在圆柱形截面内放置一根导线，如图 12.9(b) 所示，实验表明，无论是处在磁场区域内的导线 CD，还是处在磁场区域外的导线 MN，两端均有电势差，说明变化磁场在导线 CD 和 MN 中均产生了感应电动势. 物理学中，把因磁场变化而产生的感应电动势叫感生电动势.

静止线圈 L 或导线 CD、MN 中产生了感生电动势 ε_i，说明 L 或导线 CD、MN 此时就是一个电源，根据第 10 章的知识，可知线圈 L 或导线 CD、MN 中的电子受到了某种非静电力. 由于 L 或导线 CD、MN 中的电子起初是处在宏观静止状态的，所以这种非静电力一定不是洛伦兹力. 且根据以前学到的关于电磁现象的知识，无法找到这种非静电力出现的理由. 应该承认这类实验事实，并由此扩大和加深对电磁感应现象的认识.

既然静止线圈 L 或导线 CD、MN 中的感生电动势 ε_i 是由变化的磁场引起的，那么这种非静电力必然源自变化的磁场($\partial \boldsymbol{B}/\partial t \neq 0$)，并且任意形状、由任意金属材料制成的静止线圈或导线内的电子在时变磁场中都会受到这种特殊的力，于是可以合理地猜想：取走线圈或导线而在时变磁场中放置一个静止的带电粒子，它也必将要受到这样一种非静电力的作用(电子感应加速器对电子的加速就是基于这一猜想而实现的实验事实).

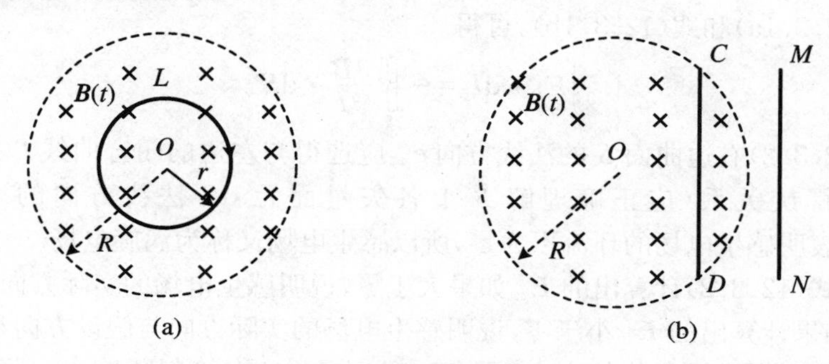

图 12.9　感生型电磁感应

由于能够推动宏观静止的电子运动的力只能是电场力，而空间此时又不存在静电场，那么只能合理地认为变化的磁场在空间激发了一种不是静电场的新的电场. 关于这个问题，物理学家麦克斯韦做出以下假设：

(1) 变化的磁场能够产生电场，这个电场叫感生电场(或叫涡旋电场).

(2) 带电粒子在感生电场中要受到感生电场力的作用，$\boldsymbol{f} = q\boldsymbol{E}_i$，其中 $\boldsymbol{E}_i$ 是感生电场的电场强度，定义为单位正电荷所受的感生电场力.

(3) 感生电场是产生感生电动势的"非静电场"，感生电场力是产生感生电动势的非静电力.

麦克斯韦的这些假设后来被大量的实验事实证明是完全正确的.

12.3.2　感生电场的性质

如图 12.9(a)所示，设想在变化磁场中存在一个闭合回路 L(可以是一个闭合导线，也可以是一个假想的回路)，假设其绕行方向为顺时针(也是感生电动势 ε_i 和感生电场 $\boldsymbol{E}_i$ 的参考正方向，这是因为电动势 ε_i 的方向与 $\boldsymbol{E}_i$ 的方向相同. 尽管 L 的绕行方向可以任意选取，但为了使得计算出的磁通量为正，一般选取回路的绕行方向和磁场 $\boldsymbol{B}$ 的正方向之间成右手螺旋关系). 根据法拉第电磁感应定律，回路中的 ε_i 可表示为

$$\varepsilon_i = -\frac{\mathrm{d}\Phi}{\mathrm{d}t} = -\frac{\mathrm{d}}{\mathrm{d}t}\iint_S \boldsymbol{B} \cdot \mathrm{d}\boldsymbol{S} = -\iint_S \frac{\partial \boldsymbol{B}}{\partial t} \cdot \mathrm{d}\boldsymbol{S} \qquad (12.3.1\text{a})$$

根据麦克斯韦假设，产生感生电动势的非静电力是感生电场力，即导体(电源)内的

自由电子所受到的非静电力为 $\boldsymbol{f}=-e\boldsymbol{E}_i$,单位正电荷所受到的非静电力即非静电场的场强为 $\boldsymbol{E}_k=\boldsymbol{f}/(-e)=\boldsymbol{E}_i$.可以看出感生电场 $\boldsymbol{E}_i$ 在此起到了产生感生电动势的"非静电场"的作用.根据第10章关于电动势的定义式(10.3.1a)式,$\boldsymbol{E}_k$ 沿闭合回路L 积分一周应等于该闭合回路中的感生电动势,即

$$\varepsilon_i=\oint_L \boldsymbol{E}_k\cdot \mathrm{d}\boldsymbol{l}=\oint_L \boldsymbol{E}_i\cdot \mathrm{d}\boldsymbol{l} \tag{12.3.1b}$$

结合式(12.3.1a)和式(12.3.1b),可得

$$\oint_L \boldsymbol{E}_i\cdot \mathrm{d}\boldsymbol{l}=-\iint_S \frac{\partial \boldsymbol{B}}{\partial t}\cdot \mathrm{d}\boldsymbol{S} \tag{12.3.2}$$

式(12.3.2)右边曲面 S 的法线方向 $\boldsymbol{e}_n$ 应选得与左边的闭合曲线 L 的积分方向成右手螺旋关系(应正确理解 S 上各矢量面元 $\mathrm{d}\boldsymbol{S}$ 法线方向的取法).式(12.3.2)表明感生电场的环流不为零,所以感生电场又称为涡旋电场.

根据式(12.3.2)计算出的 $\boldsymbol{E}_i$ 如果大于零,说明感生电场的实际方向与假设方向相同;如果计算出的 $\boldsymbol{E}_i$ 小于零,说明感生电场的实际方向与假设方向相反.

还可以根据磁场变化的方向(即$\partial\boldsymbol{B}/\partial t$ 的方向)直接判断感生电场 $\boldsymbol{E}_i$ 的方向:参考式(12.3.2),S 的法线方向和L 的绕行方向成右手螺旋关系,$\mathrm{d}\boldsymbol{S}$ 的法线方向和 $\mathrm{d}\boldsymbol{l}$ 的方向成右手螺旋关系,$\boldsymbol{E}_i$ 的方向应该和 $-\partial\boldsymbol{B}/\partial t$ 的方向成右手螺旋关系,所以 $\boldsymbol{E}_i$ 的方向和$\partial\boldsymbol{B}/\partial t$ 的方向成左手螺旋关系(注意:$\partial\boldsymbol{B}/\partial t$ 的方向不一定就是磁场$\boldsymbol{B}$ 的方向.当$\partial\boldsymbol{B}/\partial t>0$ 时,$\partial\boldsymbol{B}/\partial t$ 的方向和$\boldsymbol{B}$ 的方向相同;当$\partial\boldsymbol{B}/\partial t<0$ 时,$\partial\boldsymbol{B}/\partial t$的方向和$\boldsymbol{B}$ 的方向相反).即感生电场 $\boldsymbol{E}_i$ 是左旋场.

为了进一步探究感生电场的性质,麦克斯韦又合理地假设感生电场对任何闭合曲面的通量都为零,即

$$\oiint_S \boldsymbol{E}_i\cdot \mathrm{d}\boldsymbol{S}=0 \quad 或 \quad \oiint_S \boldsymbol{D}_i\cdot \mathrm{d}\boldsymbol{S}=0 \tag{12.3.3}$$

式(12.3.3)中的 $\boldsymbol{D}_i$ 理解为与感生电场$\boldsymbol{E}_i$ 对应的电位移矢量.对于各向同性的线性电介质,有下式成立:

$$\boldsymbol{D}_i=\varepsilon_0\varepsilon_r\boldsymbol{E}_i \tag{12.3.4}$$

麦克斯韦的这一假设在理论上与其他结论都很融洽,由此推出的结论与实验事实一致,所以这一假设被电磁理论普遍接受.式(12.3.3)说明感生电场是无源场,感生电场线是闭合曲线.

感生电场(涡旋电场)概念的问世,使人类对电磁规律的认识又取得了一个重大突破.首先,它表明除库仑电场(由电荷按库仑定律激发的电场)外,人类又发现了一种新的电场即感生电场,且两种电场产生的原因与性质都不同.库仑电场由电荷产生,是有源无旋场;感生电场由变化的磁场产生,是无源有旋场.两者的共同之处在于:库仑电场和感生电场都能给予其中的电荷以作用力(所以都被称为电场),前者是静电力,后者是非静电力.如果空间两种电场同时存在,则两者之和的总电场应为有源有旋电场,场中的电荷所受到的总电力也是两种作用力之和.再者,感

生电场是由变化磁场产生的，从而揭示了电场与磁场内在联系的一个侧面，使人类进一步认识到电场与磁场不再彼此无关，迈出了对电磁场统一性认识关键的第一步.

感生电场的概念是麦克斯韦为了解释感生型电磁感应现象而提出的理论假设.伴随着感生电场概念的问世，物理学界提出了一个深刻的问题：既然变化的磁场会产生感生电场，那么其逆效应是什么？即变化的电场是否会产生某种磁场？如果能，将以怎样的形式呈现出来？本来可以认为电流的磁效应和电磁感应（即磁的电效应）互为逆效应，电磁现象内在联系的两个方面已经完备.但是从场的观点来看，电磁感应（在此主要指感生型电磁感应）只是揭示了电场与磁场内在联系的一个侧面，另一个侧面即变化电场产生磁场的问题尚未解决，尚待探索.为了回答这些问题，麦克斯韦提出了“位移电流”假说（将在第13章介绍）.“涡旋电场”假说和“位移电流”假说，是麦克斯韦建立完整的电磁场理论体系的关键性突破.

12.3.3 螺线管磁场变化引起的感生电场

原则上，利用描述感生电场规律的两个方程（12.3.2）式和（12.3.3）式，再加上边界条件和初始条件，就可以求出感生电场的分布.但在许多情况下，求感生电场的计算会遭到数学困难，只有少数具有对称性的简单情况才比较容易计算.一个较常见的例子就是计算载有时变电流的螺线管内部变化的磁场（$\partial \boldsymbol{B}/\partial t\neq 0$）在空间所激发的感生电场 $\boldsymbol{E}_i$.

例 12.4 半径为 R 的长直螺线管，内部磁场 $\boldsymbol{B}$ 方向如图 12.10(a)所示，且在管内空间均匀分布.已知 $\boldsymbol{B}$ 以恒定的速率增加，即 $\mathrm{d}\boldsymbol{B}/\mathrm{d}t>0$，求管内、外的感生电场 $\boldsymbol{E}_i$.

解 参考图 12.10(a)，根据对称性分析，感生电场线（即 $\boldsymbol{E}_i$ 线）的形状是在螺线管轴截面上的一个个的同心圆周，与螺旋管中心轴线同轴的圆柱面上各点的 $\boldsymbol{E}_i$ 大小相等.取半径为 r 的同心圆为闭合回路 L，且取回路 L 的绕行方向与管内的 $\boldsymbol{B}$ 呈右手螺旋关系.

当 $r\leqslant R$ 时，有

$$\oint_L \boldsymbol{E}_i\cdot \mathrm{d}\boldsymbol{l}=-\iint_S \frac{\partial \boldsymbol{B}}{\partial t}\cdot \mathrm{d}\boldsymbol{S}$$

$$2\pi r E_i=-\frac{\mathrm{d}B}{\mathrm{d}t}\pi r^2$$

$$E_i=-\frac{r}{2}\frac{\mathrm{d}B}{\mathrm{d}t} \tag{12.3.5a}$$

当 $r\geqslant R$ 时，有

$$\oint_L \boldsymbol{E}_i\cdot \mathrm{d}\boldsymbol{l}=-\iint_S \frac{\partial \boldsymbol{B}}{\partial t}\cdot \mathrm{d}\boldsymbol{S}$$

$$2\pi rE_i = -\pi R^2 \frac{\mathrm{d}B}{\mathrm{d}t}$$

$$E_i = -\frac{R^2}{2r}\frac{\mathrm{d}B}{\mathrm{d}t} \tag{12.3.5b}$$

(a) 螺线管横截面

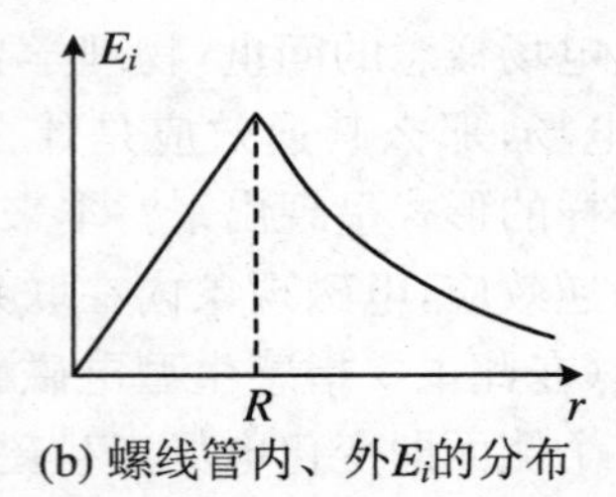

(b) 螺线管内、外E_i的分布

图 12.10　螺线管磁场变化引起的感生电场

由于 $\mathrm{d}\boldsymbol{B}/\mathrm{d}t>0$,螺线管内、外的感生电场的实际方向与假设方向相反,即为逆时针方向(实际上,该问题中 $\boldsymbol{E}_i$ 的实际方向也可以通过线圈 L 中感生电动势 ε_i 或感生电流 i 的实际方向判断出来,三者方向是一致的). E_i-r 关系曲线如图 12.10(b)所示.

长直螺线管内部磁场变化造成管外 $\boldsymbol{E}_i$ 大小不为零的结论可以直接从法拉第电磁感应定律看出:设想一个半径大于 R 的圆形金属线圈 L 套在螺线管外面,由于 L 所围的面积上磁通量变化,所以 L 内有感应电动势,由此表明线圈 L 上的 $\boldsymbol{E}_i$ 不等于零.

12.3.4　感生电动势的计算

计算感生电动势的常用方法有以下两种:

(1) 直接利用法拉第电磁感应定律 $\varepsilon_i=-\mathrm{d}\Phi/\mathrm{d}t$ 求解.

(2) 利用电动势的定义 $\varepsilon_i=\oint_L \boldsymbol{E}_i\cdot\mathrm{d}\boldsymbol{l}$ 或 $\varepsilon_i=\int_-^+ \boldsymbol{E}_i\cdot\mathrm{d}\boldsymbol{l}$ 求解,式中 $\boldsymbol{E}_i$ 就是积分路段上与 $\mathrm{d}\boldsymbol{l}$ 对应的感生电场.要注意的是,采用这种方法要求先求出感生电场的分布.

例 12.5　如图 12.11 所示,在半径为 R 的长直螺线管内,磁场均匀分布,磁感应强度为 $\boldsymbol{B}$,有一长为 L 的金属棒 CD 放在磁场中,设 $\mathrm{d}\boldsymbol{B}/\mathrm{d}t$ 已知,求棒 CD 中的感应电动势 ε_i.

解　方法一:利用法拉第电磁感应定律求解.

如图 12.11(a)所示,连接 OC,OD.取三角形回路 OCD 的绕行方向为顺时针,则有

$$S=\frac{1}{2}L\sqrt{R^2-\frac{1}{4}L^2}$$

$$\Phi = \boldsymbol{S} \cdot \boldsymbol{B} = BS = = \frac{1}{2}BL\sqrt{R^2 - \frac{1}{4}L^2}$$

$$\varepsilon_i = -\frac{\mathrm{d}\Phi}{\mathrm{d}t} = -\frac{1}{2}L\sqrt{R^2 - \frac{1}{4}L^2} \cdot \frac{\mathrm{d}B}{\mathrm{d}t}$$

由于感生电场 $\boldsymbol{E}_i$ 的方向总是和半径OC、OD垂直,所以 $\varepsilon_{OC} = \int_O^C \boldsymbol{E}_i \cdot \mathrm{d}\boldsymbol{l} = 0$, $\varepsilon_{OD} = \int_O^D \boldsymbol{E}_i \cdot \mathrm{d}\boldsymbol{l} = 0$,因此上面计算出的三角形回路 OCD 中的感生电动势ε_i 就是棒 CD 中的感生电动势,即

$$\varepsilon_{CD} = -\frac{1}{2}L\sqrt{R^2 - \frac{1}{4}L^2} \cdot \frac{\mathrm{d}B}{\mathrm{d}t}$$

棒 CD 中感生电动势的方向取决于 $\mathrm{d}B/\mathrm{d}t$ 的正、负:当 $\mathrm{d}B/\mathrm{d}t<0$ 时,$\varepsilon_i>0$,此时 C 端为负极,D 端为正极,ε_{CD} 的实际方向是从 C 指向 D;当 $\mathrm{d}B/\mathrm{d}t>0$ 时,$\varepsilon_{CD}<0$,此时 D 端为负极,C 端为正极,ε_{CD} 的实际方向是从 D 指向 C.

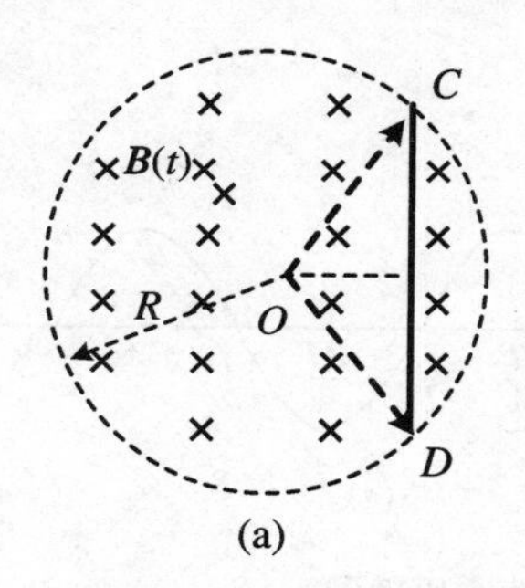

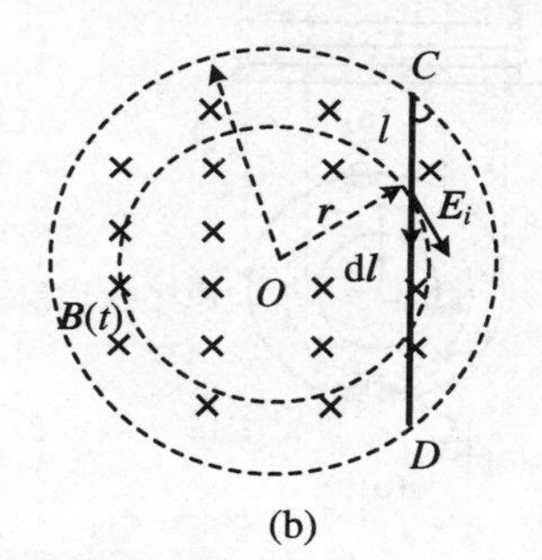

图 12.11 例 12.5 用图

方法二:利用电动势的定义求解.

如图 12.11(b)所示,自 C 端开始,沿 CD 方向在 $l \to l + \mathrm{d}l$ 间取线元 $\mathrm{d}\boldsymbol{l}$(暗含着 CD 中感生电动势的参考正方向为从C 端指向D 端,即 C 端为假设负极).线元 $\mathrm{d}\boldsymbol{l}$ 所在处的半径为 $\boldsymbol{r}$,且根据式(12.3.5a),此处的感生电场为 $E_i = -\frac{r}{2}\frac{\mathrm{d}B}{\mathrm{d}t}$. $\boldsymbol{E}_i$ 与 $\mathrm{d}\boldsymbol{l}$ 之间的夹角设为α,则棒 CD 中的感生电动势为

$$\varepsilon_{CD} = \int_-^+ \boldsymbol{E}_i \cdot \mathrm{d}\boldsymbol{l} = \int_C^D E_i \mathrm{d}l\cos\alpha = \int_0^L \left(-\frac{r}{2}\frac{\mathrm{d}B}{\mathrm{d}t}\right)\mathrm{d}l\cos\alpha$$

$$= -\int_0^L \frac{1}{2}\frac{\mathrm{d}B}{\mathrm{d}t}\sqrt{R^2 - \frac{L^2}{4}}\mathrm{d}l = -\frac{1}{2}L\sqrt{R^2 - \frac{L^2}{4}}\frac{\mathrm{d}B}{\mathrm{d}t}$$

棒 CD 中感生电动势的实际方向讨论同上.

*12.3.5　电子感应加速器

电子感应加速器的基本原理如图 12.12(a)所示，在上、下两个电磁铁形成的异名磁极之间有一个环形真空室，图 12.12(b)为环形真空室的俯视图(设环形真空室的轴半径为 r_0).励磁线圈中通有交变电流(通常采用 50 Hz 的市电)，在交变电流的激发下，电磁铁两极间产生交变磁场，从而在真空室内产生感生电场.将电子从电子枪右端注入真空室，电子在感生电场的作用下被加速，同时在洛伦兹力的作用下，在真空室中沿逆时针方向即图 12.15(b)中箭头方向做圆周运动.

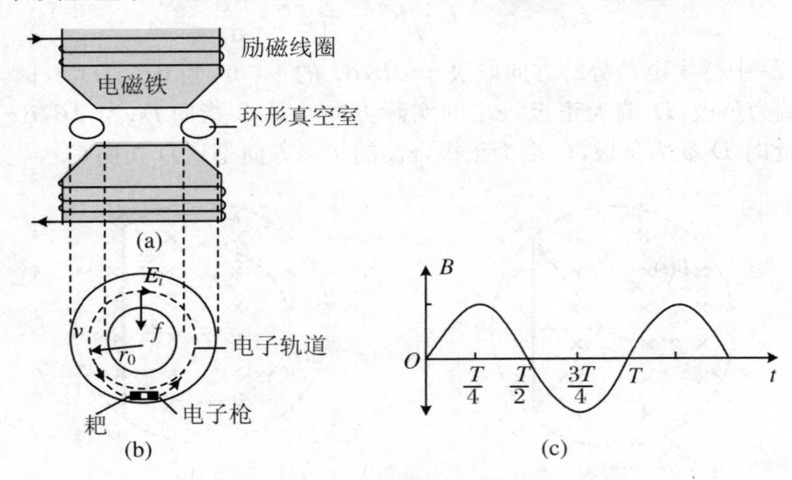

图 12.12　电子感应加速器原理图

为了保证感生电场能够加速电子，同时磁场对电子的洛伦兹力 f 又能够使电子在固定的环形轨道上做圆周运动，必须解决三个问题：

(1) 电子运动方向与磁场方向要配合好，保证洛伦兹力 f 提供向心力.

(2) 电子运动方向与感生电场的方向要配合好，保证电子得到加速.

为了满足以上两点，参考图 12.12(b)，对于沿逆时针方向运动的电子来说，$\boldsymbol{B}$ 的方向应该垂直纸面向外(设向外为正)，感生电场 $\boldsymbol{E}_i$ 的方向应该是顺时针，为此在磁场变化的一个周期内只有第一个 1/4 周期满足这个条件(此时 $\boldsymbol{B}$ 为正且增加，参考图 12.12(c)).由于电子的质量很小，即使是在这 1/4 周期内，被加速的电子也可在真空室内回旋数十万以至数百万次，并获得很高的能量.

(3) 为了使电子在加速过程中能绕一固定的环形轨道运动，以便最后用偏转装置将电子引离轨道打到靶上，对电磁铁两极之间磁场的径向分布有一定的要求，即应使环形轨道上的磁场 B_{r_0} 刚好等于环形轨道所包围面积上磁场的平均值的一半，即 $B_{r_0}=\overline{B}/2$.

证明如下：

① 环形轨道上的感生电场强度 $\boldsymbol{E}_i$.

沿环形真空室的轴线取回路 L（半径为 r_0 的圆周），用 $\bar{B}$ 表示回路 L 所围面积上的平均磁感应强度，则通过 L 所围面积上的磁通量为 $\Phi=\pi r_0^2\bar{B}$. 根据式(12.3.2)，$\boldsymbol{E}_i$ 的沿 L 的环路积分为

$$\oint_L \boldsymbol{E}_i \cdot \mathrm{d}\boldsymbol{l} = -\iint_S \frac{\partial \boldsymbol{B}}{\partial t} \cdot \mathrm{d}\boldsymbol{S},\quad 2\pi r_0 E_i = -\frac{\mathrm{d}\Phi}{\mathrm{d}t} = -\pi r_0^2\frac{\mathrm{d}\bar{B}}{\mathrm{d}t}$$

由此得

$$E_i = -\frac{r_0}{2}\frac{\mathrm{d}\bar{B}}{\mathrm{d}t} \tag{12.3.6a}$$

(2) 环形轨道上的磁感应强度 B_{r_0}.

用 m_e 表示电子的质量，在半径为 r_0 的环形轨道上，设某时刻电子的速度为 $\boldsymbol{v}$，根据牛顿第二定理，轨道切向上有

$$\frac{\mathrm{d}(m_e v)}{\mathrm{d}t} = -eE_i \tag{①}$$

轨道法向上有

$$\frac{m_e v^2}{r_0} = evB_{r_0} \tag{②}$$

整理方程②然后两边对时间求导，再与方程①比较，有

$$E_i = -r_0\frac{\mathrm{d}B_{r_0}}{\mathrm{d}t} \tag{12.3.6b}$$

比较式(12.3.6a)和式(12.3.6b)可得（设 $v=0$ 时，$\bar{B}=0$）

$$B_{r_0} = \frac{1}{2}\bar{B} \tag{12.3.7}$$

*12.3.6　涡电流

大块导体内的涡旋电场会在导体内产生涡旋状的感应电流，叫作涡电流. 涡电流与普通电流一样会产生焦耳热. 下面通过一个例子了解涡电流.

例 12.6　如图 12.13(a)所示，有一半径为 R、厚度为 b 的铝圆盘，其电导率为 γ，把圆盘放在磁感应强度为 $\boldsymbol{B}$ 的均匀磁场中，磁场方向垂直盘面. 设磁场随时间变化，且 $\mathrm{d}B/\mathrm{d}t=k$，$k$ 为一常量. 求盘内的涡旋电流（圆盘内感应电流自己的磁场略去不计）.

解　如图 12.13(b)所示，在圆盘上 $r\to r+\mathrm{d}r$ 间取厚度为 b、截面为矩形的圆环，圆环的环绕电阻 $\mathrm{d}R=2\pi r/\gamma b\mathrm{d}r$. 取圆环的绕行方向与 $\boldsymbol{B}$ 成右手螺旋关系，则圆环中的感生电动势为

$$\varepsilon_i = -\iint_S \frac{\partial \boldsymbol{B}}{\partial t} \cdot \mathrm{d}\boldsymbol{S} = -\frac{\mathrm{d}}{\mathrm{d}t}\iint_S B\mathrm{d}S = -\pi r^2 k$$

所以,在圆环内的涡旋电流为

$$\mathrm{d}I = \frac{\varepsilon_i}{\mathrm{d}R} = -\frac{kb\gamma}{2} r\mathrm{d}r$$

于是圆盘中的涡旋电流为

$$I = \int \mathrm{d}I = -\frac{kb\gamma}{2}\int_0^R r\mathrm{d}r = -\frac{1}{4}k\gamma R^2 b$$

当 $k<0$ 时,$\varepsilon_i>0$,$I>0$,说明盘内涡旋电流的流向与 $\boldsymbol{B}$ 成右手螺旋关系;否则,盘内涡旋电流反向流动.

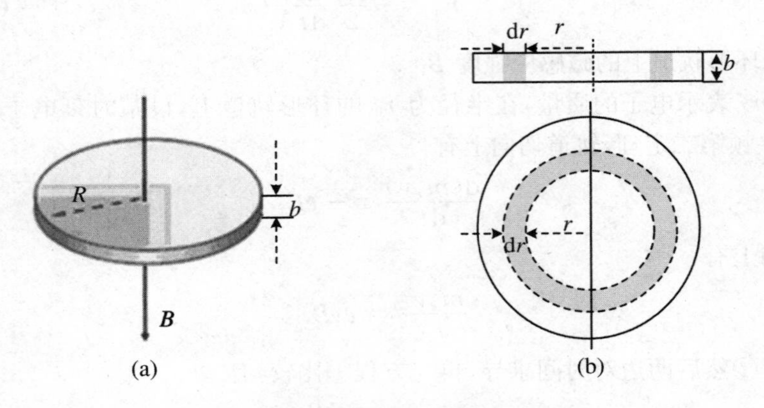

图 12.13 例 12.6 用图

12.4 自感应与互感应

磁场源于电流,如果电流变化,则必然导致其产生的磁场发生变化,致使处在变化磁场中的线圈上产生感生电动势.这类感生型电磁感应现象在电工、电子技术中普遍存在.本节讨论比较常见的两类现象,即自感应现象和互感应现象.

12.4.1 自感应

1. 自感现象

图 12.14 为一通电闭合回路,匝数为 N,每匝电流为 I.由于 I 在周围产生磁场,所以回路所包围的面积上有该磁场的磁链 Ψ(此时习惯上称 Ψ 为自感磁链).当 I 随着时间变化时,必然引起 Ψ 的变化,按法拉第电磁感应定律,回路中将出现

感应电动势.这种由于回路中电流变化,引起自感磁链发生变化,从而在自身回路中激起感应电动势的现象称为自感现象,相应的电动势叫自感电动势. 自感电动势常用 ε_L 来表示.

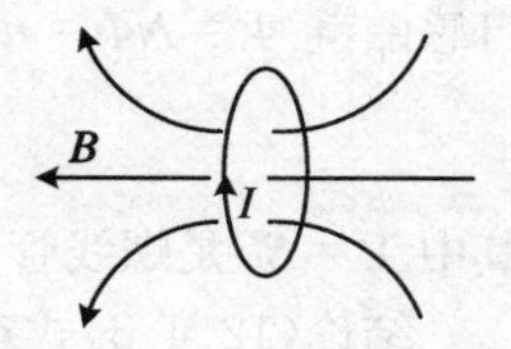

图 12.14　自感应

2. 自感系数和自感电动势的计算

按法拉第电磁感应定律,可求得回路中的自感电动势 $\varepsilon_L = -\mathrm{d}\Psi/\mathrm{d}t$. 由于磁场 $\boldsymbol{B}$ 的分布通常很复杂,所以 Ψ 的计算一般也很复杂.当回路周围不存在铁磁性物质时,根据比—萨定律可知 $B \propto I$,再结合 Ψ 的常用计算式 $\Psi = N\Phi$(其中 $\Phi = \iint_S \boldsymbol{B} \cdot \mathrm{d}\boldsymbol{S}$),可以推出 $\Psi \propto B \propto I$.通常令 $\Psi = LI$,则

$$L = \frac{\Psi}{I} \tag{12.4.1}$$

式(12.4.1)中的 L 称为回路的自感系数,简称自感(或电感). L 的大小等于回路中电流为单位数值时通过这个回路所围面积上的自感磁链. L 的单位为亨利,符号为 H, $1\ \mathrm{H} = 1\ \mathrm{Wb} \cdot \mathrm{A}^{-1}$(或 $1\ \mathrm{H} = 1\ \mathrm{V} \cdot \mathrm{s} \cdot \mathrm{A}^{-1}$). 此外还常用毫亨(mH)与微亨($\mu$H)作自感系数的单位, $1\ \mathrm{mH} = 10^{-3}\ \mathrm{H}$, $1\ \mu\mathrm{H} = 10^{-6}\ \mathrm{H}$. L 与回路的几何形状、匝数及周围的磁介质等因素有关. 所以,如同电阻、电容一样,自感也是一个电路参数.

习惯上取自感系数 L 为正数,因而在具体求解 Ψ 时,要求取回路的绕行方向与 I 的正方向一致.将 $\Psi = LI$ 代入 $\varepsilon_L = -\mathrm{d}\Psi/\mathrm{d}t$ 后可求得自感电动势为

$$\varepsilon_L = -L\frac{\mathrm{d}I}{\mathrm{d}t} \tag{12.4.2}$$

从式(12.4.2)可以得出,若电流 I 增加, $\mathrm{d}I/\mathrm{d}t > 0$,则 $\varepsilon_L < 0$,表示 ε_L 的方向与 I 的方向相反;反之亦然. 所以常把自感电动势 ε_L 叫作反电动势. 由此可进一步认识到回路的自感系数 L 是一个体现回路自身产生反电动势能力的物理量.

例 12.7　如图 12.15 所示,某长直螺线管长为 l,单位长度上的匝数为 n,截面积为 S,内部充满磁导率为 μ 的磁介质,求其自感系数 L.

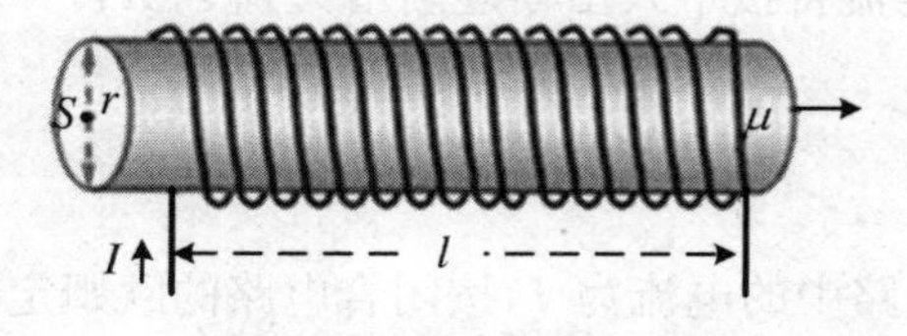

图 12.15　例 12.7 用图

解　设该螺线管每匝通有强度为 I 的电流, I 在管内产生的磁感应强度为 $B = \mu nI$,则螺线管每匝线圈的磁通量为

$$\Phi = BS = \mu nIS$$

自感磁链 $\Psi = N\Phi = nl\mu nIS$，由式(12.4.1)得

$$L = \frac{\Psi}{I} = \mu n^2 lS = \mu n^2 V \tag{12.4.3}$$

其中 $V = Sl$ 是螺线管的体积.

结论(12.4.3)式对螺绕环也成立.

例 12.8 如图 12.16 所示，真空中两个共轴长直圆管组成的传输线，半径分别为 R_1 和 R_2，电流 I 由内管流入、外管流出，求单位长度上的自感系数.

解 由安培环路定律可知，只有两管之间存在磁场，磁感应强度大小为 $B = \mu_0 I/(2\pi r)$. 取两管之间的截面 $ABCD$，通过此截面的磁通量为

$$\Psi = \int_S \boldsymbol{B} \cdot \mathrm{d}\boldsymbol{S} = \int_{R_1}^{R_2} Bl\,\mathrm{d}r = \frac{\mu_0 Il}{2\pi}\int_{R_1}^{R_2}\frac{\mathrm{d}r}{r} = \frac{\mu_0 Il}{2\pi}\ln\frac{R_2}{R_1}$$

所以单位长度上的自感系数为

$$L' = \frac{\Psi}{Il} = \frac{\mu_0}{2\pi}\ln\frac{R_2}{R_1}$$

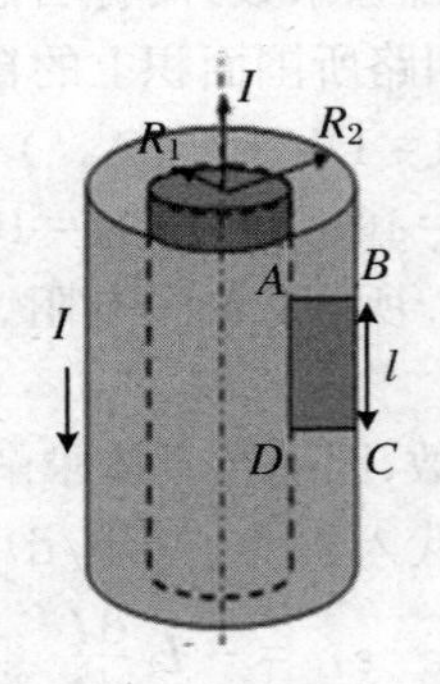

图 12.16 例 12.8 用图

3. *RL* 串联电路

(1) 电流增长情况

如图 12.17 所示，将 K_2 断开、K_1 合上. 若电路中没有自感线圈 L，则此电路即稳恒电路，按闭合电路的欧姆定律，$I = \varepsilon/R$（电源内阻已经包含在 R 中）. 但现在回路中有自感线圈，电流将按下式由零逐渐增大到 ε/R：

$$I = \frac{\varepsilon}{R}\left(1 - \mathrm{e}^{-\frac{R}{L}t}\right) \tag{12.4.4}$$

推导如下：

设任一时刻 t，电路中的电流为 I，按闭合电路的欧姆定律，有

$$I = \frac{\varepsilon + \varepsilon_L}{R} = \frac{\varepsilon - L\dfrac{\mathrm{d}I}{\mathrm{d}t}}{R}$$

此式可以改写成

$$\frac{\mathrm{d}I}{\varepsilon/R - I} = \frac{R}{L}\mathrm{d}t$$

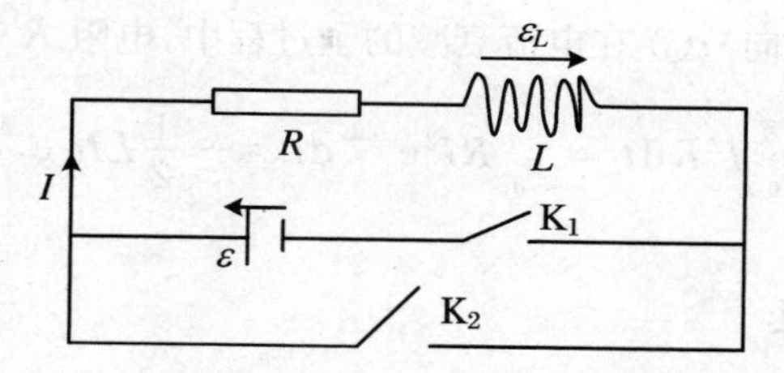

图 12.17　*RL* 串联电路

取积分得

$$\int_0^I \frac{\mathrm{d}I}{\varepsilon/R - I} = \int_0^t \frac{R}{L}\mathrm{d}t,\quad \ln\frac{\varepsilon/I - I}{\varepsilon/R} = -\frac{R}{L}t$$

由此给出

$$I = \frac{\varepsilon}{R}\left(1 - \mathrm{e}^{-\frac{R}{L}t}\right) = I_0\left(1 - \mathrm{e}^{-t/\tau}\right)$$

其中 $I_0 = \varepsilon/R$. τ 称为 RL 串联电路的时间常数，τ 的计算式为

$$\tau = L/R \tag{12.4.5}$$

讨论：① $t=0$ 时，$I=0$；② $t=\tau$ 时，$I=I_0\left(1-\dfrac{1}{\mathrm{e}}\right)=0.63I_0$；③ $t\to\infty$ 时，$I=I_0$；④ $\varepsilon_L = -L\dfrac{\mathrm{d}I}{\mathrm{d}t} = -\varepsilon\mathrm{e}^{-\frac{t}{\tau}}$（与 I 反向）.

(2) 电流衰减情况

如图 12.17 所示，经过相当一段时间后，该电路中的电流可以认为达到稳定值 $I_0=\varepsilon/R$，这时将 K_1 断开，同时接通 K_2，则 $K_2RL\ K_2$ 成为一闭合回路，其中没有外电源，但由于自感的作用，可由自感电动势维持电流，所以电流强度并不立即降为零，而是按下式由 I_0 逐渐降为零：

$$I = I_0\mathrm{e}^{-t/\tau} \tag{12.4.6}$$

推导如下：

设任一时刻 t，电路中的电流为 I，按闭合电路的欧姆定律，有

$$I = \frac{\varepsilon_L}{R} = \frac{-L\dfrac{\mathrm{d}I}{\mathrm{d}t}}{R}$$

此式可以改写成

$$\frac{\mathrm{d}I}{I} = -\frac{R}{L}\mathrm{d}t$$

取积分得

$$\int_{I_0}^I \frac{\mathrm{d}I}{I} = \int_0^t -\frac{R}{L}\mathrm{d}t,\quad \ln\frac{I}{I_0} = -\frac{R}{L}t$$

由此给出 $I=I_0e^{-t/\tau}$.

讨论:① $t=0$ 时,$I=I_0$;② $t=\tau$ 时,$I=I_0/e$;③ $t\to\infty$ 时,$I=0$;④ $\varepsilon_L=-L\cdot\frac{dI}{dt}=\varepsilon e^{-\frac{t}{\tau}}$(与 I 同向);⑤ 在电流衰减的全过程中,电阻 R 上放出的热量为

$$Q=\int dQ=\int_0^\infty I^2R\,dt=\int_0^\infty RI_0^2e^{-\frac{2Rt}{\tau}}dt=-\frac{1}{2}LI_0^2e^{-\frac{2Rt}{L}}\Big|_0^\infty=\frac{1}{2}LI_0^2$$

12.4.2　互感应

1. 互感现象

参考图 12.18,设有两个相邻的载流回路 1 及 2,其上电流分别为 I_1 及 I_2. 当其中任意一个回路中的电流发生变化时,通过相邻回路所围面积上的磁链数也会发生变化,从而在相邻回路中产生感应电动势. 如 I_1 的变化会引起回路 2 中产生感应电动势,I_2 的变化会引起回路 1 中产生感应电动势. 这种由于一个回路中的电流发生变化而在相邻另一个回路中产生感应电动势的现象,称为互感现象(简称互感). 相应的电动势称为互感电动势.

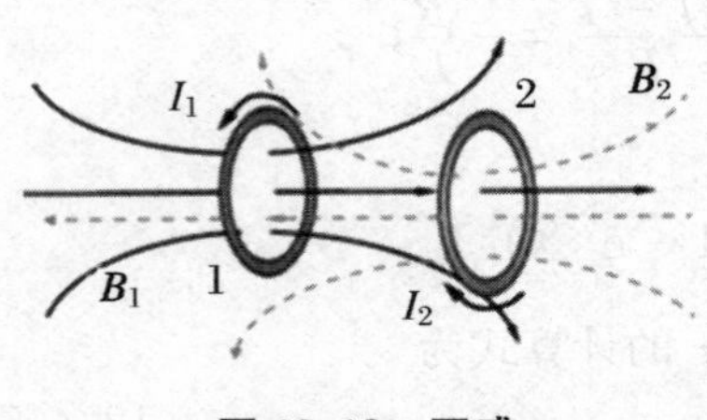

图 12.18　互感

2. 互感系数和互感电动势的计算

参考图 12.18,设线圈 1 和 2 分别由 N_1 和 N_2 匝导线绕成,I_1 及 I_2 在空间产生的磁场分别为 $\boldsymbol{B}_1$(图 12.18 中实线)及 $\boldsymbol{B}_2$(图 12.18 中虚线). $\boldsymbol{B}_1$ 通过回路 2 的磁链数记为 Ψ_{21}(一般情况下 $\Psi_{21}=N_2\Phi_{21}$),$\boldsymbol{B}_2$ 通过回路 1 的磁链数记为 Ψ_{12}(同样 $\Psi_{12}=N_1\Phi_{12}$). 习惯上把此时的 Ψ_{21} 叫作线圈 1 中的电流 I_1 在线圈 2 中产生的互感磁链,磁链数 Ψ_{12} 叫作线圈 2 中的电流 I_2 在线圈 1 中产生的互感磁链. 与讨论自感相似,可令

$$\Psi_{12}=M_{12}I_2,\quad \Psi_{21}=M_{21}I_1 \tag{12.4.7}$$

式中的 M_{12}、M_{21} 是两个比例系数,可以证明 $M_{12}=M_{21}=M$,M 叫两线圈间的互感系数,其单位与自感系数的单位相同. 为了能依据式(12.4.7)求出 M,必须先计算互感磁链. 为了保证 M 为正,规定 Ψ_{12} 与 I_2 的正方向应满足右手螺旋关系,Ψ_{12} 与 I_1 的正方向满足右手螺旋关系. 于是有

$$M=\frac{\Psi_{12}}{I_2}\quad 或\quad M=\frac{\Psi_{21}}{I_1} \tag{12.4.8}$$

当两个线圈的电流可以互相提供磁通时,就说它们之间存在互感耦合,因此 M 是表征两线圈间互感耦合强弱的物理量. 可以证明,M 只取决于两线圈的几何因素(形状、大小、匝数、相互配置等)及周围磁介质的特性,与其中有否电流无关(有铁磁质时除外).

依据法拉第电磁感应定律，回路1中电流 I_1 变化时，在回路2中产生的互感电动势 ε_{21}，以及回路2中的电流 I_2 变化时，在回路1中产生的互感电动势 ε_{12}，可分别表示为

$$\varepsilon_{21} = -\frac{\mathrm{d}\Psi_{21}}{\mathrm{d}t} = -M\frac{\mathrm{d}I_1}{\mathrm{d}t}, \quad \varepsilon_{12} = -\frac{\mathrm{d}\Psi_{12}}{\mathrm{d}t} = -M\frac{\mathrm{d}I_2}{\mathrm{d}t} \tag{12.4.9}$$

例 12.9 图12.19为一个双层直螺旋管，第一层线圈 C_1 单位长度上的匝数为 n_1，另一层线圈 C_2 单位长度上的匝数为 n_2. 螺线管长为 l，截面积为 S，管内均匀充满磁导率为 μ 的磁介质. 求两线圈间的互感系数 M.

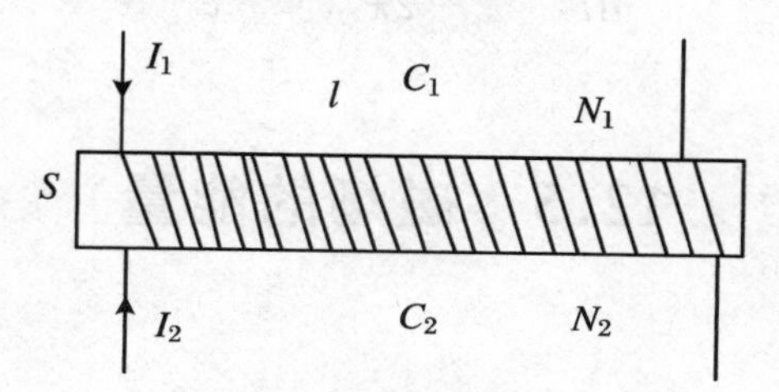

图 12.19 例 12.9 用图

解 令线圈 C_1 中的电流为 I_1，I_1 在管内产生的磁场为 $B_1 = \mu n_1 I_1$，B_1 在另一个线圈 C_2 中产生的互感磁链为 $\Psi_{21} = N_2\Phi_{21} = B_1 S = n_2 l\mu n_1 I_1 S$. 根据式(12.4.8)，可得

$$M = \frac{\Psi_{21}}{I_1} = \mu n_1 n_2 lS = \mu n_1 n_2 V \tag{12.4.10}$$

讨论：因为 $L_1 = \mu n_1^2 V$，$L_2 = \mu n_2^2 V$，所以 $L_1 L_2 = \mu^2 n_1^2 n_2^2 V^2 = M^2$，即

$$M = \sqrt{L_1 L_2} \tag{12.4.11}$$

式(12.4.11)成立的前提是：两个线圈间存在完全耦合. 所谓两线圈间完全耦合，指的是线圈间耦合如此紧密，以致每个线圈产生的穿过自己的 $\boldsymbol{B}$ 线，全部穿过另一个线圈. 显然本例符合这一条件.

一般情况下，两线圈间的互感系数与自感系数之间的关系为：$M = k\sqrt{L_1 L_2}$，其中 k 叫作线圈间的耦合系数($0 \leqslant k \leqslant 1$).

例 12.10 参考图12.20，长直导线与矩形单匝线圈共面放置，导线与线圈的长边平行，矩形线圈的长、宽分别为 a 和 b. 矩形线圈的近边到直导线的距离为 c. 当矩形线圈中通有电流 $I = I_0 \sin \omega t$ 时，求直导线中的感应电动势.

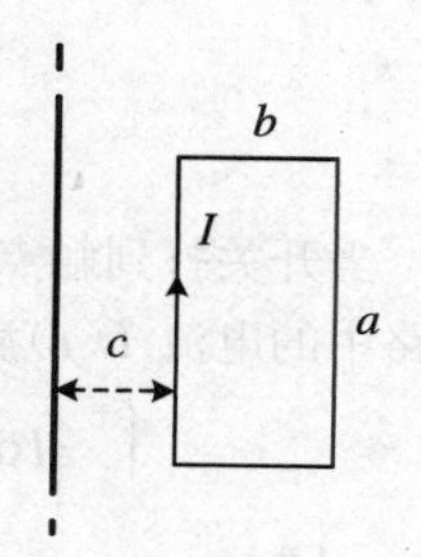

图 12.20 例 12.10 用图

解 长直导线处在矩形线圈中的电流产生的变化磁场中，因此会产生感生电动势. 由于长直导线的磁通难以计算，故通过计算互感来间接处理.

设长直导线中通有电流 I'，则其在矩形线圈中产生的

总磁通为

$$\Psi = \iint_S \boldsymbol{B} \cdot \mathrm{d}\boldsymbol{S} = \int_c^{c+b} \frac{\mu_0 I'}{2\pi r} a \mathrm{d}r = \frac{\mu_0 I' a}{2\pi} \ln \frac{c+b}{c}$$

所以直导线与矩形线圈间的互感系数为

$$M = \frac{\Psi}{I'} = \frac{\mu_0 a}{2\pi} \ln \frac{c+b}{c}$$

长直导线中的感应电动势(即互感电动势)为

$$\varepsilon = -M \frac{\mathrm{d}I}{\mathrm{d}t} = -\frac{\mu_0 \omega a I_0}{2\pi} \ln \frac{c+b}{c} \cdot \cos \omega t$$

12.5　磁场的能量

12.5.1　自感磁能

按照前面对 RL 串联电路的分析,对于如图 12.21 所示的电路,设小灯泡的电阻为 R,线圈的电感为 L(不考虑线圈的电阻),则当开关 K 打到触点“1”后,小灯泡将逐渐变亮,最后达到稳定状态,且稳态时电路中的电流为 $I_0 = \varepsilon / R$;在达到稳态后将开关迅速打到“2”,此时灯泡脱离电源,但是其并不是马上熄灭,而是逐渐变暗.现在,我们从能量的角度再来对此进行分析.

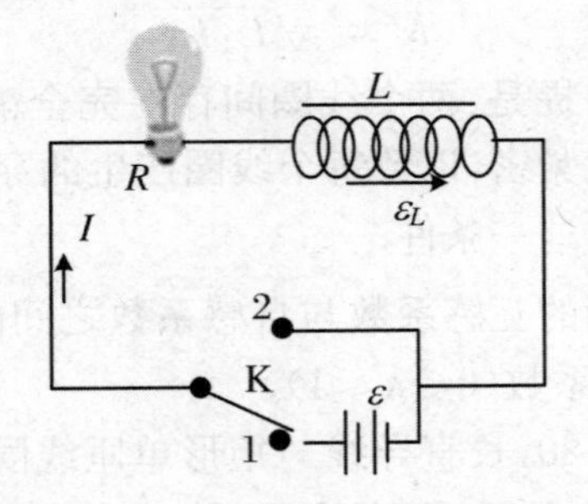

图12.21　讨论自感线圈存储的磁能用图

当开关打到触点“1”后,等效为 RL 电路与直流电源接通,在这个暂态过程中,电路中的电流 $I(t)$满足规律:$\varepsilon - L\mathrm{d}I/\mathrm{d}t = RI$,两边同乘 I 后再对时间积分,得

$$\int_0^\infty \varepsilon I \mathrm{d}t = \int_0^\infty RI^2 \mathrm{d}t + \int_0^{I_0} LI \mathrm{d}I = \int_0^\infty RI^2 \mathrm{d}t + \frac{1}{2} LI_0^2$$

式中,$\int_0^\infty \varepsilon I \mathrm{d}t$ 是在整个暂态过程中电源做的总功,即在整个暂态过程中电源提供

的总能量；$\int_0^\infty RI^2\mathrm{d}t$ 是在整个暂态过程中消耗在R 上的焦耳热；而$\frac{1}{2}LI_0^2$ 是某种其他形式的能量，它是在整个暂态过程中从电源提供的总能量中转化出来的.

当开关 K 从触点"1"迅速打到触点"2"后，电路脱离电源，电源电动势不再做功，即电源不再提供能量.但在这一过程中，灯泡并不是马上熄灭，而是逐渐变暗.那么，灯泡中的能量是哪里提供的呢？由于在这一过程中，电路中只有灯泡和线圈，因此可以肯定，灯泡中的能量只能是由线圈提供的.而且，按照前面对 RL 串联电路的分析，在这一过程中，灯泡 R 上放出的热量为$Q=\frac{1}{2}LI_0^2$，所以线圈提供的能量的大小是$\frac{1}{2}LI_0^2$，这正好是上面所述的在接通电源的过程中从电源提供的总能量中转化出来的那部分能量.线圈中之所以具有能量，是因为线圈内有磁场，此能量实际上就是磁场的能量，简称磁能.

因此，可以得出这样的结论：自感为 L 的线圈通有稳定电流 I 时，所具有的磁场能量 W_m 为

$$W_m=\frac{1}{2}LI^2 \tag{12.5.1}$$

12.5.2 磁能体密度

磁场是磁能的携带者，磁能以某种体密度定域地存在于磁场中.以充有均匀各向同性线性磁介质的长直螺线管为例，我们可以导出磁能体密度的表达式.

设无限长直螺线管的体积为 V，单位长度上的匝数为 n，内部充有均匀各向同性线性磁介质，磁导率为 μ，则式(12.4.2)给出其自感系数为 $L=\mu n^2V$.当螺线管通有稳定电流 I 时，内部磁感应强度为 $B=\mu nI$，储存的磁能为 $W_m=LI^2/2=B^2V/(2\mu)$.

单位体积中磁场的能量叫磁能体密度，用 w_m 表示，单位为 $\mathrm{J\cdot m^{-3}}$.对于载流长直螺线管，其内的磁场均匀分布，所以其内部"磁能体密度"为

$$w_m=\frac{W_m}{V}=\frac{1}{2}\frac{B^2}{\mu}=\frac{1}{2}\mu H^2=\frac{1}{2}\boldsymbol{B}\cdot\boldsymbol{H}$$

即

$$w_m=\frac{1}{2}\boldsymbol{B}\cdot\boldsymbol{H} \tag{12.5.2}$$

此结论虽然是从特例推出的，但它适用于均匀磁介质中的任意磁场.磁场中任意一区域内的磁场能量可以利用式(12.5.2)通过下述积分求得：

$$W_m=\iiint_V w_m\mathrm{d}V=\frac{1}{2}\iiint_V(\boldsymbol{B}\cdot\boldsymbol{H})\mathrm{d}V \tag{12.5.3}$$

例 12.11 如图 12.22 所示，一长直圆柱导体，有电流 I 均匀地沿轴向流过，

求单位长度导体内所储存的磁能(导体的 $\mu \approx \mu_0$).

解 设导体半径为 R,由安培环路定律可得导体内离轴线 r 处的磁感应强度大小及磁能体密度分别为

$$B = \frac{\mu_0 I r}{2\pi R^2}, \quad w_m = \frac{1}{2}\frac{B^2}{\mu_0} = \frac{\mu_0 I^2 r^2}{8\pi^2 R^4}$$

在圆柱体内半径 r 处取厚度为 $\mathrm{d}r$、高为 l 的同轴圆柱壳,该体积 $\mathrm{d}\tau$ 内的磁能为

$$\mathrm{d}W_m = w_m \mathrm{d}\tau = \frac{\mu_0 I^2 r^2}{8\pi^2 R^4} \cdot 2\pi r l \mathrm{d}r = \frac{\mu_0 I^2 l}{4\pi R^4} \cdot r^3 \mathrm{d}r$$

因此在长为 l 的导体内的磁能为

$$W_m = \int_V w_m \mathrm{d}\tau = \frac{\mu_0 I^2 l}{4\pi R^4}\int_0^R r^3 \mathrm{d}r = \frac{\mu_0 I^2 l}{16\pi}$$

故导体内单位长度上的磁能为

$$W'_m = \frac{W_m}{l} = \frac{\mu_0 I^2}{16\pi} \quad (\text{与半径无关})$$

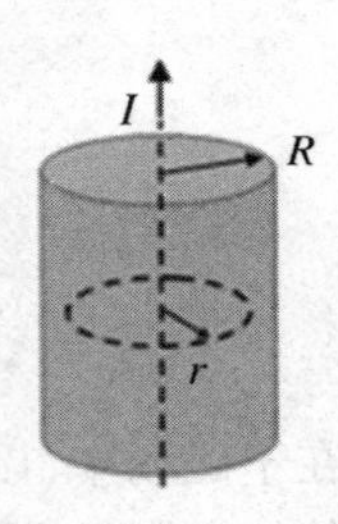

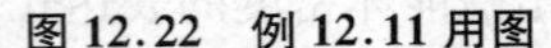

图 12.22 例 12.11 用图

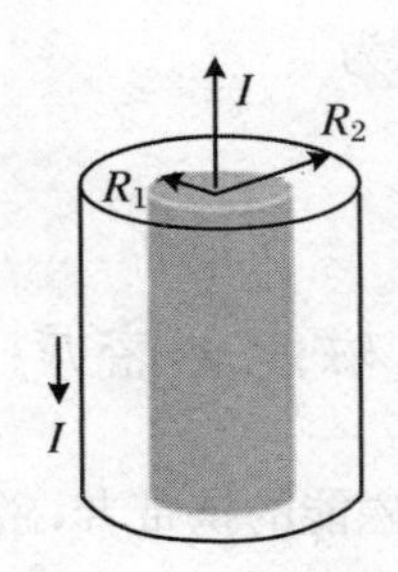

图 12.23 例 12.12 用图

例 12.12 如图 12.23 所示,传输线由半径为 R_1 的圆柱导体(导体的 $\mu \approx \mu_0$)和半径为 R_2 的圆柱壳同轴组成,电流 I 由内管流入,外管流出.柱体和柱壳之间充以磁导率为 μ 的磁介质.求传输线单位长度上储存的磁能.

解 磁场分布在柱体和柱体与柱壳之间.根据例 12.11 的结论,传输线圆柱体单位长度上的磁能为 $W_{m1}{}' = \mu_0 I^2/(16\pi)$.再根据关于 $\boldsymbol{H}$ 的环路定理,可求出柱体与柱壳间距轴线 r 处的磁场强度 $H = I/(2\pi r)$,然后由 $\boldsymbol{B} = \mu \boldsymbol{H}$ 可得 $B = \mu I/(2\pi r)$.故磁能体密度为

$$w_m = \frac{1}{2}\boldsymbol{B} \cdot \boldsymbol{H} = \frac{\mu I^2}{8\pi^2 r^2}$$

所以柱体和柱壳间单位长度上的磁能为

$$W_{m2}{}' = \frac{1}{l}\int_V w_m \mathrm{d}V = \frac{1}{l}\int_{R_1}^{R_2} \frac{\mu I^2}{8\pi^2 r^2} \cdot 2\pi r l \mathrm{d}r = \frac{\mu I^2}{4\pi}\ln\frac{R_2}{R_1}$$

故传输线上单位长度的磁能为

$$W_m{}' = W_{m1}{}' + W_{m2}{}' = \frac{\mu_0 I^2}{16\pi} + \frac{\mu I^2}{4\pi}\ln\frac{R_2}{R_1} \approx \frac{\mu I^2}{4\pi}\ln\frac{R_1}{R_2}$$

另外，根据 $W_m=LI^2/2$ 可得单位长度同轴电缆的自感系数为

$$L=\frac{\mu}{2\pi}\ln\frac{R_1}{R_2}$$

*12.5.3　互感线圈的磁能

两个互感耦合的线圈系统，在稳态时储存的总磁能应包含每个线圈的自感磁能和线圈间的互感磁能.

1. 互感磁能

参考图 12.24，系统达到稳态时，两线圈中的电流分别为 $I_1=\varepsilon_1/R_1$ 和 $I_2=\varepsilon_2/R_2$. 由于磁能是状态量，与两线圈中电流的建立过程无关，所以无论两线圈中的稳态电流 I_1 和 I_2 的建立过程如何，最终该系统的总磁能都应该是一样的. 总磁能在数值上等于电源 ε_1 和 ε_2 为建立两线圈中的磁场所做的总功中去除系统的焦耳热后余下的能量. 为此我们设计一个便于计算的过程：

首先令开关 K_1 接通（开关 K_2 仍断开），使线圈 1 中的电流 $i_1(t)$ 达到稳态值 I_1，此时系统储存的磁能仅为线圈 1 的自感磁能，即 $W_{m1}=L_1I_1^2/2$. 然后闭合开关 K_2，在线圈 2 中的电流 $i_2(t)$ 从 0 增大到稳态电流 I_2 的过程中，线圈 1 中要产生互感电动势 $\varepsilon_{12}=-M\mathrm{d}i_2/\mathrm{d}t$. 现假想在线圈 2 中的电流增大的同时，在线圈 1 中插入一个附加电源 $\varepsilon'_{12}=-\varepsilon_{12}=M\mathrm{d}i_2/\mathrm{d}t$，以抵消由于线圈 2 中电流的变化对线圈 1 中恒定电流的影响，线圈 2 中就不会有互感电动势. 这样就有两部分功转化为线圈的磁能：其一是电源 ε_2 克服线圈 2 中自感电动势所做的功，这个功转化为线圈 2 的自感磁能 $W_{m2}=L_2I_2^2/2$. 其二是 ε_1 克服互感电动势 ε_{12} 做的功，即 ε'_{12} 在 $t=0\rightarrow\infty$ 时间内做的功，这个功转化为两个线圈间的互感磁能：

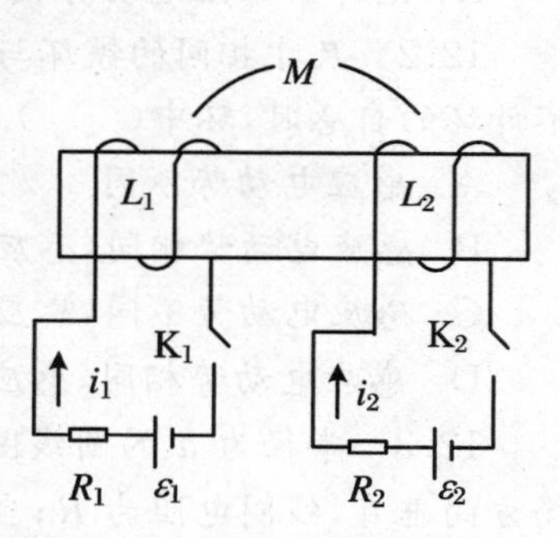

图 12.24　讨论两互感线圈储存的磁能用图

$$W_{m12}=\int_0^\infty \varepsilon'_{12}I_1\mathrm{d}t=\int_0^{I_2}MI_1\mathrm{d}i_2=MI_1I_2 \qquad (12.5.4)$$

2. 两个互感线圈的总磁能

当两线圈中的电流激发的磁通互相加强时，两线圈在稳态时总的磁能为

$$W_m=W_{m1}+W_{m2}+W_{m12}=\frac{1}{2}L_1I_1^2+\frac{1}{2}L_2I_2^2+MI_1I_2 \qquad (12.5.5a)$$

当两线圈中的电流激发的磁通互相削弱时，两线圈在稳态时的总磁能为

$$W_m=W_{m1}+W_{m2}-W_{m12}=\frac{1}{2}L_1I_1^2+\frac{1}{2}L_2I_2^2-MI_1I_2 \qquad (12.5.5b)$$

以上两式中，I_1、I_2 均取正值. 当然，如果用式(12.5.5a)统一表示两个互感耦

合的线圈在稳态时的总磁能的话也可以，只不过此时要注意的是：当两线圈中的电流激发的磁通互相加强时，I_1 与 I_2 取同号；当两线圈中的电流激发的磁通互相削弱时，I_1 与 I_2 取异号.

习　题　12

12.1　将形状完全相同的铜环和木环静止放置，并使通过两环面的磁通量随时间的变化率相等，则不计自感时，以下说法正确的是(　　).

A. 铜环中有感应电动势，木环中无感应电动势

B. 铜环中感应电动势大，木环中感应电动势小

C. 铜环中感应电动势小，木环中感应电动势大

D. 两环中感应电动势相等

12.2　尺寸相同的铁环与铜环所包围的面积中，通以相同变化率的磁通量，当不计环的自感时，环中(　　).

A. 感应电动势不同

B. 感应电动势相同，感应电流相同

C. 感应电动势不同，感应电流相同

D. 感应电动势相同，感应电流不同

12.3　半径为 a 的圆线圈置于磁感应强度为 $\boldsymbol{B}$ 的均匀磁场中，线圈平面与磁场方向垂直，线圈电阻为 R；当把线圈转动使其法向与 $\boldsymbol{B}$ 的夹角 $\theta=60^\circ$ 时，线圈中通过的电荷与线圈面积及转动所用的时间的关系是(　　).

A. 与线圈面积成正比，与时间无关

B. 与线圈面积成正比，与时间成正比

C. 与线圈面积成反比，与时间成正比

D. 与线圈面积成反比，与时间无关

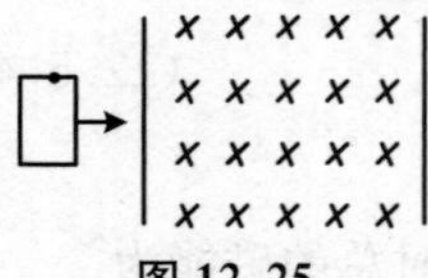

图 12.25

12.4　如图 12.25 所示，一矩形金属线框以速度 $\boldsymbol{v}$ 从无场空间进入一均匀磁场中，然后又从磁场中出来回到无场空间中. 不计线圈的自感，下面哪一条图线正确地表示了线圈中的感应电流对时间的函数关系？(从线圈刚进入磁场时刻开始计时，I 以顺时针方向为正.)(　　).

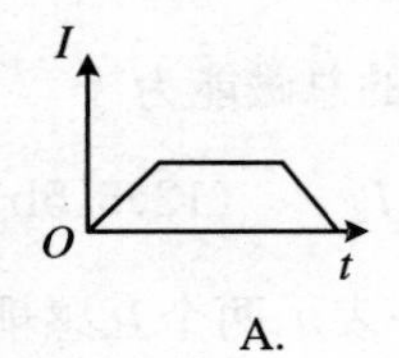

A.

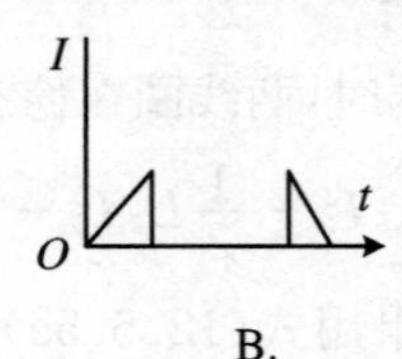

B.

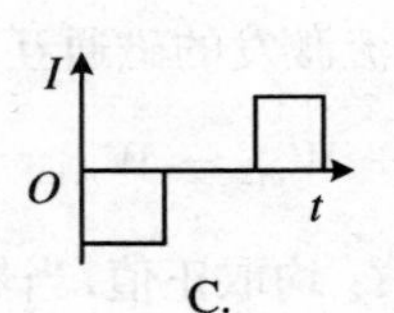

C.

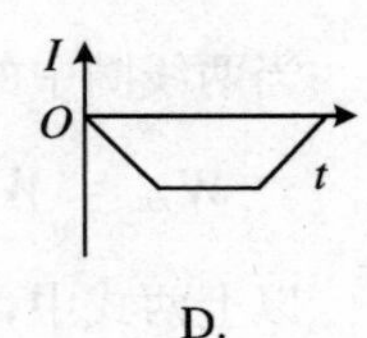

D.

12.5　如图 12.26 所示，长度为 l 的直导线 ab 在均匀磁场 $\boldsymbol{B}$ 中以速度 $\boldsymbol{v}$ 移动，直导线 ab 中的电动势为(　　).

A. Blv　　B. $Blv \cdot \sin\alpha$　　C. $Blv \cdot \cos\alpha$　　D. 0

12.6　如图 12.27 所示，导体棒 OA 在均匀磁场 $\boldsymbol{B}$ 中以角速度 $\boldsymbol{\omega}$ 绕通过 O 点的垂直于棒长且沿磁场方向的轴转动(角速度 $\boldsymbol{\omega}$ 与 $\boldsymbol{B}$ 同方向)，则以下说法中正确的是(　　).

A. A 点比 0 点电势高　　B. A 点与 O 点电势相等

C. A 点比 O 点电势低　　D. 有稳恒电流从 O 点流向 A 点

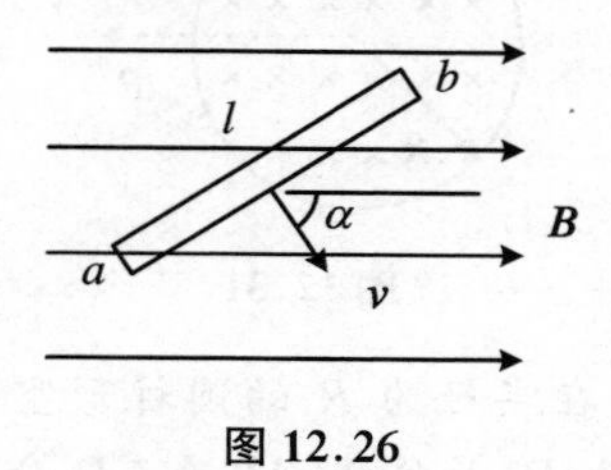

图 12.26

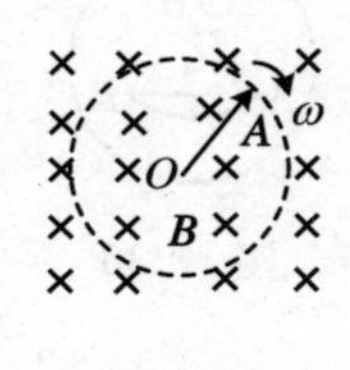

图 12.27

12.7　如图 12.28 所示，在均匀磁场中，导体棒 AB 绕通过 O 点并且垂直于棒的轴线 MN 转动，MN 与磁感应强度 $\boldsymbol{B}$ 平行，角速度 $\boldsymbol{\omega}$ 与 $\boldsymbol{B}$ 反向，BO 的长度为棒长的三分之一，则以下说法中正确的是(　　).

A. A 点比 B 点的电势高

B. A 点比 B 点的电势低

C. A 点与 B 点的电势相等

D. 有稳恒电流从 A 点流向 B 点

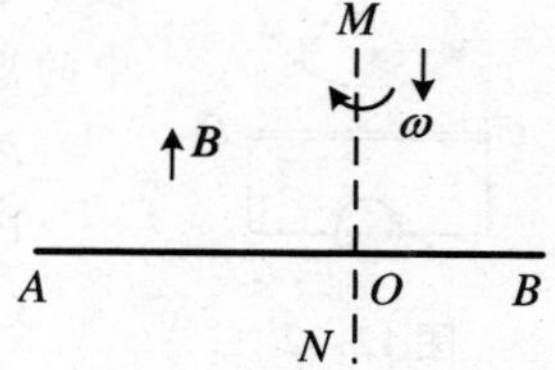

图 12.28

12.8　如图 12.29 所示，一闭合正方形线圈在均匀磁场中绕通过其中心且与一边平行的转轴 OO' 转动，转轴与磁场方向垂直，转动角速度为 ω. 用下述哪一种办法可以使线圈中感应电流的幅值增加到原来的两倍(导线的电阻不能忽略)?(　　)

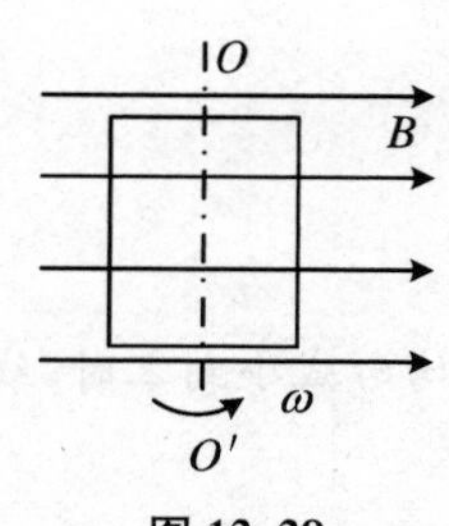

图 12.29

A. 把线圈的匝数增加到原来的两倍

B. 把线圈的面积增加到原来的两倍而形状不变

C. 把线圈切割磁力线的两条边增长到原来的两倍

D. 把线圈的角速度 ω 增大到原来的两倍

12.9　如图 12.30 所示，在圆柱形空间内有一磁感应强度为 $\boldsymbol{B}$ 的均匀磁场，$\boldsymbol{B}$ 的大小以速率 $\mathrm{d}B/\mathrm{d}t$ 变化. 在磁场中有 A、B 两点，其间可放直导线 $\overline{AB}$ 和弯曲的 AB 弧导线，则(　　).

A. 电动势只在 $\overline{AB}$ 导线中产生

B. 电动势只在 AB 弧导线中产生

C. 电动势在$\overline{AB}$和 AB 弧导线中都产生,且两者大小相等

D. $\overline{AB}$导线中的电动势小于 AB 弧导线中的电动势

12.10　如图 12.31 所示,在半径为 R 的无限长螺线管内部,磁场的方向垂直纸面向里,设磁场按一定的速率在减小,则 P 点处感生电场的方向为(　　).

A. 垂直纸面向内　B. 顺时针　　C. 逆时针　　D. 沿径向向外

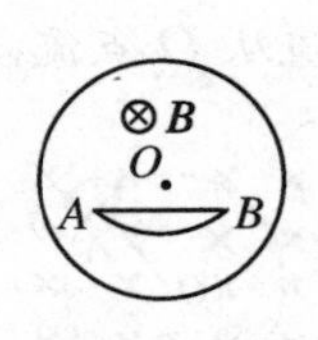

图 12.30

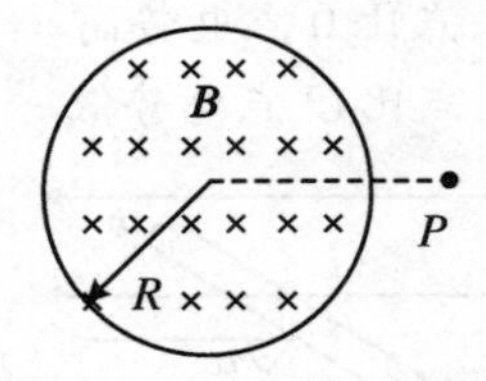

图 12.31

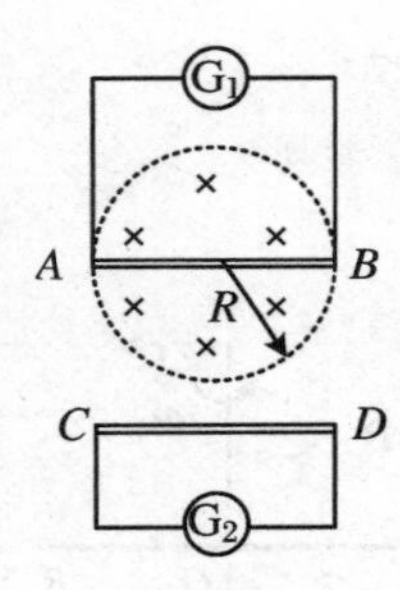

图 12.32

12.11　如图 12.32 所示,在半径为 R 的圆柱形空间存在均匀变化的磁场,磁感应强度为 $\boldsymbol{B}$,导体棒 AB 和 CD 分别与两个检流计组成闭合回路,已知 $AB=2R$,$CD=2R$. ε_{AB}、ε_{CD} 分别表示 AB 棒、CD 棒中的电动势,i_1、i_2 分别表示检流计 1 和 2 中的感应电流. 则(　　).

A. $\varepsilon_{AB}=0, i_1=0, \varepsilon_{CD}=0, i_2=0$

B. $\varepsilon_{AB}\neq 0, i_1\neq 0, \varepsilon_{CD}\neq 0, i_2\neq 0$

C. $\varepsilon_{AB}\neq 0, i_1\neq 0, \varepsilon_{CD}=0, i_2=0$

D. $\varepsilon_{AB}=0, i_1\neq 0, \varepsilon_{CD}\neq 0, i_2=0$

12.12　用线圈的自感系数 L 来表示载流线圈磁场能量的公式 $W_m=LI^2/2$,其适用范围内(　　).

A. 只适用于无限长密绕螺线管

B. 只适用于一个匝数很多,且密绕的螺绕环

C. 只适用于单匝圆线圈

D. 适用于自感系数 L 一定的任意线圈

12.13　自感为 0.25 H 的线圈中,当电流在$\frac{1}{16}$ s 内由 2 A 均匀减小到零时,线圈中自感电动势的大小为(　　).

A. 7.8×10^{-3} V　　B. 3.1×10^{-2} V

C. 8.0 V　　D. 12.0 V

12.14　两个相距不太远的平面圆线圈,怎样可使其互感系数近似为零? 设其中一线圈的轴线恰通过另一线圈的圆心.(　　)

A. 两线圈的轴线互相平行放置　　B. 两线圈并联

C. 两线圈的轴线互相垂直放置　　D. 两线圈串联

12.15 面积为S和$2S$的两圆线圈1、2,如图12.33放置,通有相同的电流I.线圈1的电流所产生的通过线圈2的磁通用Φ_{21}表示,线圈2的电流所产生的通过线圈1的磁通用Φ_{12}表示,则Φ_{21}和Φ_{21}的大小关系为( ).

A. $\Phi_{21}=2\Phi_{12}$　　B. $\Phi_{21}>\Phi_{12}$

C. $\Phi_{21}=\Phi_{12}$　　D. $\Phi_{21}=\frac{1}{2}\Phi_{12}$

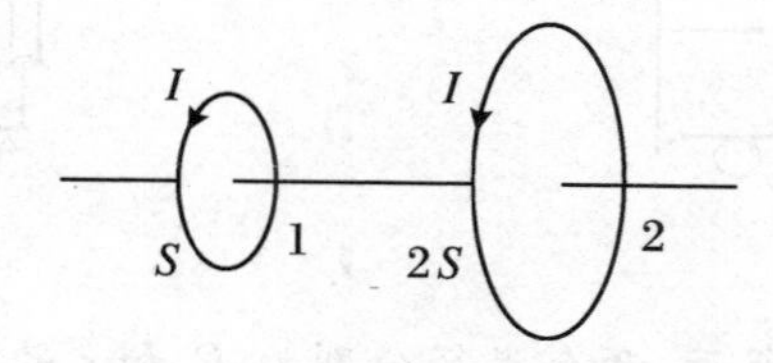

图 12.33

12.16 有两个长直密绕螺线管,长度及线圈匝数均相同,半径分别为r_1和r_2.管内充满均匀介质,其磁导率分别为μ_1和μ_2.设$r_1:r_2=1:2$,$\mu_1:\mu_2=2:1$.当将两只螺线管串联在电路中通电稳定后,其自感系数之比$L_1:L_2$与磁能之比$W_{m1}:W_{m2}$分别为( ).

A. $L_1:L_2=1:1, W_{m1}:W_{m2}=1:1$

B. $L_1:L_2=1:2, W_{m1}:W_{m2}=1:1$

C. $L_1:L_2=1:2, W_{m1}:W_{m2}=1:2$

D. $L_1:L_2=2:1, W_{m1}:W_{m2}=2:1$

12.17 真空中一根无限长直细导线上通电流I,则距导线垂直距离为a的空间某点处的磁能密度为( ).

A. $\frac{1}{2}\mu_0\left(\frac{\mu_0 I}{2\pi a}\right)^2$　　B. $\frac{1}{2\mu_0}\left(\frac{\mu_0 I}{2\pi a}\right)^2$

C. $\frac{1}{2}\left(\frac{2\pi a}{\mu_0 I}\right)^2$　　D. $\frac{1}{2\mu_0}\left(\frac{\mu_0 I}{2a}\right)^2$

12.18 一忽略内阻的电源接到由阻值$R=10\ \Omega$的电阻和自感系数$L=0.52$ H的线圈所组成的串联电路上,从电路接通起计时,当电路中的电流达到最大值的90%时,经历的时间是( ).

A. 46 s　　B. 0.46 s　　C. 0.12 s　　D. 5.26×10^{-3} s

12.19 如图12.34所示,两个线圈P和Q并联地接到一电动势恒定的电源上.线圈P的自感和电阻分别是线圈Q的两倍,线圈P和Q之间的互感可忽略不计.当达到稳定状态后,线圈P的磁场能量与Q的磁场能量的比值是( ).

A. 4　　B. 2　　C. 1　　D. 1/2

12.20 如图12.35所示,两根很长的平行直导线,其间距离为a,与电源组成闭合回路.已知导线上的电流为I,在保持I不变的情况下,若将导线间的距离增大,则空间的( ).

A. 总磁能将增大　　　　　B. 总磁能将减少

C. 总磁能将保持不变　　　D. 总磁能的变化不能确定

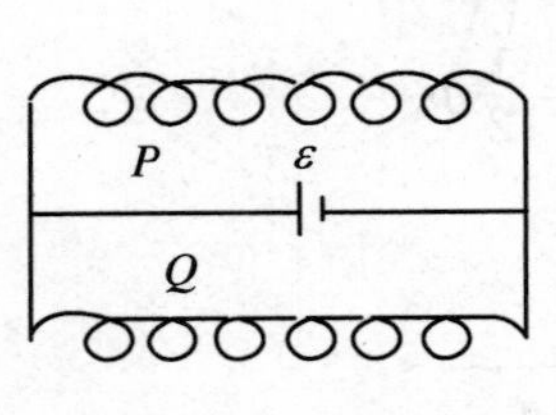

图 12.34

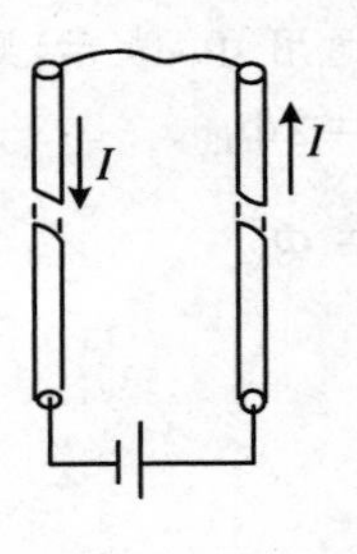

图 12.35

12.21　如图 12.36 所示，两个半径分别为 R 和 r 的同轴圆形线圈相距 x，且 $R \gg r, x \gg R$. 若大线圈通有电流 I 而小线圈沿 x 轴方向以速率 v 运动，试求：(1) 小线圈中感应电动势的大小；(2) $x = NR$ 时（N 为正数）小线圈回路中产生的感应电动势的大小.

12.22　如图 12.37 所示，有一根长直导线，载有直流电流 I，近旁有一个两条对边与它平行并与它共面的矩形线圈，以匀速度 $\boldsymbol{v}$ 沿垂直于导线的方向离开导线. 设 $t = 0$ 时，线圈位于图示位置，求：(1) 在任意时刻 t 通过矩形线圈的磁通量 Φ；(2) 在图示位置时矩形线圈中的电动势 ε.

12.23　如图 12.38 所示，长直导线 AB 中的电流 I 沿导线向上，并以 $\mathrm{d}I/\mathrm{d}t = 2\ \mathrm{A/s}$ 的变化率均匀增长. 导线附近放一个与之同面的直角三角形线框，其一边与导线平行，位置及线框尺寸如图所示. 求此线框中产生的感应电动势的大小和方向.

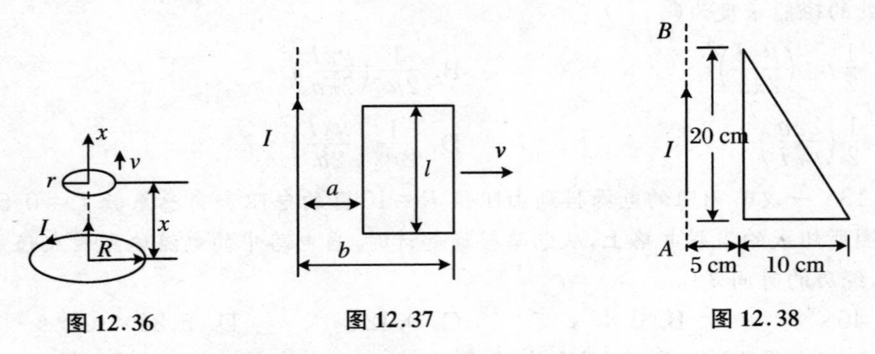

图 12.36　　　图 12.37　　　图 12.38

12.24　如图 12.39 所示，一半径为 r_2、电荷线密度为 λ 的均匀带电圆环，里边有一半径为 r_1、总电阻为 R 的导体环，两环共面同心（$r_2 \gg r_1$）. 当大环以变角速度 $\omega = \omega(t)$ 绕垂直于环面的中心轴旋转时，求小环中的感应电流. 其方向如何？

12.25　如图 12.40 所示，一内、外半径分别为 R_1、R_2 的均匀带电平面圆环，电荷面密度为 $\sigma(\sigma > 0)$，其中心有一半径为 r 的导体小环（$R_1 \gg r$），二者同心共面. 已知小环的电阻为 R'. 当带电圆环以变角速度 $\omega = \omega(t)$ 绕垂直于环面的中心轴旋转时，导体小环中的感应电流 i 等于多少？方向如何？

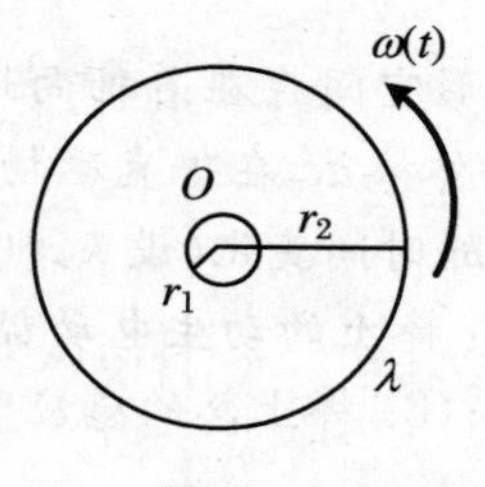

图 12.39

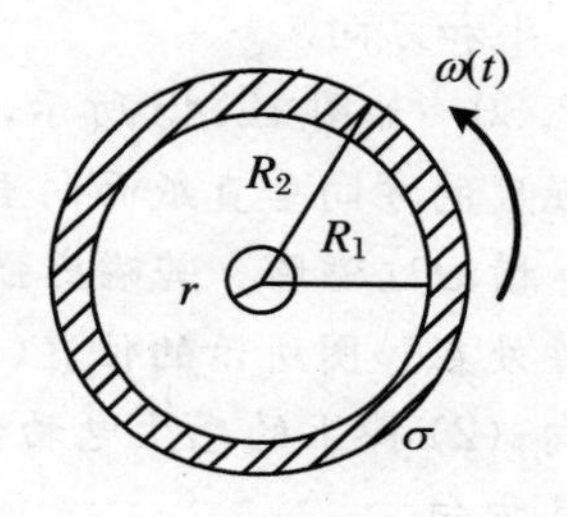

图 12.40

12.26 如图 12.41 所示，电荷 Q 均匀分布在半径为 a、长为 L（ $L\gg a$）的绝缘薄壁长圆筒表面上，圆筒以角速度 ω 绕中心轴线旋转. 一半径为 $2a$、电阻为 R 的单匝圆形线圈套在圆筒上. 若圆筒转速按照 $\omega=\omega_0(1-t/t_0)$ 的规律（ω_0 和 t_0 是已知常数）随时间线性地减小，求圆形线圈中感应电流 i 的大小和流向.

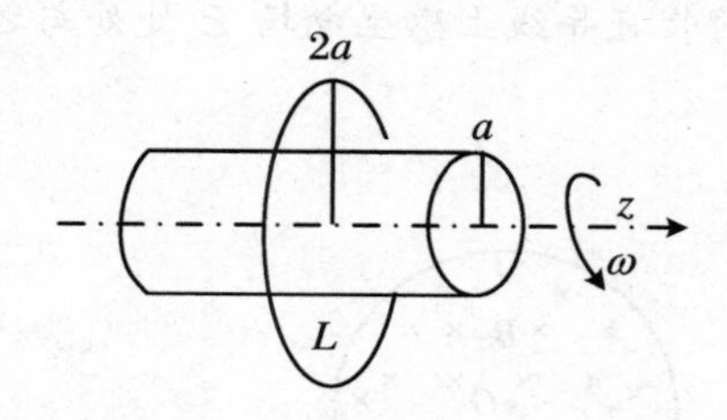

图 12.41

12.27 如图 12.42 所示，载有电流 I 的长直导线附近，放一导体半圆环 MeN 与长直导线共面，且端点 MN 的连线与长直导线垂直. 半圆环的半径为 b，环心 O 与导线相距 a. 设半圆环以速度 $\boldsymbol{v}$ 平行于导线平移，求：(1) 半圆环内感应电动势的大小和方向；(2) MN 两端的电压 V_M-V_N.

12.28 如图 12.43 所示，一根长为 L 的金属细杆 ab 绕竖直轴 O_1O_2 以角速度 ω 在水平面内旋转，O_1O_2 在离细杆 a 端 $L/5$ 处. 若已知地磁场在竖直方向的分量为 $\boldsymbol{B}$，求 a、b 间的电势差 V_a-V_b.

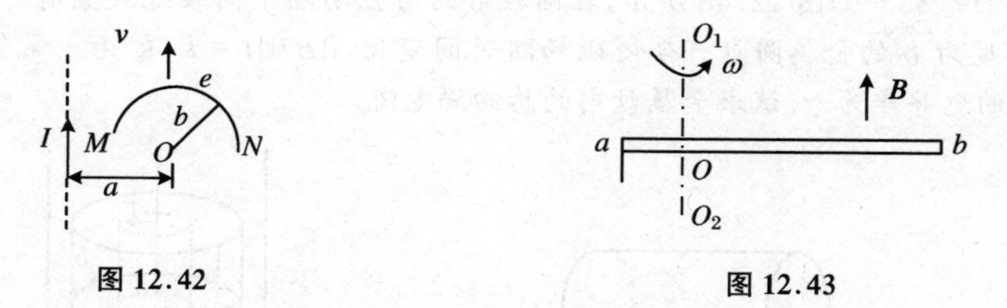

图 12.42　　图 12.43

*12.29 如图 12.44 所示，一菱形线圈在均匀恒定磁场 $\boldsymbol{B}$ 中以匀角速度 ω 绕其对角线 ab 逆时针方向转动，转轴与 $\boldsymbol{B}$ 垂直，已知对角线 dc 的长度为 $2x_c$（取坐标原点在 O 点），$\angle acd=\alpha$. 当线圈平面转至与 $\boldsymbol{B}$ 平行时，求 ac 边中的感应电动

势 ε 的大小和方向.

*12.30　如图 12.45 所示，在半径为 R 的圆柱形空间存在着轴向均匀磁场，磁感应强度的方向垂直纸面向里. 有一长为 $2R$ 的导体棒 ac 在垂直磁场的平面内以速度 $\boldsymbol{v}$ 横扫过磁场. 若磁感强度 $\boldsymbol{B}$ 以 $\mathrm{d}B/\mathrm{d}t=k$ 随时间变化（设 $k>0$），设某时刻导体棒处在如图所示的位置（$\overline{ab}=\overline{bc}=R$）. 求：(1) 棒上的动生电动势 $\varepsilon_{动}$，并讨论其方向；(2) 棒上的感生电动势 $\varepsilon_{感}$，并讨论其方向；(3) 棒上总的感应电动势 ε_i，并讨论其方向.

12.31　如图 12.46 所示，在半径为 R 的圆柱形空间内，存在磁感应强度为 $\boldsymbol{B}$ 的均匀磁场，$\boldsymbol{B}$ 的方向与圆柱的轴线平行. 有一无限长直导线在垂直圆柱中心轴线的平面内，与轴线相距为 a，$a>R$. 已知磁感应强度随时间的变化率为 $\mathrm{d}B/\mathrm{d}t$，求长直导线中的感应电动势 ε_i，并说明其方向.（提示：选取过轴线而平行给定的无限长直导线的一条无限长直导线，与给定的无限长直导线构成闭合回路（在无限远处闭合）. 利用在过轴线的长直导线上感生电场 $\boldsymbol{E}$ 处处与之垂直的条件.）

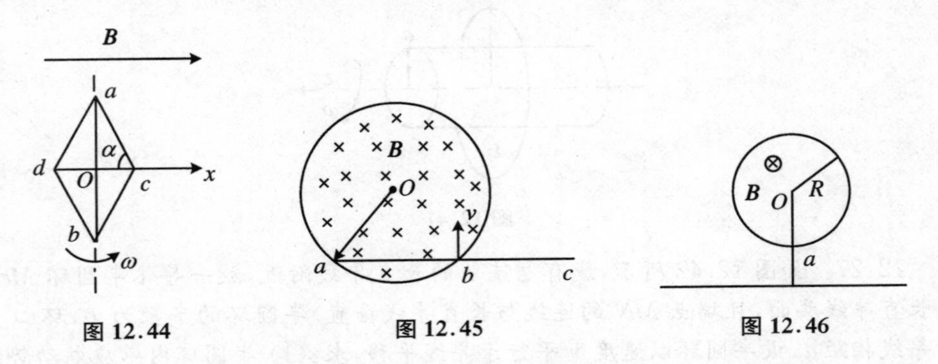

图 12.44　　图 12.45　　图 12.46

12.32　如图 12.47 所示，一个薄的圆筒形带电壳体长 l，半径为 a，$l\gg a$，壳表面电荷密度为 σ（设 $\sigma>0$）. 此壳体以 $\omega=kt$ 的角速度绕其轴旋转，其中 k 为常数且 $t\geqslant 0$，忽略边缘效应. 求：(1) 圆柱壳内的磁感强度 $\boldsymbol{B}$；(2) 圆柱壳内的电场强度 $\boldsymbol{E}$.

*12.33　如图 12.48 所示，在圆柱形的匀强磁场中同轴地放置有一个半径为 a、厚度为 b 的金属圆盘. 今使磁场随时间变化，$\mathrm{d}B/\mathrm{d}t=k$，$k$ 为一常数，已知金属盘的电导率为 γ. 试求金属盘内的总的涡电流.

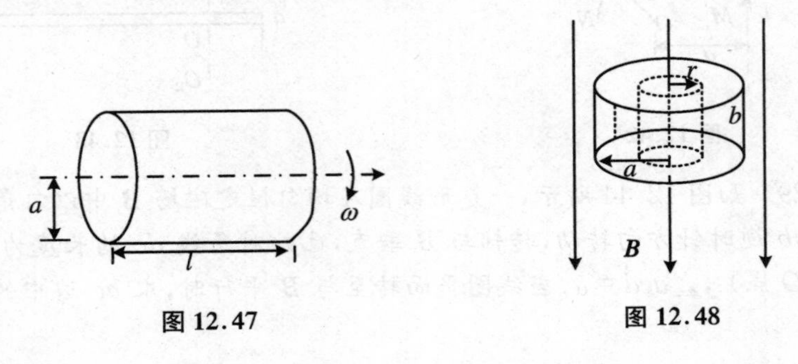

图 12.47　　图 12.48

12.34 如图12.49所示,一个矩形截面的真空螺绕环内、外半径及厚度分别为R_2、R_1、h,其总匝数为N,每匝电流为I.(1) 以r代表环内一点到环心的距离,求磁感应强度(大小)B作为r的表达式.(2) 求螺绕环横截面的磁通量Φ.(3) 求螺绕环的自感系数L.(4) 若$I=I_0\cos\omega t$,求螺绕环中的自感电动势ε_L.

12.35 如图12.50所示,矩形截面螺绕环上绕有N匝线圈.若线圈中通有电流I,则通过螺绕环截面的磁通量为$\Phi=\frac{\mu_0 NIh}{2\pi}$.(1) 求螺绕环内、外直径之比$D_1:D_2$.(2) 若$h=0.01$ m,$N=100$匝,求螺绕环的自感系数L.(3) 若线圈通以交变电流$i=I_0\cos\omega t$,求环内感应电动势ε.

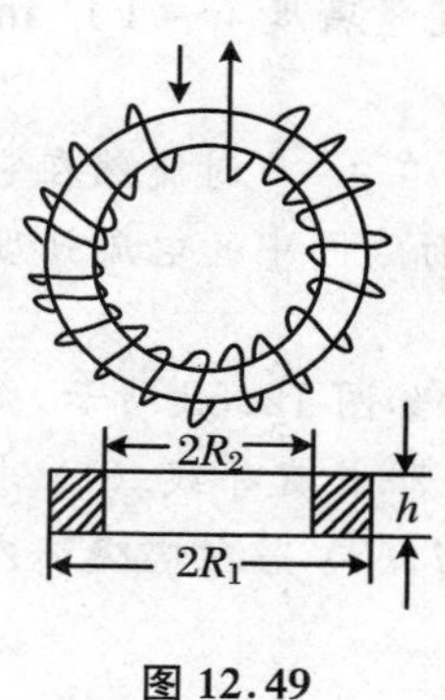

图12.49

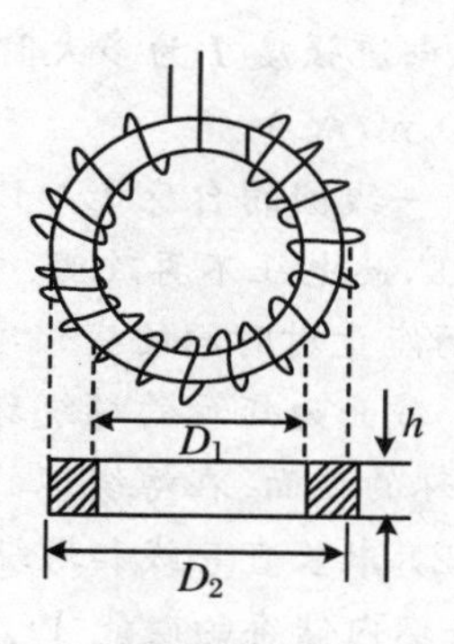

图12.50

12.36 已知一根长的同轴电缆由半径为R_1的空心圆柱导体壳和另一半径为R_2的外圆柱导体壳组成,两导体壳间为真空.忽略电缆自身电阻,设电缆中通有电流I,导体间电势差为U.求:(1) 两导体壳之间的电场强度$\boldsymbol{E}$和磁感强度$\boldsymbol{B}$;(2) 电缆单位长度上的自感L和电容C.

12.37 如图12.51所示,一宽度为l的薄铜片卷成一个半径为R的细圆筒,设$l\gg R$,电流I均匀分布通过此铜片.忽略边缘效应.(1) 求管内磁感强度$\boldsymbol{B}$的大小;(2) 不考虑两个伸展面部分(见图),求这一螺线管的自感系数L.

12.38 两同轴长直螺线管,大管套着小管,半径分别为a和b,长为$L(L\gg a, a>b)$,匝数分别为N_1和N_2,求互感系数M.

12.39 真空中有一个半径$r_1=1$ cm、长度$l_1=1$ m、圈数$N_1=1000$的螺线管,在它的中部与它同轴有一个半径$r_2=0.5$ cm、长度$l_2=1$ cm、圈数$N_2=10$的小线圈,试计算两个线圈的互感系数.(取真空的磁导率$\mu_0=4\pi\times10^{-7}\ \mathrm{N\cdot A^{-2}}$.)

12.40 如图12.52所示,一无限长直导线通有电流$I=I_0e^{-3t}$.一矩形线圈与长直导线共面放置,其长边与导线平行,位置如图所示.

(1) 求矩形线圈中感应电动势的大小及感应电流的方向;(2) 求导线与线圈的互感系数;(3)如果矩形线圈中通有$i=I_0\sin\left(\omega t+\frac{\pi}{3}\right)$的交变电流,则其在该无限长直导线中产生的互感电动势为多少?

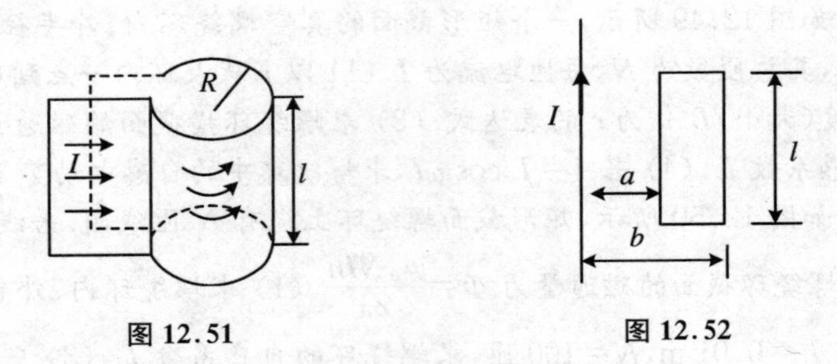

图 12.51　　图 12.52

12.41　一螺绕环单位长度上的线圈匝数为 $n=10$ 匝/cm，环心材料的磁导率 $\mu=\mu_0$. 求在电流强度 I 为多大时，线圈中磁场的能量密度 $w=1\ \mathrm{J/m^3}$？（取 $\mu_0=4\pi\times10^{-7}\ \mathrm{T\cdot m/A}$.）

12.42　一线圈的自感 $L=1\ \mathrm{H}$，电阻 $R=3\ \Omega$. 在 $t=0$ 时突然在它两端加上 $U=3\ \mathrm{V}$ 的电压，此电压不再改变. 求：(1) $t=0.2\ \mathrm{s}$ 时线圈中的电流强度；(2) $t=0.2\ \mathrm{s}$ 时线圈磁场能量对时间的变化率.

12.43　截面为矩形的螺绕环共有 N 匝，尺寸如图 12.53 所示，图下半部两矩形表示螺绕环的截面. 在螺绕环的轴线上另有一无限长直导线. (1) 求螺绕环的自感系数 L；(2) 求长直导线和螺绕环的互感系数 M；(3) 若在螺绕环内通以稳恒电流 I，求螺绕环内储存的磁能 W_m.

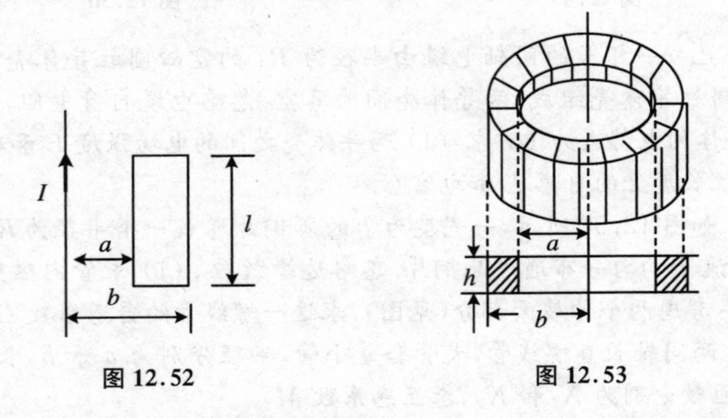

图 12.52　　图 12.53

*12.44　如图 12.54 所示，在长为 l、半径为 b、匝数为 N 的细长螺线管的轴线中部，放置一个半径为 a 的导体圆环，圆环平面的法线与螺线管轴线之间的夹角固定成 45°. 已知螺线管电阻为 R，圆环电阻为 r，其自感不计，电源的电动势为 ε、内电阻为零. 设 $a\ll b$，螺线管与圆环的互感与螺线管的自感相比可不计. (1) 求开关合上后通过螺线管的电流 I 随时间的变化规律；(2) 求开关合上后小圆环内电流随时间的变化规律；(3) 证明圆环受到的最大磁力矩为 $T_{\max}=\dfrac{\pi a^4\mu_0\varepsilon^2}{8b^2 rRl}$.

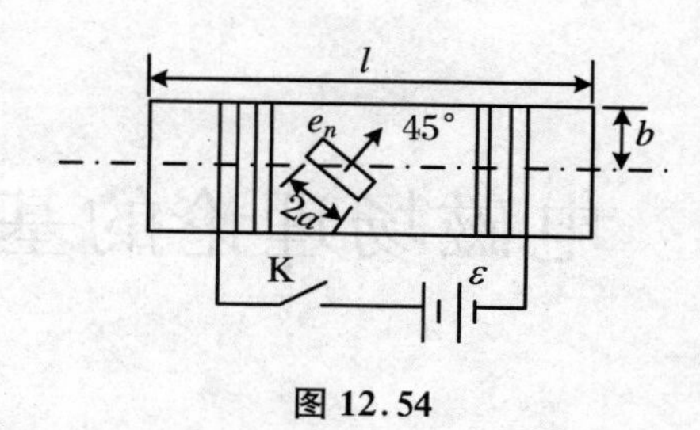

图 12.54

*12.45 两根长直导线平行放置,导线本身的半径为 a,导线间距离为 b ($b \gg a$).两根导线中分别保持电流 I,两电流方向相反.(1) 求这两导线单位长度的自感系数(忽略导线内磁通);(2) 若将导线间距离由 b 增加到 $2b$,求磁场对单位长度导线做的功;(3) 导线间的距离由 b 增大到 $2b$,则对应于导线单位长度的磁能改变了多少?是增加还是减少?说明能量的转换情况.

第13章　电磁场理论的基本概念

经过物理学家锲而不舍的工作，到了1831年，在电磁学范围内已经建立了许多定律、定理和公式，至此物理学界迫切期盼能像经典力学归纳出牛顿运动定律和万有引力定律那样，也能对众多的电磁定律进行归纳总结，找出电磁学的基本方程.正是在这种背景下，麦克斯韦总结吸纳了从库仑、奥斯特、安培到法拉第以来电磁学的基本成就，并针对变化磁场能激发电场以及变化电场能激发磁场的现象，提出了“涡旋电场”和“位移电流”假说，从而于1864年归纳总结出电磁场的基本方程，即麦克斯韦方程组.在此基础上，他预言了电磁波的存在，并指出电磁波在真空中的传播速度 $c=1/\sqrt{\varepsilon_0\mu_0}$，这个值正好等于光速.1888年物理学家赫兹从实验中证实了电磁波的存在，赫兹实验给了麦克斯韦电磁理论以决定性的支持.麦克斯韦电磁场理论是经典电磁学、经典电动力学的核心，为电子电工技术、现代通讯和信息技术的发展开辟了广阔的前景.

本章主要介绍麦克斯韦提出的位移电流概念、麦克斯韦方程组，以及平面电磁波的性质.

13.1　位移电流　麦克斯韦方程组

13.1.1　电磁场基本规律小结

1. 描述静电场基本规律的环路定理和高斯定理

$$\oint_L \boldsymbol{E}_e \cdot \mathrm{d}\boldsymbol{l} = 0 \quad (\text{对任意闭合回路成立}) \tag{9.2.6}$$

$$\oiint_S \boldsymbol{D}_e \cdot \mathrm{d}\boldsymbol{S} = q_{0\text{int}} \quad (\text{对任意闭合曲面成立}) \tag{9.2.8}$$

对于静电场，无论是在真空中还是在电介质中，式(9.2.6)和式(9.2.8)均成立(式中给相关物理量加上下标纯粹是为了讨论问题的方便).$\boldsymbol{D}_e$ 和 $\boldsymbol{E}_e$ 分别表示静电场的电位移矢量和电场强度矢量，产生静电场的源可以是静电荷、动态平衡的电荷或极化电荷.静电场是无旋有源场.对于各向同性的线性电介质，下列关系成立：

$$\boldsymbol{D}_e = \varepsilon \boldsymbol{E}_e$$

2. 描述恒定磁场基本规律的安培环路定理和高斯定理

$$\oint_L \boldsymbol{H}_c \cdot \mathrm{d}\boldsymbol{l} = I_{0\text{int}} \quad （对任意闭合回路成立） \tag{11.2.2}$$

$$\oiint_S \boldsymbol{B}_c \cdot \mathrm{d}\boldsymbol{S} = 0 \quad （对任意闭合曲面成立） \tag{10.6.2}$$

对于恒定磁场，无论是在真空中还是在磁介质中，式(11.2.2)和式(10.6.2)均成立（同样，式中给相关物理量加上下标纯粹是为了讨论问题的方便）. $\boldsymbol{B}_c$ 和 $\boldsymbol{H}_c$ 分别表示传导电流和磁化电流产生的磁场的磁感应强度和磁场强度. 恒定磁场是有旋无源场. 对于各向同性的线性磁介质，下列关系成立：

$$\boldsymbol{B}_c = \mu \boldsymbol{H}_c$$

3. 描述感生电场(涡旋电场)基本规律的环路定理和高斯定理

$$\oint_L \boldsymbol{E}_i \cdot \mathrm{d}\boldsymbol{l} = -\iint_S \frac{\partial \boldsymbol{B}}{\partial t} \cdot \mathrm{d}\boldsymbol{S} \quad （对任意闭合回路成立） \tag{12.3.2}$$

$$\oiint_S \boldsymbol{D}_i \cdot \mathrm{d}\boldsymbol{S} = 0 \quad （对任意闭合曲面成立） \tag{12.3.3}$$

无论是在真空中还是在电介质中，式(12.3.2)和式(12.3.3)均成立. $\boldsymbol{D}_i$ 和 $\boldsymbol{E}_i$ 分别表示由变化的磁场产生的感生电场的电位移矢量和电场强度矢量. 式(12.3.2)中的 $\boldsymbol{B}$ 是变化的磁场的磁感应强度，它是所有电流产生的（包括将要学习的位移电流）. 感生电场是有旋无源场. 对于各向同性的线性电介质，有

$$\boldsymbol{D}_i = \varepsilon \boldsymbol{E}_i$$

13.1.2　位移电流

式(12.3.2)指出，变化的磁场能够产生（涡旋）电场. 考虑到电磁场规律的对称性，“变化的电场能否产生磁场”的问题自然而然地就摆在了物理学家面前. 物理学家麦克斯韦试图把稳恒条件下的安培环路定理(11.2.2)式推广到非稳恒电流的情形，但遇到了困难. 在解决困难的过程中，催生了“位移电流”假说的问世. 下面通过分析电容器的充放电过程来探讨这个问题.

电容器的充放电过程当然是一个非稳定的过程，导线中的传导电流 i_c 是随时间发生变化的，参考图 13.1，围绕导线取一个闭合回路 L，并以 L 为边界取两个曲面 S_1 和 S_2，且使得 S_1 与导线相交，S_2 穿过电容器两极板之间而不与导线相交. 当电容器充电或放电时，有传导电流 i_c 通过与导线相交的 S_1 面，且通过 S_1 的传导电流可表示为 $i_c = \iint_{S_1} \boldsymbol{J}_c \cdot \mathrm{d}\boldsymbol{S}_1$（其中 $\boldsymbol{J}_c$ 是导线中的传导电流密度），没有传导电流通过 S_2. 按照安培环路定理(11.2.2)式，有

$$\oint_L \boldsymbol{H} \cdot \mathrm{d}\boldsymbol{L} = I_{0\text{int}} = i_c = \iint_{S_1} \boldsymbol{J}_c \cdot \mathrm{d}\boldsymbol{S}$$

$$\oint_L \boldsymbol{H} \cdot \mathrm{d}\boldsymbol{L} = \boldsymbol{I}_{0\mathrm{int}} = \iint_{S_2} \boldsymbol{J}_c \cdot \mathrm{d}\boldsymbol{S} = 0$$

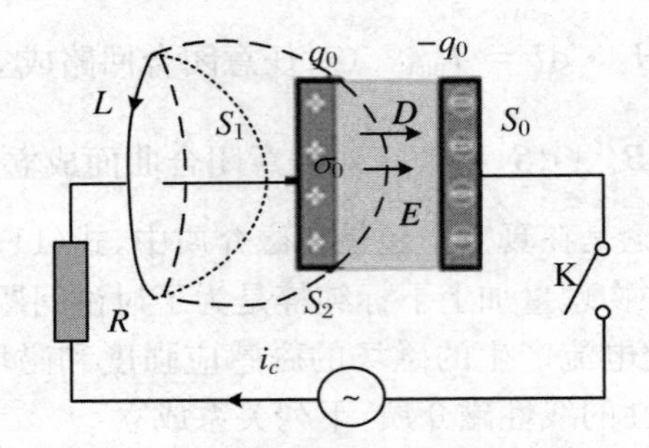

图 13.1　电容器充、放电过程

在电容器充放电过程中，尽管电路中的传导电流 i_c 随时间发生变化，但是在每一时刻 i_c 的大小和流向都是确定的，从而在每一时刻空间磁场分布是一定的．也就是说，任意时刻沿同一个闭合回路 L，磁场强度 $\boldsymbol{H}$ 的环流 $\oint_L \boldsymbol{H} \cdot \mathrm{d}\boldsymbol{L}$ 应该是唯一的值．但是根据式(11.2.2)，对于同一个边界 L，选取不同的曲面，$\oint_L \boldsymbol{H} \cdot \mathrm{d}\boldsymbol{L}$ 的积分结果却不再具有确定的值．这个例子说明，在非稳恒电流的情况下，更直观地讲在传导电流不连续的情况下（本例中电容器内部无传导电流），安培环路定理(11.2.2) 式就不再适用了．

这类问题的出路何在？在非稳恒电流的情况下应该用什么样的规律来替代(11.2.2)式呢？我们回过头来分析一下电容器充放电过程中，电容器内部到底发生了怎样的情况．设充放电过程中，电容器两极板上自由电荷面密度分别为 $\pm\sigma_0$，则根据电场高斯定理(9.2.8)式，可求得电容器内部的电位移大小 $D = \sigma_0$，方向由正极板指向负极板．σ_0 随时间发生变化，$\boldsymbol{D}$ 也随时间发生变化．考察曲面 S_2 上的 $\boldsymbol{D}$ 通量（设 S_2 上各矢量面元的单位法矢量在形式上和 L 的绕向成右手螺旋关系），有

$$\Phi_D = \iint_{S_2} \boldsymbol{D} \cdot \mathrm{d}\boldsymbol{S}_2 = \iint_{S_0} \boldsymbol{D} \cdot \mathrm{d}\boldsymbol{S}_0 = \iint_{S_0} D \mathrm{d}S_0 = \iint_{S_0} \sigma_0 \mathrm{d}S_0 = q_0$$

上式中的 S_0 为电容器极板的面积，q_0 是电容器极板上某时刻的自由电荷．Φ_D 随时间的变化率为

$$\frac{\mathrm{d}\Phi_D}{\mathrm{d}t} = \frac{\mathrm{d}q_0}{\mathrm{d}t} = i_c$$

上述分析与讨论，导致了如下设想：若把曲面 S_2 上电位移通量 Φ_D 的时间变化率 $\mathrm{d}\Phi_D/\mathrm{d}t$ 等效地看成是某种电流的电流强度，那么图 13.1 中，在电容器内部中断了的传导电流 i_c 就被 $\mathrm{d}\Phi_D/\mathrm{d}t$ 这个等效电流代替了，且这个等效电流在数值上与导线中的传导电流 i_c 相等，流向也相同．将 $\mathrm{d}\Phi_D/\mathrm{d}t$ 改写成：

$$\frac{\mathrm{d}\Phi_D}{\mathrm{d}t} = \frac{\mathrm{d}}{\mathrm{d}t}\iint_{S_2} \boldsymbol{D} \cdot \mathrm{d}\boldsymbol{S} = \iint_{S_2} \frac{\partial \boldsymbol{D}}{\partial t} \cdot \mathrm{d}\boldsymbol{S}$$

则$\partial \boldsymbol{D}/\partial t$ 显然充当了电流密度的角色.

麦克斯韦在全面分析这类问题的过程中,提出了如下假设:

(1) 若空间某区域的电场 $\boldsymbol{E}$(或电位移 $\boldsymbol{D}$)随时间 t 变化,则该电场中存在一种非传导电流,称为位移电流. 位移电流密度(一般用 $\boldsymbol{J}_d$ 表示)等于电位移 $\boldsymbol{D}$ 的时间变化率,即

$$\boldsymbol{J}_d = \frac{\partial \boldsymbol{D}}{\partial t} \tag{13.1.1}$$

相应的,通过电场中任一曲面 S 的位移电流强度为

$$I_d = \iint_S \boldsymbol{J}_d \cdot \mathrm{d}\boldsymbol{S} = \iint_S \frac{\partial \boldsymbol{D}}{\partial t} \cdot \mathrm{d}\boldsymbol{S} \tag{13.1.2}$$

(2) 位移电流与传导电流一样,在周围空间产生磁场,用 $\boldsymbol{H}_d$ 表示位移电流激发的磁场的磁场强度,用 $\boldsymbol{B}_d$ 表示该磁场的磁感应强度,则 $\boldsymbol{H}_d$ 和 $\boldsymbol{B}_d$ 具有如下规律:

$$\oint_L \boldsymbol{H}_d \cdot \mathrm{d}\boldsymbol{L} = I_{d\mathrm{int}} = \iint_S \frac{\partial \boldsymbol{D}}{\partial t} \cdot \mathrm{d}\boldsymbol{S} \tag{13.1.3}$$

$$\oiint_S \boldsymbol{B}_d \cdot \mathrm{d}\boldsymbol{S} = 0 \tag{13.1.4}$$

其中 $\boldsymbol{B}_d = \mu \boldsymbol{H}_d$,$I_{d\mathrm{int}}$表示以 L 为边的任意曲面上位移电流的代数和.可以看出,麦克斯韦的位移电流假说的内涵,是认为变化的电场也是一种电流,叫位移电流."位移电流"假说与"涡旋电场"假说一样,均已由实验证明是正确的.这两个假说为电磁场理论的确立奠定了重要基础.

最后,我们简单讨论一下位移电流的物理本质.一般情况下,根据位移电流密度的定义式(13.1.1)式和电位移 $\boldsymbol{D}$ 的定义式$\boldsymbol{D} = \varepsilon_0 \boldsymbol{E} + \boldsymbol{P}$,有

$$\boldsymbol{J}_d = \frac{\partial \boldsymbol{D}}{\partial t} = \varepsilon_0 \frac{\partial \boldsymbol{E}}{\partial t} + \frac{\partial \boldsymbol{P}}{\partial t}$$

式中 $\varepsilon_0(\partial \boldsymbol{E}/\partial t)$被称为纯粹的位移电流密度,其本质就是变化的电场,并不对应任何电荷的运动,而且除了在产生磁场方面与运动电荷产生的传导电流等效以外,和传导电流并无其他共同之处.$\partial \boldsymbol{P}/\partial t$ 项也仅与介质极化时极化电荷的微观运动有关.与 $\varepsilon_0(\partial \boldsymbol{E}/\partial t)$对应的纯粹的位移电流不会产生热量.但是对于电介质,与$\partial \boldsymbol{P}/\partial t$ 对应的位移电流会产生较大的热量,原因是变化的电场迫使电介质反复极化,造成分子热运动加剧.位移电流产生的热量不同于焦耳热,它们遵从完全不同的规律.

13.1.3　麦克斯韦方程组

1. 电场的环路定理

如果空间既存在电荷,又存在变化的磁场,那么空间的总电场应为 $\boldsymbol{E}=\boldsymbol{E}_e+\boldsymbol{E}_i$,则总电场的环流可写成 $\oint_L \boldsymbol{E}\cdot d\boldsymbol{L}=\oint_L \boldsymbol{E}_e\cdot d\boldsymbol{L}+\oint_L \boldsymbol{E}_i\cdot d\boldsymbol{L}$,根据式(9.2.6)和式(12.3.2),可得

$$\oint_L \boldsymbol{E}\cdot d\boldsymbol{L}=-\iint_S \frac{\partial \boldsymbol{B}}{\partial t}\cdot d\boldsymbol{S} \tag{13.1.5a}$$

当空间不存在随时间变化的磁场时,$\partial \boldsymbol{B}/\partial t=0$,于是 $\boldsymbol{E}=\boldsymbol{E}_e$,方程(13.1.5a)式就变成式(9.2.6);当空间不存在静电场时,$\boldsymbol{E}=\boldsymbol{E}_i$,方程(13.1.5a)式就变成式(12.3.2). 所以式(13.1.5a)可以取代式(9.2.6)和式(12.3.2)两式,称为描述电场基本规律的环路定理. 该式也说明总的电场是有旋场.

2. 电场的高斯定理

同样,如果空间既存在电荷,又存在变化的磁场,那么空间任意一点总的电位移矢量应为 $\boldsymbol{D}=\boldsymbol{D}_e+\boldsymbol{D}_i$,因而任意闭合曲面上的电位移通量 $\oiint_S \boldsymbol{D}\cdot d\boldsymbol{S}=\oiint_S \boldsymbol{D}_e\cdot d\boldsymbol{S}+\oiint_S \boldsymbol{D}_i\cdot d\boldsymbol{S}$,根据式(9.2.8)和式(12.3.3),可得

$$\oiint_S \boldsymbol{D}_i\cdot d\boldsymbol{S}=q_{0\text{int}} \tag{13.1.5b}$$

同样,当空间不存在随时间变化的磁场时,$\boldsymbol{D}=\boldsymbol{D}_e$,方程(13.1.5b)式就变成式(9.2.8);当空间不存在电荷时,$\boldsymbol{D}=\boldsymbol{D}_i$,方程(13.1.5b)式就变成式(12.3.3). 所以式(13.1.5b)可以取代式(9.2.8)和式(12.3.3)两式,称为描述电场基本规律的高斯定理. 该式也说明总的电场是有源场.

3. 磁场的安培环路定理

当空间既有稳恒磁场,又有变化的电场产生的磁场时,空间任意一点的磁场强度为 $\boldsymbol{H}=\boldsymbol{H}_c+\boldsymbol{H}_d$,任意闭合回路 L 上 $\boldsymbol{H}$ 的环流就可以写成 $\oint_L \boldsymbol{H}\cdot d\boldsymbol{L}=\oint_L \boldsymbol{H}_c\cdot d\boldsymbol{L}+\oint_L \boldsymbol{H}_d\cdot d\boldsymbol{L}$,根据式(11.2.2)和式(13.1.3),可得

$$\oint_L \boldsymbol{H}\cdot d\boldsymbol{L}=I_{0\text{int}}+I_{d\text{int}}=\iint_S\left(\boldsymbol{J}_c+\frac{\partial \boldsymbol{D}}{\partial t}\right)\cdot d\boldsymbol{S} \tag{13.1.5c}$$

式(13.1.5c)中的 $\iint_S\left(\boldsymbol{J}_c+\frac{\partial \boldsymbol{D}}{\partial t}\right)\cdot d\boldsymbol{S}$ 叫作曲面 S 上的全电流,用 $I_{全}$ 表示,即

$$I_{全}=\iint_S\left(\boldsymbol{J}_c+\frac{\partial \boldsymbol{D}}{\partial t}\right)\cdot d\boldsymbol{S}$$

式(13.1.5c)表明:磁场强度 $\boldsymbol{H}$ 沿任意闭合回路的环流等于穿过该闭合回路

所围曲面上的全电流,叫作磁场的安培环路定理(也叫全电流的安培环路定理).全电流的安培环路定理说明总的磁场是有旋场.

4. 磁场的高斯定理

同样,当空间既有稳恒磁场,又有变化的电场产生的磁场时,空间任意一点的磁感应强度为 $\boldsymbol{B}=\boldsymbol{B}_c+\boldsymbol{B}_d$,任意闭合曲面 S 上磁感应强度 $\boldsymbol{B}$ 的通量应该为 $\oiint_S \boldsymbol{B}\cdot \mathrm{d}\boldsymbol{S}=\oiint_S \boldsymbol{B}_d\cdot \mathrm{d}\boldsymbol{S}+\oiint_S \boldsymbol{B}_c\cdot \mathrm{d}\boldsymbol{S}$. 根据式(10.6.2)和式(13.1.4),可得

$$\oiint_S \boldsymbol{B}\cdot \mathrm{d}\boldsymbol{S}=0 \tag{13.1.5d}$$

式(13.1.5d)称为磁场的高斯定理,表明总的磁场是无源场,同时说明磁单极子不存在.

式(13.1.5a)、式(13.1.5b)、式(13.1.5c)和式(13.1.5d)所组成的方程组被叫作积分形式的麦克斯韦方程组(复写成下面的式(13.1.6)).该方程组是麦克斯韦在前人工作的基础上加上自己的"涡旋电场"和"位移电流"假说后的创造性成果,是描述电磁现象基本规律的完备方程,是整个电磁场理论的核心.

$$\begin{cases}\oiint_S \boldsymbol{D}\cdot \mathrm{d}\boldsymbol{S}=q_{0\mathrm{int}}\\ \oint_L \boldsymbol{E}\cdot \mathrm{d}\boldsymbol{L}=-\iint_S \dfrac{\partial \boldsymbol{B}}{\partial t}\cdot \mathrm{d}\boldsymbol{S}\\ \oiint_S \boldsymbol{B}\cdot \mathrm{d}\boldsymbol{S}=0\\ \oint_L \boldsymbol{H}\cdot \mathrm{d}\boldsymbol{L}=\iint_S \left(\boldsymbol{J}_c+\dfrac{\partial \boldsymbol{D}}{\partial t}\right)\cdot \mathrm{d}\boldsymbol{S}\end{cases} \tag{13.1.6}$$

式(13.1.6)给出了空间电磁场与自由电荷及传导电流之间的关系.原则上若自由电荷及传导电流已知,且边界条件给定,那么结合介质的性能方程 $\boldsymbol{D}=\varepsilon\boldsymbol{E}$ 和 $\boldsymbol{B}=\mu\boldsymbol{H}$ 以及 $\boldsymbol{J}=\gamma\boldsymbol{E}$,解此方程组,即可求出整个空间的电磁场.

在脱离了场源(无自由电荷和传导电流)的自由空间真空,麦克斯韦方程组表示为

$$\begin{cases}\oiint_S \boldsymbol{E}\cdot \mathrm{d}\boldsymbol{S}=0\\ \oint_L \boldsymbol{E}\cdot \mathrm{d}\boldsymbol{L}=-\iint_S \dfrac{\partial \boldsymbol{B}}{\partial t}\cdot \mathrm{d}\boldsymbol{S}\\ \oiint_S \boldsymbol{B}\cdot \mathrm{d}\boldsymbol{S}=0\\ \oint_L \boldsymbol{B}\cdot \mathrm{d}\boldsymbol{L}=\varepsilon_0\mu_0\iint_S \dfrac{\partial \boldsymbol{E}}{\partial t}\cdot \mathrm{d}\boldsymbol{S}\end{cases} \tag{13.1.7}$$

例题 13.1 如图 13.2 所示,半径 $R=0.1\ \mathrm{m}$ 的两块导体圆板,构成空气平板电容器.充电时,极板间的电场强度以 $\mathrm{d}E/\mathrm{d}t=10^{12}\ \mathrm{V\cdot m^{-1}\cdot s^{-1}}$ 的变化率增加.

求:(1) 两极板间的位移电流 I_d;(2) 距两极板中心连线为 $r(r<R)$处的磁感应强度 B_r 和 $r=R$ 处的磁感应强度 B_R(忽略边缘效应).

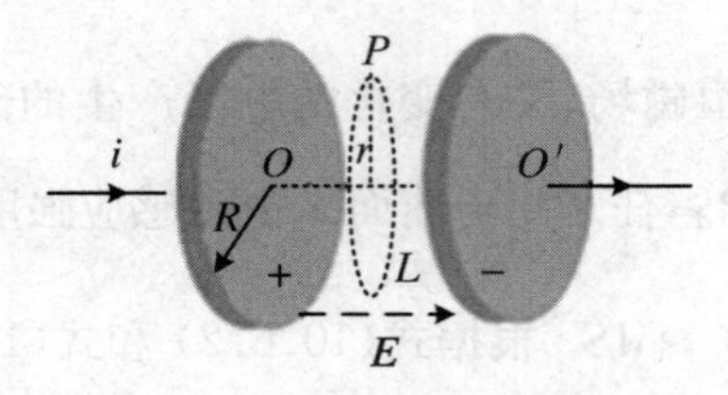

图 13.2　例 13.1 用图

解　(1) 两极板间的电场可视为均匀分布.两板间位移电流为

$$I_d = \iint_S \boldsymbol{J}_d \cdot \mathrm{d}\boldsymbol{S} = SJ_d = S\frac{\partial D}{\partial t} = \pi R^2 \varepsilon_0 \frac{\mathrm{d}E}{\mathrm{d}t} = 0.28(\mathrm{A})$$

(2) 在两板之间且与极板平面平行的平面内,以两板中心连线上某点为圆心、半径 r 作闭合回路 L,根据磁场的安培环路定理 $\oint_L \boldsymbol{H} \cdot \mathrm{d}\boldsymbol{L} = \iint_S \frac{\partial \boldsymbol{D}}{\partial t} \cdot \mathrm{d}\boldsymbol{S}$,得

$$H 2\pi r = \varepsilon_0 \frac{\mathrm{d}}{\mathrm{d}t}\int_S \boldsymbol{E} \cdot \mathrm{d}\boldsymbol{S} = \varepsilon_0 \frac{\mathrm{d}E}{\mathrm{d}t} \cdot \pi r^2,\quad H = \frac{\varepsilon_0}{2} r \frac{\mathrm{d}E}{\mathrm{d}t}$$

于是

$$B = \mu_0 H = \frac{\varepsilon_0 \mu_0}{2} r \frac{\mathrm{d}E}{\mathrm{d}t}$$

当 $r=R$ 时,有

$$B_R = \frac{\varepsilon_0 \mu_0}{2} R \frac{\mathrm{d}E}{\mathrm{d}t} = \frac{1}{2} \times 4\pi \times 10^{-7} \times 8.85 \times 10^{-12} \times 0.1 \times 10^{12} = 5.6 \times 10^{-7}(\mathrm{T})$$

13.2　电磁波的辐射和传播

按麦克斯韦电磁理论,当空间某区域内有随时间变化的电流或电荷分布时,空间将产生变化的电磁场.而变化的电磁场又可交替地激发,从而使得电磁场由近及远地向整个空间传播(见图 13.3),形成电磁波.

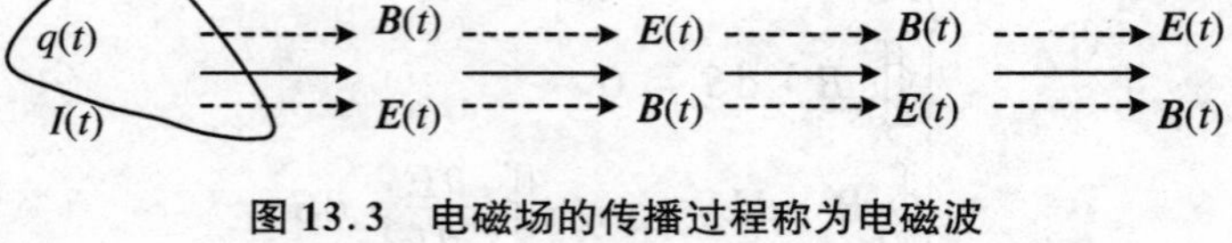

q(t)　→ B(t) → E(t) → B(t) → E(t)
I(t)　→ E(t) → B(t) → E(t) → B(t)

图 13.3　电磁场的传播过程称为电磁波

13.2.1　振荡电偶极子辐射的电磁波

最简单的例子就是振荡电偶极子辐射的电磁波.设有一电偶极子,其电矩为 $\boldsymbol{p} = q\boldsymbol{l}$,若 $l = l_0\cos\omega t$,则 $p = ql_0\cos\omega t = p_0\cos\omega t$,这种电偶极子称为振荡电偶极子(见图 13.4).

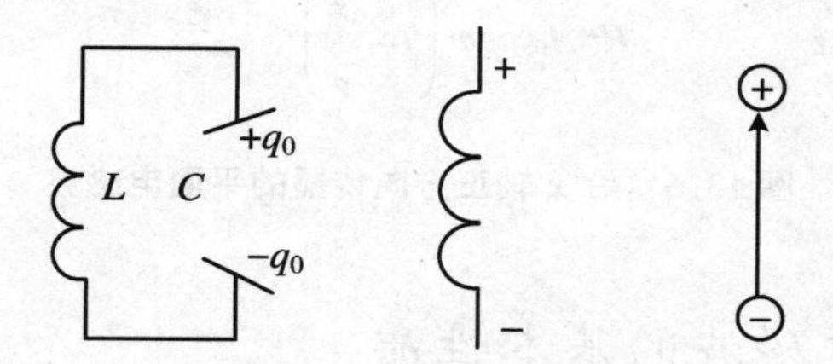

图 13.4　振荡电偶极子

通过求麦克斯韦方程组可得:在远离电偶极子的空间的任意一点 P 处,任意一时刻 t 的电场 $\boldsymbol{E}$ 和磁场 $\boldsymbol{H}$ 的方向如图 13.5 所示,大小为

$$E(r,t) = \frac{\mu p_0\omega^2\sin\theta}{4\pi r}\cos\omega\left(t - \frac{r}{v}\right) \tag{13.2.1a}$$

$$H(r,t) = \frac{\sqrt{\varepsilon\mu}\,p_0\omega^2\sin\theta}{4\pi r}\cos\omega\left(t - \frac{r}{v}\right) \tag{13.2.1b}$$

其中

$$v = 1/\sqrt{\varepsilon\mu} \tag{13.2.2}$$

与机械波的波动方程相比,可知 v 为电磁波的传播速度.这种电磁波为球面电磁波,上面的两个方程就是球面电磁波的波动方程.

若 $r_0 \gg l$,则在 $r = r_0 + x$、$\theta' = \theta \pm \Delta\theta$($\Delta\theta$ 很小)的范围内,各点的 $\boldsymbol{E}$ 和 $\boldsymbol{H}$ 的振幅可视为相等,因而式(13.2.1a)、式(13.2.1b)可写成(略去一个初位相)

$$E = E_0\cos\omega\left(t - \frac{x}{v}\right),\quad H = H_0\cos\omega\left(t - \frac{x}{v}\right) \tag{13.2.3}$$

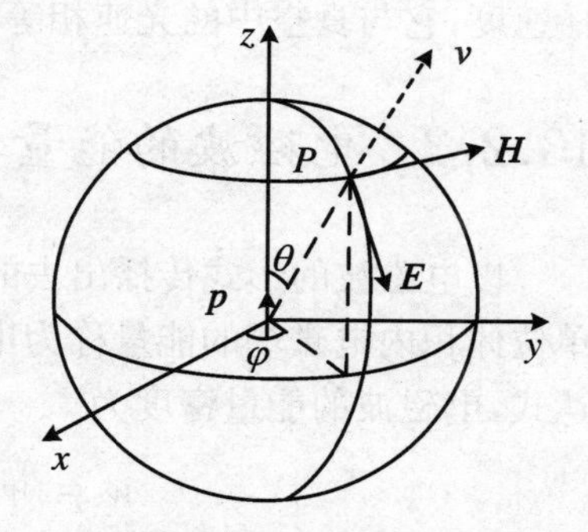

图 13.5　电偶极子在远处产生的电磁波

式(13.2.3)称为平面电磁波的波动方程,它与平面机械波的运动方程相似.图 13.6 定性地给出了 t 时刻的波形图.

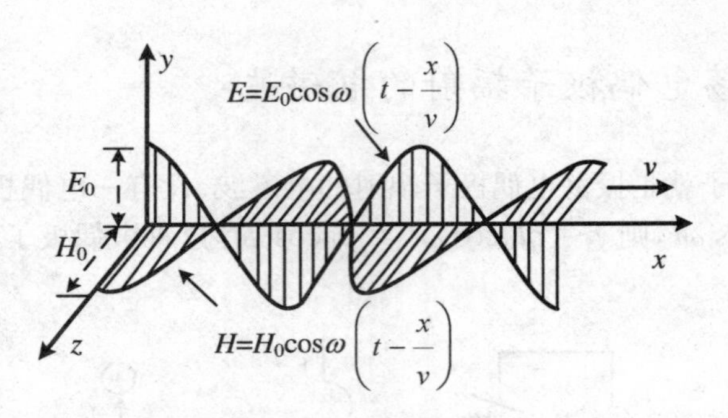

图 13.6　沿 x 轴正方向传播的平面电磁波

13.2.2　平面电磁波的基本性质

平面电磁波具有如下基本性质：

(1) $\sqrt{\varepsilon}E_0=\sqrt{\mu}H_0$，$\boldsymbol{E}$ 与 $\boldsymbol{H}$ 同相位，因而 $\sqrt{\varepsilon}E=\sqrt{\mu}H$.

(2) $\boldsymbol{E}$ 与 $\boldsymbol{H}$ 相互垂直，且均与转播方向 $\boldsymbol{v}$ 垂直，三者呈右手螺旋关系：$\boldsymbol{E}\times\boldsymbol{H}\,/\!/\,\boldsymbol{v}$，因而电磁波是横波.

(3) 沿一定方向传播的电磁波，$\boldsymbol{E}$ 与 $\boldsymbol{H}$ 分别在各自的平面上振动，此性质称为偏振性.

(4) 电磁波的传播速度为 $v=1/\sqrt{\mu\varepsilon}=1/(\sqrt{\mu_0\varepsilon_0}\cdot\sqrt{\mu_r\varepsilon_r})=c/n$，其中 $n=\sqrt{\mu_r\varepsilon_r}$ 称为介质的折射率；$c=1/\sqrt{\mu_0\varepsilon_0}=3\times10^8\ \mathrm{m\cdot s^{-1}}$ 是电磁波在真空中的传播速度，它与真空中的光速相等.

13.2.3　电磁波的能量　能流密度　电磁波的强度

以电磁波的形式传播出去的能量称为电磁波的辐射能. 电磁波传播的区域中，单位体积内电磁场的能量称为电磁波的能量密度. 按照电场和磁场能量密度的表达式，电磁波的能量密度为

$$w=w_e+w_m=\frac{1}{2}(\varepsilon E^2+\mu H^2)\tag{13.2.4}$$

在单位时间内，通过垂直于电磁波传播方向上的单位面积传播出去的电磁能称为电磁波的能流密度，用 S 表示. 利用平面电磁波的性质(1)和式(13.2.4)，可以将电磁波的能流密度表示为

$$\begin{aligned}S&=wv=(w_e+w_m)v=\frac{v}{2}(\varepsilon E^2+\mu H^2)\\&=\frac{1}{2\sqrt{\varepsilon\mu}}(\sqrt{\varepsilon}E\sqrt{\varepsilon}E+\sqrt{\mu}H\sqrt{\mu}H)=EH\end{aligned}\tag{13.2.5a}$$

令 $\boldsymbol{S}=S\cdot(\boldsymbol{v}/v)$，其中$(\boldsymbol{v}/v)$是电磁波传播方向上的单位矢量（$\boldsymbol{v}$ 是电磁波的传播速度），则 $\boldsymbol{S}$ 称为电磁波的能流密度矢量（又叫坡印亭矢量）. 式(13.2.5a)结合电磁波的基本性质(2)，可以将 $\boldsymbol{S}$ 表示为

$$\boldsymbol{S}=\boldsymbol{E}\times\boldsymbol{H} \tag{13.2.5b}$$

电磁波的强度定义为

$$I=\bar{S}=\langle S\rangle=\frac{1}{T}\int_t^{t+T}S\mathrm{d}t=\frac{1}{T}\int_t^{t+T}E_0H_0\cos^2\omega\left(t-\frac{r}{u}\right)\mathrm{d}t=\frac{1}{2}\sqrt{\frac{\varepsilon}{\mu}}E_0^2 \tag{13.2.6a}$$

I 正比于 E_0^2 或 H_0^2，通常使用其相对强度：

$$I=\frac{1}{2}E_0^2 \tag{13.2.6b}$$

13.2.4　电磁波谱

在真空中，各种电磁波都具有相同的传播速度，将各种电磁波按照波长或频率的大小顺序排列起来，就形成了电磁波谱，如图 13.7 所示.

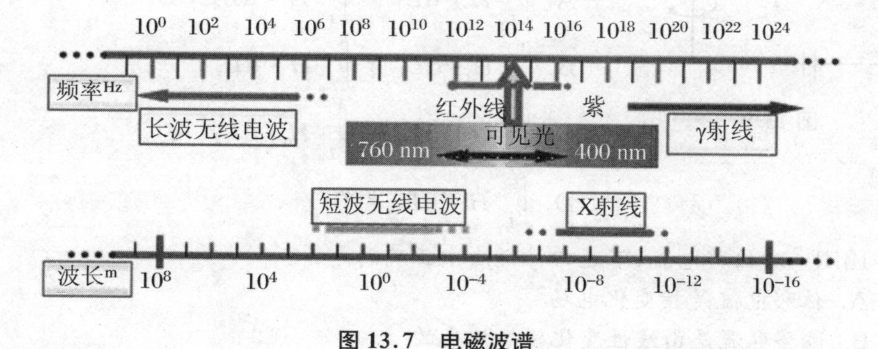

图 13.7　电磁波谱

对照图 13.7，我们可以将电磁波谱大致划分为如下六个区域.

(1) 无线电波和微波：长波(30～3 km)，主要用于远洋长距离通讯；中波(3000～50 m)和短波(50～10 m)，主要用于无线电广播、电报；超短波(10～0.1 m)和微波(0.1～0.001 m)，主要用于电视、雷达、无线电导航等.

(2) 红外线(6×10^5～760 nm)：主要应用于红外侦察、红外制导、红外热成像、红外报警等.

(3) 可见光(760～400 nm)：人眼敏感区.

(4) 紫外线(400～5 nm)：紫外线有显著的生理作用和荧光效应，可用于杀菌. 太阳发射的紫外线由于被大气层的臭氧吸收而不至于危及地球上的生命.

(5) X 射线(5～0.04 nm，又叫伦琴射线)：X 射线通常是由高速电子流轰击金属而产生的，具有很强的穿透力，能使照相底片感光，使荧光物质发光，可用于医疗

检查、金属探伤、晶体分析等.

(6) γ 射线(<0.04 nm):γ 射线通常是在核反应以及其他高能过程中产生的,可用于金属探伤.优于手术刀的 γ 刀就是 γ 射线在医学方面的应用.γ 爆(一种在极短时间内释放出无比巨大能量的突发性 γ 射线爆发现象)是天文学中最神秘的问题之一.

习 题 13

13.1 电位移矢量的时间变化率 $\mathrm{d}\boldsymbol{D}/\mathrm{d}t$ 的单位是( ).

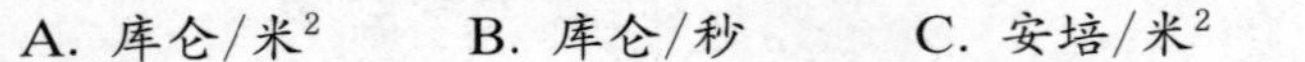

A. 库仑/米^2 B. 库仑/秒 C. 安培/米^2 D. 安培·米^2

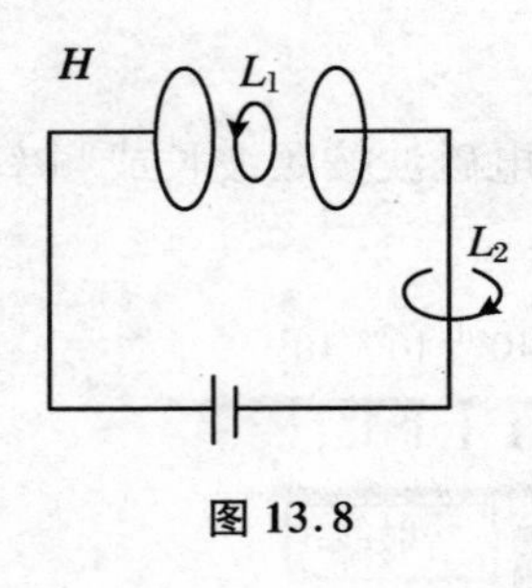

图 13.8

13.2 如图 13.8 所示,平板电容器(忽略边缘效应)充电时,对沿环路 L_1 的磁场强度 $\boldsymbol{H}$ 的环流与沿环路 L_2 的磁场强度 $\boldsymbol{H}$ 的环流,必有( ).

A. $\oint_{L_1} \boldsymbol{H}\cdot \mathrm{d}\boldsymbol{L}_1 > \oint_{L_2} \boldsymbol{H}\cdot \mathrm{d}\boldsymbol{L}_2$

B. $\oint_{L_1} \boldsymbol{H}\cdot \mathrm{d}\boldsymbol{L}_1 = \oint_{L_2} \boldsymbol{H}\cdot \mathrm{d}\boldsymbol{L}_2$

C. $\oint_{L_1} \boldsymbol{H}\cdot \mathrm{d}\boldsymbol{L}_1 < \oint_{L_2} \boldsymbol{H}\cdot \mathrm{d}\boldsymbol{L}_2$

D. $\oint_{L_1} \boldsymbol{H}\cdot \mathrm{d}\boldsymbol{L}_1 = 0$

13.3 对位移电流,下述四种说法中正确的是( ).

A. 位移电流是指变化电场

B. 位移电流是由线性变化磁场产生的

C. 位移电流的热效应服从焦耳—楞次定律

D. 位移电流的磁效应不服从安培环路定理

13.4 根据电磁场满足的麦克斯韦方程组,下述说法正确的是( ).

A. 电场产生磁场,磁场产生电场

B. 变化的电场产生磁场,变化的磁场产生电场

C. 变化的电场产生磁场,但不产生电场

D. 有电场时磁场为零,有磁场时电场为零

13.5 如图 13.9 所示,空气中有一无限长金属薄壁圆筒,在表面上沿圆周方向均匀地流着一层随时间变化的面电流 $i(t)$,则( ).

A. 圆筒内均匀地分布着变化磁场和变化电场

B. 任意时刻通过圆筒内假想的任一球面的磁通量和电通量均为零

C. 沿圆筒外任意闭合环路上磁感应强度的环流不为零

D. 沿圆筒内任意闭合环路上电场强度的环流为零

13.6　如图 13.10 所示,一带电量为 q 的点电荷,以匀角速度 ω 做圆周运动,圆周的半径为 R.设 $t=0$ 时 q 所在点的坐标为 $x_0=R,y_0=0$,以 $\boldsymbol{i}$、$\boldsymbol{j}$、$\boldsymbol{k}$ 分别表示 x 轴、y 轴和 z 轴上的单位矢量,则圆心处 O 点的位移电流密度为(　　).

A. $\dfrac{q\omega}{4\pi R^2}(\sin\omega t)\boldsymbol{i}$　　　B. $\dfrac{q\omega}{4\pi R^2}\cos\omega\boldsymbol{j}$

C. $\dfrac{q\omega}{4\pi R^2}\boldsymbol{k}$　　　D. $\dfrac{q\omega}{4\pi R^2}[(\sin\omega t)\boldsymbol{i}-(\cos\omega t)\boldsymbol{j}]$

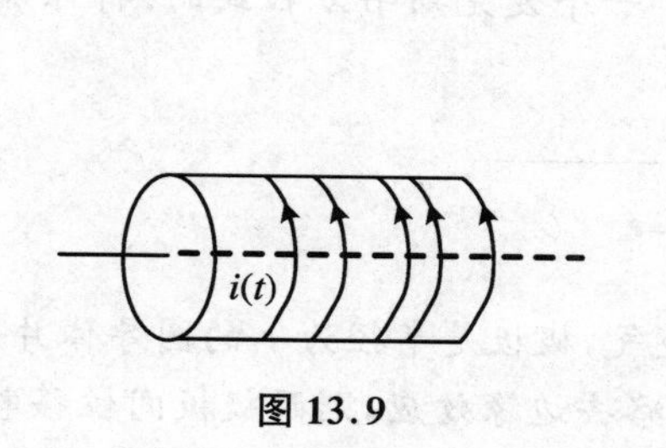

图 13.9

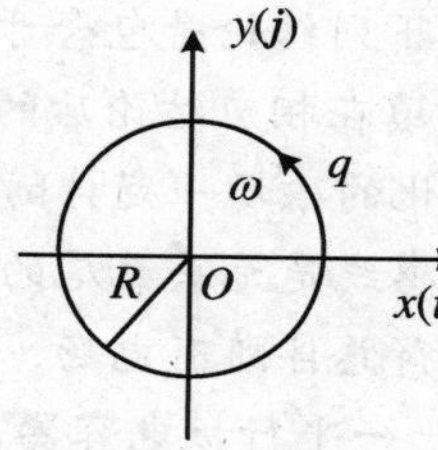

图 13.10

13.7　在半径为 0.01 m 的直导线中,流有 2 A 电流,已知 1000 m 长度的导线的电阻为 0.5 Ω,则在导线表面上任意点的能流密度矢量的大小为(　　).

A. $3.18\times10^{-2}\ \mathrm{W\cdot m^{-2}}$　　　B. $1.27\times10^{-2}\ \mathrm{W\cdot m^{-2}}$

C. $3.18\times10^{-3}\ \mathrm{W\cdot m^{-2}}$　　　D. $1.60\times10^{-3}\ \mathrm{W\cdot m^{-2}}$

13.8　在真空中沿着 z 轴正方向传播的平面电磁波的磁场强度的表达式为 $H_x=2.00\cos[\omega(t-z/c)+\pi]$,则它的电场强度的表达式为________.(取真空介电常量 $\varepsilon_0=8.85\times10^{-12}\ \mathrm{C^2\cdot N^{-1}\cdot m^{-2}}$,真空磁导率 $\mu_0=4\pi\times10^{-7}\ \mathrm{N\cdot A^{-2}}$.)

13.9　如图 13.11 所示为一圆柱体的横截面,圆柱体内有一均匀电场 $\boldsymbol{E}$,其方向垂直纸面向里,$\boldsymbol{E}$ 的大小随时间 t 线性增加,P 为柱体内与轴线相距为 r 的一点,则:(1) P 点的位移电流密度的方向为________;(2) P 点感生磁场的方向为________.

13.10　一圆形平行板电容器,从 $q=0$ 开始充电,参考图 13.12,试画出充电过程中,极板间某点 P 处电场强度的方向和磁场强度的方向.

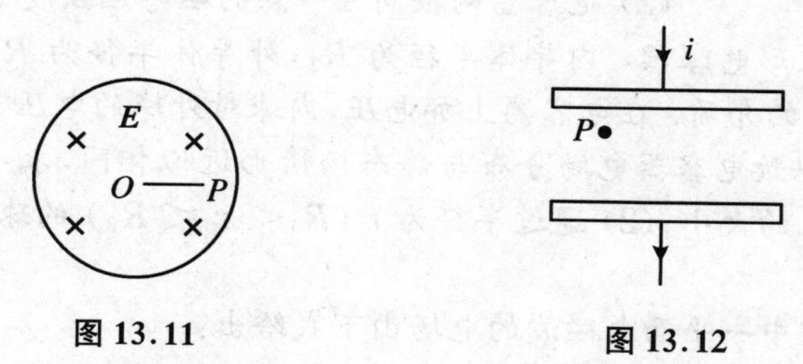

图 13.11　　　图 13.12

13.11　真空中,反映电磁场基本性质和规律的积分形式的麦克斯韦方程组为

$$\oiint_S \boldsymbol{E} \cdot \mathrm{d}\boldsymbol{S} = \frac{q_{\text{int}}}{\varepsilon_0} \tag{1}$$

$$\oint_L \boldsymbol{E} \cdot \mathrm{d}\boldsymbol{L} = -\iint_S \frac{\partial \boldsymbol{B}}{\partial t} \cdot \mathrm{d}\boldsymbol{S} \tag{2}$$

$$\oint_S \boldsymbol{B} \cdot \mathrm{d}\boldsymbol{S} = 0 \tag{3}$$

$$\oint_L \boldsymbol{B} \cdot \mathrm{d}\boldsymbol{L} = \mu_0 \iint_S \left(\boldsymbol{J}_c + \varepsilon_0 \frac{\partial \boldsymbol{E}}{\partial t}\right) \cdot \mathrm{d}\boldsymbol{S} \tag{4}$$

试判断下列结论是包含于或等效于哪一个麦克斯韦方程式的.将你确定的方程式用代号填在相应结论后的空白处.

(1) 变化的磁场一定伴随有电场.＿＿＿＿＿＿

(2) 磁感线是无头无尾的.＿＿＿＿＿＿

(3) 电荷总伴随有电场.＿＿＿＿＿＿

13.12　一平行板电容器,两板间为空气,极板是半径为 r 的圆导体片,在充电时极板间电场强度的变化率为 $\mathrm{d}E/\mathrm{d}t$,若略去边缘效应,则两极板间位移电流密度为＿＿＿＿＿＿,位移电流为＿＿＿＿＿＿.

13.13　真空中一简谐平面电磁波的电场强度振幅为 $E_0 = 1.20 \times 10^{-2}$ V/m.该电磁波的强度为＿＿＿＿＿＿.(取真空介电常量 $\varepsilon_0 = 8.85 \times 10^{-12}$ F/m,真空磁导率 $\mu_0 = 4\pi \times 10^{-7}$ H/m.)

13.14　给电容为 C 的平行板电容器充电,电流为 $i = 0.2\mathrm{e}^{-t}$,设 $t = 0$ 时电容器极板上无电荷.求:(1) 极板间电压 U 随时间 t 而变化的关系;(2) t 时刻极板间总的位移电流 I_d(忽略边缘效应).

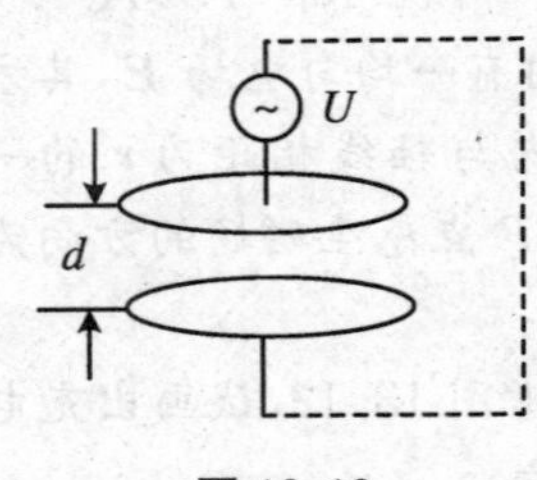

图 13.13

*13.15　如图 13.13 所示,由圆形板构成的平板电容器,两极板之间的距离为 d,其中的介质为非理想绝缘的,具有电导率为 γ、介电常数为 ε、磁导率为 μ 的非铁磁性各向同性均匀介质.两极板间加电压 $U = U_0 \sin \omega t$.忽略边缘效应,试求:(1) 两板间的电场强度 $\boldsymbol{E}$、传导电流密度 $\boldsymbol{J}_c$、位移电流密度 $\boldsymbol{J}_d$ 大小各自随时间的变化规律;(2) 电容器两板间任一点的磁感应强度 $\boldsymbol{B}$ 的变化规律.

13.16　一球形电容器,内导体半径为 R_1,外导体半径为 R_2,两球间充有相对介电常数为 ε_r 的介质.在电容器上加电压,内球对外球的电压为 $U = U_0 \sin t$.假设 ω 不太大,以致电容器电场分布与静态场情形近似相同,求:(1) 介质中各处位移电流密度 $\boldsymbol{J}_d$ 的大小;(2) 通过半径为 r ($R_1 < r < R_2$) 的球面的总位移电流 I_d.

13.17　真空中一平面电磁波的电场由下式给出:

$$E_x = 0, \quad E_y = 60 \times 10^{-2} \cos\left[2\pi \times 10^8 \left(t - \frac{x}{c}\right)\right], \quad E_z = 0$$

式中 $c=3\times10^8$ m 为真空中的光速. 求:(1) 波长和频率;(2) 传播方向;(3) 磁场 $\boldsymbol{B}$ 的大小和方向.

*13.18　如图13.14所示,一圆柱形长导线载有均匀分布的稳恒电流 I,导线截面半径为 a,电阻率为 ρ. 求:(1) 在导线内距圆柱轴 OO' 为 r 处一点的 $\boldsymbol{E}$ 矢量的大小与方向;(2) 在上述点处磁场强度 $\boldsymbol{H}$ 的大小和方向;(3) 在上述点处,坡印亭矢量 $\boldsymbol{S}$ 的大小和方向.

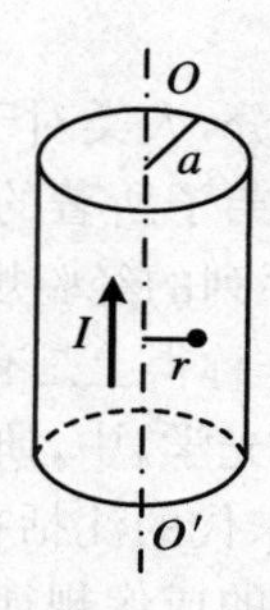

图 13.14

第四篇　光　学

光学是基础物理的重要组成部分，人类对于光学知识的研究已有两千多年的历史.早在春秋战国时期，墨翟及其弟子所著的《墨经》中，就记载了光的直线传播和镜面反射等现象，并且提出了一系列的经验规律，同时将物和像的位置及其大小与作用镜面的曲率相联系，这一著作称得上是有关光学知识的最早记录.其后约一百多年，希腊数学家欧几里得所著《光学》中，研究了平面镜成像问题，提出了反射角等于入射角.公元11世纪，我国宋代的沈括在《梦溪笔谈》中记载了极为丰富的几何光学知识，包括凹面镜、凸面镜的成像规律，测定凹面镜焦点的原理等.其后，荷兰的李普塞在1608年发明了第一架望远镜，提高了人眼的观察能力，促进了天文学和航海事业的发展.

1801年，托马斯·杨提出光的波动理论，通过著名的“杨氏双缝干涉实验”第一次成功测定了光波的波长.1808年，马吕斯发现了光的偏振现象，确定了光的横波性.但此时科学家认为光的波动是在“以太”中的机械弹性波动.

1845年，法拉第发现了光的振动面在强磁场中的旋转，揭示了光与电磁之间的内在联系.1865年，麦克斯韦提出光是一种电磁现象.1888年，赫兹通过实验证实了上述结论.

1900年，普朗克提出了辐射的量子论，成功解释了黑体辐射问题.1905年爱因斯坦提出了光量子理论，解释了光电效应.1924年德布罗意提出了物质粒子的波粒二象性，指出光和一切微观粒子都具有波粒二象性.

本篇主要讨论光的波动性，即光的干涉、衍射和偏振等.

第14章 光的干涉

14.1 光的电磁理论

14.1.1 光的电磁理论

1845年,英国物理学家法拉第在实验中观察到光的振动面在磁场中发生偏转,首先发现了光和电磁现象间的密切联系.1865年,英国物理学家麦克斯韦在总结库仑、安培、法拉第等科学家的电磁理论基础上,把电磁现象的规律概括成了麦克斯韦方程,并由此预言了电磁波的存在.按照麦克斯韦的理论,电磁波在真空中传播的速度 $c=1/\sqrt{\varepsilon_0\mu_0}$,$c$ 只和真空中的电容率 ε_0 及磁导率 μ_0 有关,是一个普适常数,在实验误差范围内,这个常数 c 与已测得的光速相等.由此,麦克斯韦得出结论:光是某一波段的电磁波,c 即光在真空中传播的速度.

$$c = \frac{1}{\sqrt{\varepsilon_0\mu_0}} = 2.997\,924\,58\times10^8(\text{m}\cdot\text{s}^{-1})$$

光在不同介质中传播的速度为

$$v = \frac{c}{\sqrt{\varepsilon_r\mu_r}} \tag{14.1.1}$$

式中 ε_r 是介质的相对电容率,μ_r 是介质的相对磁导率.光在透明介质中的传播速度 v 小于真空中的传播速度 c.c 与 v 的比值即为该透明介质的折射率:

$$n = \frac{c}{v} \tag{14.1.2}$$

比较式(14.1.1)和式(14.1.2),可得

$$n = \sqrt{\varepsilon_r\mu_r} \tag{14.1.3}$$

由于在光频段 $\mu_r=1$,因此

$$n \approx \sqrt{\varepsilon_r}$$

上式将光学和电磁学这两个不同领域中的物理量联系了起来.光波在不同介质中传播时,频率保持不变,但光的传播速度 v 和波长 λ 随着介质的不同而改变.

电磁波传播时,会发生能量的传递.在定量研究电磁能的传输时,引入了能流

密度矢量，它表示单位时间通过以观察点为中心、垂直于传播方向的单位面积上的电磁辐射通量. 光波中通常将能流密度称为光强，用 I 表示. 光强表示单位时间内通过与传播方向垂直的单位面积的光的能量在一个周期内的平均值，即单位面积上的平均光功率. 若用 A 表示光振动的振幅，则光强 $I \propto A^2$. 在波动光学中主要讨论光波所到之处的相对光强度，因此在同一种介质中通常就直接将光强定义为

$$I = A^2$$

人眼可感受到的电磁波波长范围在 390～760 nm，这个波段的电磁波称为可见光. 不同的波长引起不同的颜色感觉，如表 14.1 所示. 人眼对波长为 550 nm 的绿光最为敏感.

表 14.1　光的颜色、频率及波长对照表

颜　色	中心频率/Hz	中心波长/nm	波长范围/nm
红	4.5×10^{14}	660	760～622
橙	4.9×10^{14}	610	622～597
黄	5.3×10^{14}	570	597～577
绿	5.5×10^{14}	550	577～492
青	6.5×10^{14}	460	492～450
蓝	6.8×10^{14}	440	450～435
紫	7.3×10^{14}	410	435～390

14.1.2　光源的发光机理

能发光的物体称为光源，常用的光源有普通光源和激光光源. 不同的光源发光机理各不相同. 简单地说，物体中的原子有各种不同的能量状态，当原子从高能态跃迁到低能态时，多余的能量以光辐射的形式释放，物体因此发光.

光辐射通常有两种方式，一种是自发辐射，另一种是受激辐射. 若处于高能态的原子自发地从高能态随机跃迁到低能态，把多余的能量以光波的形式辐射出来，这一过程称为自发辐射. 普通光源（如白炽灯、日光灯等）发光属于自发辐射. 若处于高能态上的原子，在向低能态跃迁并发生辐射之前，受到外来能量光子的刺激，导致其向低能级跃迁，同时辐射出一个与外来光子的频率、相位、偏振态、传播方向都相同的光子，这个过程称为受激辐射. 受激辐射是形成激光的基础.

在自发辐射方式下，由于各个分子或原子发出的光波彼此独立，互不关联，因而在同一时刻，各个分子或原子发出的波列的频率、振动方向以及相位都不相同. 即使是同一个分子或原子，在不同时刻发出的波列的频率、振动方向和相位也不尽相同.

若要使物体能持续发光，则需要低能态的原子能够重新回到高能态，这个过程称为激励.激励所需要的能量可以有很多种，例如，光能、电能、化学能、热能、核能等.

14.1.3 光波的叠加及相干条件

在力学学习中已经知道，从几个振源发出的波相遇于同一区域时，只要振动不十分强烈，就可以各自保持自己的特性(频率、振幅和振动方向等)，按照自己原来的传播方向继续前进，彼此不受影响.这就是波动独立性的表现.

在相遇区域内，介质质点的合位移是各波分别单独传播时在该点引起的位移的矢量和.因此，可以简单地、没有畸变地把各波的分位移按照矢量加法叠加起来，这就是波动的叠加性.叠加性以独立性为条件，是简单的叠加.

如图14.1所示，设真空中有 S_1 和 S_2 两个单色光源发出频率相同、振动方向相同的两列光波，t 时刻在 P 点处引起的光振动分别为

$$E_1 = A_1\cos\left(\omega t + \varphi_{10} - \frac{2\pi}{\lambda}r_1\right) = A_1\cos(\omega t + \varphi_1)$$

$$E_2 = A_2\cos\left(\omega t + \varphi_{20} - \frac{2\pi}{\lambda}r_2\right) = A_2\cos(\omega t + \varphi_2)$$

式中，A_1 和 A_2 分别为两光源的振动振幅，φ_{10} 和 φ_{20} 分别为两光源的初相位，ω 为振动的圆频率，φ_1 和 φ_2 分别为两光波在 P 点振动的初相位，r_1 和 r_2 分别为两光源到 P 点的距离.

P 点处的光振动，是两列光波单独在该点产生的光振动的合成，叠加后 P 点处的相对光强应由合振动振幅的平方 A^2 决定，且

$$A^2 = A_1^2 + A_2^2 + 2A_1A_2\cos(\varphi_2 - \varphi_1) \tag{14.1.4}$$

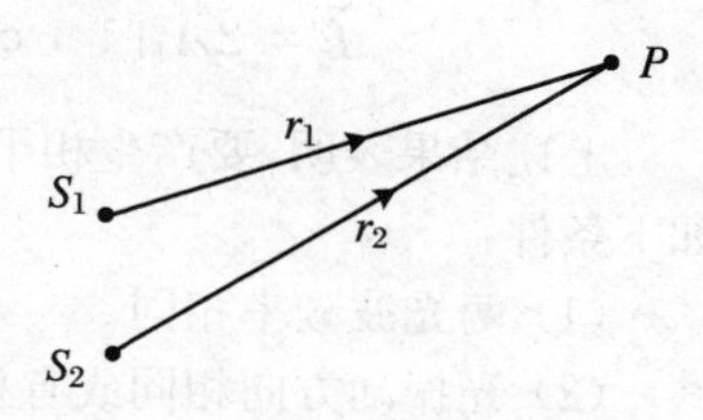

图14.1 光波的叠加

由式(14.1.4)可知，相位差 $\varphi_2 - \varphi_1$ 为任意角度的情况下，两个振动叠加时，合振动的强度不等于分振动强度之和.但实际观察到的总是在较长时间内的平均强度.某一时间间隔 τ，其值远大于光振动的周期 T.合振动在该时间间隔内的平均相对强度为

$$\overline{I} = \overline{A^2} = \frac{1}{\tau}\int_0^\tau [A_1^2 + A_2^2 + 2A_1A_2\cos(\varphi_2 - \varphi_1)]\mathrm{d}t$$

$$= I_1 + I_2 + 2\sqrt{I_1I_2}\,\frac{1}{\tau}\int_0^\tau \cos(\varphi_2 - \varphi_1)\mathrm{d}t$$

式中，光强 I_1、I_2 是不随时间变化的定值；第三项 $2\sqrt{I_1I_2}\,\frac{1}{\tau}\int_0^\tau \cos(\varphi_2 - \varphi_1)\mathrm{d}t$ 称为干涉项，它由 P 点处两分振动的相位差 $\varphi_2 - \varphi_1$ 决定.假定在观察时间内，两振动

初相位各自独立地做不规则的改变，几率均等地在观察时间内多次重复取 $0 \sim 2\pi$ 范围内的一切可能值，则有

$$\frac{1}{\tau}\int_0^\tau \cos(\varphi_2 - \varphi_1)\mathrm{d}t = 0$$

因而两光波叠加后 $\overline{I} = I_1 + I_2$，表明两光波叠加所产生的总强度等于各分强度之和. 这种叠加称为非相干叠加，参与叠加的光波称为非相干光波，光源称为非相干光源.

如果两振动相位差始终保持不变，则有

$$\frac{1}{\tau}\int_0^\tau \cos(\varphi_2 - \varphi_1)\mathrm{d}t = \cos(\varphi_2 - \varphi_1)$$

则合振动平均强度

$$\overline{I} = \overline{A^2} = I_1 + I_2 + 2\sqrt{I_1 I_2}\cos(\varphi_2 - \varphi_1)$$

如果两振动的相位差为 π 的偶数倍，即有

$$\varphi_2 - \varphi_1 = \pm 2j\pi, \quad j = 0,1,2,3,\cdots$$

则 $\overline{I} = (A_1 + A_2)^2$，合振动平均强度达到最大值（称为干涉相长）.

如果两振动的相位差为 π 的奇数倍，即有

$$\varphi_1 - \varphi_2 = \pm(2j+1)\pi, \quad j = 0,1,2,3,\cdots$$

则 $\overline{I} = (A_1 - A_2)^2$，合振动平均强度达到最小值（称为干涉相消）.

如果两振动的振幅相等，且 $\varphi_2 - \varphi_1$ 等于任何其他值，则合振动的平均强度介于上述两者之间：

$$\overline{I} = 2A_1^2[1 + \cos(\varphi_2 - \varphi_1)] = 4A_1^2\cos^2\frac{\varphi_2 - \varphi_1}{2} \tag{14.1.5}$$

上述结果表明，要产生相干叠加形成稳定的干涉图样，相叠加的光波必须满足如下条件：

(1) 两光波频率相同.

(2) 光振动方向相同或有相同方向的振动分量.

(3) 相位差恒定.

这些条件称为光的相干条件，满足相干条件的光称为相干光.

普通光源发出的光束一般是非相干的. 若将同一发光点发出的光波分成两束，使之经历不同的路径再相遇，则它们的频率和初相位相同，在相遇点具有恒定的相位差，满足相干条件. 具体方法可采用分波阵面法和分振幅法. 前者是从同一个波阵面的不同部分产生两束次级波，使之发生干涉，如杨氏双缝干涉；后者是利用光在透明介质薄膜表面的反射和折射将同一光束分割成振幅较小的两束相干光，如薄膜干涉.

14.2 分波阵面干涉

14.2.1 光程 光程差

为了便于计算光在不同介质中传播后相遇时的相位差,引入一个新的概念——光程.光在介质中传播时所走的几何路程 r 与该介质的折射率 n 的乘积 nr 称为光程,用 Δ 表示.

由 $n=\dfrac{c}{v}$,得

$$\Delta = nr = \frac{c}{v}r = ct$$

上式表明,光程实际上表示相同时间内光在真空中所走的路程.若一束光连续通过几种不同的介质,则光程可表示为 $\sum_i n_i r_i$.

两束光在不同介质中的光程差可表示为

$$\delta = \Delta_2 - \Delta_1 = n_2 r_2 - n_1 r_1 \tag{14.2.1}$$

相位差可表示为

$$\Delta\varphi = \frac{2\pi}{\lambda}\delta \tag{14.2.2}$$

式中 λ 表示光在真空中的波长.

14.2.2 杨氏双缝干涉实验

1801 年,托马斯·杨最先用实验得到了两列相干的光波,实现了光的干涉,用光的波动性解释了光的干涉现象,并通过该实验首次算出了光的波长.实验原理如图 14.2 所示.

单色光源发出的光照射在开有小孔 S 的光阑上,在 S 后放置另一光阑,其上开有相距很近的小孔 S_1 和 S_2,且 S_1 和 S_2 到 S 的距离相等.小孔 S 可看作是发射球面波的点光源,若 S_1 和 S_2 处于该球面波的同一个波面上,则它们具有相同的相位,即 S_1 和 S_2 为两相干光源,它们发出的光波列满足光的相干条件,在空间相遇会发生干涉现象.由于 S_1 和 S_2 是从 S 的同一个波阵面上分割出来的两个子波,故称为分波阵面干涉.在 S_1 和 S_2 后面放置一个接收屏,则可在该接收屏上观察到明暗相间的干涉条纹.若将图中 S、S_1 和 S_2 都用狭缝代替小孔,则称为双缝干涉实验,得到的干涉条纹更加明亮.

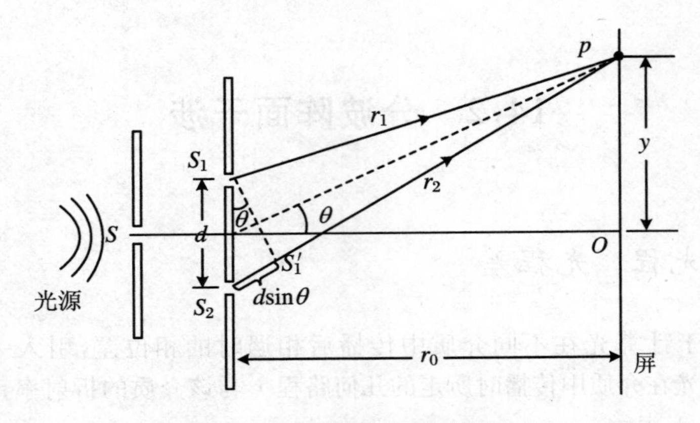

图 14.2　杨氏实验原理图

设 S_1 和 S_2 之间的距离为 d，双缝所在平面与接收屏平行，两者之间的垂直距离为 r_0，在接收屏上任取一点 p，S_1 和 S_2 到 p 点的距离分别为 r_1 和 r_2，p 点到 O 点的距离用 y 表示，在近轴和远场的近似条件下，即 $r_0 \gg d$，$r \gg \lambda$，过 S_1 作 $S_1S_1' \perp S_2p$，此时，从 S_1 和 S_2 到 p 点的光程差为

$$\delta = r_2 - r_1 \approx d\sin\theta \approx d\tan\theta = d\,\frac{y}{r_0} \tag{14.2.3}$$

根据波的相干叠加条件，有

$$\delta = r_2 - r_1 = \begin{cases} \pm j\lambda, & j = 0,1,2,\cdots,\text{干涉加强} \\ \pm(2j-1)\dfrac{\lambda}{2}, & j = 1,2,\cdots,\text{干涉减弱} \end{cases} \tag{14.2.4}$$

式中正负、号表示干涉条纹在中心点 O 的两边对称分布；j 表示级次，其中 $j=0$ 表示零级明纹中心即 O 点. 若光程差不满足以上两式，则该点光强度介于明、暗之间.

由式(14.2.3)和式(14.2.4)，可得各级明、暗条纹在接收屏上的位置满足

$$y = \begin{cases} \pm j\dfrac{r_0}{d}\lambda, & j = 0,1,2,\cdots,\text{明纹中心} \\ \pm(2j-1)\dfrac{r_0}{d}\dfrac{\lambda}{2}, & j = 1,2,\cdots,\text{暗纹中心} \end{cases} \tag{14.2.5}$$

由各级明纹或暗纹公式，可得相邻亮条纹或相邻暗条纹的间距：

$$\Delta y = y_{j+1} - y_j = \frac{r_0\lambda}{d} \tag{14.2.6}$$

由以上推导可得：

(1) 相邻暗纹或相邻明纹是等间距的，与干涉级次 j 无关.

(2) 条纹间距与入射光波长 λ 成正比，与双缝之间距离 d 成反比，与双缝到接收屏距离 r_0 成正比.

(3) 若用白色光照射杨氏实验装置，由于不同波长产生的明暗条纹位置各不

相同，所以接收屏上观察到五颜六色的彩带.

(4) 若改变杨氏双缝实验所在介质(例如在水中做该实验)，则条纹间距发生变化，因为不同介质中，同一光源所发光束波长不同.

(5)若单缝 S 到狭缝 S_1 和 S_2 距离不相等，则接收屏上中央明纹的位置将发生变化，到达接收屏上任一点总的光程差不仅由 r_1 和 r_2 之间的光程差决定，还要考虑 S 到狭缝 S_1 和 S_2 所产生的光程差.

例 14.1 在杨氏双缝干涉实验中，用波长 $\lambda = 589.3$ nm 的钠光作为光源，若双缝之间的距离 $d = 2$ mm，双缝到接收屏距离 $r_0 = 100$ cm，问:(1) 干涉图样中，相邻明纹中心间距为多少? (2) 若以折射率为 1.5 的透明薄片贴住缝 S_1，发现屏上条纹移动了 1 cm，求薄片的厚度.

解 (1) $d = 2$ mm 时，相邻明条纹的间距为

$$\Delta y = \frac{r_0\lambda}{d} = \frac{1000}{2} \times 589.3 \times 10^{-6} = 0.295\ (\text{mm})$$

(2) 根据题意，中央明纹的位置从 p_0 点移动到了 p 点，S_1 和 S_2 到达 p 点的光程差为

$$\delta = \frac{d}{r_0}y = \frac{2}{1000} \times 10 = 0.02\ (\text{mm})$$

设薄片厚度为 d_0，加入薄片后改变的光程差为 $\delta = (n-1)d_0$，则有

$$(n-1)d_0 = \frac{d}{r_0}y$$

解得 $d_0 = 0.04$ mm.

14.2.3 菲涅耳双面镜实验 洛埃镜实验

杨氏实验装置中的狭缝很小，其边缘往往对实验产生影响. 后来法国物理学家菲涅耳进行了著名的菲涅耳双面镜实验. 如图 14.3 所示，该实验使用两块平面镜 M_1 和 M_2，两者交角接近 180°. 狭缝光源 S 与两镜面交棱平行，设 S_1 和 S_2 为 S 在两镜面中所成的虚像，则屏幕上的干涉条纹就如同是从两相干虚光源 S_1 和 S_2 发出的光束产生的. 可利用杨氏干涉实验结果计算该实验中各级明、暗条纹位置及条纹间距.

洛埃镜实验是另一种分波阵面干涉的典型实验. 如图 14.4 所示，M 为一平面镜，从狭缝光源 S 发出的光波，一部分直接投射到后面的接收屏上，另一部分掠入射到平面镜后反射到接收屏上. 这两束光满足相干条件，在接收屏上出现干涉条纹.

若将屏幕平移至洛埃镜的一端 N 靠紧，这时两束光在接触点的几何光程差为零，根据干涉理论，该点应出现明条纹，但实验结果恰好相反，接触点 N 处出现的是暗条纹. 其他位置处条纹也出现这种情况，根据光程差计算应该是强度最大的地

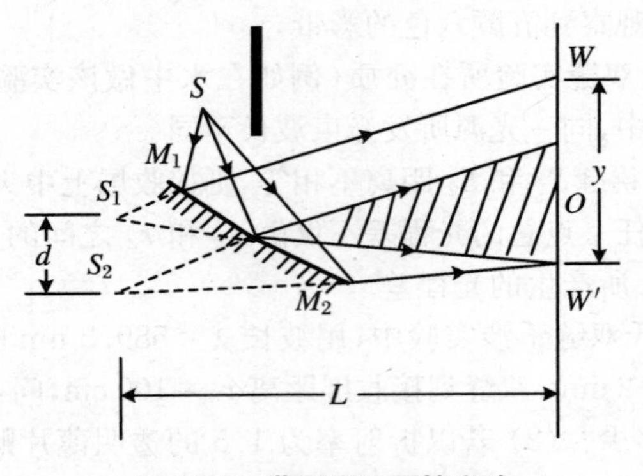

图 14.3 菲涅耳双面镜实验

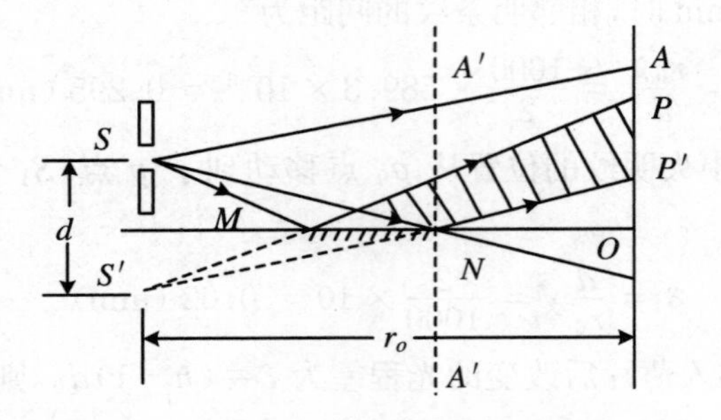

图 14.4 洛埃镜实验

方,实际观察到的都是暗条纹;而根据光程差计算强度最小的地方,实际观察到的都是明条纹.该实验结果表明:在两束相干光中,其中一束光的相位改变了 π.由于光在同一种均匀介质中传播时,不可能无故产生相位的改变,所以这一实验显示了一个事实:光波从折射率较小的光疏介质向折射率较大的光密介质表面入射,入射角接近 90°(掠入射)或入射角接近 0(正入射)两种情况下,反射光产生了 π 相位的突变,相当于多走了半个波长,这种现象被形象地称为“半波损失”.光在不同介质界面折射时不产生“半波损失”.

14.2.4 光的时空相干性

对于普通光源,原子发射的是不连续的波列,每一波列持续的时间 τ 很短,为 $10^{-8}\sim10^{-10}$ s,每个波列的长度 $L=c\tau$(c 是光在真空中传播的速度)也很短.

如图 14.5 所示杨氏双缝干涉实验,如果光源 S 发射一列光波 a,经杨氏双缝干涉装置分为 a'、a''两个波列,这两个波列沿不同路径 r_1、r_2 传播后,又在空间相遇.由于波列 a'、a''是从同一列波分割出来的,满足相干条件,可发生干涉.但是,若到达 P 点的两束光的光程差太大,大于波列的长度,则 a'、a''两波列不能在 P 点相遇,b'、a''可能在 P 点相遇并叠加.但由于波列 a''和波列 b'不是从同一波阵面上分割出来的，没有固定的相位关系，因此不能发生干涉.故干涉的必要条件是两光波在相遇点的光程差应小于波列的长度.

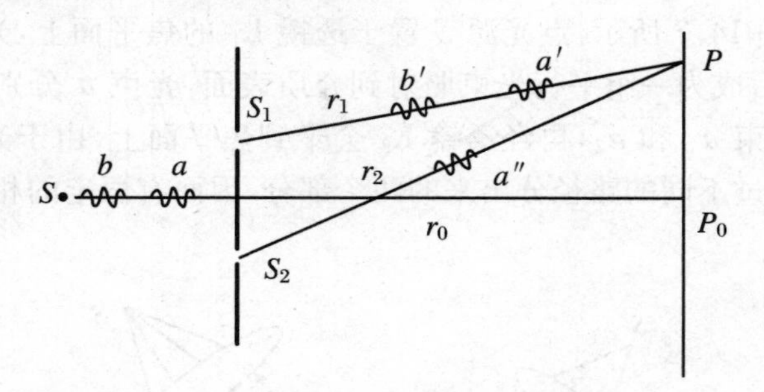

图 14.5　光的时间相干性

在杨氏双缝干涉实验中，人们发现，若增加光源 S 的缝宽，屏幕上接收到的干涉条纹将变得模糊.

如图 14.6 所示，若光源 S 的宽度用 δs 表示，则可将该光源 S 看成是由无数多互不相干的线光源组成，每个线光源都可在屏幕上形成一组干涉条纹，由于每个线光源所在位置不同，产生的明、暗相间的干涉条纹位置也各不相同，相互之间非相干叠加，条纹变得模糊.

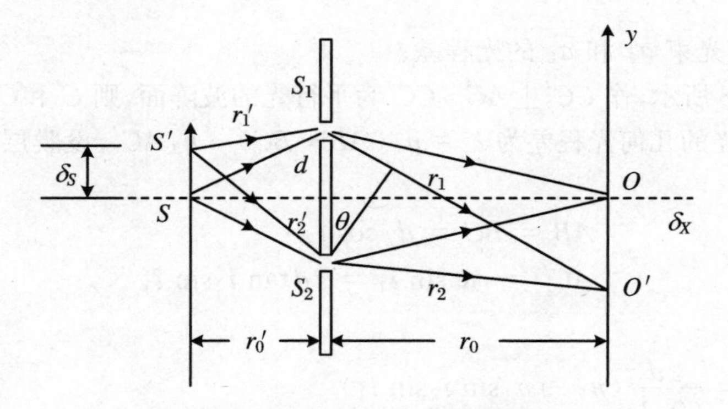

图 14.6　光源的线度对干涉条纹的影响

14.3　分振幅薄膜干涉

14.3.1　薄膜干涉

杨氏双缝干涉实验利用分波阵面法获得了两束可相干的光束，下面讨论另一类获得可相干光束的方法——分振幅法.

设表面相互平行的平面透明介质薄膜(折射率为 n_2)置于另一透明介质(折射率为 n_1)中.如图 14.7 所示,点光源 S 置于透镜 L_1 的焦平面上,光源 S 发出的光经透镜 L_1 折射后成为一组平行光束照射到介质表面,光束 a 分别经膜层的上、下表面反射得到光束 a_1 和 a_2,再经透镜 L_2 会聚到焦平面上.由于光束 a_1 和 a_2 是同一入射光束经过不同的路径分出来的两个部分,因而有恒定的相位差,可以产生干涉.

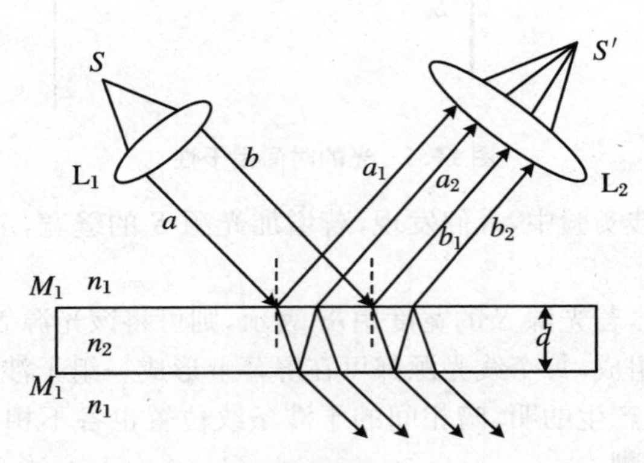

图 14.7　薄膜干涉

下面计算光束 a_1 和 a_2 的光程差.

如图 14.8 所示,作 $CC' \perp AC'$,CC'为平行光的波阵面,则 C 和C'至 S'点的光程相等,两束光的几何光程差为 $\delta' = n_2(AB + BC) - n_1 AC'$,设膜层的厚度为 d,则由图可知:

$$AB = BC = d/\cos i_2$$

$$AC' = AC\sin i_1 = 2d\tan i_2 \sin i_1$$

故

$$\delta' = \frac{2d}{\cos i_2}(n_2 - n_1 \sin i_2 \sin i_1)$$

$$= \frac{2d}{\cos i_2} n_2 (1 - \sin i_2 \sin i_2) \quad (\text{根据 } n_1 \sin i_1 = n_2 \sin i_2)$$

$$= 2n_2 d\cos i_2 = 2d\sqrt{n_2^2 - n_1^2 \sin^2 i_1} \tag{14.3.1}$$

以上讨论的是两束相干光的几何光程差,由于两介质的折射率不同,还需要考虑光束在两介质界面反射时是否有半波损失,考虑到只要薄膜处在同一介质中,光在薄膜上、下表面反射时物理性质必然相反,因此两束反射光在 S'点相遇时必然有额外的光程差,则总光程差为

$$\delta = \delta' + \frac{\lambda}{2} = 2d\sqrt{n_2^2 - n_1^2 \sin^2 i_1} + \frac{\lambda}{2} \tag{14.3.2}$$

根据干涉条件,有

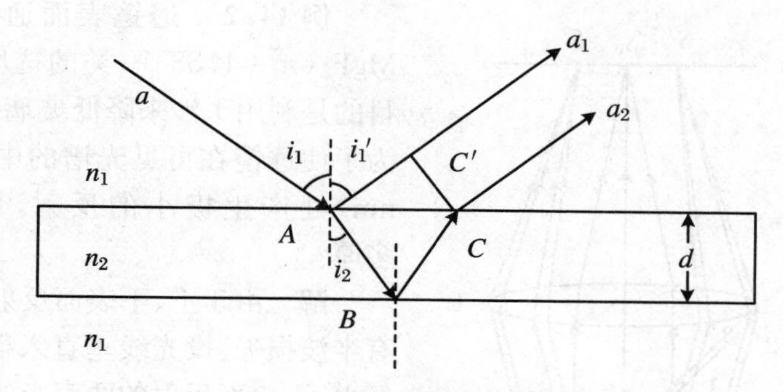

图 14.8　薄膜干涉光程差的计算

$$\delta = 2d\sqrt{n_2^2 - n_1^2\sin^2 i_1} + \frac{\lambda}{2} = \begin{cases} j\lambda, & j = 1,2,\cdots,\text{干涉加强} \\ (2i+1)\dfrac{\lambda}{2}, & j = 0,1,2,\cdots,\text{干涉减弱} \end{cases} \tag{14.3.3}$$

若光垂直入射,即 $i_1 = 0$,则

$$\delta = 2n_2 d + \frac{\lambda}{2} = \begin{cases} j\lambda, & j = 1,2,\cdots,\text{干涉加强} \\ (2j+1)\dfrac{\lambda}{2}, & j = 0,1,2,\cdots,\text{干涉减弱} \end{cases} \tag{14.3.4}$$

在透射光中,也可产生干涉现象. 两透射光之间没有附加的光程差,即总光程差为

$$\delta = 2d\sqrt{n_2^2 - n_1^2\sin^2 i_1} \tag{14.3.5}$$

与反射光的光程差相比,差了半个波长,即当反射光干涉相互加强时,透射光的干涉相互减弱.

14.3.2　等倾干涉

观察以上薄膜干涉的光程差表达式,可以发现,对于 d、n_1、n_2 确定的平行薄膜,凡是具有相同入射角的入射光束经膜层上、下表面反射后产生的相干光束都具有相同的光程差,则有相同的干涉结果.而相同入射角对应的入射光束,两两相干叠加后会聚在透镜焦平面的同一个圆环上,即以透镜焦点为圆心的同一圆环上有相同的干涉结果.这种在透镜的焦平面上形成一组干涉条纹的现象称为等倾干涉,如图 14.9 所示.若采用扩展光源,则扩展光源上每一个点光源发出的光,只要入射角相同,经薄膜上、下表面反射形成的反射光在相遇点就具有相同的光程差,它们在透镜焦平面上形成的干涉图样完全重合.所以,在等倾干涉中,扩展光源不仅没有降低干涉图样的对比度,反而能够使得干涉图样更加明亮,对比度更高.

等倾干涉产生的明、暗相间的圆环的特点是内疏外密,且中央级次高,外侧级次低.

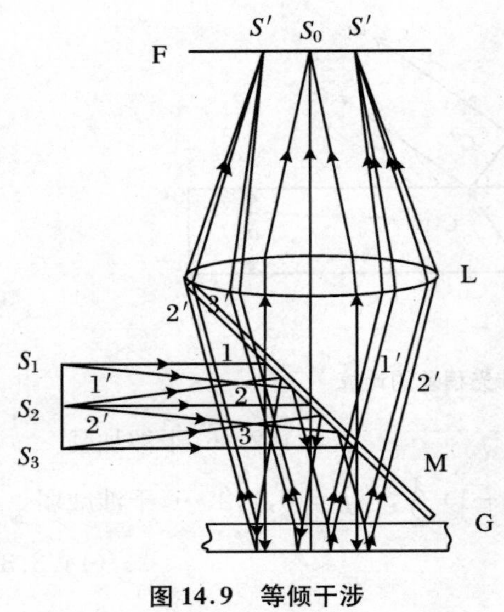

图 14.9 等倾干涉

例 14.2 透镜表面通常镀一层如 MgF_2($n=1.38$)一类的透明物质薄膜,目的是利用干涉来降低玻璃表面的反射.为了使透镜在可见光谱的中心波长(550 nm)处产生极小的反射,则镀层必须多厚?

解 由于上、下表面反射的两束光都有半波损失,设光线垂直入射($i_1=0$),则经上、下表面反射的两束光的光程差为

$$\delta = 2nd$$

若要使两束光反射最小,则光程差应满足:

$$\delta = 2nd = (2j+1)\frac{\lambda}{2}$$

得

$$d = \frac{(2j+1)\lambda}{4n}$$

若取 $j=0$,得薄膜最小厚度

$$d_{\min} = \frac{\lambda}{4n} = \frac{550}{4\times 1.38} = 99.64\ (\text{nm})$$

14.3.3 等厚干涉 劈尖 牛顿环

以上讨论的是表面平行的介质薄膜,现在研究膜层厚度均匀变化的介质薄膜,如劈尖.取两块平板玻璃,一端相互叠合压紧,另一端放入一张薄纸片,这样就形成了一个劈尖形的空气膜,称为空气劈尖.两块玻璃叠合端的交线称为棱边,夹角称为劈尖契角.平行于棱边的同一条直线上空气膜层的厚度相同.一束平行单色光照射到劈尖表面时,如图 14.10 所示,由劈尖上、下表面反射的两束光,在 C 点相遇时满足相干条件.假设 C 点处薄膜的厚度用 d 表示,则两束光在 C 点相遇时的光程差为

$$\delta = 2d\sqrt{n_2^2 - n_1^2\sin^2 i_1} + \frac{\lambda}{2} = \begin{cases} j\lambda, & j=1,2,\cdots,\text{相长} \\ (2j+1)\dfrac{\lambda}{2}, & j=0,1,2,\cdots,\text{相消} \end{cases}$$

在这里,不同的位置,d 的大小不同,若入射光为平行光,光程差仅由该点所在处膜层的厚度决定.这时,干涉条纹与薄膜的等厚线平行,所以称为等厚干涉.若光线垂直照射到薄膜的上表面,则

$$\delta = 2n_2 d + \frac{\lambda}{2}$$

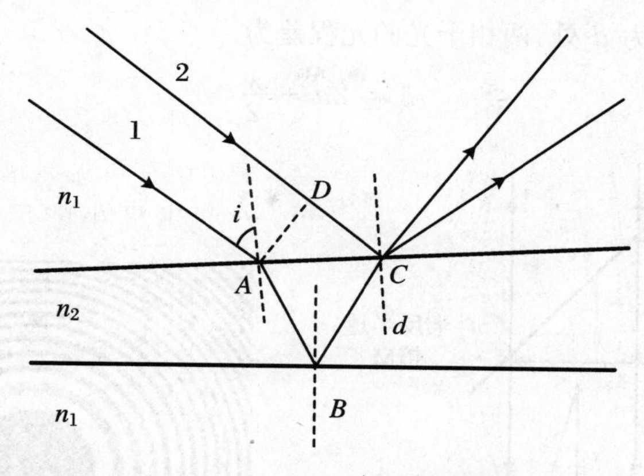

图 14.10　等厚干涉光程差的计算

相邻等厚条纹所对应的薄膜厚度差为

$$\Delta d = \frac{\lambda}{2n_2} \tag{14.3.6}$$

相邻条纹之间的距离为

$$\Delta l = \frac{\Delta d}{\sin\alpha} = \frac{\lambda}{2n_2\sin\alpha} \tag{14.3.7}$$

此处 α 表示薄膜上、下表面之间的夹角.

例 14.3　为了测量在硅表面的保护层 SiO_2 的厚度,可将 SiO_2 的表面磨成劈尖状,如图 14.11所示. 现用波长 $\lambda = 644.0$ nm 的镉灯垂直照射,一共观察到 8 条明纹,且最后一条为明纹,求 SiO_2 的厚度.

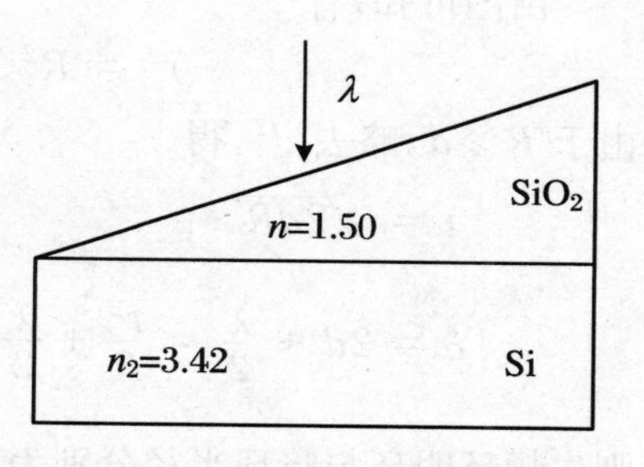

图 14.11　例 14.3 用图

解　由于 SiO_2 的折射率比空气大,比硅小,所以上、下表面反射产生的半波损失相互抵消,光程差为 $\delta = 2nd$. 第一条明纹在劈尖的棱上,8 条明纹之间有 7 个间隔,相邻明纹之间的光程差为 λ,厚度差为 $\Delta d = \frac{\lambda}{2n}$.

SiO_2 的厚度为

$$d = 7\lambda/(2n) = 1503\ (\text{nm})$$

图 14.12 所示为牛顿环实验原理图. 在一平面玻璃板上放置一曲率半径很大的平凸透镜,形成一个上表面为球面、下表面为平面的空气劈尖. 由光源 S 发出的光,经半反半透镜 M 反射后,垂直射向空气劈尖,分别经劈尖空气层上、下表面反射后形成如图 14.13 所示干涉条纹,即以接触点为圆心的一系列同心圆环.

下面推导牛顿环干涉条纹圆环半径与光波波长及平凸透镜曲率半径三者之间的关系. 由于空气劈尖中空气的折射率小于玻璃的折射率,以及光通常垂直照射到

牛顿环,则在厚度为 d 处,两相干光的光程差为

$$\delta = 2d + \frac{\lambda}{2}$$

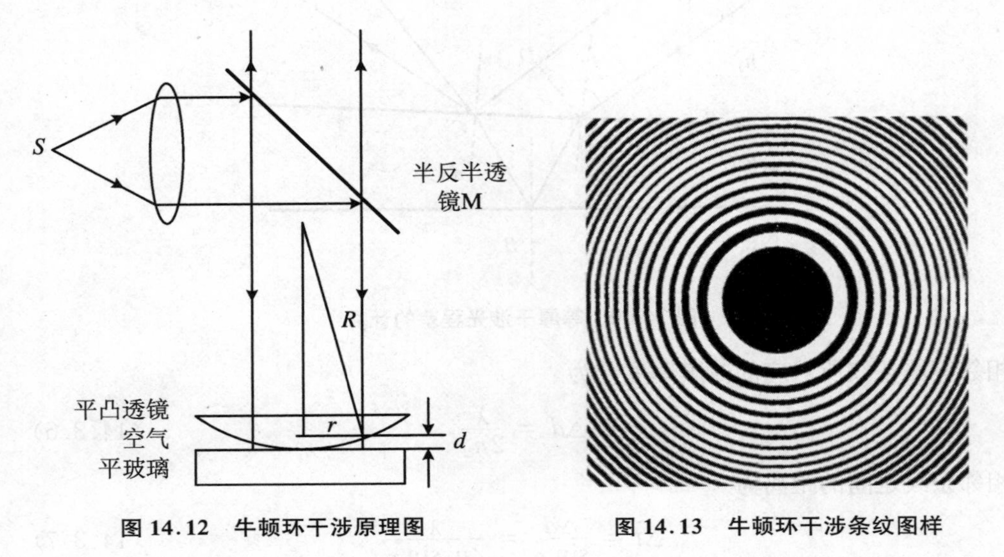

图 14.12　牛顿环干涉原理图　　图 14.13　牛顿环干涉条纹图样

由图可知,有

$$r^2 = R^2 - (R-d)^2 = 2dR - d^2$$

由于 $R \gg d$,略去 d^2,得

$$r = \sqrt{2dR}$$

$$\delta = 2d + \frac{\lambda}{2} = \frac{r^2}{R} + \frac{\lambda}{2} = \begin{cases} j\lambda, & j = 1,2,3,\cdots,\text{明纹} \\ (2j+1)\dfrac{\lambda}{2}, & j = 0,1,2,\cdots,\text{暗纹} \end{cases}$$

则牛顿环明环与暗环半径分别为

$$r_{\text{明}} = \sqrt{\left(j - \frac{1}{2}\right)R\lambda},\quad j = 1,2,3,\cdots \tag{14.3.8}$$

$$r_{\text{暗}} = \sqrt{jR\lambda},\quad j = 0,1,2,3,\cdots \tag{14.3.9}$$

式中 $j=0$ 对应中心暗点.由以上两式可知,干涉级次越高,圆环半径越大,相邻明(暗)纹离中心越远,条纹越密.

实验室中,常用牛顿环实验测定光波的波长或平凸透镜的曲率半径.

14.3.4　迈克尔逊干涉仪

美国物理学家迈克尔逊于 19 世纪 80 年代设计了一种干涉仪,利用干涉条纹精确地测量长度或长度的变化.其结构和光路示意图如图 14.14 所示.

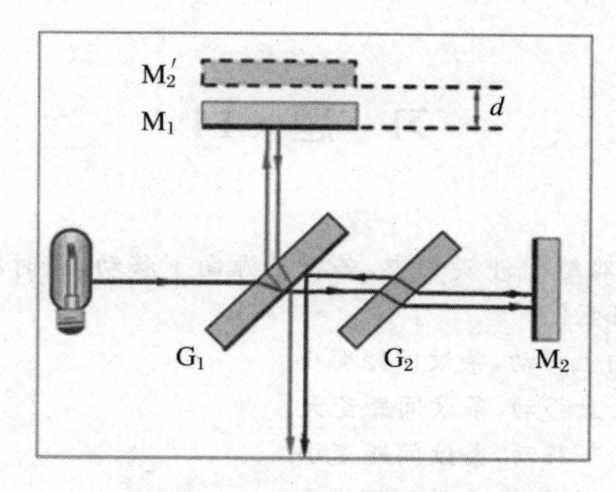

图 14.14 迈克尔逊干涉仪

M_1 和 M_2 是两块精密磨光的平面镜，M_2 固定，M_1 用精密螺旋控制，可以在导轨上沿镜面的法线方向往返移动. G_1 和 G_2 是两块相同的平板玻璃，与平面镜成45°角平行放置，其中在 G_1 的背面镀有一层半透的膜，使得从光源射入的光一半反射，一半透射.

光束由光源平行射向 G_1，在 G_1 的下表面一部分被反射，经 M_1 反射后再穿过 G_1 向下传播，另一部分经 G_1 和 G_2 透射，向 M_2 传播，经 M_2 反射，穿过 G_2 经 G_1 反射后也向下传播. 玻璃板 G_2 称为补偿板，因为经 M_1 反射的光 3 次经过平板玻璃 G_1，若没有 G_2，经 M_2 反射的光只经过 1 次平板玻璃 G_1，有了 G_2，则两路光在玻璃中走过的光程相等.

向下传播的两束相干光可经过一凸透镜在其焦平面上相遇，产生干涉图样. 设 M_2'是 M_2 对 G_1 上所镀膜层形成的虚像，则相遇的两束光就好像分别从 M_1、M_2'反射回来的. 因此所观察到的干涉条纹就好像是 M_1、M_2'之间的"空气膜层"所产生的薄膜干涉条纹. 图中 M_1 可调，相当于改变该"空气膜层"的厚度，此时所观察的干涉条纹的图样会发生变化.

若 M_1、M_2'不平行，则两者之间形成一个劈形膜，可观察到平行于 M_1、M_2'镜面交线的等间距的直线条纹，即等厚干涉条纹.

例 14.4 用迈克尔逊干涉仪测量长度的微小变化，设入射光波长为 589.3 nm，等倾干涉条纹中心出现了 1000 个条纹，求反射镜移动的距离.

解 由于迈克尔逊干涉仪中，反射镜每移动半个波长，等倾干涉条纹冒出或吞入一个圆环，所以反射镜移动的距离为

$$\Delta d = m\lambda/2 = 1000 \times 589.3 \times 10^{-6}/2\,(\text{nm}) = 0.294\,(\text{mm})$$

习　题　14

14.1　在杨氏双缝干涉实验中,若将光源向下移动,同时减小双缝之间的距离,则干涉条纹如何变化?(　　)

A. 中央明纹向上移动,条纹间距变小

B. 中央明纹向上移动,条纹间距变大

C. 中央明纹向下移动,条纹间距变小

D. 中央明纹向下移动,条纹间距变大

14.2　等倾干涉条纹的特点是(　　).

A. 中央级次最高,条纹间距内密外疏

B. 中央级次最高,条纹间距内疏外密

C. 中央级次最低,条纹间距内密外疏

D. 中央级次最低,条纹间距内疏外密

14.3　劈尖干涉实验中,若减小劈尖夹角 θ,则条纹如何变化?(　　)

A. 相邻条纹厚度差不变,条纹间距变大

B. 相邻条纹厚度差不变,条纹间距变小

C. 相邻条纹厚度差变大,条纹间距变大

D. 相邻条纹厚度差变大,条纹间距变小

14.4　用双缝干涉实验测量两条紧靠着的平行狭缝之间的间距,若入射光的波长 $\lambda=550\ \text{nm}$,缝距屏的距离 $r_0=300\ \text{mm}$,测得中央明纹两侧第5级明纹间距为12 mm,则两狭缝间距为多少?

14.5　在杨氏双缝干涉实验装置中,两孔间的距离等于通过孔的光波长的100倍,接收屏与双孔屏相距50 cm.求第1级和第3级亮纹在接收屏上的位置及它们之间的距离.

14.6　在杨氏双缝干涉实验中,已知双缝间距离为0.6 mm,入射光波长为550 nm,观察屏和双缝之间的距离为3 m,求屏上的条纹间距.若将整个装置放入水中($n=1.33$),则条纹间距为多少?

14.7　在杨氏双缝干涉实验中,用一块云母片挡住其中一条狭缝,发现接收屏上原来第6条明纹移到中央明纹位置,已知云母折射率 $n=1.58$,入射光波长为550 nm,求插入云母片的厚度.

14.8　如图14.15所示为杨氏双缝干涉实验,若光源偏离中心轴线,且与缝 S_2 处在同一水平线上,双缝间距离为 d,光源距 S_2 水平距离为 $2d$,$r_0\gg d$,试求:(1) 屏幕上零级明纹距离中心点多少距离?(2) 设 $d=\dfrac{10\lambda}{\sqrt{5}-2}$,则原中央零级明纹现为第几级明纹.

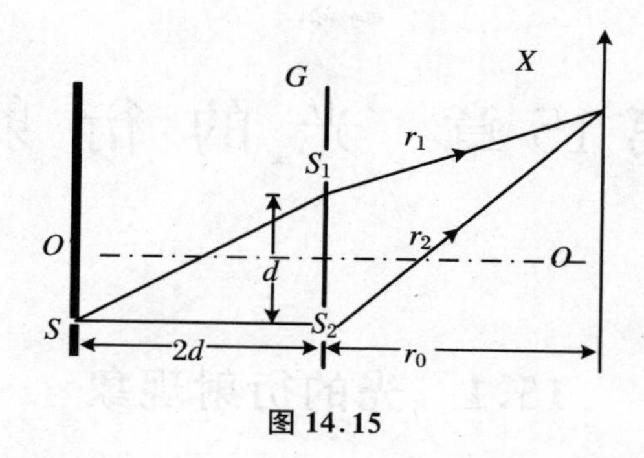

图 14.15

14.9　在阳光照射下,沿着与肥皂膜法线成30°方向观察时,肥皂膜呈现绿色($\lambda=550$ nm),设肥皂液的折射率为1.33,(1) 求肥皂膜的最小厚度;(2) 沿法线方向观察时是什么颜色?

14.10　有一劈尖,折射率 $n=1.4$,尖角 $\theta=10^{-4}$ rad,在某一单色光的垂直照射下,测得反射干涉中两相邻明条纹间距为0.25 cm,(1) 求此单色光的波长;(2) 如果劈尖长为2.5 cm,那么总共可出现多少条明纹?

14.11　两块20 cm长的平板玻璃一端接触,另一端夹一直径为0.05 mm的细丝,其间形成空气劈.用 $\lambda=680$ nm 的光垂直照射,问在整个玻璃板上可以看到多少亮纹?干涉条纹间距为多少?

14.12　用迈克尔逊干涉仪可以测定单色光波长,如当 M_1 移动 $\Delta d=0.322$ mm时,中心处圆环消失1024个,求该光波长.

14.13　在迈克尔逊干涉仪的一臂,放一长度 $l=5.00$ cm 的透明容器,容器两底与光路垂直,它的厚度忽略不计.若把容器中的空气缓缓抽空,将看到等倾干涉圆环在中心陷入49.5个.设光波波长为 $\lambda=589$ nm,求空气的折射率.

14.14　利用牛顿环实验的干涉条纹可以测出透镜的曲率半径,用波长为633 nm的氦氖激光器作为单色光光源,实验测量数据如下:第 j 级暗环半径为 4.52×10^{-3} m,第 $j+6$ 级暗环半径为 8.76×10^{-3} m,求曲率半径 R.

14.15　一油船发生泄漏,把大量石油(折射率 $n=1.2$)泄漏在海面,形成一个很大面积的油膜.(1) 若从海面上竖直向下看油膜厚度为460 nm的区域,哪些波长的可见光反射最强?(2) 若戴上水下呼吸器从水下竖直向上看同一油膜区域,哪些波长的可见透射光最强?(水的折射率为1.33.)

14.16　在牛顿环实验中,当透镜与玻璃间充满某种液体时,第8个暗环的直径由 1.2×10^{-2} m 变成 1.02×10^{-2} m,试求这种液体的折射率.

第 15 章　光 的 衍 射

15.1　光的衍射现象

15.1.1　光的衍射现象

衍射是波动的重要特征之一.一切波在传播过程中遇到障碍物时，都会发生偏离直线传播的现象，即衍射现象.对于声波及水波的衍射现象，日常生活中比较多见，例如声音可以绕过窗户进入房间内，一堵墙两侧的人可以听到彼此的声音，水波也可以绕过水面上的障碍物继续向前传播.无线电波可以绕过大山，使山区也能接收到广播.光作为一种电磁波，通常情况下满足光沿直线传播的规律.但是，在传播过程中若遇到尺寸与光的波长可相比拟的障碍物时，则不再遵循直线传播的规律，而会绕到障碍物的阴影区并形成明暗变化的强度分布，即发生了光的衍射现象.如图 15.1 所示.

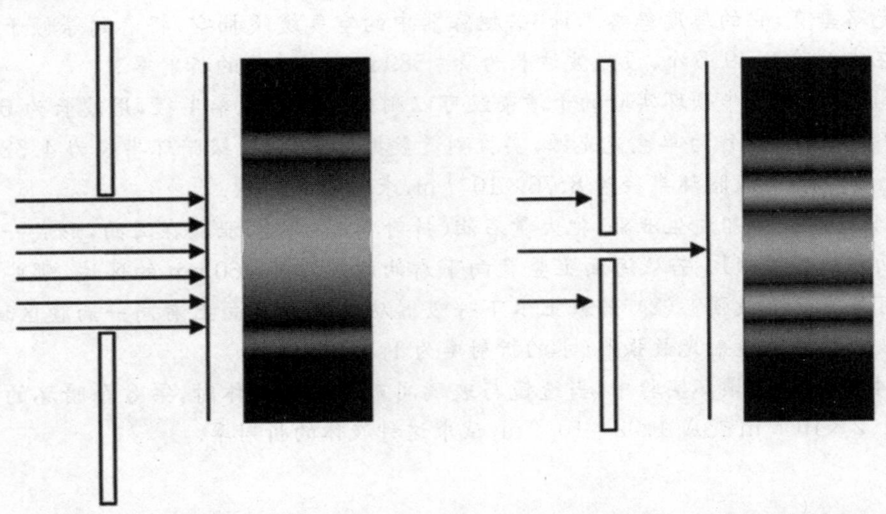

(a) 缝宽比波长大得多，光可看成沿直线传播　　(b) 缝宽与波长可相比拟，衍射现象明显

图 15.1　光的衍射现象

一束平行光通过狭缝后，当缝宽比波长大得多时，屏幕上的光斑和狭缝形状几乎完全一致，可看成是光沿直线传播的结果，如图15.1(a)所示．若缝宽大小和波长可相比拟时，屏幕上出现如图15.1(b)所示的明、暗相间的衍射条纹，缝宽越小，明、暗相间条纹越明显．

衍射现象是否明显取决于障碍物的线度与波长之间的关系，若障碍物线度与波长可相比拟，则衍射现象明显．我们知道，声波的波长约几十米，无线电波的波长可达到几百米，通常情况下，声波与无线电波遇到的障碍物和它们的波长相比都很小，所以衍射现象较明显．而对于可见光波，波长一般在390～760 nm，通常情况下障碍物的线度都远大于可见光波的波长，所以衍射现象不明显，都表现出光沿直线传播的现象．

15.1.2　惠更斯—菲涅耳原理

惠更斯在1690年出版的《论光》一书中，提出了后来以他的名字命名的惠更斯原理：波面上的每一点都可看成是发射次波的波源，各自发出球面次波，在以后的某一时刻，这些次波的包络面就是该时刻的新波面．

惠更斯原理可以解释光沿直线传播规律、反射及折射定律，可以定性地解释光的衍射现象，但无法定量地给出衍射波在空间各点的强度分布．

1815年，菲涅耳根据波的叠加和干涉原理，提出了“子波相干叠加”的概念，对惠更斯原理做了补充，得到惠更斯—菲涅耳原理．该原理可表述为：波前 S 上每个面源 $\mathrm{d}S$ 都可以看成是发出球面次波的新波源，空间任一点 P 的振动是所有这些子波在该点的相干叠加．

为了进行具体计算，还要做以下几点假定(参考图15.2)：

(1) 波面 S 是等相位面，因而可以认为 $\mathrm{d}S$ 面上各点发出的所有次波都有相同的初相位．

(2) 面元 $\mathrm{d}S$ 所发次波在 P 点引起的元振动 $\mathrm{d}E$ 的振幅大小与面元 $\mathrm{d}S$ 的面积成正比，与距离 r 成反比．

(3) 振幅的大小还与倾角 θ 有关系，θ 为面元 $\mathrm{d}S$ 的法线 $\boldsymbol{n}$ 与矢径 $\boldsymbol{r}$ 之间的夹角．振幅与倾角 θ 之间的关系可以通过倾斜因子函数 $K(\theta)$ 来表示．$K(\theta)$ 随 θ 的增大而减小，当 $\theta \geqslant \pi/2$ 时，$K(\theta)=0$(表示没有后退的波)．

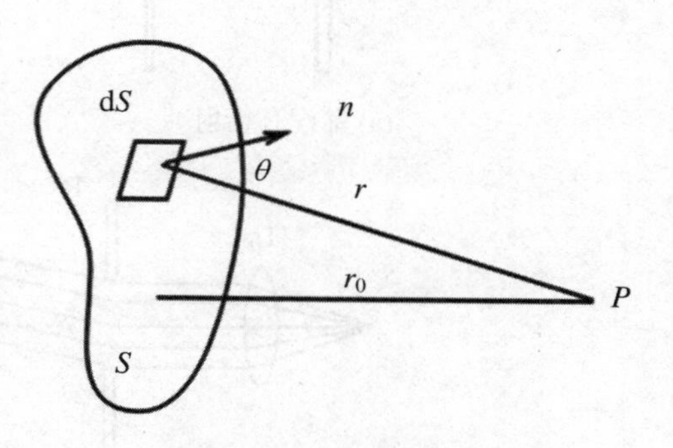

图15.2　子波相干叠加

(4) 与波的一般表达式相同，次波在 P 点的相位由光程 r 决定．

设波阵面上振动的初相位为零，则次波波源 $\mathrm{d}S$ 在 P 点引起的光振动可表示为

$$dE = C\frac{K(\theta)}{r}\cos(\omega t - kr)dS$$

式中,C 为比例常数,r 是 dS 到 P 点的距离,$k = 2\pi/\lambda$ 称为波数.

两边积分,得到波阵面 S 在 P 点引起的合振动为

$$E_P = C\iint_S \frac{K(\theta)}{r}\cos(\omega t - kr)dS \tag{15.1.1}$$

上式积分较复杂,通常很难求出解析解,但可利用计算机进行数值计算.

15.1.3 衍射的分类

衍射系统由光源、衍射屏(障碍物)和接收屏组成,通常根据光源和接收屏到衍射屏的距离,将衍射分为两类:若衍射屏到光源和接收屏的距离是有限的,或者其中之一为有限的,这类衍射称为**菲涅耳衍射**,如图 15.3(a)所示;若衍射屏到光源和接收屏的距离是无限远的,这类衍射称为**夫琅和费衍射**,如图 15.3(b)所示.通常在实验室中将光源放置在透镜 L_1 的焦平面上,将接收屏 P 放置在透镜 L_2 的焦平面上,这样光源和接收屏可看作距离衍射屏无限远,如图 15.3(c)所示,即满足夫琅和费衍射.

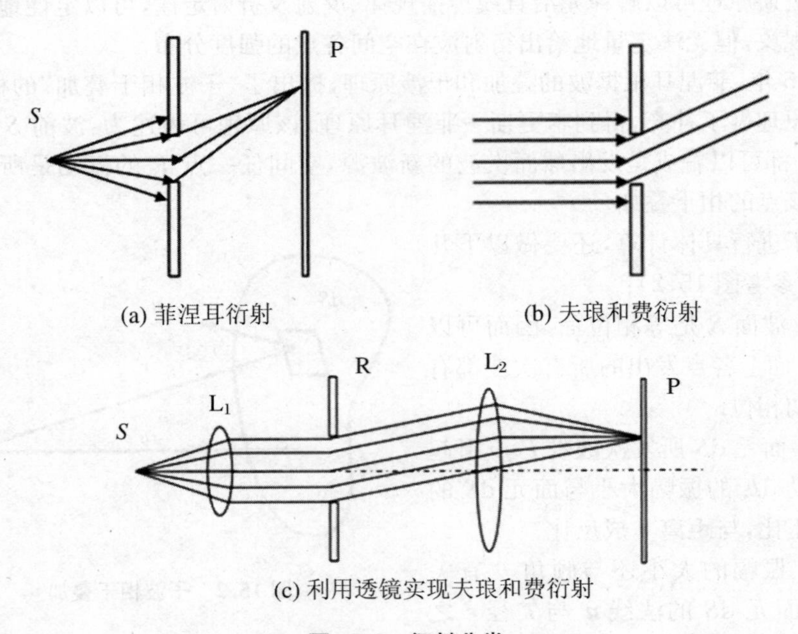

图 15.3 衍射分类

15.2 单缝及圆孔的夫琅和费衍射

15.2.1 单缝夫琅和费衍射

单缝夫琅和费衍射的实验装置如图 15.4 所示.

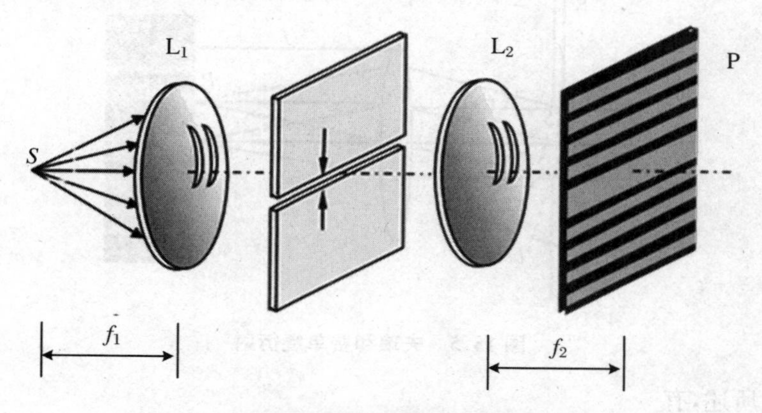

图 15.4 单缝夫琅和费衍射实验装置图

单色点光源 S 置于透镜 L_1 的物方焦平面上,从点光源 S 发出的光经过 L_1 后成为一组平行光照射到单狭缝上.缝后放置一凸透镜 L_2,观察屏放置在凸透镜 L_2 的像方焦平面上,则在观察屏上可观察到一系列不连续的明、暗相间的条纹.改变缝的宽度,观察到的衍射图样也会发生变化,缝越窄,衍射效果越明显.

如图 15.5 所示,设单缝宽度为 b,一组平行单色光垂直入射到单缝上,单缝所在处 AB 为一个波阵面(同相位面).根据惠更斯原理,波面上的每一点都可以发射沿各个不同方向的球面子波.先考虑沿水平方向入射的各子波射线,经透镜 L 会聚于焦点 P_0 处,由于各子波到达焦点的光程相等,无额外光程差,则在焦点处各子波都具有相同的相位,互相加强.即观察屏焦点处将是一条明纹中心,称为中央明纹.

若各子波发出一组与入射方向成 θ 角度的射线,θ 称为衍射角,经透镜会聚后相交于观察屏上的 P 点,由于各子波到达 P 点的光程不同,所以各子波在 P 点相遇时有不同的相位.下面采用菲涅耳提出的半波带法进行数学推导.

过 A 点作平面 AC 垂直于衍射方向 BC,C 为垂足,从平面 AC 上各点沿衍射方向通过透镜到达 P 点的光程都相等,所以只需计算从平面 AB 到平面 AC 的各平行直线段之间的光程就可以了.假设 BC 恰好等于入射单色光半波长的整数倍,即

$$BC = b\sin\theta = k\frac{\lambda}{2}, \quad k = 1,2,3,\cdots \tag{15.2.1}$$

这相当于将波面 AB 分解成 k 个两两之间相差半个波长的波带. 相邻两波带上对应点到达 P 点的光程差均为 $\lambda/2$. 同时，由惠更斯—菲涅耳原理，可认为相邻波带所发出的子波的强度都近似相等. 于是相邻两个波带上对应点两两成对地在 P 点相互抵消. 这样，若上式中 k 为偶数，则 P 点干涉相消，为一暗纹中心. 若 k 为奇数，相邻两半波带两两相互抵消，最后还剩下一个半波带上的子波到达 P 点时没有被抵消，则 P 点为明条纹中心.

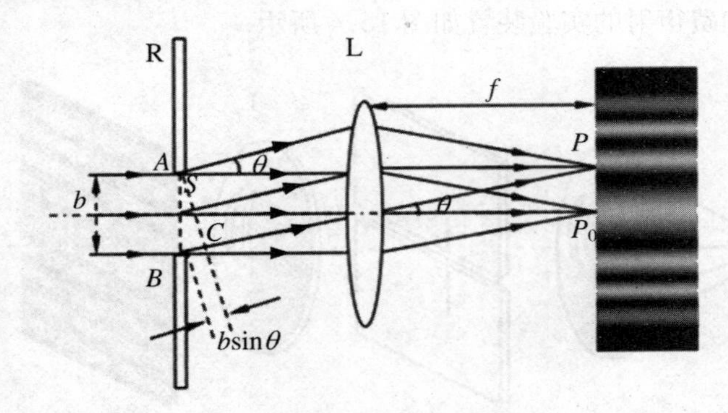

图 15.5　夫琅和费单缝衍射

综上所述，有

$$b\sin\theta = \begin{cases} 0, & \text{中央明纹} \\ \pm 2k\dfrac{\lambda}{2} = \pm k\lambda, & \text{暗纹中心} \\ \pm(2k+1)\dfrac{\lambda}{2}, & \text{明纹中心} \end{cases} \quad (k = 1,2,3,\cdots) \tag{15.2.2}$$

式中正、负号表示各级明、暗条纹对称分布在中央明纹的上、下两侧. 对应不同的衍射角 θ，若波面 AB 不能被分解成整数个半波带，则该衍射方向的会聚点光强介于明、暗之间.

单缝衍射条纹特点：

(1) 用一束平行光照射夫琅和费单缝衍射装置中的单缝，当单缝在衍射屏上平行于自身上下平移时，不改变接收屏上的衍射图样，接收屏上所有最大值和最小值的位置分布仅仅取决于相应的衍射角.

(2) 对于缝宽固定的单缝衍射而言，衍射角越大，单缝所包含的半波带个数越多，对应每一个波带的面积就减小，则每一子波振幅相应就越小，最后能到达接收屏未被抵消的光强越小，对应条纹亮度就越弱. 衍射光强随位置变化关系如图15.6所示.

(3) 若将各级条纹在观察屏上到焦点的距离用 y 表示，则有 $y = f\tan\theta$. 一级暗纹到焦点的距离为 $y_1 = f\tan\theta_1 = f\lambda/b$，中央明纹的宽度为 $\Delta y_0 = 2y_1 = 2f\lambda/b$，

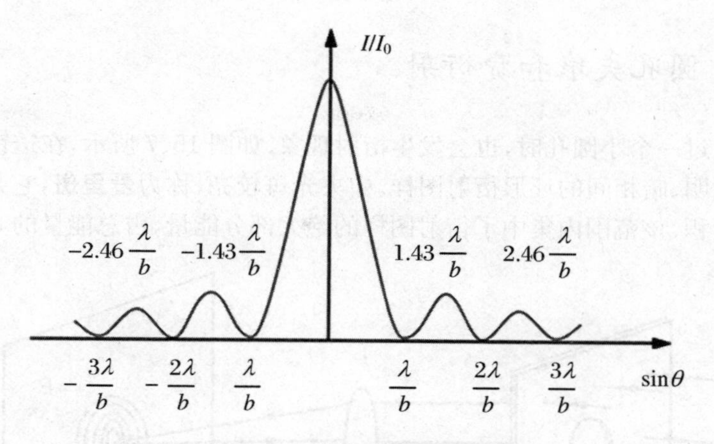

图 15.6　单缝衍射光强分布

其他相邻暗纹间距(即其他明纹宽度)为

$$\Delta y = y_{k+1} - y_k = \frac{(k+1)\lambda}{b} - \frac{k\lambda}{b} = \frac{\lambda}{b}f$$

由以上两式可得,中央明纹宽度为其他各级次明纹宽度的2倍,其他各级次明纹宽度均相同,与 k 无关.

(4) 对于波长 λ 确定的单色光,缝宽 b 越小,对应各级条纹衍射角 θ 越大,即衍射现象越明显.若增加缝宽 b,则各级条纹所对应衍射角 θ 减小,条纹密集,不易分辨,即衍射现象不明显.若缝宽 $b \gg \lambda$,则各级衍射条纹均靠近焦点位置,形成单一明纹,此时可看作光沿直线传播.

(5) 由于衍射图样中各级次明纹所在位置与入射光波长成正比,若用白色光作为光源照射单缝,则除了中央明纹中心仍为白色外,其他各级次明纹将相互错开,形成一条彩带.这种由衍射产生的彩色条纹称为衍射光谱.

例 15.1　一单色平行光垂直照射一单缝,若其第3级明纹恰好与600 nm的单色平行光的第2级明纹重合,求该单色光的波长.

解　单缝衍射各级明纹所在位置满足:

$$\sin\theta_k = (2k+1)\frac{\lambda}{2}$$

得未知波长平行光第3级明纹对应衍射角满足:

$$\sin\theta_3 = (2\times 3+1)\frac{\lambda}{2}$$

600 nm单色光入射时,第2级明纹对应衍射角满足:

$$\sin\theta_2 = (2\times 2+1)\times\frac{600}{2}$$

联立以上两式可得 $\lambda = 428.6$ nm.

15.2.2　圆孔夫琅和费衍射

当光通过一个小圆孔时，也会发生衍射现象．如图 15.7 所示，在透镜 L 的焦平面上观察到明、暗相间的环形衍射图样．中央光斑较亮，称为**爱里斑**，它是第一暗环所包围的面积．该范围内集中了衍射图样的绝大部分能量，占总能量的 84% 左右．

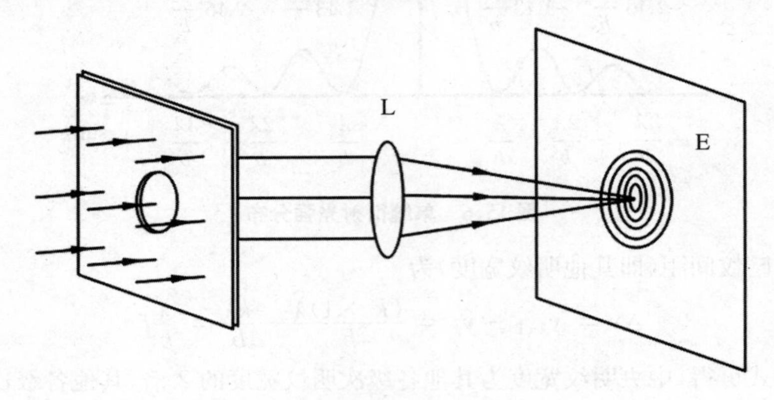

图 15.7　圆孔衍射

设爱里斑半径为 R，透镜焦距为 f，圆孔直径为 D，入射光波长为 λ，则可推导出各参量之间满足如下关系：

$$\Delta\theta = \frac{R}{f} = 1.22\,\frac{\lambda}{D} \tag{15.2.3}$$

$\Delta\theta$ 表示爱里斑的角半径(即爱里斑边缘对透镜中心所张角度)，爱里斑的线半径为

$$\Delta l = f\Delta\theta = 1.22\,\frac{\lambda f}{D} \tag{15.2.4}$$

由上式可知，λ 愈大或 D 愈小，衍射现象愈明显．但若要成像清晰，则要求爱里斑尽可能小，即必须增大光学仪器的孔径 D．

15.2.3　光学仪器的分辨本领

几何光学中，物体通过光学仪器成像，物点与像点一一对应．但实际成像中，由于光的衍射作用，物点所对应的像点可能已不是一个几何点，而是有一定大小的爱里斑，这将影响到成像的质量．

如图 15.8 所示，用望远镜观察太空中相距较近的两颗星星 S_1 和 S_2，它们的像是两个圆形的衍射斑．如果两个衍射斑之间的距离大于爱里斑的半径，则可分辨是两颗星；若两个像点中心之间的距离小于爱里斑半径，则无法分辨为两颗星．若 S_1 的爱里斑中心恰好和 S_2 的爱里斑边缘相重叠，通常将这种情况作为两物点恰好能

被人眼或者是光学仪器所分辨的临界情况．这一判定能否分辨的准则叫作**瑞利判据**．这一临界状态下两物点 S_1 和 S_2 对光学系统所张的角 θ_0 称为**最小分辨角**，有

$$\theta_0 = 1.22\frac{\lambda}{D} \tag{15.2.5}$$

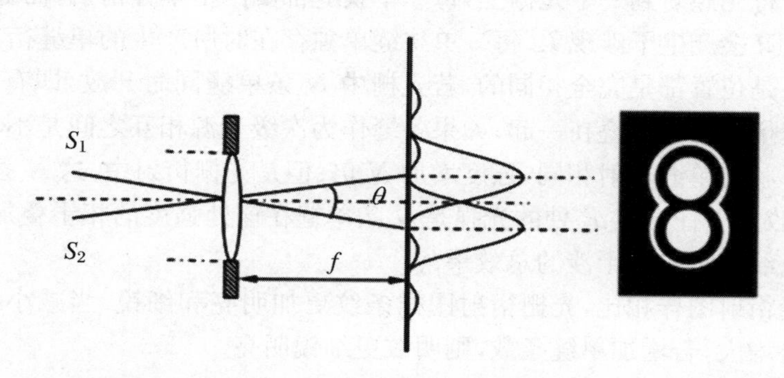

图 15.8　光学仪器的分辨本领

光学仪器的最小分辨角的倒数 $1/\theta_0$ 称为**分辨本领**．最小分辨角与波长 λ 成正比，与透光孔径 D 成反比，则分辨本领与波长 λ 成反比，与仪器的透光孔径 D 成正比．所以，在天文观察的时候常常采用直径很大的透镜，就是为了提高望远镜的分辨本领．

15.3　光栅衍射

15.3.1　光栅衍射图样的特点

利用单缝衍射测量单色光的波长时，需要使单缝宽度尽量小，才能观察到比较清晰的衍射图样．但是宽度越窄，能通过的光的能量就越小，结果明、暗条纹界限不清，条纹位置不能准确定位．为了克服这一矛盾，人们利用多缝干涉即光栅来测量光的波长．

一般来说，具有空间周期性的衍射屏都可以称为**光栅**．通常将光栅分为两大类，一类是透射光栅，即由大量等间距、等宽度的狭缝构成．例如，在玻璃片上刻出大量等距离、等宽度的平行直线，有刻痕的位置相当于毛玻璃不透光，无刻痕的位置相当于单缝，可以透光．这样平行排列的大量等间距、等宽度的狭缝就构成了一个平面透射式光栅．一类是反射光栅，可在一块铝平面上刻划一系列等间隔的平行槽纹构成．此外，晶体内部周期性排列的原子或者分子，还可构成天然的三维光栅．

设光栅透光部分宽度为 b，不透光部分宽度为 a，$(a+b)$为相邻单缝之间的距

离，称为**光栅常数**，一般用 d 表示，缝的条数用 N 表示. 实际应用的光栅，通常 1 cm 宽度内要刻成千上万条平行且等间距的透光狭缝. 一般光栅的光栅常数在10^{-5}～10^{-6} m 量级.

一束平行光照射到一个光栅上，每一单狭缝都要产生单缝衍射，而缝与缝之间的光相遇时又会产生干涉现象. 每一单狭缝单独存在时所产生的单缝衍射图样，无论是强度还是位置都是完全相同的，若光栅中 N 条单缝同时开放，即有 N 套完全相同的单缝衍射图样重叠在一起. 如果各缝作为次级光源相互之间是不相干的，则总的图样形状与单缝衍射相同，强度增加 N 倍. 但是光栅衍射中，这 N 条单缝是相干的，即接收屏上任一点 P 处的光强是 N 条单缝在该处强度的相干叠加，因此，光栅的衍射条纹是衍射和干涉的总效果.

与单缝衍射图样相比，光栅衍射图样条纹更加明亮和细锐. 当减小缝间距离，明纹间距将增大；若增加单缝条数，则明纹更细锐明亮.

15.3.2　光栅衍射的强度分布

如图 15.9 所示，考虑衍射角为 θ 的一组入射光，经透镜 L 会聚于屏上 P 点. 相邻两缝到达 P 点的光程差为 $d\sin\theta$，相位差为 $\Delta\varphi = 2\pi d\sin\theta/\lambda$. 由两束光的相干条件可知，若 $d\sin\theta$ 等于 λ 的整数倍，则该两束光在 P 点干涉加强. 其他任意两条缝沿该方向两两之间光程差也等于 λ 的整数倍，结果都是两两干涉加强. 则该方向会聚点为明纹所在位置，即满足

$$(a+b)\sin\theta = \pm j\lambda,\quad j = 0,1,2,\cdots \tag{15.3.1}$$

时，为明纹所在位置，称为光栅衍射主最大. 上式称为**光栅方程**，j 表示各级主最大的级次.

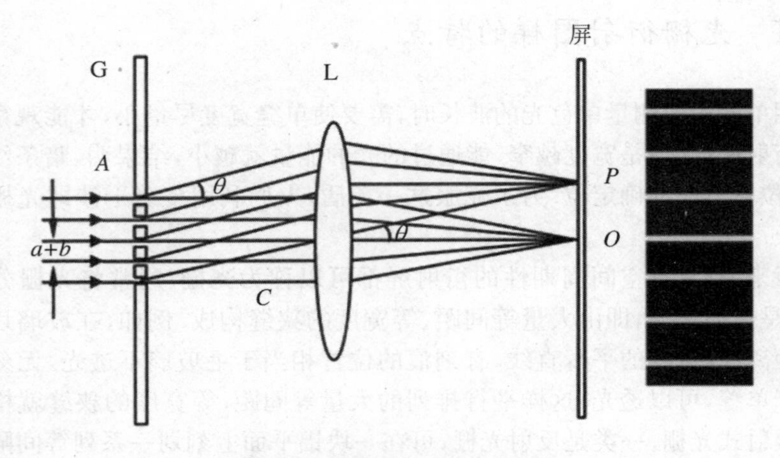

图 15.9　透射式平面衍射光栅

在光栅衍射图样中，利用光振幅矢量合成作图法，可以推导出光栅衍射暗条纹所在位置满足：

$$(a+b)\sin\theta = \pm\frac{k\lambda}{N},\quad k = 1,2,\cdots,(N-1),(N+1),(N+2),\cdots \tag{15.3.2}$$

由以上两式可得，相邻主最大之间有 $N-1$ 条暗纹，相邻暗纹间必有一条明纹，只是这些明纹强度很小，与各级主最大相比可以忽略，称为**次最大**.

在实际观测光栅衍射图样时，常常关注衍射条纹中各级主最大的宽度，通常用主最大的半角宽度来表示，即各主最大中心到最相邻的一个最小值之间的角距离.由式(15.3.1)、式(15.3.2)两式可得主最大半角宽度为

$$\sin(\theta+\Delta\theta)-\sin\theta = \frac{(jN+1)\lambda}{Nd} - j\frac{\lambda}{d} = \frac{\lambda}{Nd}$$

由于 $\Delta\theta$ 很小，故上式可写为

$$\sin(\theta+\Delta\theta)-\sin\theta = \Delta(\sin\theta) = \cos\theta\cdot\Delta\theta = \frac{\lambda}{Nd}$$

即

$$\Delta\theta = \frac{\lambda}{Nd\cos\theta} \tag{15.3.3}$$

$\Delta\theta$ 与 Nd 成反比，Nd 愈大，$\Delta\theta$ 愈小，各级主最大宽度愈小，锐度愈好.

15.3.3　缺级　光栅光谱

光栅衍射条纹是由 N 条单缝的衍射光相互干涉形成的，即每一条单缝在观察屏上有一组自己的单缝衍射图样，然后 N 条衍射光之间发生干涉.由光栅方程(15.3.1)式可知，满足 $(a+b)\sin\theta = \pm j\lambda$ 的衍射角方向，为干涉加强点的位置，但若该衍射方向对于单缝衍射而言，恰好是单缝衍射最小值的位置，则该处不会出现亮条纹而出现暗条纹，因为单缝衍射在此方向上没有衍射光.具体来说，若某一衍射角位置同时满足以下两个方程：

$$(a+b)\sin\theta = \pm j\lambda,\quad j = 0,1,2,\cdots$$

$$b\sin\theta = \pm k\lambda,\quad k = 1,2,\cdots$$

两式相除得到：

$$\frac{a+b}{b} = \frac{j}{k}$$

这表示光栅常数 $(a+b)$ 是缝宽 b 的整数倍时，就会发生缺级现象.例如，若 $(a+b)$ 等于 b 的2倍，则 j 与 k 之比为2时就会出现缺级，即 $j=2,4,6,8,\cdots$ 这些明纹位置，实际都观察不到明条纹(此时所有级次为奇数的谱线强度都相应地加强).这种现象称为谱线的**缺级**.

由光栅方程 $(a+b)\sin\theta = \pm j\lambda$ 可知，对于波长 λ 不同的入射光，除了中央零

级明纹位置外,其他各级次明条纹的位置都不相同.若用白色光照射一个衍射光栅,则会发现各种不同波长的单色光各自形成一组光栅衍射条纹,除中央明纹由各色光混合仍为白色外,两侧的各级明纹都是由紫到红对称排列的一组彩色光带,称为**光栅光谱**.

不同种类光源发出的光形成的光谱各不相同.炙热固体发射的是各色光连成一片的连续光谱;放电管中气体发射的是由一些具有特定波长的分立的明线构成的线状光谱;还有一类由分子发光产生的带状光谱,是由若干明线带组成,每一明线带实际上是一些密集的谱线,也称分子光谱.

不同元素(或化合物)具有自己特定的谱线,所以由谱线的成分,可以分析出发光物质所含的元素或化合物,甚至可以从谱线的强度定量分析出元素的含量.这种方法叫作光谱分析,在科学研究及工业技术上有广泛的应用.

例 15.2 波长为 600 nm 的单色光垂直入射到一光栅上,第 2 级明纹出现在 $\sin\theta_2=0.20$ 处,第 4 级缺级.试求:(1) 光栅常数;(2) 光栅上狭缝宽度;(3) 屏上实际呈现的明纹数目.

解 (1) 由光栅衍射方程 $d\sin\theta=j\lambda$,可得 $d\sin\theta_2=2\lambda$,代入数据得

$$d=\frac{2\times600}{0.2}=6000\ (\text{nm})$$

(2) 由于第 4 级缺级,即$\dfrac{d}{b}=4$,故有 $b=\dfrac{d}{4}=1500\ (\text{nm})$.

(3) 由光栅方程 $d\sin\theta=j\lambda$,得

$$j_{\max}=\frac{d}{\lambda}=\frac{6000}{600}=10$$

实际观察到的条纹为 $0,\pm1,\pm2,\pm3,\pm5,\pm6,\pm7,\pm9$,共 15 条明纹.

习 题 15

15.1 夫琅和费单缝衍射实验中,若将单缝位置上移,则衍射图样如何变化?( )

A. 中央明纹位置下移,条纹间距不变

B. 中央明纹位置下移,条纹间距变化

C. 中央明纹位置不变,条纹间距不变

D. 中央明纹位置不变,条纹间距变化

15.2 波长 $\lambda=550$ nm 的单色光垂直入射到一衍射光栅,该光栅的光栅常数 $d=2.0\times10^{-6}$ m,则可观察到的光谱线的最高级次为( ).

A. 2 B. 3 C. 4 D. 5

15.3　用波长为 630 nm 的激光测一单缝宽度，若测得中心两侧第 3 个最小间距离为 6.3 cm，缝与屏相距 4 m，求缝宽.

15.4　一单缝含有波长为 λ_1 和 λ_2 的光波照射，如果产生的衍射图样中 λ_1 的第 1 最小与 λ_2 的第 2 最小重合. 试问：(1) 这两种波长之间有何关系？(2) 是否还有其他极小也重合？

15.5　今测得一细丝的夫琅和费衍射零级衍射条纹宽度为 1 cm，已知入射光波波长为 630 nm，透镜焦距为 40 cm，求细丝的直径.

15.6　用波长为 630 nm 的单色光照射一衍射光栅，已知该光栅的缝宽 $b=0.012$ mm，不透光部分宽度 $a=0.029$ mm，缝数为 $N=10^3$. 试求：(1) 单缝衍射中央主最大的角宽度；(2) 单缝衍射中央主最大内干涉极大的数目；(3) 谱线的半角宽度.

15.7　一光栅宽 5 cm，每毫米内有 400 条刻痕. 当波长为 500 nm 的平行光垂直入射时，第 4 级衍射光谱在单缝衍射的第一极小位置. (1) 试求缝宽 b；(2) 接收屏上最多能观察到几级光谱？(3) 若入射光与光栅平面法线成 30° 方向斜入射，最多能观察到几级谱线？

15.8　有一双缝，缝间距离 $d=0.3$ mm，双缝间宽度 $b=0.06$ mm，用波长为 580 nm 的单色平行光垂直照射双缝，在双缝后放一焦距 $f=1.0$ m 的透镜. 求：(1) 在透镜焦平面处的屏上，双缝干涉条纹的间距 Δy；(2) 在单缝衍射中央明纹范围内的双缝干涉亮纹数目是多少？

15.9　一单缝宽度为 $b=0.1$ mm，透镜的焦距为 $f=0.5$ m，若分别用 580 nm 和 640 nm 的单色平行光垂直照射，它们中央明纹的宽度分别为多少？

15.10　已知一单缝衍射图样第 1 和第 3 最小之间的距离为 0.24 mm，屏离缝 50 cm，入射光波长为 480 nm，求单缝的宽度.

15.11　一衍射光栅每毫米有 800 条单缝，对某一波长的光，测得第 3 级衍射角为 30°，求此入射光的波长.

15.12　用白光(波长 390～760 nm)垂直照射单缝，在单缝后面紧贴放置一焦距为 1 m 的凸透镜，在其后移动屏幕直至衍射条纹清晰，测得第一级光谱宽度为 3 mm，求单缝的宽度为多少？

15.13　在单缝宽度 $b=0.6$ mm 的单狭缝后有一个薄透镜 L，其焦距 $f=40$ cm. 在焦平面处有一个与狭缝平行的屏，以平行光垂直入射，在屏上形成衍射条纹. 如果在透镜主光轴与屏相交点 O 和距 O 点 1.4 mm 的 P 点看到的是亮纹，求：(1) 入射光的波长；(2) P 点条纹的级次.

第16章 光的偏振

16.1 自然光和偏振光

光的干涉和衍射现象都证明光具有波动性，但是不能判断光是纵波还是横波．波的振动方向与传播方向相同的波称为**纵波**，波的振动方向与传播方向相互垂直的波称为**横波**．在纵波中，波的振动方向是唯一的，即波的传播方向．而在横波中，振动方向在垂直于波的传播方向的平面内，有无数种可能，但是对于一个确定的横波，在某一时刻，它的振动矢量只能限于某一特定的方向．这种现象表现出横波的振动方向对于传播方向的不对称性，称为波的**偏振**．实验表明，只有横波才有偏振现象．

对于光是横波还是纵波的讨论持续了很长的时间，直到1817年托马斯·杨根据双折射现象推断光是横波，同时菲涅耳也运用光的横波理论解释了偏振光的干涉现象．实际上双折射现象就是一种偏振现象，光的偏振现象有力地证明了光的横波性．

光是电磁波，光矢量的振动方向与光波的传播方向垂直．光的传播方向确定以后，光矢量的振动状态在与光的传播方向垂直的平面内有很多种可能，这种振动状态通常称为光的偏振态．根据光振动状态的不同，通常将光分为五类偏振态：自然光、线偏振光、部分偏振光、圆偏振光和椭圆偏振光．

16.1.1 自然光

普通光源的发光机制是原子自发辐射，每一个光波列持续时间很短，波列之间不连续，同一时刻大量原子发出的波列，振动方向彼此互不相关，随机分布．因此普通光源发出的光，包含各个不同振动方向的光矢量，没有哪一个方向占优势，即在所有可能的振动方向上，光矢量对光的传播方向是轴对称而又均匀分布的．这里的均匀分布既有空间分布的均匀性，也有时间分布的均匀性，即光矢量的振动对于传播方向而言是具有对称性的，这样的光称为**自然光**．图16.1为自然光的表示方法．

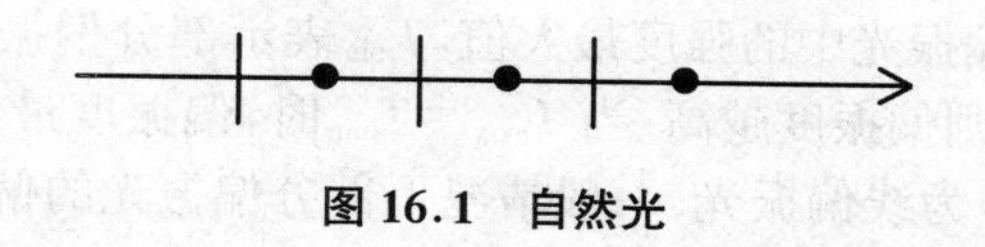

图 16.1　自然光

16.1.2　线偏振光

振动只在某一固定方向上发生的光,称为**线偏振光**或**平面偏振光**.偏振光的振动方向与传播方向组成的平面称为振动面.由于电矢量在垂直于光的传播方向的平面内的投影为一直线,因此称为线偏振光.图 16.2(a)表示振动面垂直于图面的线偏振光,图 16.2(b)表示振动面平行于图面的线偏振光.

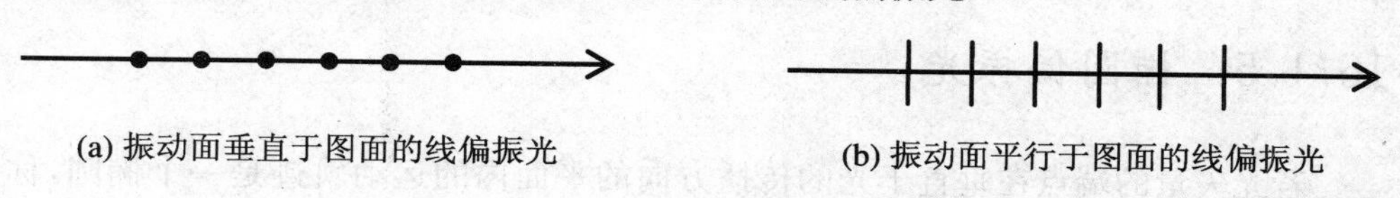

(a) 振动面垂直于图面的线偏振光　(b) 振动面平行于图面的线偏振光

图 16.2　线偏振光

为了分析问题方便,通常将自然光中的所有振动矢量沿任意两个相互垂直的方向分解.分解后的两束光都是线偏振光,且两个方向上光振动的强度都等于自然光的一半.即自然光可以看作是振动方向相互垂直且振幅相等的两个非相干线偏振光的叠加.

16.1.3　部分偏振光

介于自然光和线偏振光之间还有一种类型的偏振态,即部分偏振光.若某一方向的光振动比与之垂直方向上的光振动占优势,称为**部分偏振光**.这种偏振类型的光矢量振动在垂直于传播方向平面内的所有方向上都有,但是不同的振动方向上振动的振幅各不相同,且相互之间无固定相位关系.在某个方向上振幅最大,而在与它垂直的方向上振幅最小.部分偏振光可以看作是线偏振光和自然光的组合.部分偏振光可以用图 16.3 表示.

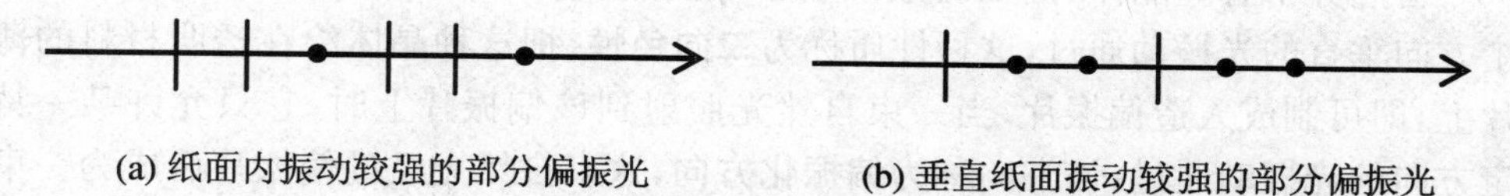

(a) 纸面内振动较强的部分偏振光　(b) 垂直纸面振动较强的部分偏振光

图 16.3　部分偏振光

为了衡量部分偏振光的偏振程度,引入偏振度的概念,即

$$P = \frac{I_{\max} - I_{\min}}{I_{\max} + I_{\min}} \tag{16.1.1}$$

式中,I_{max}表示部分偏振光中的强度最大值,I_{min}表示部分偏振光中的强度最小值.两者之间差值越大,则偏振度越高.当$I_{max}=I_{min}$时,偏振度最低,$P=0$,为自然光;若$I_{min}=0$,则$P=1$,为线偏振光.一般情况下部分偏振光的偏振度介于两者之间,即有$0<P<1$.

16.1.4 圆偏振光

若光矢量的端点在垂直于光的传播方向的平面内的运动轨迹是一个圆,称为**圆偏振光**.圆偏振光可以由振幅相等、频率相同、振动方向相互垂直且相位差为$\pm\pi/2$的两束线偏振光合成.

16.1.5 椭圆偏振光

若光矢量的端点在垂直于光的传播方向的平面内的运动轨迹是一个椭圆,称为**椭圆偏振光**.椭圆偏振光可以由频率相同、振动方向相互垂直的两束线偏振光合成.

以上五种类型的偏振光都可以等效地用振动方向相互垂直的两个线偏振光来代替,且这两个线偏振光具有相同的传播方向和频率.但是合成不同类型偏振光的两个线偏振光之间具有不同的相位关系.例如,自然光可以用振动方向相互垂直、振幅相等的两个线偏振光合成,但是这两个线偏振光之间没有固定的相位关系.

16.2 起偏和检偏 马吕斯定律

16.2.1 偏振片 起偏和检偏

自然界中有些晶体(例如硫酸碘奎宁)能吸收某一方向的光振动,而只让与这个方向垂直的光振动通过,这种性质称为**二向色性**.把这种晶体涂在透明材料的薄片上,即可制成人造偏振片.当一束自然光照射到该偏振片上时,它只允许某一特定方向的光振动通过,该方向称为**偏振化方向**,这束自然光经过偏振片后成为一束线偏振光,这一过程称为**起偏**,此时的偏振片称为**起偏器**.偏振片不仅能够产生一束线偏振光,还可以检验一束光是否是线偏振光,称为**检偏**,此时的偏振片称为**检偏器**.

如图16.4所示,一束强度为I_0的自然光通过一块无吸收的理想偏振片P_1后,成为一束强度为$I_0/2$的线偏振光,若将P_1以光的传播方向为轴转动一周,则由自然光的振动方向关于传播方向的对称性可知,透过 P_1 的光强不随 P_1 的转动而发生变化.再使通过 P_1 的线偏振光继续通过放置在 P_1 后面的另一偏振片 P_2,同时将 P_2 以光的传播方向为轴转动一周,如图 16.4 所示.若 P_1 和 P_2 的偏振化方向相同,则线偏振光能全部通过 P_2;若 P_1 和 P_2 的偏振化方向相互垂直,则该线偏振光完全不能通过,最后透射出来的光的强度为零,称为消光现象.若 P_1 和 P_2 的偏振化方向既不平行也不垂直,则经过 P_1 后的线偏振光只能部分通过 P_2.

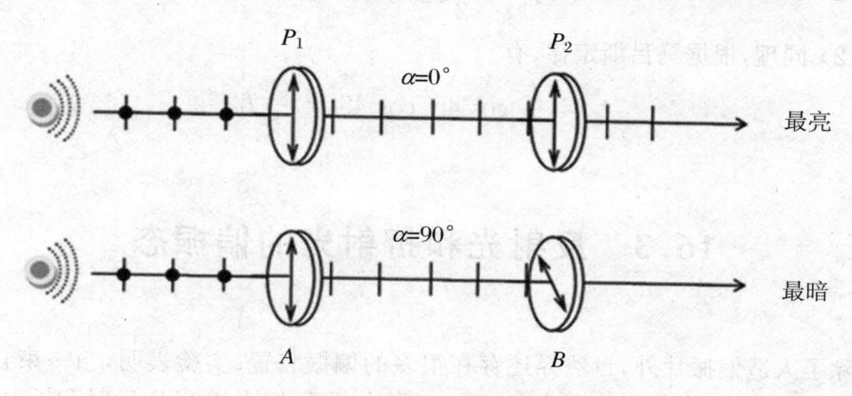

图 16.4　起偏器和检偏器

16.2.2　马吕斯定律

如图 16.5 所示,强度为 I_0 的线偏振光照射到一块检偏器,且入射线偏振光的振动方向与检偏器的透振方向之间的夹角为 α.若入射线偏振光振幅为 E_0,经过检偏器时,可将其分解为 $E_0\cos\alpha$ 及 $E_0\sin\alpha$,其中与检偏器透振方向平行的分量可以通过,垂直分量不可通过,则出射后线偏振光的振幅为 $E_0\cos\alpha$,强度为 $E_0^2\cdot\cos^2\alpha$,即 $I_0\cos^2\alpha$.

$$I = I_0\cos^2\alpha \tag{16.2.1}$$

上式是 1808 年由马吕斯通过实验发现的,称为**马吕斯定律**.

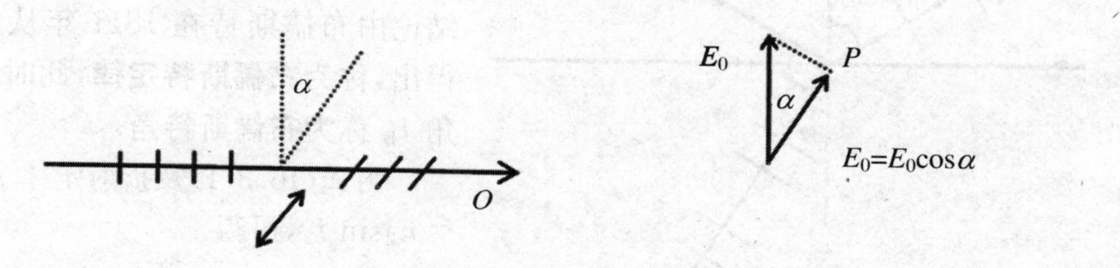

图 16.5　马吕斯定律

若 $\alpha=0$ 或 $\alpha=\pi$,$I=I_0$,透射光强度最大;若 $\alpha=\pi/2$ 或 $\alpha=3\pi/2$,$I=0$,透射光强度最小.若 α 介于两者之间,则光强介于最大和零之间.

例 16.1 使一束强度为 I_0 的自然光通过两个偏振化方向夹角为 90°的偏振片,问透射光强 I_1 为多少? 在两个偏振片之间再插入另一个偏振片,它的偏振化方向与前两个偏振片均成 45°角,问透射光强 I_2 为多少?

解 (1) 由题意可知,经过第一块偏振片后为一束光强为 $I_0/2$ 的线偏振光.根据马吕斯定律,经第二块偏振片后,有

$$I_1 = \frac{I_0}{2}\cos^2 90° = 0$$

(2) 同理,根据马吕斯定律,有

$$I_2 = \frac{I_0}{2}\cos^2 45° \cos^2 45° = \frac{1}{8}I_0$$

16.3 反射光和折射光的偏振态

除了人造偏振片外,自然界还存在很多的偏振装置.实验表明,当一束自然光入射到两种介质(折射率分别为 n_1 和 n_2)的分界面上时,会发生反射和折射现象.通常将自然光分解成振动方向相互垂直、振幅相等、无固定相位关系的两个线偏振光.其中一个线偏振光的振动方向平行于入射面,振幅用 E_p 表示,另一线偏振光的振动方向垂直于入射面,振幅用 E_s 表示.通常情况下反射光和折射光都是部分偏振光.

改变入射光的角度,发现反射光和折射光的偏振化程度也会随之发生变化,当入射角满足

$$\tan i_B = \frac{n_2}{n_1} \tag{16.3.1}$$

时,反射光成为一束线偏振光,且振动方向垂直于入射面.而折射光仍是一束部分偏振光,如图 16.6 所示.这一结论由布儒斯特在 1811 年从实验中得出,称为**布儒斯特定律**,此时的入射角 i_B 称为**布儒斯特角**.

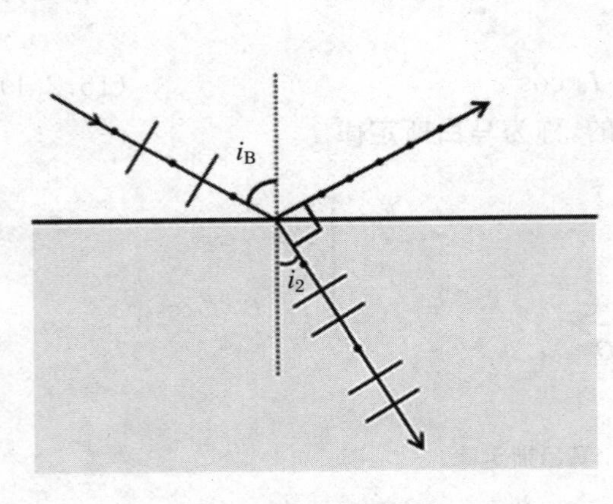

图 16.6 布儒斯特角

由式(16.3.1)及折射定律 $n_1\sin i_1 = n_2\sin i_2$,可得

$$\sin i_2 = \cos i_B$$

即

$$i_B + i_2 = \frac{\pi}{2}$$

即当入射光沿布儒斯特角方向入射时,反射光和折射光相互垂直.

当一束自然光由空气射向玻璃表面时,由公式计算可得

$$i_B = \arctan 1.5 \approx 56^\circ$$

此时,由玻璃反射的线偏振光的能量仅占总入射光能量的7.5%,折射的部分偏振光能量较强.为了增强反射线偏振光的强度及折射光的偏振度,可以采取如下形式:用一组平行玻璃片叠在一起形成一个玻璃片堆,一束自然光以布儒斯特角入射到玻璃片堆上,每经过一块玻璃片,都从折射光中反射掉一部分垂直振动的分量,当玻璃片足够多时,最后通过玻璃片堆的折射光近似为振动方向平行于入射面的线偏振光.同时,由于玻璃片堆每层都反射振动方向垂直于入射面的线偏振光,因而达到了增强反射线偏振光的强度及折射光的偏振度的效果.

16.4　双　折　射

16.4.1　双折射现象

一束光射到各向同性介质的表面时,会发生反射和折射现象,分别遵循反射和折射定律.但是,若一束光射到各向异性介质(如方解石晶体)中时,会在介质内分成两束折射光,沿着略微不同的方向传播,这种现象称为**双折射现象**.能产生双折射现象的晶体称为**双折射晶体**.这两束折射光均为线偏振光,其中一束满足折射定律,称为**寻常光**或 ***o* 光**;另外一束不满足折射定律,称为**非常光**或 ***e* 光**. o 光和 e 光仅在晶体内部有意义,它反映了光在晶体内沿各个方向的传播速度不同.射出晶体之后,就没有 o 光和 e 光之分了.

实验表明,双折射晶体内部有一特定的方向,光沿该方向传播时,不产生双折射现象.这个方向称为晶体的**光轴**.晶体表面法线与光轴构成的平面称为晶体的**主截面**.只有一个光轴的晶体称为**单轴晶体**,例如方解石、石英等.有两个光轴的晶体称为**双轴晶体**,例如云母、蓝宝石等.本书仅讨论单轴晶体.

包含晶体光轴和一条给定光线的平面叫作与这条光线对应的**主平面**. o 光和 e 光分别有自己的主平面. o 光的振动方向垂直于自己的主平面, e 光的振动方向平行于自己的主平面.由于通常情况下, o 光和 e 光的主平面不重合,所以 o 光和 e 光的振动方向一般不垂直.只有当光轴位于入射面内时, o 光和 e 光的主平面才重合,即 o 光和 e 光的振动方向相互垂直.但由于大多情况下, o 光和 e 光主平面之间的夹角很小,所以 o 光和 e 光的振动方向都可近似认为相互垂直.

如图16.7所示,若在双折射晶体内部有一可发光的点光源,由于晶体内部的各向异性,将在晶体内部形成两组光波波面,其中一个是球面波面,表明各个方向

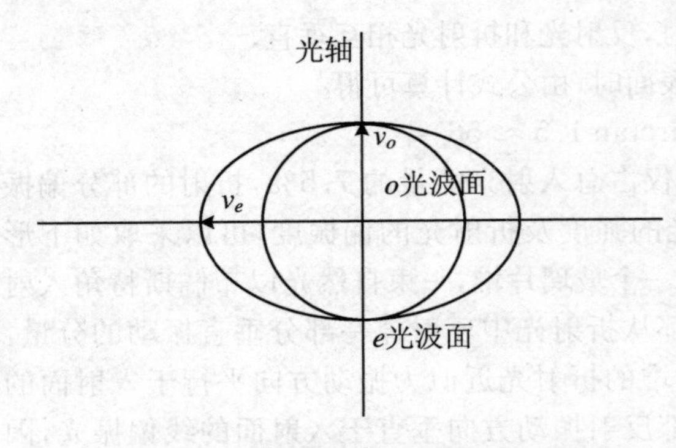

图 16.7 光在双折射负晶体中的波面

光速相等，对应于寻常光波面或 o 光波面；另一个波面是旋转椭球面，表明沿各个不同的方向光速不相等，对应于非常光波面或 e 光波面. 由于 o 光和 e 光沿光轴方向传播时，传播速度相等，两波面在光轴方向相切. 在垂直于光轴方向上，两光传播速度相差最大. 寻常光的传播速度通常用 v_o 表示，折射率用 n_o 表示. 非常光的传播速度沿各个方向各不相同，取垂直于光轴方向上的传播速度用 v_e 表示，折射率用 n_e 表示，称为非常光的**主折射率**.

通常情况下，单轴晶体可分为正晶体和负晶体. 若 $v_o > v_e$，即 $n_o < n_e$，称为**正晶体**，如石英等；反之，若 $v_o < v_e$，即 $n_o > n_e$，称为**负晶体**，如方解石等.

图 16.8 为一组平行光进入双折射晶体时的双折射现象.

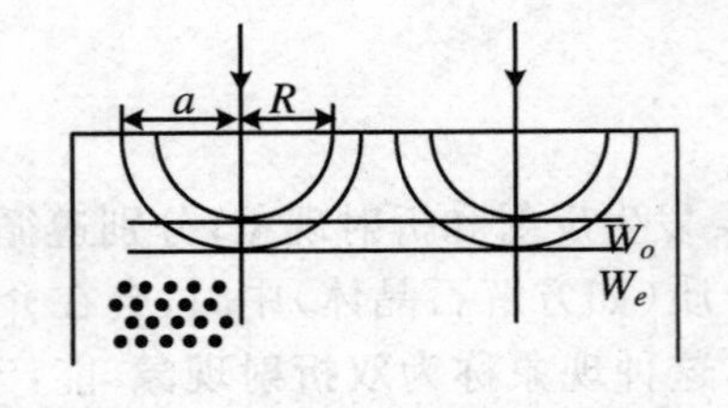

(a) 光轴平行晶体表面并垂直入射面

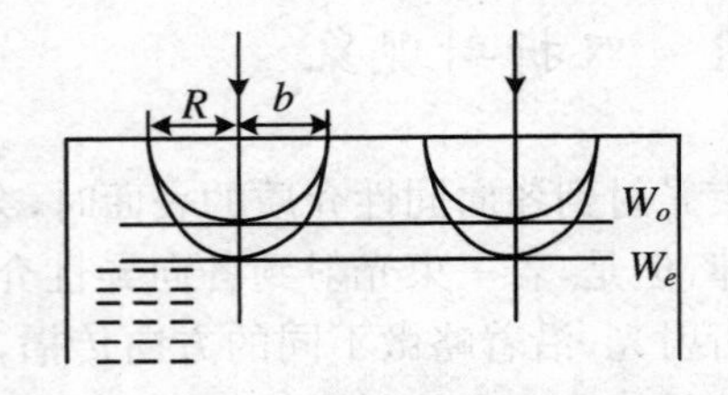

(b) 光轴平行晶体表面并平行入射面

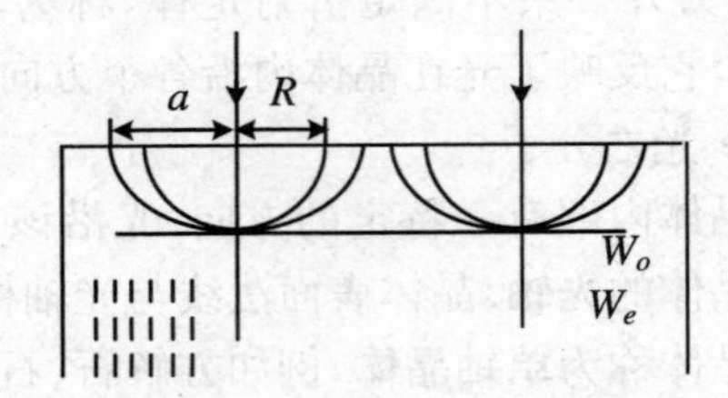

(c) 光轴垂直晶体表面并平行入射面

图 16.8 晶体中 o 光和 e 光的波面

16.4.2 波片

图 16.8 中，一块表面平行的单轴晶体，其光轴与晶体表面平行时，从晶体射出的 o 光和 e 光传播方向相同，但传播速度不同，因此从晶体内部出射后相位不同. 可以利用这种性质制成能使 o 光和 e 光产生各种相位差的晶体薄片，称为**波片**.

假设双折射晶体厚度为 d,o 光和 e 光的折射率分别为 n_o 和 n_e,则两束线偏光出射后相位差为 $\Delta\varphi=\frac{2\pi}{\lambda}(n_o-n_e)d$,若已知入射光的波长,则不同波片的厚度对应不同的相位差.

1. 1/4 波片

若晶体厚度使得 o 光和 e 光在晶体内部产生 $\pi/2$ 的相位差,即光程差满足

$$d(n_o-n_e)=\pm\frac{\lambda}{4}$$

满足该厚度的波片称为 1/4 波片.1/4 波片只是对某一特定波长的光而言的,光波波长不同,则对应 1/4 波片的厚度也各不相同.

例如,对于 $\lambda=589$ nm 的黄色光,方解石晶体的折射率 $n_o=1.658$,$n_e=1.486$,该波长的 1/4 波片厚度满足 $d(n_o-n_e)=\lambda/4$,可解得 $d=8.6\times10^{-5}$ cm.

由于制造这样厚度的波片相当困难,实际制作的 $\lambda/4$ 波片的厚度一般都是上述厚度的奇数倍,即满足

$$d(n_o-n_e)=\pm(2k+1)\frac{\lambda}{4}\quad(k=0,1,2,\cdots)$$

相应的相位差满足

$$\Delta\varphi=\pm(2k+1)\frac{\pi}{2}\quad(k=0,1,2,\cdots)$$

2. 1/2 波片

若晶体厚度使得 o 光和 e 光在晶体内部产生 π 的相位差,即光程差满足

$$d(n_o-n_e)=\pm(2k+1)\frac{\lambda}{2}\quad(k=0,1,2,\cdots)$$

满足该厚度的波片称为 1/2 波片(半波片).相应的相位差满足

$$\Delta\varphi=\pm(2k+1)\pi\quad(k=0,1,2,\cdots)$$

线偏振光垂直入射到 1/2 波片后,出射光仍为线偏振光,但与入射线偏振光的偏振方向不同,两束线偏振光的振动面关于晶体主截面对称.若入射线偏振光的振动方向与晶体主截面夹角为 45°,则出射线偏振光与入射线偏振光振动方向之间的夹角为 90°.

3. 全波片

若晶体厚度使得 o 光和 e 光在晶体内部产生 2π 的相位差,即光程差满足

$$d(n_o-n_e)=\pm2k\frac{\lambda}{2}\quad(k=1,2,\cdots)$$

满足该厚度的波片称为全波片.相应的相位差满足

$$\Delta\varphi=\pm2k\pi\quad(k=1,2,\cdots)$$

经过全波片的出射光比入射光的相位改变了 2π 的整数倍,即没有改变相位差,也不改变偏振态.

一束振幅为 A 的线偏振光,振动方向与波片光轴夹角为 θ.进入波片后就分解

成 o 光和 e 光,它们的振幅分别为

$$A_o = A\sin\theta, \quad A_e = A\cos\theta$$

射出波片后,成为振动方向相互垂直的两束线偏振光.

16.4.3 人为双折射现象

有些各向同性的介质在机械力、电磁力等外力作用下会成为各向异性介质,从而产生双折射现象.

1875 年,苏格兰物理学家克尔发现,某些各向同性的透明介质(如硝基苯 $C_6H_5NO_2$)在外电场作用下会变为各向异性,表现出双折射现象.这种各向同性的透明介质,在外电场作用下,显示出各向异性,从而产生双折射的现象,称为**克尔效应**.实验表明,在外电场作用下,硝基苯变成单轴双折射介质,其光轴沿外电场方向,o 光和 e 光的主折射率的差值与电场强度的平方成正比,所以克尔效应又称为**二级电光效应**.克尔效应响应时间很短,即随着电场的产生与消失,双折射也很快地出现和消失,其间的时间延迟小于10^{-9} s,因此利用克尔效应可以制成高速的电光开关,在激光测距、高速摄影等方面有重要的应用.

1893 年,德国物理学家泡克尔斯发现,除了硝基苯液体,某些晶体物质,如磷酸二氢钾,在电场作用下也会产生电光效应,称为**泡克尔斯效应**.泡克尔斯效应中,晶体的折射率之差与所加电场成线性关系,所以泡克尔斯效应是线性电光效应.

有些各向同性的透明介质(如塑料、玻璃等),如果内部存在应力,就会呈现出各向异性,当光入射时,也会产生双折射现象,这就是**光弹效应**,也称为**机械双折射**或**应力双折射**.实验表明,这些物体受到应力以后,表现出正或负的单轴晶体的性质,且光轴就在应力方向上.在一定的应力范围内,折射率与应力大小成正比,比值与材料性质及光波波长有关.光测弹性仪就是利用光弹效应来测量应力分布的一种装置,在工程技术上有着广泛的应用.例如,为了设计一个机械工件、桥梁等,可以用透明塑料制成模型,放在两个正交的偏振片之间,根据实际情况按比例对模型施力,从观察到的干涉条纹便可确定各部分受力的情况.

16.4.4 旋光现象

线偏振光通过某些透明固体(例如石英晶体)或者某些有机物质溶液(例如糖的溶液)时,线偏振光依然还是线偏振光,只是振动面会旋转一定的角度,这种现象称为**旋光现象**.具有旋光现象的物质称为**旋光物质**,这种特性称为**旋光性**.产生旋光的原因是沿光轴方向传播的圆偏振光的传播速度与它的旋转方向有关.实验表明,在天然的旋光物质中,光的振动面转过的角度与光经过旋光物质的厚度成正比.对于有旋光性质的溶液,光的振动面转过的角度与在溶液中穿过的距离及溶液

的浓度成正比,因此利用旋光现象可测定溶液的浓度.同时,溶液的旋光性在制糖、制药及化工方面都有重要的应用.

用人工的方法也可产生旋光,例如,磁场在某些介质中也可产生旋光,这种现象称为**磁致旋光效应**或**法拉第效应**.其偏振面旋转角度与光在样品中通过的长度及磁感应强度成正比.磁致旋光的旋转方向由光与磁场的相对方向决定.

习　题　16

16.1　一束自然光自空气中入射到一块平板玻璃,设入射角恰好等于布儒斯特角,则反射光线为(　　).

A. 自然光　　B. 部分偏振光

C. 线偏振光,且光矢量振动方向平行于入射面

D. 线偏振光,且光矢量振动方向垂直于入射面

16.2　一束自然光垂直入射到偏振化方向成60°角的两个偏振片上,则最后出射光的强度为(假设入射自然光强度为 I_0)(　　).

A. $\frac{I_0}{2}$　　B. $\frac{I_0}{4}$　　C. $\frac{I_0}{8}$　　D. $\frac{3I_0}{8}$

16.3　关于波片的论述,正确的是(　　).

A. 1/4 波片可以产生$\frac{\lambda}{4}$的光程差,$\frac{\pi}{4}$的相位差

B. 1/4 波片可以产生$\frac{\lambda}{4}$的光程差,$\frac{\pi}{2}$的相位差

C. 1/4 波片可以产生$\frac{\lambda}{2}$的光程差,$\frac{\pi}{4}$的相位差

D. 1/4 波片可以产生$\frac{\lambda}{2}$的光程差,$\frac{\pi}{2}$的相位差

16.4　在两个正交偏振片之间插入第三块偏振片.问:(1) 当最后透射光光强为入射光强的1/8时,插入偏振片的方位角应为多少?(2) 要使最后透过光强为零,插入的偏振片应如何放置?(3) 能否找到插入偏振片的合适方位,使最后透过的光强为入射自然光强的1/2?

16.5　一自然光从空气(折射率为1)向玻璃(折射率为1.55)入射,若要使反射光成为一组线偏振光,试问入射角应为多大?

16.6　有一表面平行的石英片是沿平行光轴方向切出的,要把它切成一块黄色光(波长为589.3 nm)的1/4波片,其最小厚度应为多少?已知石英的折射率 $n_e=1.552$,$n_o=1.543$.

16.7 厚为 0.025 mm 的方解石晶片，表面平行于光轴，放在两个正交的偏振片之间，光轴与两个偏振片偏振方向各成 45°角，如射入第一个偏振片的光是波长为 390～760 nm 的可见光，问透过第二个偏振片的光中，少了哪些波长的可见光？（方解石 $n_o=1.658$，$n_e=1.486$.）

16.8 线偏振光垂直入射到一块光轴平行于表面的方解石晶片上，光矢量的振动方向与晶片光轴方向夹角为 30°，求：(1) 透过晶片的 o 光和 e 光的相对强度为多少？(2) 当用 $\lambda=589$ nm 的单色光照射时，如果要产生 90°的相位差，晶片的厚度应为多少？（方解石 $n_o=1.658$，$n_e=1.486$.）

16.9 测得一池静水的表面反射出来的太阳光是线偏振光，问此时太阳处在地平线的多大仰角处（水的折射率为 1.33）？

16.10 有一束由自然光和线偏振光混合的光束，当它通过一偏振片时发现透射光的强度取决于偏振片的取向，其最大光强与最小光强可差 4 倍，求入射光中两种光的强度之比.

16.11 经偏振片观察部分偏振光，当偏振片由对应于极大强度的位置转过 60°时，光强减为一半，求光束的偏振度.

16.12 设通过两偏振片后的光强最大为 I_0，若将其中一个偏振片以光的传播方向为轴分别转动 30°，45°，60°，90°，则光强各为多少？

16.13 自然光光源 A 发出的光在空气中传播，通过两块偏振片后的光强为 I，这两块偏振片的偏振化方向夹角为 60°. 旋转其中一块偏振片，使这个交角变成 30°，光源改用另一自然光源 B，则通过两块偏振片后的光强仍为 I，求 A 和 B 两光源的强度之比（设空气不吸收光）.

阅读材料

蝴蝶翅膀的灵感

在现代化的办公室里，纸张消耗速度依然惊人：约 40% 经打印或复印的纸张在阅读一次后就被扔进废纸篓．如何让这些纸张可以重复利用？中国科学院深圳先进技术研究院医工所微纳中心副研究员吴天准带领研究小组研制出一种以水为彩色墨水的重复书写纸，上述问题有望得到解决．

蝴蝶翅膀五彩缤纷，然而这美丽的翅膀颜色来源却与其他动物不同，它并不是蝴蝶身体上的细胞，而是来自鳞片的颜色．鳞片不是细胞，是细胞的衍生物，由构成翅膜的细胞向外分泌伸展所得．通常鳞片呈扁平羽毛状，而在基部缩成针柄状穿入翅膜，鳞片轻轻地依附在翅膜上，容易脱落．

将蝴蝶翅膀放置于显微镜下，会看到成千上万的鳞片，整整齐齐地密排在翅膜上，使整个翅膀呈现一定的色彩和颜色．一些鳞片内含无数彩色的色素，使得鳞片的颜色来源与日常所见的色彩相同．还有些蝴蝶翅膀鳞片因光源的种类、光向呈现闪光或者变色．在显微镜下，我们看不到这些鳞片的颜色，因为鳞片本身是透明的．这些透明的鳞片表面有特殊的物理构造，通常有许多深沟，沟内有周期性的密排构造，使其在光照下能发生不同的折射、干涉和衍射，然后反射出部分特定频率的光线，而产生五彩缤纷的颜色．

假如光线由翅膀的背面通过，则因无光线可反射，它的翅膀看起来就会是透明无色的．蝴蝶翅膀呈现的五彩缤纷色彩是一种特殊的物理结构效应——光子晶体的布拉格衍射产生的，这些结构由周期性规整堆积的微纳结构形成，因而这种斑斓的颜色实际上是一种结构色，并且这种结构色会由于同期性的微纳结构间距或折射率的改变而呈现不同的颜色．不同于染料、颜料，这种颜色的显示源于材料的物理结构特性，故更加鲜艳、稳定、持久且无毒，可重复书写的仿生纸就是基于这种原理．

该研究团队本来从事光子晶体的传感检测研究，在一次实验中，他们不小心将水泼到光子晶体材料上，发现材料上出现了彩色痕迹，但在水分蒸发后，痕迹又随之消失．随后，微纳中心团队利用人工合成的纳米微球组装成一层薄薄的光子晶体层，其中再填充一层对 pH 有响应的高分子水凝胶，两者结合即实现了光子晶体纸的透明性和可重复书写特性.

这种书写过程利用方便易得的自来水或蒸馏水作为墨水，水写在光子晶体纸上时，光子晶体纸中的水凝胶遇水部分就会局部溶胀，从而改变组装光子晶体层中纳米微球的间距，同时结合光子晶体的一些光学特征，使得遇水部分产生颜色，而未书写部分仍为背景色. 通过改变光子晶体层中纳米微球的尺寸，可以使得光子晶体纸能随心所欲地呈现出所需要的颜色. 与此同时，由于采用的光子晶体纸张中有对 pH 响应的高分子水凝胶，因此采用不同 pH 的溶液作为墨水即可得到相应颜色. 当水分挥发后，光子晶体纸又恢复到未书写时的样子.

经过反复实验，发现这种书写过程简易方便，而作为光子晶体纸的基底也是可以广泛选择的：既可以是坚硬的玻璃，也可以是柔软的塑料，制备方法简便，具有低成本、无毒和绿色环保等特点.

此外，微纳中心研发的以水为彩色墨水的可重复书写纸技术还可以用作防伪标识：将光子晶体层通过书写或是打印制备成特定图案，然后在该图案上覆盖一层高分子水凝胶，图案即可隐形为背景色；当用水或是饮料涂在表面的时候，图案即可显现，而当水分挥发后，图案又可隐形.

（摘自《中国科学报》，2015-03-23，第 6 版）

第五篇　量子力学基础

量子力学是研究微观粒子的运动规律的物理学分支学科，它是研究原子、分子以及原子核和基本粒子的结构及性质的基础理论，它与相对论一起构成了近代物理学的理论基础. 量子力学不仅是近代物理学的基础理论之一，而且在化学、生物等相关学科和许多近代技术中也得到了广泛的应用. 本篇主要方向，并非想涵盖量子力学的所有内容，而是想建立量子力学的基础概念与重要原理.

因此，本篇注重量子力学的基本思想和基本方法的阐述，而不是把量子力学引入繁琐的理论推导. 全篇分为 3 部分：第 1 部分介绍量子理论基础中实验相关现象及其解释；第 2 部分阐述来源于实验并不断被实验所证实但不能被证明的量子力学五大基本假设；第 3 部分借助对一维定态问题的讨论，加深对能量量子化和薛定谔方程意义的理解，并从中可以了解量子力学处理问题的一般方法，同时了解微观领域所特有的一些现象.

第17章 量子物理基础——量子实验

在19世纪末，许多科学家认为，物理学已经完备——牛顿的运动定律与万有引力理论，麦克斯韦在统一的电学和磁学上的理论，热力学和动力学理论的发展，光学原理的进展，非常成功地解释了很多自然现象.

然而，在19和20世纪之交，两个重大变革撼动了整座经典物理学的大厦：(1) 1900年，马克斯·普朗克(Max Planck)提出的能量量子化的假说导致了量子理论的产生；(2) 爱因斯坦在1905年完成的《论动体的电动力学》论文中提出的狭义相对论.这两个理论的诞生对人类理解自然产生了深远的影响，短短几十年间，激发着原子物理、核物理、凝聚态物理的新发展.

在相对论部分，我们讨论了在处理粒子速度相当于光的速度时，必须用爱因斯坦的狭义相对论取代牛顿运动规律.随着20世纪的发展，狭义相对论成功地解释了许多实验现象和理论难题.然而，还有一些实验现象是相对论和经典物理所不能回答的，例如分离的原子谱线问题.

物理学家开始寻求新的方式来解决这些难题，又一次物理学革命发生在1900年至1930年年间.量子力学新理论成功地解释了微观尺度粒子的行为.同狭义相对论一样，量子理论要求我们用另一个视角来思考我们的物理世界.

量子力学，极其成功地理论解释了微观粒子的行为.这一理论在20世纪20年代由马克斯·普朗克、尼尔斯·玻尔、沃纳·海森伯、埃尔温·薛定谔、沃尔夫冈·泡利、路易·德布罗意、马克斯·玻恩、恩里科·费米、保罗·狄拉克、阿尔伯特·爱因斯坦等一大群物理学家所共同创立，透过量子力学，人们对物质的结构以及其相互作用的见解被根本地改变，同时，许多现象也得以真正地被解释.借助于量子力学，以往经典理论无法直接预测的现象，现在可以被精确地计算出来，并能在之后的实验中得到验证.

本章介绍量子理论基础中量子实验的相关现象及其解释，主要内容有：氢原子光谱线、黑体辐射、普朗克假设；光电效应与爱因斯坦量化假说；光子和自由电子相互作用的康普顿效应；塞曼效应；氢原子的玻尔理论；德布罗意假设，波粒二象性；概率波；不确定关系.

17.1 氢原子光谱的实验规律

早在原子理论建立以前，光谱学已经取得了很大发展，积累了有关原子光谱的大量实验数据．人们已经知道，一定原子辐射具有一定频率成分的特征光谱，不同原子辐射不同光谱．也就是说，原子辐射的光谱中具有反映原子结构的重要信息．因而人们开始以极大的注意力去研究原子辐射的光谱，试图找出其中的规律，并对光谱的成因即光谱与原子结构的关系做出理论解释．

1885年，瑞士中学教师 Balmer(Johann Jakob Balmer，1825~1898，瑞士数学家、物理学家)分析氢原子光谱时，发现氢原子的线光谱在可见光部分的谱线，可归纳为如下公式：

$$\lambda = 365.46\frac{n^2}{n^2-2^2}(\mathrm{nm})\quad (n = 3,4,5,\cdots) \tag{17.1.1}$$

当 $n=3$ 时，由上式可得 $\lambda_0=656.21\ \mathrm{nm}$，这与实验值 H_α 的波长 656.28 nm 是非常吻合的；当 $n=4,5,6,\cdots$ 时，式(17.1.1)所得的值与实验值也相当吻合．因此，可以认为式(17.1.1)反映了氢原子光谱中可见光范围内谱线按波长的分布规律．这个谱线系称为巴耳末系，式(17.1.1)称为巴耳末公式．当 $n\to\infty$ 时，H_∞ 的波长为 364.56 nm，这个波长称为巴耳末系波长的极限值．

其后不久，在1890年，光谱研究者 Rydberg(Johannes Robert Rydberg，1854～1919，瑞典物理学家)发现氢以外的原子光谱也是比较有规律的线谱，但他使用的公式是$\frac{1}{\lambda}=\boldsymbol{\nu}$(波数)，即相当于使用频率 $\frac{\nu}{c}$ 来表示光谱线间的关系，结果获得了下式：

$$\boldsymbol{\nu} = R_{\mathrm{H}}\left(\frac{1}{m^2}-\frac{1}{n^2}\right) \tag{17.1.2}$$

式中，m 和 n 为不同的整数；R_{H}称为里德伯常数，近代测定值 $R_{\mathrm{H}}=1.097\,373\,153\,4\times10^7\ \mathrm{m}^{-1}$．Rydberg 的光谱研究一直持续到20世纪初，并且归纳出如下结论：

(1) 各原子有它特有的光谱线系．

(2) 每组线系内的每条光谱线都满足类似式(17.1.2)的关系式，即每组线系的频率都由正整数 m 和 n 的 $1/m^2$ 和 $1/n^2$ 的差来表示．

之后，氢原子光谱的其他谱线系也先后被发现．一个在紫外区，由莱曼(Lyman)发现，还有三个在红外区，分别由帕申(Paschen)、布拉克特(Brackett)、普丰德(Pfund)发现．这些谱线系也像巴耳末系一样，可以用一个简单的公式表示，分别为

$$\text{莱曼系：}\boldsymbol{\nu} = R_{\mathrm{H}}\left(\frac{1}{1^2}-\frac{1}{n^2}\right)\quad (n = 2,3,4,\cdots) \tag{17.1.3a}$$

$$巴耳末系：\nu = R_{\mathrm{H}}\left(\frac{1}{2^2} - \frac{1}{n^2}\right) \quad (n = 3,4,5,\cdots) \qquad (17.1.3b)$$

$$帕申系：\nu = R_{\mathrm{H}}\left(\frac{1}{3^2} - \frac{1}{n^2}\right) \quad (n = 4,5,6,\cdots) \qquad (17.1.3c)$$

$$布拉克特系：\nu = R_{\mathrm{H}}\left(\frac{1}{4^2} - \frac{1}{n^2}\right) \quad (n = 5,6,7,\cdots) \qquad (17.1.3d)$$

$$普丰德系：\nu = R_{\mathrm{H}}\left(\frac{1}{5^2} - \frac{1}{n^2}\right) \quad (n = 6,7,8,\cdots) \qquad (17.1.3e)$$

这些线谱的分布位置如图 17.1 所示，式(17.1.1)～式(17.1.3)不但和经典物理学的信条“一切变化过程是连续的”不相容，并且其不连续性以 $1/n^2$（$n=1,2,3,4,\cdots$）的形式出现，相当的不寻常，正整数 n 是怎么出来的？根本不知如何切入，这成为经典物理学无法解决的光谱问题.

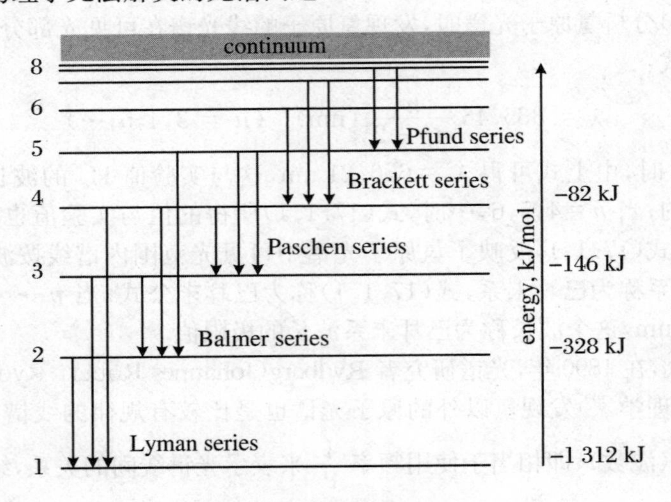

图 17.1 氢原子光谱

17.2 黑体辐射和普朗克假设

Planck（Max Karl Ludwig Planck，1858～1947，德国理论物理学家）1900 年对黑体辐射的辐射能量强度与不同辐射频率之间的关系进行了研究，从实验室所量得的数据显示，可假设黑体辐射造成能量辐射的振子(oscillator)所能携带的能量是不连续的，而且为某一固定能量的整数倍，即有

$$E_n = nh\nu$$

其中，ν 为最低能量振子的振动频率. 普朗克同时从理论计算与实验曲线的比较中定出普朗克常数的数值为

$$h = 6.626 \times 10^{-34}(\mathrm{J \cdot s})$$

但普朗克并没有深刻了解到他已发现了量子世界的深沉与诡异的奥秘，仍然认为他的推论只是借用了特别的数学技巧，而真正的原因，仍然有待开发、理解. 虽然如此，物理学界依然认为普朗克在 1900 年的贡献，在量子物理发展史上的重要性非同小可，因此那一年被物理界公认为量子论产生的历史时刻.

17.2.1　黑体辐射

19 世纪 50 年代，光谱学是相当热门的科研课题. 从光谱可得到辐射源的成分、温度、密度等信息，于是必须获得完整的辐射源所有的辐射信息才行. 黑体辐射构想正是针对这个目的而提出的. 无关入射方向、偏振情形，能吸收所有的入射频率的物体称为黑体(black body). 由于把所有的入射电磁波全部吸收，无反射回来的电磁波，故物体呈黑色，因而称为黑体. 反过来，如果把这个物体加热到某温度 T，则必定辐射出与其吸收的光谱完全相同频率的电磁波，称为黑体辐射. 怎么做才能高度近似地达到上述的黑体辐射呢?

如图 17.2 所示，在科研上黑体是被完全不透过辐射的壁包住，且维持在一定温度 T 的空腔，其孔的大小远比内壁总面积小，于是电磁波一旦从孔进入腔内，便在腔内来回反射被吸收，几乎无法从孔逸出，达到黑体的功能. 将空腔浸在温度为 T 的温槽中，使空腔壁产生辐射，腔内充满辐射能，达到热平衡状态时便从孔辐射出电磁波，这就是黑体辐射. 单位时间经单位面积辐射频率 ν(辐射波长 λ)的电磁波的能量 $K_T(\nu)$ 称为**光谱辐射率**(spectral radiance)，其量纲 $[K_T(\nu)] = \mathrm{J/(s \cdot m^2 \cdot Hz)} = \mathrm{W/(m^2 \cdot Hz)}$，$K_T(\nu)$($[K_T(\lambda)]$) 对所有频率的积分称为辐射率(radiance) K_T：

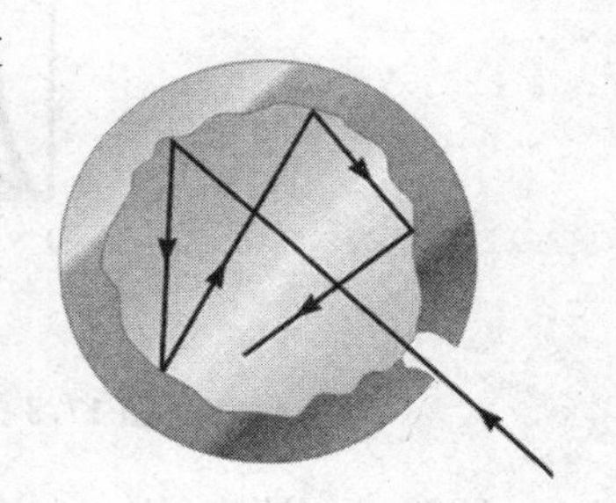

图 17.2　黑体模型

$$K_T = \int_0^\infty K_T(\nu)\mathrm{d}\nu = \int_0^\infty K_T(\lambda)\mathrm{d}\lambda$$

其量纲 $[K_T] = \mathrm{W/m^2}$.

1859 年 Kirchhoff(Gustav Robert Kirchhoff，1824～1887，德国物理学家)研究黑体辐射时获得如下结论：

在绝对温度 T 下的黑体辐射，其光谱辐射率仅与 T 有关，和空腔的物质、形状以及大小无关.

这称为 Krichhoff 定律.

1879 年 Stefan(Josef Stefan，1835～1893，奥地利物理学家)从黑体辐射实验获得辐射率 $K_T \propto T^4$；数年后的 1884 年 Boltzmann(Ludwing Eduard Boltzmann，1844～1906，奥地利物理学家)使用 Maxwell 电磁学和热力学理论推导黑体辐射率

而获得

$$K_T = \sigma T^4,\quad \sigma \cong 5.67 \times 10^{-8}\ \frac{\text{W}}{\text{m}^2 \cdot \text{K}^4} \tag{17.2.1}$$

称式(17.2.1)为 Stefan-Boltzmann 定律.

1881 年,Langley(Samuel Pierpont Langley,1834～1906,美国物理学家)发明了测辐射仪,用极细的铂丝作为惠斯通电桥的两臂,用灵敏电流计检测,可以测量出 1×10^{-3}℃的温度变化,这样大大提高了测量热辐能量随温度升高而向短波方向移动时的精度,如图 17.3 所示.

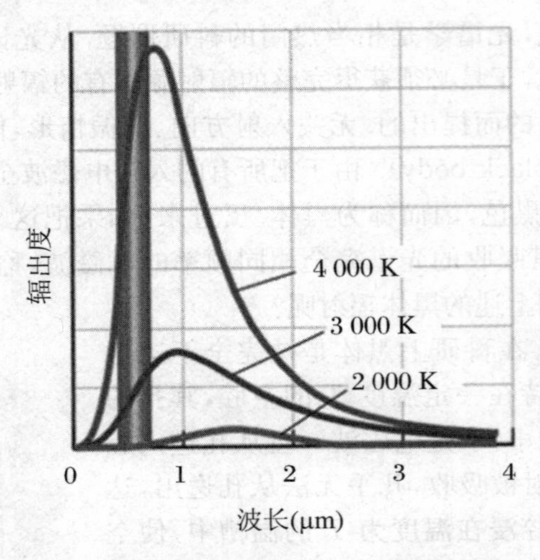

图 17.3　黑体的单色辐出度按波长的分布曲线

1893 年,Wien(Wien Wilheml,1864～1928,德国物理学家)由电磁理论和热力学理论得到了**维恩位移定律**:

$$\lambda_{\text{m}} T = b \tag{17.2.2}$$

其中 $b = 2.898\times10^{-3}\ \text{m}\cdot\text{K}$. 此式表明黑体辐射的单色辐出度的极大值所对应的波长与黑体的热力学温度成反比.

1896 年,维恩假设黑体辐射能谱分布与麦克斯韦分子速率分布相似,并分析实验数据后得出了一个经验公式,称为维恩公式,即

$$K_T(\nu) = c_1 \nu^3 \exp\left(-\frac{c_2 \nu}{T}\right) \tag{17.2.3}$$

式中 c_1 和 c_2 是两个常数.

然而,维恩的假设是缺乏根据的.以后的实验结果表明,这个公式在高频、温度较低时,与实验结果符合较好,但在低频区域与实验结果相差悬殊,如图 17.4 所示.

1900 年,Rayleigh(Third Baron Rayleigh,1842～1919,英国物理学家)发表了黑体辐射理论的研究成果.他由经典电磁学理论结合统计物理学中的能量均分

定理得出如下黑体辐射能谱分布公式：

$$K_T(\nu) = \frac{2\pi\nu^2}{c^2}kT \tag{17.2.4}$$

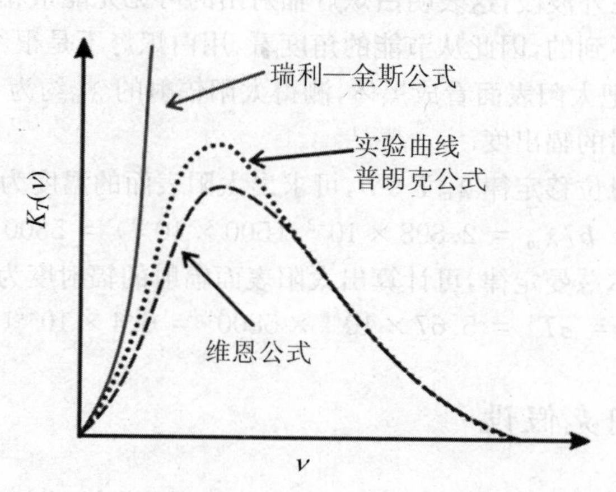

图 17.4 黑体辐射的理论和实验结果比较

式中，c 为真空中的光速；k 为玻尔兹曼常数，kT 是按照经典能量均分定理得到的空腔中振动自由度上的平均能量. Rayleigh 的推导中错了一个因数，后来年轻的 Jeans(James Hopwood Jeans，1877～1946，英国天文学家）投书《自然》杂志做出纠正，故称上式为瑞利—金斯公式.

这一公式给出的结果，在低频范围内还能符合实验结果，但在高频范围和实验值相差甚远，甚至趋向无限大. 在黑体辐射研究中出现的这一经典物理的失败，曾在当时被 Ehrenfest（Paul Ehrenfest，1880～1933，荷兰物理学家）称为"紫外灾难". 所以 Kelvin(Lord Kelvin，1824～1907，英国物理学家）于 19 世纪初在英国皇家学会所做的题为《热和光的动力理论上空的 19 世纪乌云》的演讲中，把迈克耳逊所做的以太漂移实验的零结果比作经典物理学晴空中的第一朵乌云，把与"紫外灾难"相联系的能量均分定理比作第二朵乌云，他满怀信心地预言："对于在 19 世纪最后四分之一时期内遮蔽了热和光的动力理论上空的这两朵乌云，人们在 20 世纪就可以使其消散."历史发展表明，这两朵乌云终于由量子论和相对论的诞生而拨开了.

例 17.1 计算下列情况下辐射体的辐射能谱峰值对应的波长 λ_m：(1) 人体皮肤的温度为 35 ℃；(2) 点亮的白炽灯中，钨丝的温度为 2000 K.（计算时假设以上物体均为黑体.）

解 根据维恩位移定律 $\lambda_m T = b$，其中 $b = 2.898\times10^{-3}$ m·K，可以求出以下波长.

(1) $\lambda_m = b/T = 2.898\times10^{-3}/308 = 9.4\times10^{-6}$(m) $= 9.4$ (μm). 这一辐射位于红外波段，所以人的眼睛是察觉不到的，但是有些动物（如蛇类）能够探测到这种

波长的辐射.

(2) $\lambda_m = b/T = 2.898 \times 10^{-3}/2000 = 1.449 \times 10^{-6}(\text{m}) = 1.449(\mu\text{m})$. 这样的波长同样位于红外波段,这表明白炽灯辐射出的可见光能量相对较少,而大部分辐射能我们是看不到的,因此从节能的角度看,用白炽灯不是很经济.

例 17.2　若把太阳表面看成黑体,测得太阳辐射的 λ_m 约为 500 nm,试估算它的表面温度和辐射的辐出度.

解　根据维恩位移定律 $\lambda_m T = b$,可求出太阳表面的温度为

$$T = b/\lambda_m = 2.898 \times 10^{-3}/(500 \times 10^{-9}) = 5800\,(\text{K})$$

另由斯特藩—玻尔兹曼定律,可计算出太阳表面辐射的辐射度为

$$M(T) = \sigma T^4 = 5.67 \times 10^{-8} \times 5800^4 = 6.4 \times 10^{-7}\,(\text{W/m}^2)$$

17.2.2　普朗克假设

19 世纪中叶光谱研究已经相当成熟,有不少科学家开始着手分析辐射能和频率 ν 或波长 λ 的关系,试图想办法找出辐射机制来重现实验曲线图(图 17.4),但都以失败告终,原因是他们都立足于经典物理学的观点:辐射能量是连续的.

首次获得突破的是 Planck. 开始时他同样使用"一切过程是连续"的经典物理学信条,经过多次失败,到了 1900 年夏天,以物理学的"分布函数"的概念为主导,以及过去科学家的成果为基础,加上天才的洞察力,他终于在 1900 年 10 月 19 日获得如下公式:

$$K_T(\nu) = \frac{2\pi hc^2}{\lambda^5} \cdot \frac{1}{e^{\frac{hc}{\lambda kT}} - 1} \tag{17.2.5}$$

这就是有名的 **Planck 黑体辐射公式**, h 称为 Planck 常数,是普适常数(universal constant),也是微观世界的核心常数.

Planck 发现式(17.2.5)的图形和图 17.4 相似,暗示式(17.2.5)隐藏着未知真理,于是他开始寻找式(17.2.5)的理论基础,经过约 2 个月的努力,终于在 1900 年 12 月 4 日从 Boltzmann 原理: $S = k\ln\omega$,成功推导出式(17.2.5). 在推导过程中 Planck 使用了能量不连续的划时代的想法:

$$\begin{cases} \varepsilon, 2\varepsilon, 3\varepsilon, \cdots, n\varepsilon \\ \varepsilon \equiv h\nu \end{cases} \tag{17.2.6}$$

ε 称为能量子(energy quanta), n 称为量子数.

这一能量不连续的想法被称为"普朗克量子假设":对于频率为 ν 的谐振子,其辐射能量是不连续的,只能取某一最小能量 ε 的整数倍.

这样,Planck 以能量不连续且有能量子 $\varepsilon = h\nu$ 的创新概念获得了式(17.2.5),重现了实验图形(图 17.4),解决了黑体辐射的困扰,同时开启了量子论的大门. 在科学史上首次(1877 年)提出能量不连续且以能量单位"ε"来表示分子动能

为 $0,\varepsilon,2\varepsilon,\cdots,n\varepsilon$ 的是 Boltzmann,不过他不是以“能量子”的物理观念引入 ε,而是一种数学处理方法,并且 Boltzmann 最后令 $\varepsilon\to 0$,最终遗憾地与量子论“失之交臂”.

Planck 的能量子 $\varepsilon\equiv h\nu$ 假设,成功地重现了黑体的光谱辐射率实验图(图 17.4),这个成就震撼、鼓舞了当时的物理界,“能量不连续”的想法很快引起了大家的注意.

至于微观世界的分子运动能量为什么是不连续的? Planck 的理论并没有回答. 大家都对微观世界的动力学问题有疑问,因而积极寻找新力学理论.

例 17.3 设弹簧振子的质量 $m=10$ g,劲度系数为 $k=20$ N/m,振幅为 $A=1.0$ cm,问:(1) 若弹簧振子的能量是量子化的,那么量子数 n 有多大? (2) 若 n 改为 1,则能量的相对变化有多大?

解 (1) 因为 $\omega=\sqrt{\dfrac{k}{m}}$,所以有

$$\nu=\frac{\omega}{2\pi}=\frac{1}{2\pi}\sqrt{\frac{k}{m}}=\frac{1}{2\pi}\sqrt{20/0.01}=7.1\ (\mathrm{Hz})$$

振子的机械能为

$$E=\frac{1}{2}KA^2=\frac{1}{2}\times 20\times(1.0\times 10^{-2})^2=10^{-3}(\mathrm{J})$$

根据式(17.2.6),可得量子数为

$$n=\frac{E}{h\nu}=10^{-3}/(6.6\times 10^{-34}\times 7.1)=2.1\times 10^{29}$$

(2) 能量的相对变化为

$$\frac{\Delta E}{E}=\frac{h\nu}{nh\nu}=\frac{1}{n}\approx 4.8\times 10^{-30}$$

由上述计算可见,量子数 n 很大时,能量的量子本性不明显.

17.3 光电效应与爱因斯坦的量化假说

爱因斯坦 (Albert Einstein,1979～1955,犹太裔物理学家)于 1905 年发表光电效应,提出光粒子说,并于 1906 年发表了他的量子假说(Quantum hypothesis),开宗明义地阐明:在真实、微观的物理世界里黑体辐射的振子,其所能携带的能量确确实实是必须遵守量子化规则的. 根据记载,普朗克一直到 1910 年才勉强接受爱因斯坦的这个量子假说的想法. 有趣的是,普朗克在 1914 年还写了一篇试图以非量化能谱方式解释黑体辐射的论文,显见普朗克还是难以接受量子革命的创见. 无独有偶,普朗克在推荐爱因斯坦成为德国科学院院士的信函中,还不忘批判爱因斯坦的光量子说,显然对爱因斯坦“横冲直撞的莽撞行为”颇为有微词.

1914 年，密立根(R. A. Millikan，1863～1953)为了打击光粒子说精心设计了一个实验，却意外地证实了爱因斯坦光粒子说的正确性.实验戏剧性的发展，不但震惊了物理界，还一举奠立了爱因斯坦在量子力学发展中不可替代的地位.

前一节**“黑体辐射和普朗克假设”**介绍的是和能量的连续、不连续有关的现象，而获得在微观世界里需要能量不连续的观念，至于为什么能量会不连续则是未解的.接着要介绍的是波动的电磁波，在某种情况下呈现出粒子性的一面.

17.3.1　光电效应

1887 年，Hertz(Heinrich Rudolph Hertz，1857～1894，德国物理学家)在验证 Maxwell 预言的电磁波时发现：电磁波发生装置的电偶极天线，当被照射高频率光时，会促进放电.后来人们把光照射在金属表面时金属表面逸出电子的现象称为**光电效应**(photoelectric effect)，如图 17.5 所示，所逸出的电子称为光电子(photoelectron)，这一名称仅表示它是由于光的照射而从金属表面飞出的，它与普通电子并无区别.

其后经过其他科学家的研究归纳出下述结论：

(1) 照射某固定金属的光的频率 ν，必须超过某值 ν_0才能让电子从金属游离出来.

(2) 当 $\nu<\nu_0$时，无论光强多大，都无法从金属游离出电子.

(3) 当 $\nu\geqslant\nu_0$时，从金属游离出来的电子数和光强成正比，且电子立刻出来.

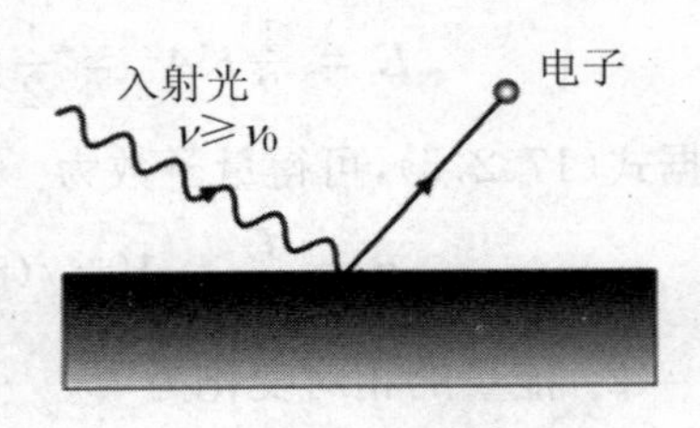

图 17.5　光电效应

根据 Maxwell 的电磁波理论，光强愈强能量愈大，那么金属内的电子获得的动能会和光强呈正比才对，即光强愈大电子离开金属的概率也愈大，为什么一定要入射光频率 ν 超过某值 ν_0呢？ν_0和该金属有什么关系呢？并且当 $\nu\geqslant\nu_0$时电子瞬间(10^{-9}秒)地跑出来，10^{-9}秒怎么够电子从电磁波吸收足够的动能呢？这一现象确实难为了当时的物理学家.

17.3.2　爱因斯坦的量化假说

为了研究光电效应，1905 年爱因斯坦吸收了普朗克提出的能量子概念，并且加以推广，进一步提出了关于光的本性的光子假说.

普朗克只能指出光在发射和吸收时具有粒子性，即一个物体发射能量子，而另一个物体吸收它们.那么在两个物体之间的空间中又是怎样的呢？爱因斯坦对此做了一个非凡的假说，他认为光在空间传播时，也具有粒子性，即一束光的本质是

一粒一粒以光束 c 运动的粒子流，这些光粒子称为光量子，简称光子(photon). 每个光子的能量是 $E=h\nu$，且其运动速度是光速，即对于不同频率的光，其光子的能量不同. 这样光量子和电子接触的一刹那便整个被电子吸收，电子在瞬间内获得足够的能量，从而解决了光电效应的时间和能量的问题. 这一假设的提出同时也蕴涵地指出电磁波具有**波动性和粒子性的二象性**(duality)，所以电磁波的二象性想法起源于 Einstein. 在金属内的电子要离开金属必须克服金属原子的引力，以及和其他电子的相互作用，于是需要用掉一部分能量 W，所以游离电子的动能 K 是进来的能量 E 和用掉的能量 W 之差：

$$K = E - W = h\nu - W$$

显然，电子要离开金属所需要的能量应该和金属的性质有关，对固定金属最起码的能量 W_0 称为逸出功，是各金属的特征能(characteristic energy)，这时的电子应该持有最大动能 K_{max}：

$$K_{max} = h\nu - W_0 \tag{17.3.1}$$

式(17.3.1)是 Einstein 的光电效应公式，它确实能解释前面叙述的三个实验事实.

首先电子能离开金属的最低频率 ν_0 应该是电子动能等于 0 时的频率，ν_0 称为临界频率：

$$\nu_0 = \frac{W_0}{h}$$

所以 $\nu<\nu_0$ 时绝不可能有电子出来，而 $\nu\geqslant\nu_0$ 才能有游离电子. 当 $\nu\geqslant\nu_0$ 而光强大表示有好多光量子 $nh\nu(n=1,2,3,\cdots)$，于是出来的电子数目会和光强成比例；同时电子吸收光量子后能瞬间离开金属. 从式(17.3.1) 可得

$$\frac{K_{max}}{e} = \frac{h\nu}{e} - \frac{W_0}{e}$$

式中 e 为电子电荷大小. 电子动能 K_{max} 可用图 17.6 所示的装置测量.

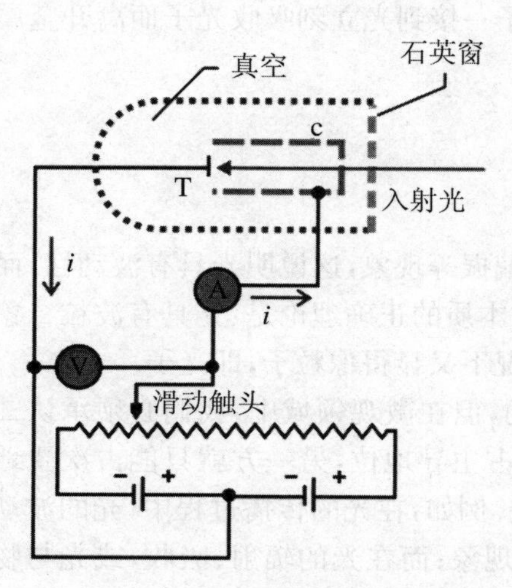

图 17.6　光电效应装置

光电实验所用仪器如图 17.6 所示，其中频率为 ν 的光入射到靶 T 上，并从它上面逐出光电子. 在靶 T 和收集杯 c 之间加以电势差 V 以驱赶这些电子. 收集到的电子形成的光电流由电流表 A 测量.

移动图 17.6 中的滑动触头以调节电势差 V，收集器 c 的电势略低于靶 T 的电势，这时，被逐出的电子的速度将不断减小. 当 V 达到某一值时，电流表 A 的读数将恰好等于零，这时的电势差被称为截止电势(stopping potential)，这样便可以测到

确定的 $K_{\max}=eV_0$.所以有

$$V_0=\frac{h\nu}{e}-\frac{W_0}{e}\tag{17.3.2}$$

如果式(17.3.1)是正确的,那么由式(17.3.2)可知截止电势 V_0 和入射光频率 ν 的关系曲线应是一条直线,并且有临界频率 ν_0. 1914 年 Millikan(Robert Andrews Millikan,1868～1953,美国物理学家)据此做了相关实验,他的结果如图 17.7 所示,从而验证了式(17.3.2)的正确性,证明了电磁波确实有粒子性(光子)的一面.

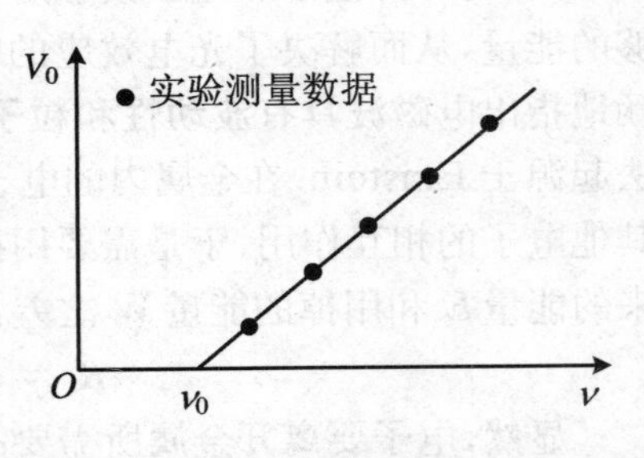

图 17.7　截止电势和入射光频率间关系

例 17.4　如图 17.8 所示,距锌($_{30}$Zn)金属片 5 m 处有一个电功率为 1 W 的点光源,电子要离开锌的逸出功是 4.2 eV. 如果电子收集的能量来自光源照射,则电子要花费多少时间才能离开金属片?

解　吸收入射光的面积 $=\pi\times(1.0\times10^{-9})^2=\pi\times10^{-18}\ \mathrm{m}^2\equiv a$. 假定光源射出的光是各向同性的,则只有 $\dfrac{a}{4\pi R^2}$ 的光对电子有用,所以电子能收集的电功率为

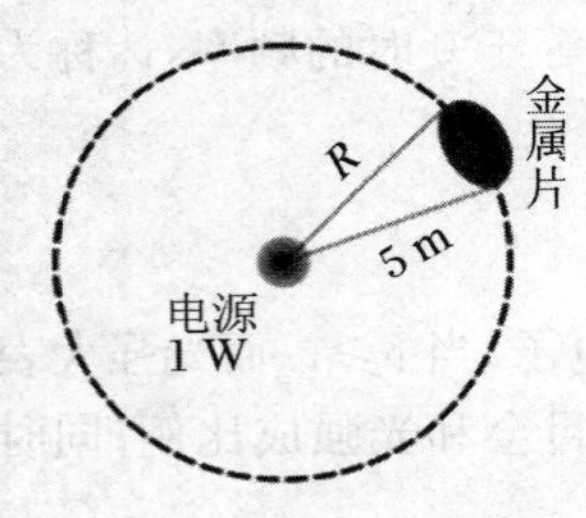

图 17.8　例 17.4 用图

$$P=1\times\frac{\pi\times10^{-18\,2}}{4\pi\times5^2}=1\times10^{-20}\,(\mathrm{J/s})$$

所需时间为

$$t=\frac{4.2}{1\times10^{-20}}\times\frac{1.6\times10^{-19}}{1}=67.2\,(\mathrm{s})$$

实际上,只要入射光频率 $\nu\geqslant\nu_0$,则约10^{-9} s 电子就会逸出,这种不一致只能用光量子来解释:电子一接到光立刻吸收光子而离开金属表面.

17.3.3　光的波粒二象性

光在媒介中传播时,会产生干涉、衍射和偏振等现象,这说明光具有波动性,而光电效应又说明光具有粒子性,因此关于光的本质的正确理论是:光具有波粒二象性,它在某些情况下显得像波,而在另一些情况下又显得像粒子,即光子.

在宏观上,波动性和粒子性看来是矛盾的,但在微观领域中,我们必须承认二者是共存的.矛盾的双方是不平衡的,若一方占主导地位,另一方就只能占次要地位,而事物的性质就由占主导地位的一方决定.例如,在光的传播过程中,光的波动性占矛盾的主要地位,因而产生干涉、衍射等现象;而在光的辐射、吸收,或光与物质相互作用的过程中,光的粒子性成为矛盾的主要方面,因而产生光电效应、热辐

射等现象.

我们用频率、波长和周期这样一些物理量来描述波动性；而对于光的粒子性的描述和对于实物粒子的描述一样，也用能量、质量和动量这样一些物理量.因为光子是以光速运动的粒子，要讨论光子的能量、质量和动量，必须应用相对论的理论.

在上述讨论过程中，我们已经知道光子的能量为

$$\varepsilon = h\nu$$

根据相对论的质能关系式，每个光子的质量 m_φ 与能量的关系为 $\varepsilon = m_\varphi c^2$，于是有

$$m_\varphi = \frac{\varepsilon}{c^2} = \frac{h\nu}{c^2}$$

根据相对论，物体的动量表达式仍为 $p = mv$，所以光子的动量为

$$p_\varphi = m_\varphi c = \frac{h\nu}{c} = \frac{h}{\lambda}$$

因为光子的速度为 c，若光子的静止质量不为零，则由狭义相对论可知，光子的运动质量将为无穷大，这显然是不合理的，所以，光子的静止质量为零.按照相对论，相对于光子静止的参考系是不存在的，因此光子的静止质量为零是合理的.

人类对光的本性的认识，从牛顿时代的微粒说，经过惠更斯的机械波学说，麦克斯韦的电磁波学说，进入爱因斯坦的波粒二象性学说，在认识过程中的每一阶段都比前一阶段更深刻，更符合客观世界的本来面目.光子和牛顿的光微粒在物理本质上是不同的，牛顿的光微粒能量是连续的，其运动遵循牛顿力学的规律；而光子的能量是不连续的，仅由频率决定，它不遵循牛顿力学的规律.

例 17.5　已知红限波长 $\lambda_0 = 6520$ Å 的铯感光层被波长 $\lambda = 4000$ Å 的单色光照射，求铯释放出来的光电子的最大初速度.

解　根据爱因斯坦方程，光电子的最大初动能为

$$\frac{1}{2}mv^2 = h\nu - W$$

即光电子的最大初速度为

$$v = \sqrt{\frac{2}{m}(h\nu - W)} = \sqrt{\frac{2}{m}\left(\frac{hc}{\lambda} - W\right)}$$

将 $W = h\nu_0 = \dfrac{hc}{\lambda_0}$ 代入得

$$v = \sqrt{\frac{2hc}{m}\left(\frac{1}{\lambda} - \frac{1}{\lambda_0}\right)}$$

将已知数据 λ、λ_0 代入，并取 $m = 9.11\times10^{-31}$ kg，$c = 3\times10^8$ m/s，$h = 6.63\times10^{-34}$ J·s，可得 $v = 6.50\times10^5$ m/s.

例 17.6　试计算红光（$\lambda_1 = 6000$ Å）和硬伦琴射线（$\lambda_0 = 1.00$ Å）的一个光子的能量、质量和动量.

解　根据光子的粒子性，对于红光，有

$$\varepsilon_1 = h\nu_1 = \frac{hc}{\lambda_1} = 3.31 \times 10^{-19}(\mathrm{J})$$

$$m_1 = \frac{h\nu_1}{c^2} = \frac{h}{c\lambda_1} = 3.68 \times 10^{-36}(\mathrm{kg})$$

$$p_1 = \frac{h}{\lambda_1} = 1.10 \times 10^{-27}(\mathrm{kg \cdot m/s})$$

对于硬伦琴射线,有

$$\varepsilon_2 = h\nu_2 = \frac{hc}{\lambda_2} = 1.99 \times 10^{-15}(\mathrm{J})$$

$$m_2 = \frac{h\nu_2}{c^2} = \frac{h}{c\lambda_2} = 2.21 \times 10^{-32}(\mathrm{kg})$$

$$p_2 = \frac{h}{\lambda_2} = 6.63 \times 10^{-24}(\mathrm{kg \cdot m/s})$$

17.4 康普顿效应

康普顿(Arthur Holly Compton,1892～1962,美国物理学家)在 1923 年设计了一个 X 光撞击石墨靶的实验,按照古典电动力学的分析,石墨靶的电子受到电磁波的加速,会以相同的频率随电磁波脉动,进而由电子加速运动而产生相同波长的电磁辐射.这种电磁辐射,称为汤普森散射 (Thompson scattering).

得到的实验数据让康普顿大吃一惊.原来根据实验数据,不但在原来和入射光相同波长位置有测得和汤普森散射所预期的相同结果,而且在和入射光波长不同的位置也测得一个波长较长的电磁辐射.最后康普顿终于发现,这个实验结果和光子说一配合,就可以合理解释.实验结果意外地提供给光是粒子的说法一个强力的佐证,强化了量子世纪的动力.

17.4.1 光的散射

光线在均匀各向同性媒质中是沿直线传播的,因此,只有在光线的传播方向上,迎着光线观察,才能看到光.如果空气中有尘埃、烟雾等杂质,它就不是光学上均匀的媒质,于是从光束行进方向的侧面也能看到光,例如从侧面看到阳光通过窗口照进室内.当光束通过光学不均匀的媒质时,从侧向可以看到光的现象称为**光的散射**.

瑞利曾对光的散射进行过研究,他发现在各个方向上散射光强的分布规律与光的波长有关.在不同的方向上,光的偏振状态也不同.若使白光通过乳液(如在清水中加少许牛奶),其中杂质微粒的线度小于可见光的波长,则沿入射方向观察,光的颜色发红，而在垂直于光的入射方向观察，光的颜色呈青蓝．同样，太阳光本是白光，然而当太阳光通过大气层时会受到大气分子的散射，其中波长较短的蓝色光散射强，所以天空呈蔚蓝色；而波长较长的红光散射弱，大部分透射到地面，因而我们看到一轮红日．红外线的穿透力比红色可见光更强，所以红外线适用于远距离照相或遥感技术．但散射光中包含的波长，都是原来入射光中所具有的波长，并没有新的波长成分出现．

散射与反射、折射的区别在于：在反射面或折射面的两边都是均匀各向同性的介质，反射面或折射面是光滑平面（至少以光波波长来衡量是如此），因此，次波发射中心是规则排列的，它们发射的光在空间相干叠加；而散射则是光通过不规则分布的微粒，这些微粒在光作用下的振动彼此之间没有固定的相位关系，它们作为次级子波中心向外发出的辐射就不会产生相干叠加，在各个方向上都不会相消，从而形成散射光．散射和衍射发生的原因也不同．衍射的成因是光遇到孔、缝、屏等障碍物，并且这些障碍物的线度可以与光波波长相比拟．而散射光是由大量排列不规则的非均匀小"区域"的集合所形成的，这些"区域"的线度小于光波波长．对每一个这种小"区域"，虽也有衍射发生，但由于不规则的排列而发生不相干的叠加，所以就整体而言，观察不到衍射现象．

17.4.2　康普顿效应

在 Einstein 1905 年提出光量子之前，1903 年 J. J. Thomson 为了了解 X 射线引起的电离现象，就提出了光量子的想法，不过没有引起物理学家的注意；直到 Einstein 解决光电效应的论文发表之后才引起大家的注意，并且注意到波长甚短的电磁波才会呈现粒子性的一面．于是科学家们便使用 19 世纪末发现的 X 射线（1895 年）来做种种光学实验，探讨 X 射线和物质的相互作用、穿透力以及应用到医学．1922～1923 年，Compton 在实验中发现 X 射线被散射体内的自由电子散射后波长变长，并且波长的变化仅和散射角 θ 有关，和入射光的波长以及散射体的种类无关，如图 17.9 所示．设 λ_0 = 入射波长，λ' = 散射波长，则 $\Delta\lambda=\lambda'-\lambda_0$．当 $\theta=0$ 时，$\Delta\lambda=0$；θ 愈接近 180°，$\Delta\lambda$ 愈大，如图 17.10 所示，即 $\Delta\lambda\propto(1-\cos\theta)$．如何从理论上得到这个实验关系呢？X 射线是波长约为 $10^{-8}\sim10^{-12}$ m 的电磁波，如果纯粹从波动角度来分析图 17.9，当 X 光射到自由电子 e，则电子 e 必和入射光一样地振动，频率不变的话，则散射光的波长也不变才正确，但实验结果如图 17.10 所示，波长会变长，表示频率变小，好像电子没有和入射 X 光共振．于是 Compton 采用 Einstein 的光量子理论，以光子和电子的弹性散射来分析自己的实验．如图 17.9 所示，取入射方向为 x 轴，在散射面（入射线和散射线构成的平面）上取 y 轴垂直于 x 轴，则由动量守恒，被入射 X 光反冲的电子必定在此散射面上，所以电子总能量为

$$E = \sqrt{p^2c^2 + (m_0c^2)^2}$$

式中 m_0 为电子静止质量. 光子总能量 E_0 和 E' 为

$$E_0 = p_0c \quad 和 \quad E' = p'c$$

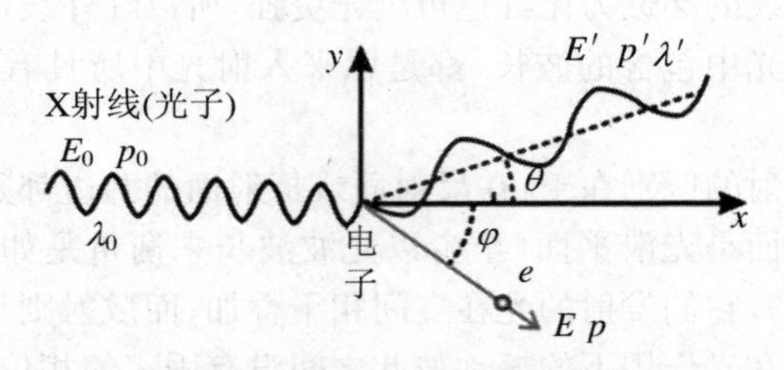

图 17.9 光子与静止电子的碰撞分析矢量图

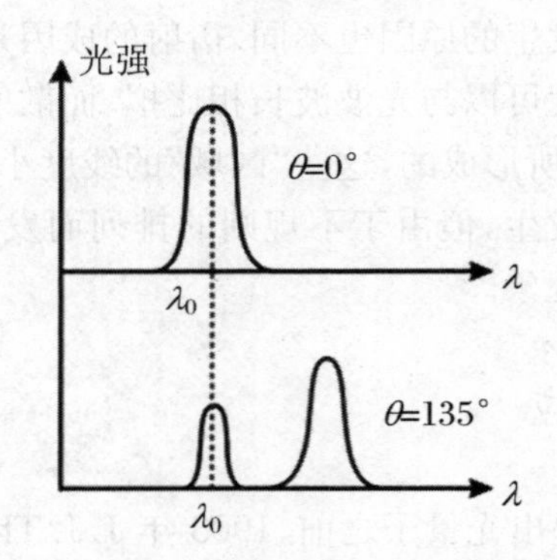

图 17.10 X 射线被自由电子散射时,波长变化和散射角之间的关系

由 Einstein 的光子 $E_0 = h\nu_0 = p_0\lambda_0\nu_0$ 得 $p_0 = h/\lambda_0$,同样得 $p' = h/\lambda'$. 假定尚未受到 X 光照射时电子是静止的,则有能量和动量守恒的如下关系.

能量守恒:

$$E_0 = m_0c^2 = E' + E = E' + \sqrt{p^2c^2 + (m_0c^2)^2} \tag{17.4.1}$$

动量守恒:

$$x \text{ 成分} \quad p_0 = p\cos\theta + p\cos\varphi \tag{17.4.2}$$

$$y \text{ 成分} \quad p_0 = p\sin\theta - p\sin\varphi \tag{17.4.3}$$

式中 φ 为电子反射角. 由式(17.4.2)和式(17.4.3)得

$$(p_0 - p'\cos\theta)^2 + (p'\sin\theta)^2 = p^2(\cos^2\varphi + \sin^2\varphi)$$

所以有

$$p_0^2 + p'^2 - 2p_0p'\cos\theta = p^2 \tag{17.4.4}$$

由式(17.4.1)和式(17.4.4)可得

$$(E_0 - E' + m_0c^2)^2 = p^2c^2 + (m_0c^2)^2$$

或

$$(E_0 - E')^2 + 2m_0c^2(E_0 - E') = (p_0^2 + p'^2 - 2p_0p'\cos\theta)c^2$$

但 $E_0 = p_0c, E' = p'c, p_0 = h/\lambda_0, p' = h/\lambda'$，所以

$$(p_0 - p')^2 + 2m_0c(p_0 - p') = p_0^2 + p'^2 - 2p_0p'\cos\theta$$

则有

$$1 - \cos\theta = m_0c\left(\frac{1}{p'} - \frac{1}{p_0}\right) = \frac{m_0c}{h}(\lambda' - \lambda_0)$$

得

$$\lambda' - \lambda_0 = \frac{h}{m_0c}(1 - \cos\theta) \tag{17.4.5}$$

式(17.4.5)正是 Compton 自己获得的实验公式，至于比例系数是否为 $h/(m_0c)$，进一步的实验结果是

$$\Delta\lambda = \lambda' - \lambda_0 = 0.0243(1 - \cos\theta) \times 10^{-10}(\mathrm{m}) \tag{17.4.6}$$

而

$$\frac{h}{m_0c} = \frac{6.626\,075\,5 \times 10^{-34}}{9.109\,389\,7 \times 10^{-31} \times 2.997\,924\,58 \times 10^{8}} = 0.024\,263 \times 10^{-10}(\mathrm{m})$$

完全和式(17.4.6)的系数一致，再次证明在短波长 $\lambda \leqslant 10^{-8}$ m 领域，电磁波会呈现粒子性(光子)，故在这一领域处理电磁波时需使用光子，其能量 $E = h\nu$，动量 $p = h/\lambda$. 这个动量关系是康普顿首次应用的，没有它和 $E = h\nu$ 关系是无法获得式(17.4.5)而重现实验值的；反过来，康普顿效应正面地证明了电磁波有粒子性的一面，电磁波具有二象性. 式(17.4.6)称为康普顿效应，$h/(m_0c)$ 称为电子的康普顿波长；后来任意粒子的惯性质量为 M 时，取 $h/2\pi Mc \equiv \hbar/(Mc)$，$\hbar \equiv h/(2\pi)$，为该粒子的康普顿波长，用它来估计该粒子和其他粒子相互作用时的相互作用距(interaction range)的数量级.

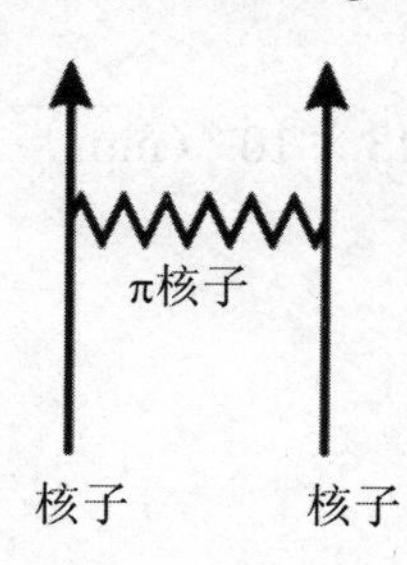

图 17.11

例 17.7　核子间的相互作用是强相互作用，依照介子(meson)模型，当核子和核子相距较远时，其相互作用是靠交换 π 介子来维持稳定的；π 介子有带正、负电的 $\pi^{\pm}$ 和不带电的 π^0. 如图 17.11 所示，两质子 p 交换 π^0 时，p 和 p 间的距离约为 $\hbar/(m_{\pi^0}c)$，问两 p 间距离是多少？ $m_{\pi^0}c^2 = 134.975$ MeV.

解

$$\lambda_{\pi^0} = \frac{\hbar}{m_{\pi^0}c} = \frac{\hbar c}{m_{\pi^0}c^2} = \frac{197.327}{134.975} = 1.46\ \mathrm{fm}$$

例 17.7 表明相互作用在非常短的距离内进行. 由于 $\lambda = h/(m_0c)$，故两核子愈靠近，交换的介子的惯性质量愈大. 实验证明确实如此. 但核子不能靠得太近，当核子间距离约为 0.2 fm时，核子间突然的相互排斥能可达数千 MeV.

17.4.3 康普顿效应与光电效应的关系

康普顿效应与光电效应在物理本质上是相同的，它们所研究的都不是整个光束与散射物体之间的作用，而是个别光子与个别电子之间的相互作用，在这种相互过程中都遵循能量守恒定律．不过它们之间也是有差别的，首先是入射光的波长不同．用可见光入射时也会产生康普顿散射，但波长的相对改变太小，不易观察到．例如，紫光的波长 $\lambda = 400$ nm，在散射角 $\theta = 180^\circ$时，波长的改变为 $\Delta\lambda = 0.0048$ nm，波长的相对改变为 $\Delta\lambda/\lambda \approx 10^{-5}$；而对于波长 $\lambda = 0.05$ nm 的 X 射线，$\Delta\lambda/\lambda \approx 10\%$；若用波长更短的 γ 射线，则有 $\Delta\lambda/\lambda \approx 100\%$．同时，在康普顿散射中也会产生光电子，一般来说，当光子的能量与电子的束缚能同数量级时，主要表现为光子效应，当光子的能量远大于电子的束缚能时，主要表现为康普顿效应．康普顿效应与光电子效应的另一个差别是光子与电子相互作用的微观机制不同．在光电效应中，电子吸收了光子的全部能量，在这个过程中，只满足能量守恒定律．而康普顿散射是光子与电子做弹性碰撞，此时不仅能量守恒，动量也守恒．至此，光的粒子性因康普顿效应的发现而进一步被证实了．在近代物理的科学研究中，把微观粒子（如电子、光子、质子和中子等）之间的弹性碰撞和非弹性碰撞作为研究该领域微观结构的重要方法．

例 17.8 如分别以可见光（$\lambda_1 = 400$ nm）、X 射线（$\lambda_2 = 0.1$ nm）和 γ 射线（$\lambda_3 = 1.88 \times 10^{-3}$ nm）与自由电子相碰撞，并在与入射方向成 90° 角的方向观察散射辐射，问：(1) 康普顿散射后，波长改变多少？(2) 波长改变与原波长的比值．

解 (1) 由康普顿效应公式 $\Delta\lambda = \lambda' - \lambda_0 = 0.0243 \times (1 - \cos\theta) \times 10^{-10}$(m)，可得

$$\Delta\lambda = \lambda' - \lambda_0 = 0.0243 \times (1 - \cos\theta) \times 10^{-10}\,(\text{m}) = 2.43 \times 10^{-3}\,(\text{nm})$$

$\Delta\lambda$ 与原入射波的波长无关．

(2) 波长改变与原波长的比值如下：

可见光 $\Delta\lambda/\lambda_1 = 6.1 \times 10^{-6}$

X射线 $\Delta\lambda/\lambda_2 = 2.4 \times 10^{-2}$

γ 射线 $\Delta\lambda/\lambda_3 = 1.3$

可见波长越短的射线，越易观察到康普顿效应．

例 17.9 (1) 把一个光子的能量（以 eV 为单位）表示为它的波长函数；(2) 利用上述结果把X射线的波长表示为加在X射线管上的加速电压的函数；(3) 求在电视屏上发出的X射线的波长．

解 (1) 因为 $\varepsilon = h\nu = hc/\lambda$，所以代入各常数值后可得

$$\varepsilon = hc \times \frac{1}{\lambda} = 1.986 \times 10^{-25} \times \frac{1}{\lambda}\,(\text{J})$$

由于 1 eV = 1.6×10⁻¹⁹ J,所以有

$$\varepsilon = 1.24 \times 10^{-6} \times \frac{1}{\lambda}\ (\mathrm{eV})$$

(2) X射线是由于电子高能撞击X射线管的阴极而产生的,当电子经过电场加速后,静电势能转化为电子的动能,而电子的动能又通过碰撞转化为X射线光子的能量.换言之,设 V 为加速电压,那么一个电子所具有的能量为 V eV,若假设电子的全部能量转化为光子的能量,则由能量守恒定律可得

$$\varepsilon = 1.24 \times 10^{-6} \times \frac{1}{\lambda} = V$$

于是可得X射线光子的波长为

$$\lambda = \frac{1.24 \times 10^{-6}}{V}\ (\mathrm{m})$$

(3) 设电视机上的加速电压为 18000 V,则从电视荧光屏上发射出来的X射线的波长为

$$\lambda_0 = \frac{1.24 \times 10^{-6}}{18000} = 6.9 \times 10^{-11}\ (\mathrm{m}) = 0.069\ (\mathrm{nm})$$

值得注意的是,上面的结果是在这样一种假设下得出的,即电子只经过一次碰撞就把所有的能量转移给一光子.若电子经过多次碰撞,则将产生能量较小的光子,于是波长就长了,所以这个 λ_0 是短波长的阈值.当然电视机产生的 X 射线强度很低,对人体的伤害不显著.

17.5　塞 曼 效 应

19 世纪的最后 5 年是物理学史上很重要的发展时期. 首先是 Röntgen(Wilhelm Conrad Röntgen,1845～1923,德国物理学家)在 1895 年发现比紫外线穿透力更强的光,它不但不受磁场的影响,而且感光作用更强,称为 X 射线(X ray).翌年 Becquerel(Antoine Henri Becquerel,1852～1908,法国物理学家)发现铀矿会辐射出比 Röntgen 发现的 X 射线穿透性更强的射线,并且这射线是铀矿自己放射出来的,同时和 X 射线一样,不但不受磁场的影响,并且能电离气体,于是称铀矿为放射性物体.Becquerel 发现的射线是今日所称的 γ 射线(γ ray),波长比 X 射线短,前者是从原子核辐射出来的,后者是原子辐射出来的电磁波.同年 Zeeman(Pieter Zeeman,1865～1943,荷兰实验物理学家)发现光谱线在磁场内会分裂成更细的线,称这一现象为塞曼效应.1897 年,J・J・Thomson 发现电子.接着 1898 年 Rutherford(Sir Ernest Rutherford,1871～1937,英国物理学家)发现了在磁场内行进方向会受影响的两种射线,其中一种和 J・J・Thomson 发现的电子极端类

似,称为β射线(后来肯定确实是电子),另一种带正电,他后来(1908年)肯定它为氦(He)离子,称为α射线.α射线和β射线都是从放射性物质放射出来的带电粒子,其穿透力都不强.因为都是带电粒子,容易和物质产生电磁相互作用而失去能量.从物质射出的是粒子时使用“放射”(emission),是电磁波时使用“辐射”(radiation),较符合物理称呼,但常合起来称为“放射”或“辐射”,尤其医院常使用“放射”这个名称.

以上发现的这些现象是和17.1～17.4节介绍的电磁波的二象性以及光谱有非连续的线谱不同的现象,它们是和物质的结构以及本质有关的问题.事实上,光电效应已和金属的结构有关了.Einstein仅对现象做了分析,没有追求为什么入射光的频率必须有$\nu \geqslant \nu_0$,ν_0是什么?他的理论处于唯象理论阶段,根本问题未解决.现在又碰到物质的结构和本质问题了,它们大致是:

(1) X、γ、α和β射线是怎样来的?

(2) 为什么有的物质具有放射性,有的没有?

(3) 为什么γ射线的穿透力大于X射线?

(4) 非连续光谱的线谱,为什么在磁场内会分裂?

针对塞曼效应,Lorentz(Hendik Antoon Lorentz,1853～1928,荷兰物理学家)从经典力学出发开始了研究,设电子惯性质量为m,电荷e在磁场B下运动时,原来的电子振动频率ν_0裂出$\pm e/(4\pi m) \equiv \pm \Delta\nu$的频率,于是光谱线会分裂成三条:$\nu_0-\Delta\nu$、$\nu_0$、$\nu_0+\Delta\nu$.结果$\Delta\nu$和实验的分裂值吻合得相当好,表示光谱线的分裂和电子的运动有密切的关系,这样,塞曼效应被认为没问题了.至于(1)、(2)、(3)的疑问仍然悬而未决,仅知放射α和β射线后物质的性质会改变.接着出现了种种原子模型,同时发现了铀以外的放射性物质,渐渐地弄清问题在于原子的结构.构成原子的正电和负电的分布情形如何?怎样才能维持电中性,以及力上的稳定呢?

17.6 玻尔的氢原子理论

自1897年发现电子,并确认电子是原子的组成粒子以后,物理学的中心任务之一就是探索原子的结构.于是原子物理的研究成为近代物理的开端.在普朗克、爱因斯坦明确了光的量子性以后,1911年卢瑟福根据α粒子散射实验现象提出了原子的核式模型,1913年玻尔(Niels Henrik David Bohr,1885～1962,丹麦物理学家)提出“行星式”模型,建立起氢原子的量子理论.在所有的原子中,氢原子是最简单的,因此我们从氢原子的光谱开始进行讨论.

17.6.1　卢瑟福的原子有核模型

卢瑟福(Ernest Rutherford,1871～1937,新西兰物理学家)研究了 α 粒子经过金箔时的散射实验后,提出了原子的有核模型,其主要内容有:

(1) 一切原子都有一个核,核的半径约为10^{-15} m,原子的质量几乎全部集中在核上.

(2) 原子核带正电,电荷为 Ze,Z 为原子序数.

(3) 电子在以核为中心的库仑场中运动.

卢瑟福的模型提出后,在1913年,他的两个学生盖革和马斯登又做了实验验证,结果实验数据与理论计算值吻合,说明电子的有核模型是可取的.

但卢瑟福的模型与经典电磁理论有着深刻的矛盾.按照经典电磁理论,具有加速度的带电体将向外辐射电磁波.电子既然是在绕核运动,必然具有加速度,因而它不断地辐射电磁波,能量不断减少,电子将逐渐向中心靠拢,最后落到原子核上,即原子的结构是不稳定的.同时,随着电子能量的逐渐减小,它的旋转频率也连续变化,而辐射频率等于电子的旋转频率,因此,辐射频率也将是连续变化的,这就是说原子发射的光谱必将是连续光谱.但是,这两点结论都与实验结论不符.在正常状态下,原子是稳定的系统,原子光谱是线光谱.因此,经典的电磁理论不能从原子的有核模型来解释原子光谱.

就在当时,丹麦的玻尔正在英国进行深造.他先在汤姆孙的名下学习,后来在卢瑟福的领导下做研究工作,所以他对当时物理学的境遇有很深的了解.玻尔意识到,他以前的人或同代人把认识问题的次序弄颠倒了,即不应当由原子的结构出发去解释稳定性,而应当首先承认原子的稳定性是客观事实,然后从这一客观事实出发去寻找与之相应的原子结构.他认为,要克服上述经典理论的困难,从理论上解释氢原子光谱的规律性,必须采用新思想.于是,他在卢瑟福有核模型的基础上,把普朗克的能量子 $h\nu$ 的概念以及爱因斯坦所发展的光子概念引用到原子系统,大胆地提出了一些关于原子模型的基本假设.

17.6.2　玻尔的氢原子理论

玻尔理论是氢原子结构的早期量子理论,他是以下述三条假设为基础的.

(1) 稳定态的假设.

玻尔针对卢瑟福模型与经典理论的矛盾,提出理论必须符合原子结构是稳定的这一客观事实.为此,他认为:

氢原子只能处于一些不连续的稳定状态,这些稳定态简称定态,它们只能具有一定的能量 $E_1,E_2,E_3,\cdots,E_n$(其中 $E_1<E_2<E_3<\cdots<E_n$).处在这些定态中的

电子,虽然做加速运动,但不辐射能量.

(2) 跃迁假设.

有了定态的假设就可以解释为什么原子是稳定的,但还必须对原子发光的机理做出回答.于是,玻尔吸收并丰富了爱因斯坦的思想,提出:

当原子从能量较高的 E_n 态变为能量较低的 E_m 态时,它辐射出一个光子,此单色光子的频率满足

$$h\nu = E_n - E_m \tag{17.6.1}$$

这个过程称为辐射跃迁;反之,当原子从能量较低的 E_m 态变为能量较高的 E_n 态时,它从外界吸收一个光子,其频率为 $\nu = \dfrac{E_n - E_m}{h}$,这个过程称为吸收跃迁.上式称为频率公式.

(3) 轨道角动量量子化假设.

为了根据式(17.6.1)计算原子发光的频率,必须知道各定态的能量.为此,玻尔提出了一个限制轨道存在的条件,即轨道角动量量子化条件:

只有电子绕原子核做圆周运动的轨道角动量为

$$L = n\frac{h}{2\pi} = n\hbar \tag{17.6.2}$$

的状态才是定态.式中 n 是不为零的正整数,即 $n = 1,2,3,\cdots$,称为量子数.

在上述三条假设中,第一条虽是经验性的,但它对原子结构的合理解释起了突破性的作用;第二条是从普朗克量子假设引申而来,因此是合理的,它能解释线光谱的起源;第三条则是表述电子绕核运动的角动量量子化,后面我们会发现,这条可以从得布罗意的假设中得出.

由玻尔的这些假设很容易求得氢原子在定态中的能量.设电子的质量为 m,电荷量为 e,在沿半径为 r_n 的稳定轨道上以速率 v_n 做圆周运动,作用在电子上的库仑力为其做圆周运动的向心力,即

$$\frac{1}{4\pi\varepsilon_0}\frac{e^2}{r_n^2} = m\frac{v_n^2}{r_n}$$

由第三条假设 $L = mv_n r_n = n\hbar$,可得 $v_n = n\hbar/(mr_n)$,代入上式得电子运动的轨道半径为

$$r_n = \frac{4\pi\varepsilon_0 n^2\hbar^2}{me^2} = a_0 n^2 \quad (n = 1,2,3,\cdots) \tag{17.6.3}$$

上式就是氢原子中第 n 个稳定轨道的半径.当 $n=1$ 时,为氢原子电子的最小轨道半径,称为玻尔半径,记作 a_0,即 $a_0 = 4\pi\varepsilon_0 \hbar^2/(me^2)$.将已知数值代入得 $a_0 = 5.29\times10^{-11}$ m,这个数值的数量级与其他实验所求得的数据一致,由此说明玻尔理论是基本正确的.

由式(17.6.3)可见,氢原子的量子化轨道半径分别为 $a_0, 4a_0, 9a_0, \cdots$.

当电子在量子数为 n 的轨道上运动时,原子系统的总能量 E_n 等于电子的动

能$\frac{1}{2}mv_n^2$ 和电子与原子核系统的势能$-e^2/(4\pi\varepsilon_0 r_n)$的代数和,即

$$E_n = \frac{1}{2}mv_n^2 - \frac{e^2}{4\pi\varepsilon_0 r_n}$$

将 $v_n = n\hbar/(mr_n)$和 $r_n = 4\pi\varepsilon_0 n^2\hbar^2/(me^2)$代入上式,得

$$E_n = -\frac{me^4}{8\varepsilon_0 h^2}\frac{1}{n^2} = \frac{E_1}{n^2} \tag{17.6.4}$$

其中 $E_1 = me^4/(8\varepsilon_0 h^2) = -13.6$ (eV),它就是把电子从氢原子的第一玻尔轨道上移到无限远处时所需要的能量值,E_1就是电离能.令人振奋的是,E_1的理论值与实验所测得的氢离子电离能值(13.599 eV)吻合得十分好.进一步由式(17.6.4)可以看出,对于不同的量子数,氢原子所能具有的能量为

$$E_1,\quad E_2 = \frac{E_1}{4},\quad E_3 = \frac{E_1}{9},\quad \cdots\cdots$$

说明氢原子具有的能量 E_n 是不连续的.这一系列不连续的能量值,就构成了通常所说的能级,因此将式(17.6.4)称为玻尔理论的氢原子能级公式.此外,从式中还可以看出,原子能量都是负的,这说明原子中的电子没有足够的能量是不能脱离原子核的.

在正常情况下,氢原子处于最低能级 E_1,也就是电子处于第一轨道上.这个最低能级对应的状态称为基态,或称氢原子的正常状态.电子受到外界激发时可从基态跃迁到较高能级的 $E_2, E_3, E_4, \cdots$,这些能级对应的状态称为激发态.

按照玻尔的第二个假设,当电子从较高能级 E_n 跃迁到较低能级 E_m 时,所辐射的单色光的光子能量为

$$h\nu = h\frac{c}{\lambda} = E_n - E_m$$

把式(17.6.4)代入上式,便可得到单色光的波束为

$$\nu = \frac{1}{\lambda} = \frac{E_n - E_m}{hc} = \frac{me^4}{8\varepsilon_0^2 h^3 c}\left(\frac{1}{m^2} - \frac{1}{n^2}\right) \tag{17.6.5}$$

式中 $m = 1, 2, 3, \cdots$;对于每一个 m, $n = m+1, m+2, m+3, \cdots$.将式(17.6.5)与实验总结出来的经验公式(17.1.2)式比较,可得里德伯常数为

$$R_H = \frac{me^4}{8\varepsilon_0^2 h^3 c} \tag{17.6.6}$$

将已知数值代入上式,可得 $R_H = 1.097\,373\,1\times10^7\ \mathrm{m^{-1}}$,这个值与式(17.1.2)中的实测值是十分吻合的,所以玻尔理论也为里德伯常数提供了理论上的说明.

由式(17.6.5)还可以得出氢原子线光谱的各谱系.图 17.1 给出了氢原子能级跃迁与光谱系之间的关系.

尽管玻尔的氢原子理论圆满地解释了氢原子光谱的规律性,从理论上算出了里德伯常数,并能对只有一个价电子的原子或离子,即类氢离子光谱给予说明,但是玻尔的氢原子理论也有一些缺陷.例如,玻尔理论只能说明氢原子以及类氢离子

的光谱规律,不能解释多电子原子的光谱;对谱线的强度和宽度也无能为力;也不能说明原子是如何组成分子、构成液体和固体的,等等.

后来,随着量子力学的建立,人们以更正确的概念和理论,完美地解决了玻尔理论所遇到的困难.即便如此,玻尔理论也对量子力学的发展有着重大的先导作用和重要影响.

17.7　粒子的波粒二象性

1924年,德布罗意(Prince Louis de Broglie, 1892～1987)完成了他的博士论文,并在其中提出了物质波的想法.但这篇论文起初不但没有受到重视,论文审议委员还为了是否给他过关而相持不下、无法达成协议,直到委员之一的郎之万(Paul Langevin,1872～1946)向德布罗意多要了一份论文,并直接寄给爱因斯坦,询问爱因斯坦的意见.这篇论文不但立即引起爱因斯坦的重视,而且认为这篇论文是革命性的创举.爱因斯坦洞烛先机的评论"我相信这一假设的意义远远超出了单纯的类比"不但促成了德布罗意学位的顺利获取,随后还受到薛定谔(Erwin Schrödinger,1887～1961)的注意.

17.7.1　德布罗意假设

在普朗克和爱因斯坦关于光的粒子性(光子)理论取得成功之后,面对在微观世界中建立描述实物粒子运动规律所遇到的困难,法国青年物理学家德布罗意分析对比了经典物理学中力学和光学的对应关系,并试图在物理学的这两个领域内同时建立一种适应两者的理论.在此后的一段时间里,他首先考虑到自然界在许多方面都是明显对称的;其次有很多现象表明,宇宙完全由光和物质所构成;最后,如果光具有波粒二象性,那么物质或许也有波粒二象性.基于这些考虑,德布罗意提出了一个很发人深省的问题:整个世纪以来,在辐射理论(光学)上,比起波动的研究方法来,是过于忽视粒子的研究方法,而在实物粒子的理论上,是否发生了相反的错误?是不是我们关于"粒子"的图像想得太多,而过分地忽视了波的图像呢?于是,他大胆地提出了假设:不仅辐射具有波粒二象性,一切实物粒子也都具有波粒二象性.

所谓粒子性,主要是指它具有集中的不可分割的特性.举例来说,频率为 ν 的光波,光子的能量为 $h\nu$,光波的能量只能是 $h\nu$ 的整数倍,绝不会有分数的倍数.又比如,一个电子意味着电荷为 e、质量为 m 的一颗粒子,不可能有半个电子、0.8个电子.而所谓波动性,不过是指周期性地传播、运动着的场而已.例如电磁波是指周期性变化的、在空间传播的电场和磁场.我们把实物粒子的波称为德布罗意波或物质波.

德布罗意在提出实物粒子波粒二象性的假设之后，首先必须回答物质波的波长有多大，取决于什么，因为这是波动性能否被人所接受的一个关键.正像惠更斯于 1680 年提出的光的波动理论那样，其长期不被人们认可，这固然有由于它与声望很高的牛顿所倡导的光的微粒说相矛盾，人们慑服于牛顿的因素，还有惠更斯未能说明光的波长有多大的更主要因素，直到 1800 年杨氏双缝实验弥补了这一缺陷，光的波动说才开始被人所接受.为此，德布罗意把爱因斯坦对于光的二相性的描述，移植到对于实物粒子二象性的描述上来.他认为，描述实物粒子粒子性的物理量 E、p 与描述其波动性的物理量 ν、λ 之间有着与光子一样的关系：

$$\nu = \frac{E}{h} = \frac{mc^2}{h} = \frac{m_0 c^2}{h\sqrt{1-\dfrac{v^2}{c^2}}} \tag{17.7.1}$$

$$\lambda = \frac{h}{p} = \frac{h}{mv} = \frac{h}{m_0}\sqrt{1-\frac{v^2}{c^2}} \tag{17.7.2}$$

应用于粒子的这些公式称为德布罗意公式或德布罗意假设.和粒子相联系的波称为德布罗意波或物质波，因此，就有了和粒子相联系的德布罗意波长.

事实上，德布罗意的假设不久后就得到了电子衍射实验的证实，而且引发了一门新的理论“量子力学”的建立.

例 17.10　已知电子的动能 $E_k = 100\ \text{eV}$，求它的德布罗意波长.

解　由动能公式可得

$$E_k = \frac{1}{2}mv^2 = \frac{p^2}{2m}$$

即有 $p = \sqrt{2mE_k}$.代入式(17.7.2)，得

$$\lambda = \frac{h}{p} = \frac{h}{\sqrt{2mE_k}} = \frac{6.63 \times 10^{-34}}{\sqrt{2 \times 9.11 \times 10^{-31} \times 100 \times 10^{-19}}} = 0.123\ (\text{nm})$$

此波长与原子的线度或固体中相邻两原子之间的距离同数量级，也与 X 射线的波长同数量级，这样，就可以利用晶格作为光栅，来进行电子束的衍射实验.

例 17.11　已知子弹的质量 $m = 0.050\ \text{kg}$，速度 $v = 300\ \text{m/s}$，求此子弹的德布罗意波长.

解　由于子弹的速度 $v \ll c$，故可求得其德布罗意波长为

$$\lambda = \frac{h}{m_0 v} = \frac{6.63 \times 10^{-34}}{0.050 \times 300} = 4.4 \times 10^{-25}(\text{m})$$

由上例计算可见，因为普朗克常数是极其微小的量，而一般宏观物体的质量又很大很大，所以其德布罗意波长非常小，超出实验测量的能力.因此，我们可以不考虑宏观物体的波动性，而只考虑其粒子性.

例 17.12　证明物质波的相速度 u 与相应粒子运动速度 v 之间的关系为 u

$=c^2/v$.

证明 波的相速度为 $u=\nu\lambda$,根据德布罗意公式,可得

$$\lambda=\frac{h}{mv},\quad \nu=\frac{mc^2}{h}$$

两式相乘即可得

$$u=\lambda\nu=\frac{c^2}{v}$$

此式表明物质波的相速度并不等于相应粒子的运动速度.由于 $v<c$,所以 $u>c$,即相速度大于光速.这和相对论并不矛盾.因为对一个粒子,其能量或质量是以群速度传播的,德布罗意曾证明:和粒子相联系的物质波的群速度等于粒子的运动速度.

17.7.2 电子衍射实验

1927 年,戴维孙(C. J. Davisson)和革末(L. A. Germer)在埃尔萨瑟(Elsasser)的启发下,做了电子束在晶体表面上散射的实验,观察到了和 X 射线衍射类似的电子衍射现象,证实了电子的波动性.

其实验装置简图如 17.12(a)所示,使一束电子射到镍单晶的特选晶面上,同时用探测器测量沿不同方向散射的电子束强度.实验中发现,当入射电子的能量为 54 eV 时(电子能量由电子枪中的加速电压 U 控制),在 $\Phi=65°$的方向上散射电子束的强度最大.而且实验结果还表明,当加速电压 U 单调增加时,反射电子束的最大强度并不随之单调增加,只有当 U 取某些特殊值时,强度才出现极大值.从粒子性的角度来看,上述实验现象是无法解释的,因为粒子在表面的反射遵从反射定律,通过狭缝的电子将全部进入探测器,改变加速电压 U,不过是改变电子的速度而已.

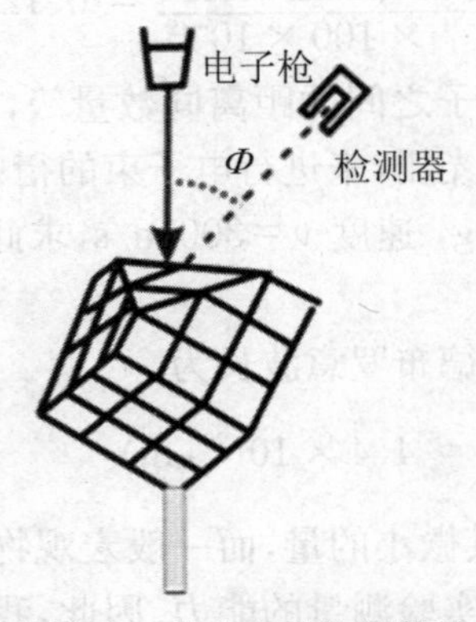

(a) 戴维孙—革末实验装置简图

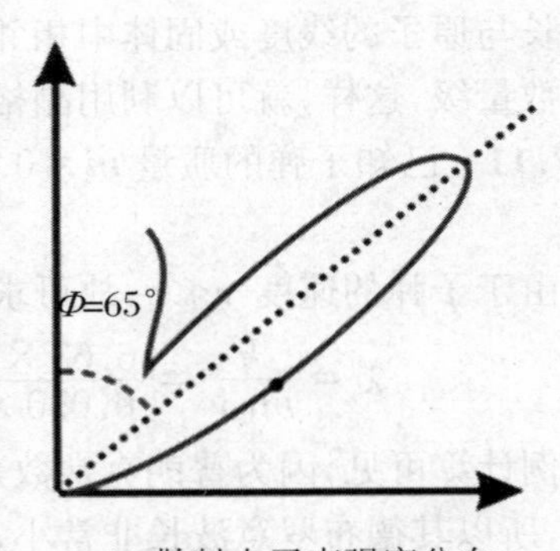

(b) 散射电子束强度分布

图 17.12 电子衍射实验

戴维孙把电子束强度分布数据寄给了玻恩，玻恩立即领悟出这是对德布罗意理论的证实．因为从波动性（衍射分析）的角度来看，电子束的反射与 X 射线的反射完全一样，只有当波长 λ、掠射角 Φ 和镍单晶的晶格常数 d 三者之间满足布拉格公式 $2d\sin\Phi=n\lambda$ 时，电子束才会按反射定律反射，否则电子将沿各个方向散射．改变加速电压 U，就改变了电子的速率，从而改变了电子的德布罗意波长．在 d、Φ 固定的情况下，若对于某一电压值，布拉格公式正好满足，就会产生电流的峰值．

在戴维孙—革末试验中，当 $\Phi=65^\circ$，$U=54\ \mathrm{V}$ 时，可观察到电流的峰值．再用衍射分析的方法，已知镍单晶晶格常数 $d=0.0091\times10^{-10}\ \mathrm{m}$，由此可根据布拉格公式算得电子的德布罗意波长为 $\lambda=0.165\ \mathrm{nm}$；而按式（17.7.2）算得的值为 $\lambda=0.167\ \mathrm{nm}$，这两个数据非常接近，说明物质波的假设和德布罗意公式是正确的．

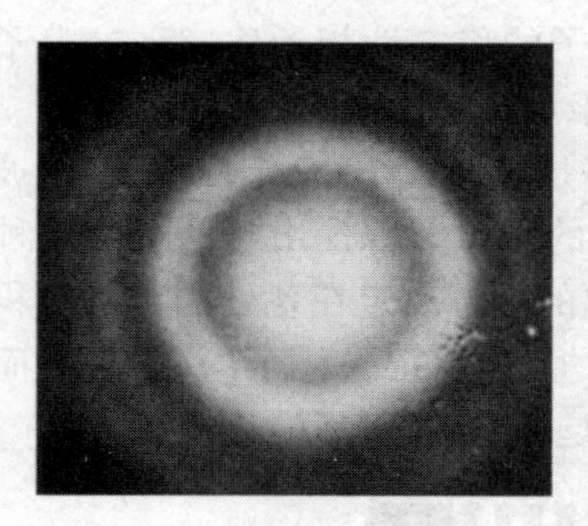

图 17.13　电子衍射图样

一年后，汤姆逊（G. P. Thomson）做了电子束穿过多晶金箔片的衍射实验，成功得到了和 X 射线通过多晶薄膜后产生的衍射图样极为类似的衍射图样（图 17.13）．经过计算，电子衍射的波长也完全符合德布罗意公式．

1961 年，约恩孙（C. Jonsson）做了电子的单缝、双缝、三缝等衍射实验，得出的明暗条纹更直接说明了电子具有波动性．

后来人们陆续用实验证实，不仅电子具有波动性，质子、中子、原子甚至分子等都具有波动性．所以，我们可以说，波动性乃是微观粒子自身本征的属性，而德布罗意公式正是反映微观粒子波粒二象性的基本公式．

现代科学技术中，广泛应用了微观粒子的波动性．例如，电子显微镜就是建立在电子波动性的基础上的．用很高的电压来加速电子，可使电子的德布罗意波长达到 $10^{-2}\sim10^{-3}\ \mathrm{nm}$ 的数量级．由于显微镜的分辨率与波长成反比，所以电子显微镜的分辨率比光学显微镜高很多．利用电子束在电场和磁场中会发生偏转的原理，可以制成电子透镜，使电子束聚焦．目前电子显微镜的分辨本领已达 $0.1\sim0.2\ \mathrm{nm}$，不仅能直接看到蛋白质一类较大的分子，还能分辨单个原子，对于研究分子的结构、晶格的缺陷、病毒和细胞组织，以及纳米材料、生命科学和微电子学等有着不可估量的作用．

此外，还有中子衍射、质子照相等．例如 30 MeV 的热分子可用在研究生物大分子的结构上，特别是确定氢元素在这些大分子中的位置时，中子衍射扮演了 X 光子、电子等所不能取代的角色．至于质子库仑散射照相，则不用打开表盖就能检查内部机件的组装情况，所拍生物体的照片，不但能显示骨骼，而且还能显示皮肤、软组织的结构和各种膜，这也是 X 光照相所无法达到的．总之，微观粒子波动性的应用已经显示出其宽广的发展前景．

17.7.3　概率波

德布罗意提出的波的物理意义是什么呢？他本人曾认为那种与粒子相联系的波是引导粒子运动的“导波”，并由此预言了电子的双缝干涉的实验结果．这种波以相速度 $u=c^2/v$ 传播而其群速度就正好是粒子运动的速度 v．对这种波的本质是什么，他并没有给出明确的回答，只是说它是虚拟的和非物质的．

量子力学的创始人之一薛定谔在 1926 年曾说过，电子的德布罗意波描述了电量在空间的连续分布．为了解释电子是粒子的事实，他认为电子是许多波合成的波包．但这种说法很快就被否定了．

因为，第一，波包总是要发散而解体的，这和电子的稳定性相矛盾；第二，电子在原子散射过程中仍保持稳定也很难用波包来说明．

当前得到公认的关于德布罗意波的实质的解释是玻恩在 1926 年提出的．在玻恩之前，爱因斯坦谈及他本人论述的光子和电磁波的关系时曾提出电磁场是一种“鬼场”，这种场引导光子的运动，而各处电磁波振幅的平方决定在各处的单位体积内一个光子存在的概率．玻恩发展了爱因斯坦的思想．他保留了粒子的微粒性，而认为物质波描述了粒子在各处被发现的概率．这就是说，德布罗意波是概率波．

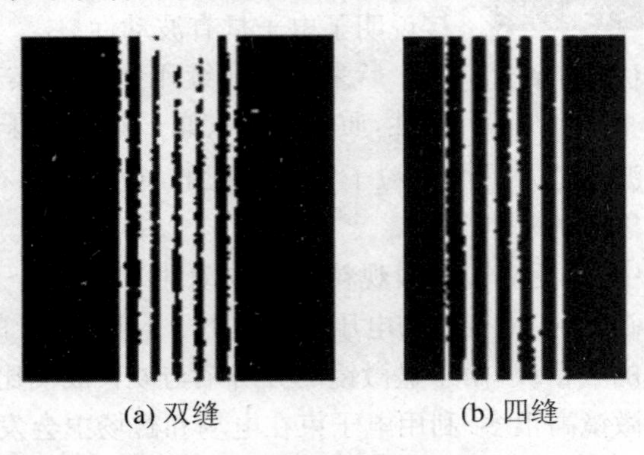

(a) 双缝　　(b) 四缝

图 17.14　电子衍射图样

玻恩的概率波概念可以用电子双缝衍射的实验结果来说明．图 17.14(a)的电子双缝衍射图样和光的双缝衍射图样完全一样，显示不出粒子性，更没有什么概率那样的不确定特征．但那是用大量的电子(或光子)做出的实验结果．如果减弱入射电子束的强度以致一个一个电子依次通过双缝，则随着电子数的积累，衍射“图样”将依次如图 17.15 中各图所示．图 17.15(a)是几个电子穿过后形成的图像，此图像说明电子确是粒子，因为图像是由点组成的．它们同时也说明，电子的去向是完全不确定的，一个电子到达何处完全是概率事件．随着入射电子总数的增多，衍射图样依次如(b)、(c)、(d)诸图所示，电子的堆积逐渐显示出了条纹，最后呈现明晰的衍射条纹，这条纹和大量电子短时间内通过双缝后形成的条纹(图 17.14(a))一样.这些条纹把单个电子的概率行为完全淹没了.这又说明,尽管单个电子的去向是概率性的,但其概率在一定条件(如双缝)下还是有确定的规律的.这些就是玻恩概率波概念的核心.

图 17.15 表示的实验结果明确地说明了物质波并不是经典的波.经典的波是一种运动形式,在双缝实验中,不管入射波强度如何小,经典的波在缝后的屏上都"应该"显示出强弱连续分布的衍射条纹,只是亮度微弱而已.但图 17.15 明确地显示物质波的主体仍是粒子,而且该种粒子的运动并不具有经典的振动形式.

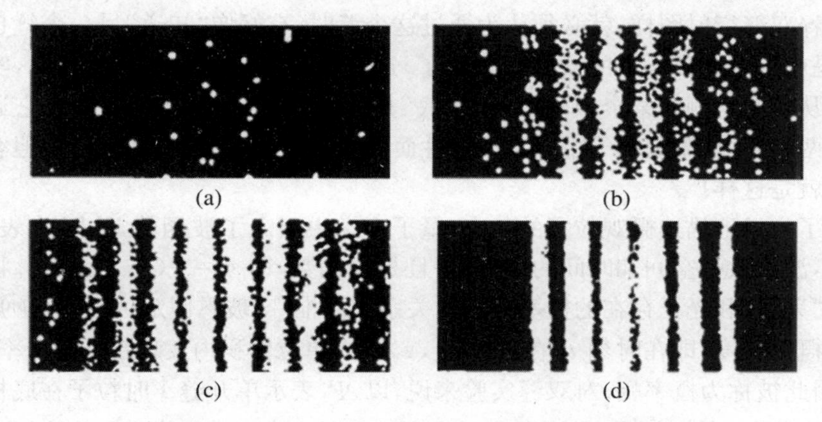

图 17.15　电子逐个穿过双缝的衍射实验结果

图 17.15 表示的实验结果也说明微观粒子并不是经典的粒子.在双缝实验中,大量电子形成的衍射图样是若干条强度大致相同的较窄的条纹,如图 17.16(a)所示.如果只开一条缝,另一条缝闭合,则会形成单缝衍射条纹,其特征是几乎只有强度较大的较宽的中央明纹(图 17.16(b)中的 P_1 和 P_2).如果先开缝 1,同时关闭缝 2,经过一段时间后改开缝 2,同时关闭缝 1,这样做实验的结果所形成的总的衍射图样 P_{12} 将是两次单缝衍射图样的叠加,其强度分布和同时打开双缝时的双缝衍射图样是截然不同的.

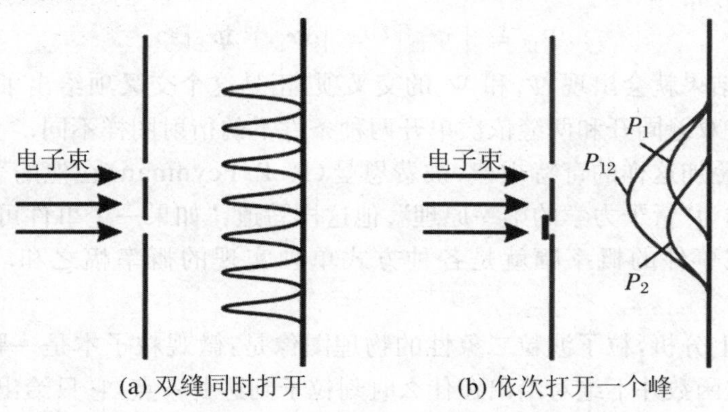

图 17.16　电子双缝衍射实验示意图

如果是经典的粒子，它们通过双缝时，都各自有确定的轨道，不是通过缝 1 就是通过缝 2. 通过缝 1 的那些粒子，如果也能衍射的话，将形成单缝衍射图样. 通过缝 2 的那些粒子，将形成另一幅单缝衍射图样. 不管是两缝同时开，还是依次只开一个缝，最后形成的衍射条纹都应该是图 17.16(b)那样的两个单缝衍射图样的叠加. 实验结果显示实际的微观粒子的表现并不是那样，这就说明，微观粒子并不是经典的粒子. 在只开一条缝时，实际粒子形成单缝衍射图样. 在两缝同时打开时，实际粒子的运动就有两种可能：或是通过缝 1 或是通过缝 2. 如果还按经典粒子设想，为了解释双缝衍射图样，就必须认为通过这个缝时，它好像“知道”另一个缝也在开着，于是就按双缝条件下的概率来行动了. 这种说法是一种“拟人”的想象，实际上不可能从实验上测知某个微观粒子“到底”是通过了哪个缝，我们只能说它通过双缝时有两种可能. 微观粒子由于其波动性而表现得如此不可思议的奇特，但客观事实的确就是这样！

为了定量地描述微观粒子的状态，量子力学中引入了波函数，并用 ψ 表示. 一般来讲，波函数是空间和时间的函数，并且是复函数，即 $\psi=\psi(x,y,z,t)$. 将爱因斯坦的“鬼场”和光子存在的概率之间的关系加以推广，玻恩假定 $|\Psi|^2=\Psi\Psi$ 就是粒子的概率密度，即在时刻 t，在点(x,y,z)附近单位体积内发现粒子的概率，波函数 Ψ 因此被称为概率幅. 对双缝实验来说，以 Ψ_1 表示单开缝 1 时粒子在底板附近的概率幅分布，则 $|\Psi_1|^2=P_1$，即粒子在底板上的概率分布，对应于单缝衍射图样 P_1(见图 17.16(b)). 以 Ψ_2 表示单开缝 2 时的概率幅分布，则 $|\Psi_2|^2=P_2$，表示粒子此时在底板上的概率分布，对应于单缝衍射图样 P_2. 如果两缝同时打开，经典概率理论给出，这时底板上粒子的概率分布应为

$$P_{12}=P_1+P_2=|\Psi_1|^2+|\Psi_2|^2$$

但事实不是这样！两缝同开时，入射的每个粒子的去向有两种可能，它们可以“任意”通过其中的一条缝. 这时不是概率相叠加，而是概率幅叠加，即

$$\Psi_{12}=\Psi_1+\Psi_2 \tag{17.7.3}$$

相应的概率分布为

$$P_{12}=|\Psi_{12}|^2=|\Psi_1+\Psi_2|^2 \tag{17.7.4}$$

这里最后的结果就会出现 Ψ_1 和 Ψ_2 的交叉项，正是这个交叉项给出了两缝之间的干涉效果，使双缝同开和两缝依次单开两种条件下的衍射图样不同.

概率幅叠加这样的奇特规律，被费恩曼(R. P. Feynman)在他的著名的《物理学讲义》中称为“量子力学的第一原理”. 他这样写道：“如果一个事件可能以几种方式实现，则该事件的概率幅就是各种方式单独实现的概率幅之和. 于是出现了干涉.”

根据以上分析，粒子波粒二象性的物理图像是：微观粒子本是一颗一颗的，即有粒子性，波函数并不绝对给出在什么时刻粒子到达哪一点，它只给出粒子在可能到达地点的一个统计分布，所以说，粒子的运动受到波函数的引导，粒子出现在

$|\Psi|^2$大的地方的概率大,出现在$|\Psi|^2$小的地方概率小,粒子不会出现在$|\Psi|^2=0$的地方,同时粒子又是按波的方式在时空中变换传播的,所以说微观粒子的运动又表现出波的特性.总之,微观粒子的运动所遵循的是统计性的规律,而不是经典力学的决定性规律.

波函数正是为了描述粒子的这种统计行为而引入的.波函数的概念和通常经典波的概念不一样,它既不是代表媒质运动的传播过程,也不是那种纯粹的经典的场量,而是一种比较抽象的概率波.波函数不描述粒子的形状,也不描述粒子运动的轨迹,它只给出粒子运动的概率分布,上述的一切,都是由于波粒二象性而引起的,波粒二象性起着宏观、微观划界的作用.

根据以上对波函数的统计解释,可见波函数必须满足一定的条件.首先,任一时刻粒子在整个空间出现的总概率必为1,即

$$\int_{-\infty}^{\infty}|\Psi(x,t)|^2=1$$

上式称为归一条件,满足这一条件的波函数称为归一化函数.

其次,由于在一定时刻,在给定区域内粒子出现的概率应该是唯一的,并且也应该是有限的,同时,在空间不同的区域,概率应该是连续分布的,不能逐点跃变,所以波函数 $\Psi(x,t)$应是(x,t)的单值、有限、连续函数,这一要求就是波函数的标准条件.

在物理理论中引入概率概念在哲学上有重要的意义.它意味着:在已知给定条件下,不可能精确地预知结果,只能预言某些可能的结果的概率.这也就是说,不能给出唯一的肯定结果,只能用统计的方法给出结论.这一理论是和经典物理的严格因果律直接矛盾的.玻恩在1926年曾说过:“粒子的运动遵守概率定律,但概率本身还是受因果律支配的.”这句话虽然以某种方式使因果律保持有效,但概率概念的引入在人们了解自然的过程中还是一个非常大的转变.因此,尽管说有物理学家承认,由于量子力学预言的结果和实验异常精确地相符,所以它是一个很成功的理论,但是关于量子力学的哲学基础仍然有很大的争论.哥本哈根学派,包括玻恩、海森伯(W. Heisenberg)等量子力学大师,坚持波函数的概率或统计解释,认为它就表明了自然界的最终实质.费恩曼也写过(1965年):“现时我们限于计算概率.我们说‘现时’,但是我们强烈地期望将永远是这样的——解除这一困惑是不可能的——自然界就是按这样的方式行事的.”

另一些人不同意这样的结论,最主要的反对者是爱因斯坦.他在1927年就说过:“上帝并不是跟宇宙玩掷骰子游戏.”德布罗意的话(1957年)更发人深思:“不确定性是物理实质,这样的主张并不是完全站得住的.将来对物理实在的认识达到一个更深的层次时,我们可能对概率定律和量子力学做出新的解释,即它们是目前我们尚未发现的那些变量的完全确定的数值演变的结果.我们现在开始使用来击碎原子核并产生新粒子的强有力的方法可能有一天向我们揭示关于这一更深层次的目前我们还不知道的知识.阻止对量子力学目前的观点做进一步探索的尝试对

科学发展来说是非常危险的，而且它也背离了我们从科学史中得到的教训.实际上.科学史告诉我们，已获得的知识常常是暂时的，在这些知识之外，肯定有更广阔的新领域有待探索.”最后，还可以引述一段量子力学大师狄拉克（P.A.M.Dirac）在1972年的一段话：“在我看来我们还没有量子力学的基本定律.目前还在使用的定律需要做重要的修改……当我们做出这样剧烈的修改后，当然，我们用统计计算对理论做出物理解释的观念可能会被彻底地改变.”

17.8 测不准关系

1927年，脍炙人口的测不准关系由海森伯独立完成.在完成期间，海森伯还为了如何解释测不准关系，被玻尔（Neils Bohr，1885～1962）骂得无法自置终至涕泪纵横.原来，海森伯为了向玻尔描述他的测不准关系的新发现，做了以下的描述：“如果你想知道一个移动中的电子其所在的位置，就必须（用显微镜）送一道可见光来照射电子.可是由于可见光的波长远大于电子的波长，所以根本量不准其精确的位置.为了量得更准确，只好用波长更短的伽马光（γ-ray，gamma ray）来照电子，但是伽马光的能量太大，会改变电子的速度，翻来覆去，我们总是丢这个忘那个.”因此他总结：我们无法藉由量测来确定电子的行进路径.

上一节讲过，波动性使得实际粒子和牛顿力学所设想的“经典粒子”根本不同.根据牛顿力学理论，质点的运动都沿着一定的轨道，在轨道上任意时刻质点都有确定的位置和动量.在牛顿力学中也正是用位置和动量来描述一个质点在任一时刻的运动状态的.对于实际的粒子则不然，由于其粒子性，可以谈论它的位置和动量，但由于其波动性，它的空间位置需要用概率波来描述，而概率波只能给出粒子在各处出现的概率，所以在任一时刻粒子不具有确定的位置，与此相联系，粒子在各时刻也不具有确定的动量.也可以说，由于二象性，在任意时刻粒子的位置和动量都有一个不确定量.量子力学理论证明，在某一方向，例如x方向上，粒子的位置不确定量Δx和在该方向上的动量的不确定量Δp_x有一个简单的关系，这一关系叫作测不准关系.下面我们借由电子单缝衍射实验来粗略地推导这一关系.

电子单缝的衍射实验如图17.16(b)所示.设单缝宽度为a，一束动量相等的电子从单缝的左侧射入，通过狭缝以后，落到缝的右侧屏上，如果在屏上放一照相底片，就可以拍摄到单缝的衍射条纹，其分布与光学的单缝衍射条纹完全一致，参见图17.13.现根据图样分布在图17.17所示的屏上画出概率分布曲线，并设其中央明纹的角度为2θ.

根据德布罗意的理论，电子的单缝衍射与光学中的单缝衍射在物理本质上相同，都是波动性的结果.电子的物质波波长λ与缝宽a、半角宽度θ之间的关系

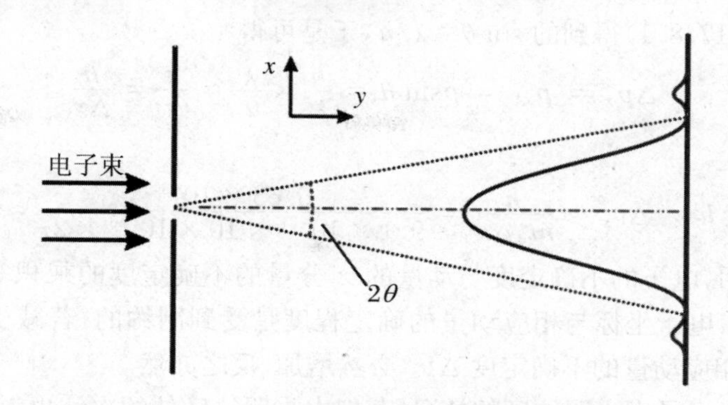

图 17.17　用电子衍射说明测不准关系

也是

$$a\sin\theta = \lambda \tag{17.8.1}$$

衍射条纹的强度主要也是集中在中央明纹区.

下面再看在衍射过程中电子的动量和位置变化情况.选取坐标如图 17.17 所示,沿缝宽方向为 x 轴,沿电子入射方向为 y 轴.电子在进入狭缝之前的动量 p 的分量为 $p_x=0, p_y=p$. 如果现在仍然用位置和动量来描述电子的运动状态,那么,我们不禁要问:一个电子通过狭缝的瞬时,它是在缝上哪一点通过的呢?也就是问,电子通过狭缝的瞬时,其坐标 x 为多少?显然,这一问题,我们无法确切地回答,因为该电子究竟在缝上哪一点通过,我们是无法确定的,即我们不能准确地确定该电子通过狭缝时的坐标.然而,该电子确实是通过了狭缝;同时,电子的动量也发生了变化.因为通过狭缝以后的电子都散落到屏幕上的不同地方,这说明有些电子在狭缝缝隙处的动量不再是沿 y 轴方向,其动量的 x 分量 $p_x\neq 0$.可以肯定,大部分的电子都将落在中央明纹区.如果先不考虑落在中央明纹区以外的电子,并且设第一极小处为 A,对于落到 A 点的电子来说,它的动量的 x 分量 p_{xA} 最大.可见,狭缝对电子的运动产生了两个方面的影响:一是将电子的 x 坐标限定在缝宽的范围之内;另一方面是使电子动量的方向发生改变,Δp_x 有一定的变化范围.这两个作用同时存在,既不可能不限制电子的坐标而使电子动量发生改变,也不可能限制电子的坐标而避免其动量变化.因为对于在狭缝处的每一个电子,我们不能确定其 x 坐标和动量的 x 分量 p_x 的准确值,而只知道 x 和 p_x 的取值范围,所以我们说,电子的 x 坐标有一不确定度 Δx,电子动量的 x 分量 p_x 也有一不确定度 Δp_x.显然:

$$\begin{cases}\Delta x = a \\ \Delta p = p_{xA}\end{cases}$$

若电子通过狭缝时的动量为 p',由图 17.16 可以看出,$p_{xA} = p'\sin\theta$.由于电子与缝之间的相互作用可以看作是弹性碰撞,而且缝隙的质量远远大于电子的质量,因此在碰撞以后,电子的动量大小几乎不变,即 $p'\approx p$.根据德布罗意关系 $p=$

h/λ 和由式(17.8.1)得到的 $\sin\theta=\lambda/a$,于是可得

$$\Delta p_x = p_{xA} = p\sin\theta = \frac{h}{\lambda}\times\frac{\lambda}{a} = \frac{h}{a} = \frac{h}{\Delta x}$$

即

$$\Delta x\Delta p_x = h,\quad \Delta \nu_x \geqslant \frac{h}{m_0\Delta x} = \frac{6.63\times10^{-34}}{9.1\times10^{-31}\times10\times10^{-10}\times2\pi}\approx10^6(\mathrm{m/s})$$

上式表明,电子的不确定度与动量的 x 分量的不确定度的乘积等于普朗克常数,换句话说,电子坐标与相应动量的确定程度是受到制约的,若减少坐标的不确定度 Δx,则相应动量的不确定度 Δp_x 必然增加,反之亦然.

上述仅考虑了中央明纹区的情况,若把中央明纹区外的次纹也考虑在内,则上式应写成

$$\Delta x\Delta p_x \geqslant \frac{h}{2\pi} = \hbar \tag{17.8.2}$$

此式称为测不准关系.它可以表述为:粒子在某方向上的坐标测不准量与该方向上的动量分量的测不准量的乘积必不小于普朗克常数.

$\hbar$的量纲为J·s,具有J·s量纲的物理量均称为共轭物理量.于是,海森伯的不确定关系又可表述为:坐标和与其共轭的动量的可测精度的乘积绝不会小于普朗克常数.不确定关系表明:不可能同时对粒子的坐标和动量进行准确的测量;或者说,两个共轭的互相制约的互成反比的物理不准确量是不可能同时无限制地减小的.我们不可能同时测准一个粒子在某一坐标方向上的确切位置和准确的动量值:粒子位置若是测得极为准确,我们将无法知道它将要沿什么方向运动;若是动量测得极为准确,我们就不可能确切测准此时此刻它究竟处在什么位置.

当我们试图以经典的"坐标""动量"等术语来描述具有波粒二象性的微观粒子时,讨论它在同一时刻的精确位置和精确动量是没有意义的.我们永远不可能以经典力学所假定的那种精确度来确定粒子的路径.所以,对于原子尺寸的粒子来说,轨道的概念是没有意义的,因为所谓轨道概念,是建立在有同时确定的位置和动量的基础上的.

不确定关系是建立在波粒二象性基础上的一条基本客观规律,它是波粒二象性的深刻反映,也是对波粒二象性的进一步描述.换言之,不确定关系是物质本身本征的特性决定的,而不是由于仪器或测量缺陷造成的.不论测量仪器的精确度有多高,我们认识任何一个物理体系的精确度也要受限制.因此,不能把不确定关系理解为"不可知""不可能""无能为力""不准确"等.其实,和经典物理中连续的、无限准确的等概念比起来,不确定关系更真实地揭示了微观物理世界的运动规律,应该说是更准确了.

在量子力学中,对能量和时间的同时测量也存在类似的测不准关系,若以 ΔE 表示能量的不确定度,Δt 表示时间的不确定度,则有

$$\Delta E\Delta t \geqslant h \tag{17.8.3}$$

能量和时间乘积的量纲也是J·s,因此它们也是一对共轭物理量.上述关系与式(17.8.2)可以互相转换,即由 $E = p^2/(2m)$ 可得

$$\Delta E = \frac{p\Delta p}{m} = v\Delta p$$

又有

$$\Delta t = \frac{\Delta x}{v}$$

代入式(17.8.3)便得式(17.8.2).

例 17.13　已知电子沿 x 方向运动,速度为 $v_x = 200$ m/s,速度的不准确度为0.01%,求测量电子 x 坐标所能达到的最小不准确度 Δx.

解　根据不确定关系,有

$$\Delta x \Delta p \geqslant h$$

而

$$\begin{aligned}\Delta p_x &= p_x \times 0.01\% = m_0 v_x \times 0.01\% \\ &= 9.1 \times 10^{-31} \times 200 \times 10^{-4} = 1.8 \times 10^{-32}(\text{kg} \cdot \text{m/s})\end{aligned}$$

在以上的计算中,因为电子的速度远远小于光速,所以电子质量可用静止质量代入.于是电子的坐标不确定度为

$$\Delta x \geqslant \frac{h}{\Delta p_x} = \frac{6.63 \times 10^{-34}}{1.8 \times 10^{-32} \times 2\pi} = 5.9 \times 10^{-3}(\text{m})$$

原子本身的线度是 10^{-10} m的数量级,而电子的线度还要小得多.对于近6 mm的不确定度来说,显然不能认为电子的位置测准了,因为测不准量已经超过电子自身线度的百亿倍.可见,要想在经典力学的准确度范围内用轨道的概念来描述电子的运动是没有意义的.

例 17.14　已知子弹的质量 $m = 10$ g,沿 x 轴方向的速度 $v_x = 200$ m/s,速度的不准确度为0.01%,求测定子弹 x 坐标时所能达到的最小不确定度 Δx.

解　子弹动量的不确定度为

$$\begin{aligned}\Delta p_x &= p_x \times 0.01\% = m v_x \times 0.01\% \\ &= 10 \times 10^{-3} \times 200 \times 10^{-4} = 2.0 \times 10^{-4}(\text{kg} \cdot \text{m/s})\end{aligned}$$

所以子弹的坐标不确定度为

$$\Delta x \geqslant \frac{h}{\Delta p_x} = \frac{6.63 \times 10^{-34}}{2.0 \times 10^{-4} \times 2\pi} = 5.2 \times 10^{-31}(\text{m})$$

对于这么小的不准确量,目前任何仪器也无法测量.所以对于像子弹这一类宏观物体,用经典的轨道概念来描述是足够准确的.

例 17.15　氢原子中基态电子的速度大约为 10^{-6} m/s,电子位置不确定量可按原子的大小来估计,即 $\Delta x \approx 10^{-10}$ m,求电子速度的不确定量.

解　由

$$\Delta x \Delta p_x = \Delta x m_0 \Delta v_x \geqslant h$$

得

$$\Delta v_x \geqslant \frac{h}{m_0 \Delta x} = \frac{6.63\times 10^{-34}}{9.1\times 10^{-31}\times 10\times 10^{-10}\times 2\pi} \approx 10^6\,(\text{m/s})$$

即电子速度的不确定量与速度本身同数量级，这说明，用经典的轨道概念描述氢原子中电子的运动是不适用的.但是在玻尔理论中却使用了轨迹的概念，这就是它的一个根本缺陷.

例 17.16 已知光子沿 x 轴方向传播，其波长 $\lambda = 500$ nm，对波长的测量是相当准确的，$\Delta\lambda = 5\times 10^{-8}$ nm，求该光子的 x 坐标的不确定度.

解 由 $p_x = h/\lambda$ 可得

$$\Delta p_x = \frac{h}{\lambda^2}\Delta\lambda$$

则有

$$\Delta_x \geqslant \frac{h}{\Delta p_x} = \frac{h}{\dfrac{h}{\lambda^2}\Delta\lambda} = \frac{\lambda^2}{\Delta\lambda} = 5000\,(\text{m})$$

即光子 x 坐标的不确定度为 5000 m.这说明，当波长极为准确时，坐标就非常不确定了；或者说，当光的波动性非常突出时，其粒子性就不显现了.

习　题　17

17.1　光电管的阴极用逸出功为 $A = 2.2$ eV 的金属制成，今用一单色光照射此光电管，阴极发射出光电子，测得遏止电势差为 $|U_a| = 5.0$ V，试求：(1) 光电管阴极金属的光电效应红限波长；(2) 入射光波长.

17.2　波长为 λ 的单色光照射某金属 M 表面发生光电效应，发射的光电子(电荷绝对值为 e，质量为 m)经狭缝 S 后垂直进入磁感应强度为 $\boldsymbol{B}$ 的均匀磁场(如图 17.18 所示)，今已测出电子在该磁场中做圆周运动的最大半径为 R.求：(1) 金属材料的逸出功 A；(2) 遏止电势差 U_a.

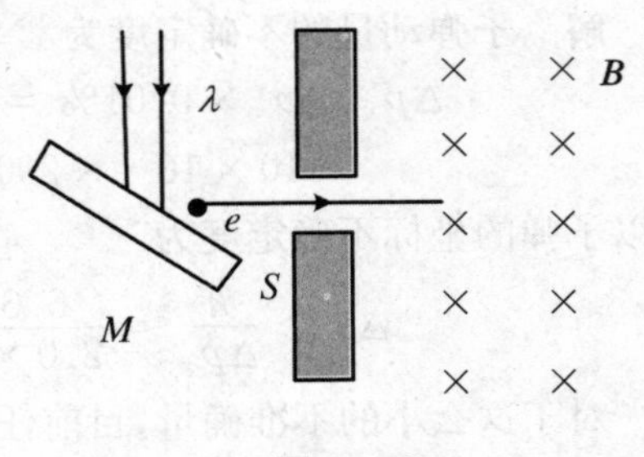

图 17.18

17.3　用单色光照射某一金属产生光电效应，如果入射光的波长从 400 nm 减到 360 nm，遏止电压改变多少？(普朗克常量 $h = 6.63\times 10^{-34}$ J·s，基本电荷 $e = 1.60\times 10^{-19}$ C.)

17.4　以波长 410 nm 的单色光照射某一金属，产生的光电子的最大动能 E_K

$=1.0\ \mathrm{eV}$,则能使该金属产生光电效应的单色光的最大波长是多少?(普朗克常量 $h=6.63\times10^{-34}\ \mathrm{J\cdot s}$.)

17.5　铝的逸出功为 4.2 eV. 今用波长为 200 nm 的紫外光照射到铝表面上,发射的光电子的最大初动能为多少?遏制电势差为多大?铝的红限波长是多大?

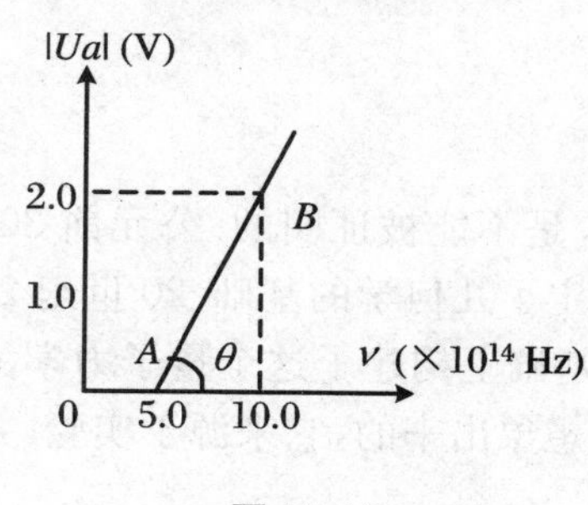

图 17.19

17.6　图 17.19 为在一次光电效应实验中得出的曲线.(1) 由图中数据求出该金属的红限频率;(2) 求证:对不同材料的金属,线 AB 的斜率相同;(3) 由图上数据求出普朗克常量 h.(基本电荷 $e=1.60\times10^{-19}\ \mathrm{C}$.)

17.7　当波长为 300 nm 的光照射在某金属表面时,光电子的动能范围为 $0\sim4.0\times10^{-19}\ \mathrm{J}$,求此时遏止电压 $|U_a|$ 和该金属的红限频率 ν_0.(普朗克常量 $h=6.63\times10^{-34}\ \mathrm{J\cdot s}$,基本电荷 $e=1.60\times10^{-19}\ \mathrm{C}$.)

17.8　波长为 $\lambda_0=0.5\times10^{-10}\ \mathrm{m}$ 的 X 射线被静止的自由电子所散射,若散射线的波长变为 $\lambda=0.522\times10^{-10}\ \mathrm{m}$,试求反冲电子的动能 E_k.(普朗克常量 $h=6.63\times10^{-34}\ \mathrm{J\cdot s}$.)

17.9　用波长 $\lambda_0=1\times10^{-10}\ \mathrm{m}$ 的光子做康普顿实验.(1) 散射角为 90° 的康普顿散射波长是多少?(2) 反冲电子获得的动能有多大?(普朗克常量 $h=6.63\times10^{-34}\ \mathrm{J\cdot s}$,电子静止质量 $m_e=9.11\times10^{-31}\ \mathrm{kg}$.)

17.10　假如电子运动速度与光速可以比拟,则当电子的动能等于它静止能量的 2 倍时,其德布罗意波长为多少?(普朗克常量 $h=6.63\times10^{-34}\ \mathrm{J\cdot s}$,电子静止质量 $m_e=9.11\times10^{-31}\ \mathrm{kg}$.)

17.11　低速运动的质子和 α 粒子,它们的质量比 $m_\mathrm{p}:m_\alpha=1/4$,若它们的德布罗意波长相同,求它们的动量之比 $p_\mathrm{p}:p_\alpha$ 和动能之比 $E_\mathrm{p}:E_\alpha$.

第 18 章 量子力学五大基本假设

量子力学的基本假设，像几何学中的公理一样，是不能被证明的. 公元前 300 年，欧几里得按照公理方法写出《几何原本》一书，奠定了几何学的基础. 20 世纪 20 年代，狄拉克、海森伯、薛定锷等在量子力学假设的基础上构建了这个量子力学大厦. 假设虽然不能直接证明，但也不是凭科学家主观想象出来的，它来源于实验，并不断被实验所证实.

18.1 量子力学基本假设Ⅰ：波函数假设

基本假定Ⅰ：波函数假定 **微观粒子的状态可以被一个波函数完全描述，从这个波函数可以得出体系的所有性质. 波函数一般满足连续性、有限性和单值性三个条件.**

即系统在某一时间的状态，可以用向量或波函数表示.

为何状态$|\Psi\rangle$与波函数 $\Psi(x)$常可以交互作用呢？因为在基底向量为$|x\rangle$的一维坐标空间中，由完备性关系有

$$I = \sum_{i=1}^{N} |e_i\rangle\langle e_i| \quad \text{或} \quad I = \int_{-\infty}^{\infty} |x\rangle\langle x| \mathrm{d}x \tag{18.1.1}$$

则$|\Psi\rangle$投影在$|x\rangle$上的振幅为

$$\langle x | \Psi\rangle = \int_{-\infty}^{\infty} \langle x | x'\rangle\langle x' | \Psi\rangle \mathrm{d}x' = \int_{-\infty}^{\infty} \delta(x - x')\langle x' | \Psi\rangle \mathrm{d}x' \tag{18.1.2}$$

又由狄拉克函数的定义和性质，有

$$|\Psi\rangle = \int_{-\infty}^{\infty} \delta(x - x')\Psi(x')\mathrm{d}x' \tag{18.1.3}$$

比较上二式可得

$$\langle x | \Psi\rangle = \Psi(x) \tag{18.1.4}$$

即一质点的位置波函数 $\Psi(x)$，即是此质点的状态$|\Psi\rangle$在某一位置状态$|x\rangle$上的投影值，或几率振幅.

例 18.1 写出被局限在长度 L 的无限深势阱里质点的一般状态.

解　长度为 L 的无限深势阱里质点的一般状态 $\varphi(x)$，是以

$$\left\{ u_n = \sin \frac{n\pi}{L}x \right\}$$

为基底的函数空间中的某一元素来表示的，即以

$$\varphi(x) = c_1 \sin \frac{n\pi}{L}x + c_2 \sin \frac{n\pi}{L}x + \cdots + c_n \sin \frac{n\pi}{L}x + \cdots$$

来表示，其中 $0 \leqslant x \leqslant L, c_1, c_2, \cdots, c_n, \cdots$ 由实验值决定.

例 18.2　写出任意电子的状态波函数.

解　任意电子的状态含有空间部分与自旋部分，即

$$\Psi(x,y,z,s) = \text{空间波函数} \times \text{自旋波函数} = \Psi(x,y,z) \times \chi_s$$

其中自旋波函数 χ_s 是以

$$\left\{ |+\rangle = \begin{pmatrix} 1 \\ 0 \end{pmatrix},\ |-\rangle = \begin{pmatrix} 0 \\ 1 \end{pmatrix} \right\}$$

为基底的向量空间中的某一元素，即以

$$\chi_s = a\begin{pmatrix} 1 \\ 0 \end{pmatrix} + b\begin{pmatrix} 0 \\ 1 \end{pmatrix}$$

来表示，而 a、b 则由实验值决定.

此二例显示，在量子力学中，最常使用的有两种状态空间：一为可微分的连续函数所形成的函数空间；另一为矩阵所形成的有限维矩阵空间. 因此，在微观世界中的物理状态，不是以位置函数，就是以矩阵状态来表示.

18.2　量子力学基本假设Ⅱ：力学量算符假定

基本假定Ⅱ：力学量算符假定　力学量用线性 Hermite 算符表示. 如果在经典力学中有相应的力学量，则在量子力学中表示这个力学量的算符，由经典表示式中将动量 p 换为算符 $-\mathrm{i}\hbar\nabla$ 得出. 表示力学量的算符有组成完全系的本征函数.

先从最基本的位置物理量开始着手. 量子力学中的位置 x 由运算子 $\hat{X}$ 来描述，它作用在位置状态 $|x\rangle$，所得的本征值为位置值 x，即

$$\hat{X} \mid x\rangle = x \mid x\rangle \tag{18.2.1}$$

如此定义是最符合直观意义的. 同理，动量运算子 $\hat{P}$ 作用在动量状态 $|p\rangle$，所得本征值为动量值 p，即

$$\hat{P} \mid p\rangle = p \mid p\rangle \tag{18.2.2}$$

那么，动量运算子 $\hat{P}$ 作用在位置状态 $|x\rangle$ 上，是何形式？对一状态 $|p\rangle$，动量作

用在其上,则在位置状态$|x\rangle$的振幅为

$$\begin{aligned}\langle x \mid \hat{P} \mid \varphi\rangle &= \int_{-\infty}^{\infty} \langle x \mid \hat{P} \mid p\rangle\langle p \mid \varphi\rangle \mathrm{d}p \\ &= \int_{-\infty}^{\infty} p\langle x \mid p\rangle\varphi(p)\mathrm{d}p \\ &= \frac{1}{\sqrt{2\pi\hbar}}\int_{-\infty}^{\infty} \mathrm{e}^{\mathrm{i}px/\hbar} p\varphi(p)\mathrm{d}p \end{aligned} \tag{18.2.3}$$

此处,我们使用了一动量本征态$|p\rangle$在位置$|x\rangle$出现的几率振幅为

$$\langle x \mid p\rangle = \frac{1}{\sqrt{2\pi\hbar}}\mathrm{e}^{\mathrm{i}px/\hbar} \tag{18.2.4}$$

一如单频的正弦波在某一位置上的振幅. 另一方面,若定义位置波函数 $\varphi(x)$ 的 Fourier 转换为

$$\varphi(x) = \frac{1}{\sqrt{2\pi\hbar}}\int_{-\infty}^{\infty} \mathrm{e}^{\mathrm{i}px/\hbar}\varphi(p)\mathrm{d}p \tag{18.2.5}$$

对 $\varphi(x)$取一次导数,得

$$\frac{\mathrm{d}}{\mathrm{d}x}\varphi(x) = \frac{1}{\sqrt{2\pi\hbar}}\int_{-\infty}^{\infty} \frac{\partial}{\partial x}(\mathrm{e}^{\mathrm{i}px/\hbar})\varphi(p)\mathrm{d}p = \frac{i}{\hbar}\frac{1}{\sqrt{2\pi\hbar}}\int_{-\infty}^{\infty} \mathrm{e}^{\mathrm{i}px/\hbar} p\varphi(p)\mathrm{d}p$$

比较上式与式(18.2.3)可得

$$\langle x \mid \hat{P} \mid \varphi\rangle = -\frac{\mathrm{i}}{\hbar}\frac{\mathrm{d}}{\mathrm{d}x}\varphi(x) = -\frac{\mathrm{i}}{\hbar}\frac{\mathrm{d}}{\mathrm{d}x}\langle x \mid \varphi\rangle \tag{18.2.6}$$

即

$$\langle x \mid \hat{P} = -\frac{\mathrm{i}}{\hbar}\frac{\mathrm{d}}{\mathrm{d}x}\langle x \mid \quad 或 \quad \hat{P} \mid x\rangle = -\frac{\mathrm{i}}{\hbar}\frac{\mathrm{d}}{\mathrm{d}x} \mid x\rangle \tag{18.2.7}$$

故在位置空间上,动量运算子即对应于

$$\hat{P} \to -\frac{\mathrm{i}}{\hbar}\frac{\mathrm{d}}{\mathrm{d}x} \quad 或 \quad \hat{P} = -\mathrm{i}\hbar\nabla \tag{18.2.8}$$

而轨道角动量($\boldsymbol{L}$)与自旋角动量($\boldsymbol{S}$),则被发现为

$$\boldsymbol{L} \to \hat{L}^2 = 2\hbar^2\begin{pmatrix}1 & 0 & 0\\ 0 & 1 & 0\\ 0 & 0 & 1\end{pmatrix}, \quad \boldsymbol{S} \to \hat{S}_z = \frac{\hbar}{2}\begin{pmatrix}1 & 0\\ 0 & -1\end{pmatrix} \tag{18.2.9}$$

其中,L 与 S 分别取 1 与 1/2 为代表.

同理,由位置、动量和角动量所组成的任意的古典物理量,也就对应于将这些组成量转变成运算子,而形成量子物理量,即古典物理量藉

$$Q(\boldsymbol{r}, \boldsymbol{p}, \boldsymbol{l}) \to \hat{Q}(\hat{R}, \hat{P}, \hat{L}) \tag{18.2.10}$$

而得到量子物理量.

上述位置、动量因作用在函数空间,故其运算子形式为微分形式,而轨道与自旋角动量的实验值,因被测得为分离值,故所得对应的运算子形式为矩阵形式.

另一方面,运算子若要有意义,则必须为厄米特运算子,因为厄米特运算子的

特征值永远为实数,而下一节即会说明为何必须要求为实数.由数学基本定理Ⅰ,给定任一作用在状态空间 ε 上的厄米特运算子,其特征向量必可形成为空间 ε 的基底.因此,一旦选定一物理量,此物理量的本征向量就可描述此空间的任一状态.物理量运算子不仅给出其本身所代表的含义,也决定出空间的表示方法.

例 18.3　求在受到外加均匀磁场 $\boldsymbol{B}$ 作用下,氢原子产生出额外能量运算子的形式.

解　在氢原子系统中,在受到外加均匀磁场 $\boldsymbol{B}$ 的作用下,将造成精细结构现象,分裂产生出新的额外能量 $E=-\boldsymbol{\mu}\cdot\boldsymbol{B}$,其中 $\boldsymbol{\mu}$ 为氢原子核上产生的磁偶极矩,其值为

$$\boldsymbol{\mu}=\mathrm{i}\boldsymbol{A}=\frac{-e}{(2\pi r/v)}\cdot\pi r^2\boldsymbol{n}=-\frac{e}{2}(\boldsymbol{r}\times\boldsymbol{v})=-\frac{e}{2m}\boldsymbol{L}$$

此处 e 与 m 分别表示电子的电量与质量大小,$\boldsymbol{n}$ 为运动电子所在平面的法线方向,$\boldsymbol{L}$ 为轨道动量.则古典物理的磁位能,转变成量子物理的位能,就是形成下面的对应运算子.

古典物理　　　　量子物理

$$E=\frac{e}{2m}\boldsymbol{L}\cdot\boldsymbol{B}=\frac{eB}{2m}L_z\quad\Rightarrow\quad\hat{H}=\frac{eB}{2m}\hat{L}_z$$

此处 z 轴为外加磁场的方向,即 $\boldsymbol{B}=B\boldsymbol{e}_z$,且能量运算子 $\hat{H}$ 或 $\hat{L}_z$ 运算子的本征状态,必为所考虑的精细构造空间的基底.

18.3　量子力学基本假设Ⅲ:本征值概率及平均值假定

基本假定Ⅲ:本征值概率及平均值假定　将体系的状态波函数 $\boldsymbol{\Psi}$ 用算符 $\hat{F}$ 的本征函数 $\boldsymbol{\Phi}$ 展开($\hat{F}\boldsymbol{\Phi}_n=\lambda_n\boldsymbol{\Phi}_n$,$\hat{F}\boldsymbol{\Phi}_\lambda=\lambda\boldsymbol{\Phi}_\lambda$):

$$\Psi=\sum_n c_n\Phi_n+\int c_\lambda\Phi_\lambda\mathrm{d}\lambda$$

则在 $\boldsymbol{\Psi}$ 态中测量力学量 F 得到结果为 λ_n 的几率是 $|c_n|^2$,测量结果在 $\lambda\to\lambda+\mathrm{d}\lambda$ 范围内的几率是 $|c_n|^2\mathrm{d}\lambda$.

故在量子系统里,某一物理量的测得结果,不仅由实验值决定,更是由此物理量的运算子来决定.若运算子 $\hat{A}$ 的本征值是不连续的分离值,则表明测量的结果被量子化了.

由于科学实验上所测到的值皆为实数,所以若要如假设Ⅲ要求,使运算子的本征值对应到物理的实验值,则此本征值必须为实数.而我们已知,能永远产生实数本征值唯一可能的运算子,就是厄米特运算子,此与假设Ⅱ互相呼应.任一物理量

的运算子$\hat{A}$,若有

$$\hat{A} \mid \varphi_n \rangle = a_n \mid \varphi_n \rangle \tag{18.3.1}$$

其中a_n 为本征值或实验值,φ_n 为对应的本征向量,则$\{|\varphi_n\rangle\}$必为$\hat{A}$所作用的状态空间 ε 的基底.

例 18.4　求在一维空间中,对自由运动质点做测量时,所得到的动量与能量值.

解　在一维空间中,一不受力的自由质点,或位能 $V(x)=0$,波函数为 $\varphi(x)=e^{ikx}$,其中 k 为粒子所对应的平面波的波数.则动量的测量结果由

$$\hat{P} = -\frac{i}{\hbar}\frac{d}{dx}e^{ikx} = \hbar k\varphi(x) = p\varphi(x) \tag{18.3.2}$$

的本征值方程式得知,测量出动量值为$\hbar k$,此理论值与德布罗意的物质波结果完全吻合.同理,对能量的测量结果由

$$E = T + V = \frac{p^2}{2m} \quad 或 \quad \hat{H}\varphi(x) = \frac{-\hbar^2}{2m}\frac{d^2}{dx^2}e^{ikx} = \frac{\hbar^2k^2}{2m}\varphi(x) = E\varphi(x) \tag{18.3.3}$$

的本征值方程式得知,测量出自由质点的能量值应为$\frac{\hbar^2k^2}{2m}$.

从解物理运算子方程式:

$$\hat{A} \mid u_n \rangle = a_n \mid u_n \rangle$$

当中,我们可得一组线性独立的状态函数解,即$\{|u_n\rangle\}$.以$\{|u_n\rangle\}$作为基底,系统中的任何状态可表示为

$$\mid \Psi \rangle = \sum_n c_n \mid u_n \rangle \tag{18.3.4}$$

而测量所得某结果的可能性为

$$P(a_n) = |\langle u_n \mid \Psi \rangle|^2 = |c_n|^2$$

所以,将波函数$|\Psi\rangle$以本征态$|u_n\rangle$展开后,所对应的系数 c_n 不可为任意值,且有特别的物理意义,其平方为获得实验值为a_n 的几率大小.

例 18.5　若有 1000 个中子在长度为 L 的一维盒子内运动,其中 200 个中子具有 $4E_1$能量,剩下 800 个具有 $25E_1$的能量,此处 E_1表基本态的能量,则如何表示这类中子的波函数?(无限位能井的本征状态与本征能量已知分别为 $u_n=\sqrt{2/L}\cdot\sin n\pi x/L$ 与$E_n=n^2E_1$.)

解　因 $4E_1=2^2E_1, 25E_1=5^2E_1 \quad \Rightarrow \quad n=2$ 或 5. 所以对应的状态为$|u_2\rangle$与$|u_5\rangle$,且

$$\langle x \mid u_2 \rangle = u_2 = \sqrt{\frac{2}{L}}\sin\frac{2\pi}{L}x$$

$$\langle x \mid u_5 \rangle = u_5 = \sqrt{\frac{2}{L}}\sin\frac{5\pi}{L}x$$

由题意知获得 $n=2$ 或 $n=5$ 的几率分别为 1/5 及 4/5，故总状态 $|\varphi\rangle$ 为

$$\langle x \mid \varphi\rangle = \varphi(x) = c_2 u_2(x) + c_5 u_5(x)$$

$$= \sqrt{\frac{1}{5}}\left(\sqrt{\frac{2}{L}}\sin\frac{2\pi}{L}x\right)+\sqrt{\frac{4}{5}}\left(\sqrt{\frac{2}{L}}\sin\frac{5\pi}{L}x\right)$$

我们可再验证如下：获得 $E_2=4E_1$ 能量的几率，由量子假设Ⅲ为

$$P(E_2) = |\langle u_2 \mid \varphi\rangle|^2 = \left|\int_{-\infty}^{\infty}\langle u_2 \mid x\rangle\langle x \mid \varphi\rangle \mathrm{d}x\right|^2 = \left|\int_{-\infty}^{\infty} u_2^*(l)\varphi(x)\mathrm{d}x\right|^2$$

$$= \left|\int_0^L \sqrt{\frac{2}{L}}\sin\frac{2\pi}{L}x\cdot\left(\sqrt{\frac{1}{5}}\sqrt{\frac{2}{L}}\sin\frac{2\pi}{L}x+\sqrt{\frac{2}{5}}\sqrt{\frac{2}{L}}\sin\frac{5\pi}{L}x\right)\mathrm{d}x\right|^2$$

$$= \left|\sqrt{\frac{1}{5}}\int_0^L \frac{2}{L}\sin^2\frac{2\pi}{L}x\cdot\mathrm{d}x\right|^2 = \frac{1}{5}$$

与题意相符.

18.4 量子力学基本假设Ⅳ：Schrodinger 方程

基本假定Ⅳ：Schrodinger 方程　波函数 $|\Psi(t)\rangle$ 随时间的演化满足 Schrodinger 方程：

$$\mathrm{i}\hbar\frac{\mathrm{d}}{\mathrm{d}t}\mid\Psi(t)\rangle = \hat{H}\mid\Psi(t)\rangle$$

式中 $\hat{H}$ 是体系的哈密顿算符(此系统的总能量算符).

已知在古典物理中位置与动量随时间的演变，是遵循哈密顿量的一阶微分方程. 在量子力学中，唯一可能掌握的系统资讯——状态函数，其随时间的变化亦然. 此假设亦谓之波函数 $\Psi(x,t)$ 可由薛定谔方程式在位置状态 $|x\rangle$ 的投影值来描述. 薛定谔方程在 $|x\rangle$ 的投影为

$$\langle x \mid \mathrm{i}\hbar\frac{\mathrm{d}}{\mathrm{d}t}\mid\Psi(t)\rangle = \langle x \mid \hat{H}(t)\mid\Psi(t)\rangle \tag{18.4.1}$$

$$\mathrm{i}\hbar\frac{\mathrm{d}}{\mathrm{d}t}\langle x \mid \Psi(t)\rangle = \hat{H}(t)\langle x \mid \Psi(t)\rangle,\quad \mathrm{i}\hbar\frac{\partial}{\partial t}\Psi(x,t) = \hat{H}(t)\Psi(x,t) \tag{18.4.2}$$

式中利用了 $\hat{H}(t)$ 与 x 无关，及式(18.1.4). 当起始条件 $\Psi(x,t)$ 给定后，如何求解式(18.4.2)？

若系统的能量与时间无关，即 $\hat{H}(x,t)=\hat{H}(x)$，又因 $\hat{H}$ 为一厄米特运算子，则在解本征方程式

$$\hat{H}(x)\,\varphi_n(x) = E_n\,\varphi_n(x) \tag{18.4.3}$$

中,可得到一组基底$\{\varphi_n(x)\}$,故可将函数$\Psi(x,0)$表示为

$$\Psi(x,0)=\sum_n c_n(0)\varphi_n(x) \tag{18.4.4}$$

若$\Psi(x,0)$给定,则可得知$c_n(0)$.同理,对任意时间t的波函数,亦可由同一组基底$\{\varphi_n(x)\}$来表示,即

$$\Psi(x,t)=\sum_n c_n(t)\varphi_n(x) \tag{18.4.5}$$

但此时$c_n(t)$未知.对式(18.4.5)取时间导数,由微分的线性关系,可得

$$\mathrm{i}\hbar\frac{\partial}{\partial t}\Psi(x,t)=\mathrm{i}\hbar\frac{\partial}{\partial t}\sum_n c_n(t)\varphi_n(x)=\mathrm{i}\hbar\sum_n\left(\frac{\mathrm{d}}{\mathrm{d}t}c_n(t)\right)\varphi_n(x) \tag{18.4.6}$$

另一方面,由式(18.4.2)、式(18.4.3)及式(18.4.5)可知

$$\begin{aligned}\mathrm{i}\hbar\frac{\partial}{\partial t}\Psi(t)&=\hat{H}(x)\Psi(x,t)=\hat{H}(x)\sum_n c_n(t)\varphi_n(x)\\&=\sum_n c_n(t)\hat{H}\varphi_n(x)=\sum_n c_n(t)E_n\varphi_n(x)\end{aligned} \tag{18.4.7}$$

式中使用了运算子$\hat{H}$的线性关系.由于$\varphi_n(x)$彼此线性独立,故比较式(18.4.6)与式(18.4.7),可得一阶常微分方程:

$$\mathrm{i}\hbar\frac{\mathrm{d}}{\mathrm{d}t}c_n(t)=E_nc_n(t) \tag{18.4.8}$$

其解为

$$c_n(t)=c_n(0)\mathrm{e}^{-\mathrm{i}E_nt/\hbar} \tag{18.4.9}$$

故可得到在任意时刻t的波函数:

$$\Psi(x,t)=\sum_n c_n(t)\varphi_n(x)=\sum_n c_n(0)\varphi_n(x)\mathrm{e}^{-\mathrm{i}E_nt/\hbar} \tag{18.4.10}$$

即若系统的能量与时间无关,则任意时间的波函数,可将起始波函数展开成基底波函数以后,在每一项的基底波函数上,放入对应的指数因子$\mathrm{e}^{-\mathrm{i}E_nt/\hbar}$即可.

当能量运算子$\hat{H}$不明显含有时间t时,若已知初始状态$|\Psi(t_0)\rangle$,则任意时间状态$|\Psi(t)\rangle$可依下列步骤找出:

(1) 用$\hat{H}$的本征状态$|\varphi_n\rangle$作为基底,展开$|\Psi(t_0)\rangle$,即

$$|\Psi(t_0)\rangle=\sum_n c_n(t_0)|\varphi_n\rangle$$

其中$c_n(t_0)=\langle\varphi_n|\Psi(t_0)\rangle$.

(2) 每一系数$c_n(t_0)$乘上对应因子$\mathrm{e}^{-\mathrm{i}E_n(t-t_0)/\hbar}$,如此便可得到任意时刻$t$的状态$|\Psi(t)\rangle$,即

$$|\Psi(t)\rangle=\sum_n c_n(t_0)\mathrm{e}^{-\mathrm{i}E_n(t-t_0)/\hbar}|\varphi_n\rangle$$

此处E_n为对应于能量本征状态$|\varphi_n\rangle$的本征值.

如果给定对应于某一物理量的运算子$\hat{A}$,其本征值与本征函数分别为a_n与$u_n(x,0)$,即

$$\hat{A}u_n(x,0) = a_n u_n(x,0) \tag{18.4.11}$$

若$\hat{A}$与能量运算子$\hat{H}$可交换,则 $u_n(x)$亦为$\hat{H}$的本征状态,且由式(18.4.10)可知,在与时间无关的系统能量下,若

$$\Psi(x,0) = u_n(x,0) \tag{18.4.12}$$

则

$$\Psi(x,t) = u_n(x,t) = u_n(x,0)\mathrm{e}^{-\mathrm{i}E_n t/\hbar} \tag{18.4.13}$$

且

$$\hat{A}u_n(x,t) = \hat{A}u_n(x,0)\mathrm{e}^{-\mathrm{i}E_n t/\hbar} = a_n u_n(x,0)\mathrm{e}^{-\mathrm{i}E_n t/\hbar} = a_n u_n(x,t) \tag{18.4.14}$$

也就是说 $u_n(r,t)$依旧是$\hat{A}$的本征函数,产生相同的本征值a_n. 此二性质永远稳定存在,而与时间无关,我们称 $u_n(r,t)$为运算子$\hat{A}$的稳能. 所以:

稳定能 $\Leftrightarrow$ 本征函数

1913 年玻尔所述的能阶上的稳定能,即是对应于能量运算子$\hat{H}$的本征函数.

例 18.7　质量为 m 的质点在一维空间里自由运动,当时间为 0 时,此质点状态能为

$$\Psi(x,0) = \sin(k_0 x)$$

(1) 求此质点在任意时刻的状态.

(2) 在某一时刻测量到此质点的动量值为多少?其对应几率为多大?

解　(1) 欲知任意时间的波函数,需解薛定谔的一阶偏微分方程,或先求得能量的本征值,再代入式(18.4.10)即可. 现使用第二个方法,从求得能量$\hat{H}$的本征值着手. 因是自由运动的质点,表示不受外力作用,其位能为常数或 0,故此系统的总能量仅由动能 $p^2/(2m)$表示,将其形成运算子后,得到能量的本征值方程式为 $\hat{H}|\Psi\rangle = E|\Psi\rangle$,投影在位置状态

$$\langle x \mid \hat{P}^2 \mid| \Psi\rangle\rangle = E\langle x \mid \Psi\rangle$$

或

$$\frac{1}{2m}\langle x \mid \hat{P}^2 \mid| \Psi\rangle\rangle = \frac{-\hbar^2}{2m}\frac{\mathrm{d}^2}{\mathrm{d}x^2}\langle x \mid \Psi\rangle = \frac{-\hbar^2}{2m}\frac{\mathrm{d}^2}{\mathrm{d}x^2}\Psi(x) = E\Psi(x)$$

由此所解得的本征函数为

$$\Psi(x) = \mathrm{e}^{\pm\mathrm{i}\sqrt{2mEx}/\hbar} = \mathrm{e}^{\pm\mathrm{i}px/\hbar} = \mathrm{e}^{\mathrm{i}kx} \text{ 或 } \mathrm{e}^{-\mathrm{i}kx}$$

且此本征函数必为自由运动质点空间的基底,任何波函数皆可由此二函数线性组合而成. 故 $t=0$ 时的波函数 $\Psi(x,0)$可表示为

$$\Psi(x,0)=\sin(k_0x)=\frac{1}{2i}(\mathrm{e}^{\mathrm{i}k_0x}-\mathrm{e}^{-\mathrm{i}k_0x})$$

其中

$$k=k_0=p_0/\hbar=\sqrt{2mE_0}/\hbar \quad 或 \quad E=E_0=\hbar^2k_0^2/(2m)$$

且状态 $\mathrm{e}^{\mathrm{i}k_0x}$ 及 $\mathrm{e}^{-\mathrm{i}k_0x}$ 所对应的本征能量值皆为

$$E_0=\hbar^2k_0^2/(2m)$$

故由式(18.4.10)知,任意时刻的波函数为

$$\Psi(x,t)=\frac{1}{2i}\mathrm{e}^{\mathrm{i}k_0x-\mathrm{i}E_0t/\hbar}-\frac{1}{2i}\mathrm{e}^{-\mathrm{i}k_0x-\mathrm{i}E_0t/\hbar}=\sin(k_0x)\mathrm{e}^{-\mathrm{i}E_0t/\hbar}$$

(2) 由假设Ⅲ知,动量的实验测量值乃是动量运算子的本征值.而对动量运算子

$$\hat{P}=-\mathrm{i}\hbar\frac{\mathrm{d}}{\mathrm{d}x}$$

而言,其本征值与本征函数仅可能为

$$\left(-\mathrm{i}\hbar\frac{\mathrm{d}}{\mathrm{d}x}\right)\mathrm{e}^{\mathrm{i}kx}=\hbar k\mathrm{e}^{\mathrm{i}kx} \quad 或 \quad \left(-\mathrm{i}\hbar\frac{\mathrm{d}}{\mathrm{d}x}\right)\mathrm{e}^{\mathrm{i}kx-\mathrm{i}E_0t/\hbar}=\hbar k\mathrm{e}^{\mathrm{i}kx-\mathrm{i}E_0t/\hbar}$$

$$\left(-\mathrm{i}\hbar\frac{\mathrm{d}}{\mathrm{d}x}\right)\mathrm{e}^{-\mathrm{i}kx}=-\hbar k\mathrm{e}^{-\mathrm{i}kx} \quad 或 \quad \left(-\mathrm{i}\hbar\frac{\mathrm{d}}{\mathrm{d}x}\right)\mathrm{e}^{-\mathrm{i}kx-\mathrm{i}E_0t/\hbar}=-\hbar k\mathrm{e}^{-\mathrm{i}kx-\mathrm{i}E_0t/\hbar}$$

即动量的测量值只可能为 $\hbar k$ 与 $-\hbar k$.由假设Ⅲ,$\Psi(x,t)$ 以动量的本征函数展开后,其对应系数的平方比即为几率比,即获得 $\hbar k$ 与 $-\hbar k$ 的几率比为

$$\left(\frac{1}{2i}\right)^2:\left(\frac{-1}{2i}\right)^2=1:1$$

或几率各为1/2.

18.5 量子力学基本假设Ⅴ:全同性原理

基本假定Ⅴ:全同性原理　在全同粒子组成的体系中,两全同粒子相互调换不改变体系的状态.

正因为全同粒子具有不可区分性,因此,若干全同粒子组成的体系中,任意两个粒子发生交换,不会引发体系状态的改变,即体系的波函数不会发生改变.

习　题　18

18.1　在 x 方向运动的电子,其德布罗意波长为 10^{-8} cm.试求:(1) 电子的能

量(以 eV 为单位);(2) 电子的波函数.

18.2　(1) 下面的波函数可以描述为一维空间自由运动粒子的能量本征态吗?

$$\psi(x) = A\mathrm{e}^{ikx} + \frac{A}{\sqrt{2}}\mathrm{e}^{-ikx}$$

(2) 这个波函数会是动量的本征态吗?

(3) 若(2)的答案为否,那么对动量进行测量,可能得到的数值及其概率分布是多少?

18.3　(1) 质量为 m 的自由粒子,具有能量 E,在 $x \geqslant 0$ 的一维空间内运动.若在 $x=0$ 的位置有一面刚硬的墙,写下满足前述条件的波函数,并以 x 和波向量 k 来表示,k 与 E 又有什么关系?

(2) 证明(1)中的波函数也是系统能量的本征函数.

(3) 对应于 $\varphi(x)$,求任意时刻的状态 $\varphi(x,t)$.

18.4　一自由粒子在某时刻处于如下状态:

$$\Psi = \frac{A}{(xk_0)^2 + 4}$$

此时对能量进行测量,得到

$$E = \frac{\hbar^2 {k_0}^2}{2m}$$

测量之后,动量变化不确定,求测量之后的粒子状态.

18.5　(1) 质量为 m 的粒子在一维空间中运动,已知其动量为 $p_x = \hbar k_0$,k_0 为已知常数.求此粒子的不含时间的波函数 $\Psi_a(x)$.

(2) 此粒子与一个系统作用,作用之后,对动量进行测量,得到 $p_x = 2\hbar k_0$ 与 $p_x = 8\hbar k_0$ 的概率分别为 1/5 和 4/5 .求此时粒子不含时间的波函数 $\Psi_b(x)$.

(3) 在状态 $\Psi_b(x)$ 下,求粒子的平均动量 $\langle p_x \rangle$.

(4) 在状态 $\Psi_b(x)$ 下,求粒子的平均动能 $\langle E \rangle$.

第 19 章　一维定态问题

对于一维定态问题的讨论，有助于加深对能量量子化和薛定谔方程意义的理解，并从中可以了解量子力学处理问题的一般方法，同时了解微观领域所特有的一些现象．本章将不含时的薛定谔方程应用于无限深方势阱中的粒子、势垒的粒子以及谐振子等情况，着重说明根据对波函数的单值、有限和连续的要求，由薛定谔方程可自然地得出能量量子化的结果；接着说明了隧道效应这种量子粒子不同于经典粒子的重要特征；最后介绍了关于谐振子的波函数和能量量子化的结论．

19.1　一维无限深势阱

所谓势阱，其实就是一个势函数 $E_P(X)$，因其相应的势能曲线形如陷阱而得名．势阱是物理学在研究微观粒子运动规律时常用的物理模型．比如，一块厚度为 a 的金属片，其中电子沿垂直于表面的方向运动．在金属的内部，电子的运动是自由的，但要脱离金属表面则需要获得一定能量．就像光电效应中，只有当电子能量大于等于逸出功时，金属内的电子才能逸出金属表面．这样我们不妨给出一个一维有限方势阱的函数：

$$E_p(x) = \begin{cases} 0, & 0 < x < a \\ E_0, & x \leqslant 0 \text{ 或 } x \geqslant a \end{cases}$$

其势能曲线如图 19.1(a)所示．

若金属的晶格对电子的束缚很大，无论电子获得多大能量都无法逸出金属表面，那么我们就可以建立一个无限深势阱的模型．本节将讨论一维无限深势阱的问题．设在一种简单的外力场中做一维运动的粒子，它的势能在一定区域内为零，而在此区域外势能为无限大，如图 19(b)所示．其势函数为

$$E_p(x) = \begin{cases} 0, & 0 < x < a \\ \infty, & x \leqslant 0 \text{ 或 } x \geqslant a \end{cases} \tag{19.1.1}$$

这相当于粒子只能在宽为 a 的两个无限高阱壁之间自由运动．因为 $E_p(x)$ 与时间无关，所以它属于定态问题，可由薛定谔方程式求解．

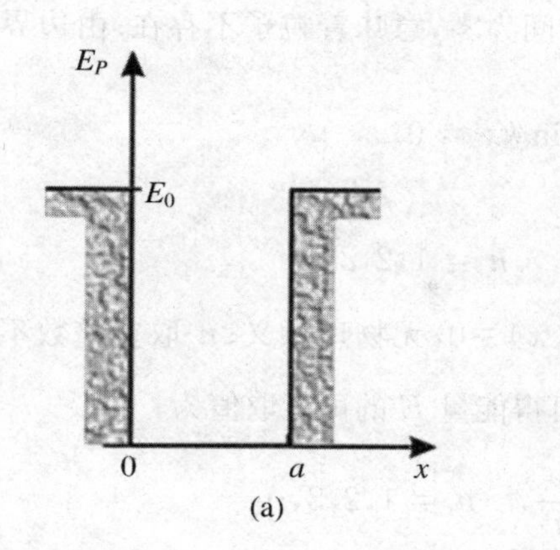

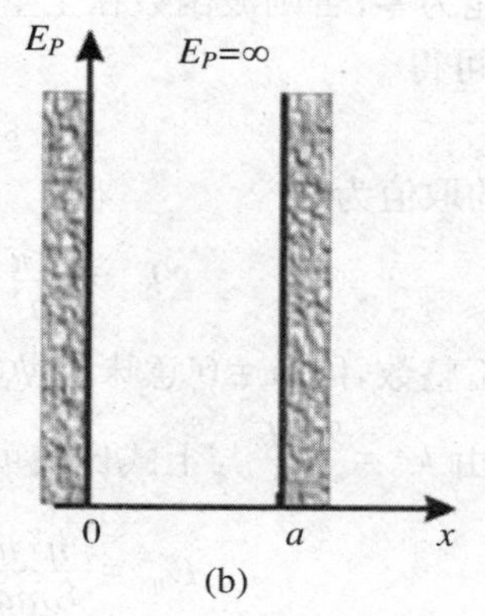

图 19.1　一维方势阱

1. 在势阱外部($x\leqslant 0, x\geqslant a$)

薛定谔方程为

$$\frac{\mathrm{d}^2\Psi(x)}{\mathrm{d}x^2}-\lambda^2\Psi(x)=0 \tag{19.1.2}$$

其中 $\lambda^2=\dfrac{2m(E_p-E)}{\hbar^2}$.上式的通解为

$$\Psi(x)=A\mathrm{e}^{\lambda x}+B\mathrm{e}^{-\lambda x} \tag{19.1.3}$$

其中 A、B 是待定常数.因 $E_p=\pm\infty$,则 $\lambda\to+\infty$.现以 $\lambda\to+\infty$ 为例,当 $x\leqslant 0$ 时,式(19.1.3)中第一项为零,为使波函数满足优先条件,要求 $B=0$,则有 $\Psi(x)=0$;当 $x\geqslant a$ 时,式(19.1.3)中第二项为零,同样要求 $A=0$,所以波函数仍为零,即 $\Psi(x)=0$.因此,粒子只能在势阱内运动.

2. 在势阱内($0<x<a$)

由于 $E_p(x)=0$,所以薛定谔方程为

$$\frac{\mathrm{d}^2\Psi(x)}{\mathrm{d}x^2}+\frac{2mE}{\hbar^2}\Psi(x)=0 \tag{19.1.4}$$

其中 E 是待定能量本征值.粒子被限制在势阱中,坐标不确定度为势阱宽度 a,由不确定关系可知粒子不可能静止,$E>0$.令 $k^2=\dfrac{2mE}{\hbar^2}$,则薛定谔方程可改写为

$$\frac{\mathrm{d}^2\Psi(x)}{\mathrm{d}x^2}+k^2\Psi(x)=0$$

其通解可表示为

$$\Psi(x)=C\sin kx+D\cos kx \tag{19.1.5}$$

式中 C、D 为待定常数.上式波函数已经满足单值有限条件,但还必须满足连续条件,于是有 $\Psi(0)=\Psi(a)=0$.其中 $\Psi(0)=0$,要求式(19.1.5)中的 $D=0$,因此满足标准条件的波函数为

$$\Psi(x)=C\sin kx \tag{19.1.6}$$

式中 C 不能为零,否则波函数在全空间为零,意味着粒子不存在.由边界连续条件 $\Psi(a)=0$ 可得

$$\sin kx = 0$$

由此得 k 的取值为

$$k = \frac{n\pi}{a}, \quad n = 1,2,3,\cdots$$

其中 n 取正整数,因 $n=0$ 意味着 $\psi(x)=0$,无物理意义;n 取负整数不能给出新的波函数.由 $k^2=\dfrac{2mE}{\hbar^2}$ 与上式比较可得能量 E 的可能取值为

$$E_n = \frac{n^2 h^2}{8ma^2}, \quad n = 1,2,3,\cdots \tag{19.1.7}$$

上式表明,无限深方势阱中粒子的能量是量子化的.式中 n 为量子数,n 为正整数的那些能量称为能级.$n=1$ 代表能量最低的态,也就是基态;n 取其他值就代表激发态.激发态能级的能量分别为 $4E_1, 9E_1, \cdots$.这充分说明能量量子化是量子力学的必然结果,不同于早期量子论中带有人为假设的成分.

至于常数 C,可以由波函数的归一化条件来确定,即

$$\int_{-\infty}^{\infty} |\Psi(x)|^2 \mathrm{d}x = \int_0^a |\Psi(x)|^2 \mathrm{d}x = \int_0^a C^2 \sin^2 \frac{n\pi x}{a} \mathrm{d}x = 1$$

解得 $C=\sqrt{\dfrac{2}{a}}$,这样式(19.1.6)的波函数为

$$\Psi(x) = \sqrt{\frac{2}{a}} \sin \frac{n\pi}{a} x, \quad 0 < x < a \tag{19.1.8}$$

势阱中粒子处于各能级的概率密度为

$$|\Psi(x)|^2 = \frac{2}{a} \sin^2 \frac{n\pi}{a} x \tag{19.1.9}$$

图 19.2 给出了势阱中粒子对应于几个能级的概率密度分布.从图中可以看出,粒子在势阱中不同位置出现的概率不同,比如在基态 E_1,粒子出现在势阱中央 $a/2$ 处的概率最大,而在第一激发态 E_2,粒子在势阱中央出现的概率却为零,显然有悖于经典理论.根据经典理论,粒子在势阱中任何位置出现的概率是相同的.从图中还可以发现,随着量子数 n 的增加,概率峰的个数也增加,同时相邻两峰的间距变小.因此可以想象,当 n 很大时,峰与峰将被挤压在一起,这才是经典理论中各处概率相同的状况.

除此之外,由式(19.1.7)可得相邻能级差为

$$\Delta E_n = E_{n+1} - E_n = \frac{h^2}{4ma^2}\left(n + \frac{1}{2}\right)$$

当 $n\to\infty$ 时,$\dfrac{\Delta E_n}{E_n}\approx\dfrac{2}{n}\to 0$,即在 n 很大时能量可看作是连续的,这就是经典物理的图像.

综上所述，经典物理可以看成是量子力学在量子数 n 趋于无穷大时的极限情况.

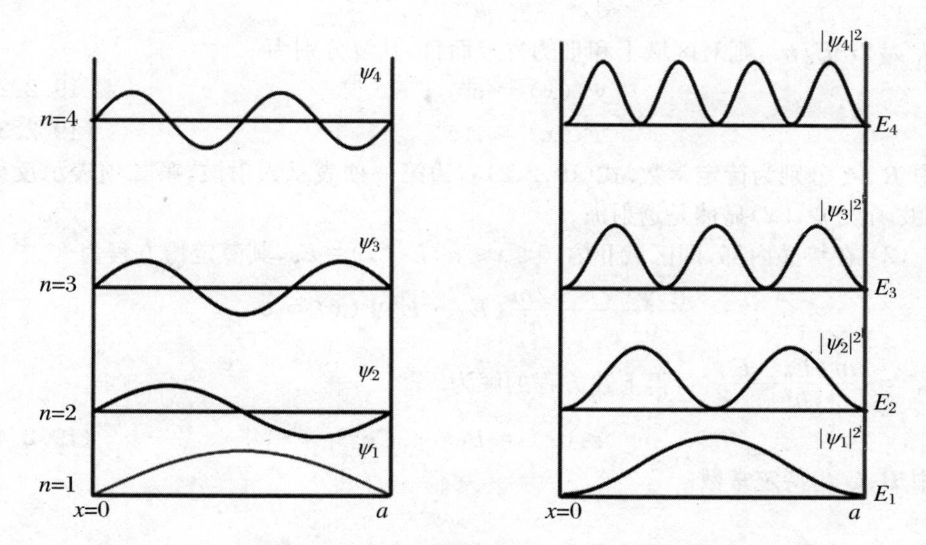

图 19.2　一维无限深方势阱中粒子的能级和波函数

19.2　势 垒 穿 隧

对于在一维空间运动的粒子，它的势能在有限区域内等于常量 E_0（$E_0>0$），而在此区域外面等于零，即

$$E_p(x) = \begin{cases} E_0, & 0 \leqslant x \leqslant a \\ 0, & x < 0, x > a \end{cases}$$

其势能曲线如图 19.3 所示.我们把这种势场称为一维方势垒.具有一定能量 E 的粒子由势垒左方（$x<0$）向右方运动，根据经典理论的观点，当入射粒子能量 E 小于 E_0 时，粒子不能进入势垒，将全部被弹回.然而，对于同样的问题，量子力学将给出完全不同的结果.我们将会发现，即使粒子的能量 E 小于 E_0，粒子仍有可能出现在势垒区域内，或在势垒的另一侧.这是一种粒子穿透势垒的现象，称为隧道效应.

由于 $E_p(x)$ 与时间无关，所以它也是定态问题.其薛定谔方程为

$$-\frac{h^2}{2m}\frac{\mathrm{d}^2\Psi(x)}{\mathrm{d}x^2} + [E_p(x) - E]\Psi(x) = 0 \tag{19.2.1}$$

其中 m 为粒子的质量，E 为粒子的能量（$E<E_0$）.

以下分别讨论势垒两侧和势垒区域内的波函数.

(1) 在势垒的两侧，即 $x<0$ 和 $x>a$ 处，由于 $E_p(x)=0$，故薛定谔方程式可

改写为

$$\frac{d^2\Psi(x)}{dx^2}+\frac{2mE}{h^2}\Psi(x)=0$$

令 $k^2=2mE/h^2$，则对区域Ⅰ和Ⅲ的方程而言，其解分别为

$$\Psi_1(x)=e^{ikx}+Re^{-ikx} \tag{19.2.2}$$

$$\Psi_3(x)=Ae^{ikx} \tag{19.2.3}$$

式中 R、A 分别为待定常数. 式(19.2.2)右边第一项表示入射波，第二项表示反射波. 波函数 $\Psi_3(x)$显然是透射波.

(2) 在势垒内部，即区域Ⅱ内，$0\leqslant x\leqslant a$，$E_p(x)=E_0$，其薛定谔方程为

$$\frac{d^2\Psi(x)}{dx^2}-\frac{2m}{h^2}(E_0-E)\Psi(x)=0$$

令 $\lambda^2=\frac{2m(E_0-E)}{h^2}$，可得上述方程的解为

$$\Psi_2(x)=Be^{\lambda x}+Ce^{-\lambda x} \tag{19.2.4}$$

式中 B、C 为待定常数.

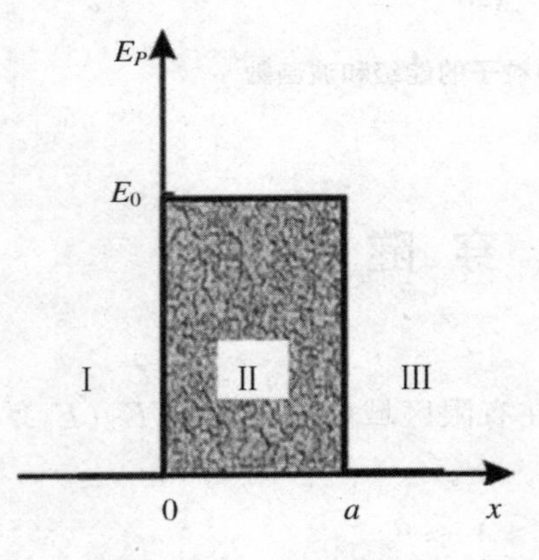

图 19.3　一维方势垒

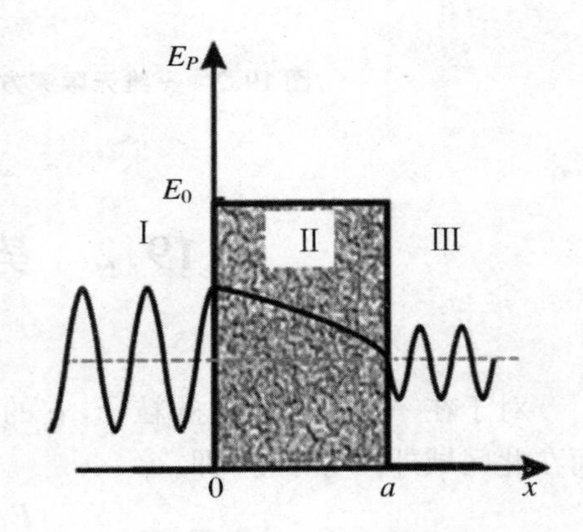

图 19.4　隧道效应

全部区域的波函数曲线如图 19.4 所示. 从图中可以看出，$\Psi_2(x)\neq 0$，这就表明在势垒内部存在出现粒子的可能，这与经典力学的结论完全不同. 此外，只要 $A\neq 0$，$\Psi_3(x)$就不等于零，粒子就有一定的概率穿透势垒而发生隧道效应. 粒子穿透势垒的概率称为穿透系数，用 T 表示，它等于透射波的概率密度与入射波的概率密度之比，即

$$T=\frac{|Ae^{ikx}|^2}{|e^{ikx}|^2}=|A|^2 \tag{19.2.5}$$

在 $x=0$ 和 $x=a$ 处，波函数和波函数一阶导数的连续条件为

$$\begin{cases}\Psi_1(0)=\Psi_2(0), & \Psi_2(a)=\Psi_3(a)\\ \Psi_1'(0)=\Psi_2'(0), & \Psi_2'(a)=\Psi_3'(a)\end{cases} \tag{19.2.6}$$

把式(19.2.2)～式(19.2.3)代入上式,可得关于 R、A、B、C 四个待定常数的方程组,从中可解出 A 并代入式(19.2.5),在 $\sqrt{2m(E_0-E)}a/\hbar \gg 1$ 的近似下,可求出穿透系数为

$$T = T_0 e^{\frac{2a}{\hbar}\sqrt{2m(E_0-E)}} \tag{19.2.7}$$

其中 T_0是一个常数因子.利用上式可以成功地说明放射性元素的 α 衰变等现象.但在一般的宏观条件下,T 的值非常小,观察不到隧道效应.

微观粒子穿透势垒的现象已被许多实验所证实.例如,原子核的 α 衰变、电子的场致发射、超导体中的隧道结等,都是隧道效应的结果.利用隧道效应不仅制成了隧道二极管,而且研制出了扫描隧道显微镜,它是研究材料表面结构的重要工具,对材料科学的发展起到了巨大的推动作用.

19.3　一维谐振子

简谐运动是一种最简单而又最基本的振动形式,它是研究复杂振动的基础.在微观领域中,分子的振动、晶格的振动、原子表面的振动等都可以近似地用简谐振子模型来描述,因此对谐振子运动的研究无论在理论上还是在应用上都具有重要意义.

现在考虑一维空间运动的粒子,它做简谐运动时所受的力与它的位移成正比,但方向相反,即 $F=-kx$.它的势能函数为

$$E_p(x) = \frac{1}{2}kx^2 = \frac{1}{2}m\omega^2x^2 \tag{19.3.1}$$

式中 m 是振子质量,k 是一个力常数,角频率 $\omega=\sqrt{\dfrac{k}{m}}$.相应的一维谐振子定态薛定谔方程为

$$\frac{d^2\psi(x)}{dx^2} + \frac{2m}{\hbar^2}\left(E - \frac{1}{2}m\omega^2x^2\right)\psi(x) = 0 \tag{19.3.2}$$

根据波函数 $\psi(x)$应满足单值、连续、有限以及归一化条件,求解式(19.3.2)可得谐振子的总能量为

$$E_n = \left(n+\frac{1}{2}\right)\hbar\omega = \left(n+\frac{1}{2}\right)h\nu,\quad n=0,1,2,\cdots \tag{19.3.3}$$

这说明,谐振子的能量也只能取分立的值,也是量子化的.n 是量子数,当 $n=0,1,2,\cdots$时,$E=1/2h\nu,3/2h\nu,5/2\ h\nu,\cdots$.相邻能级之差为 $\Delta E=h\nu$.这一点与无限深方势阱中的粒子不同,谐振子的能级是等间距的.

由式(19.3.3)可知,谐振子最低能量为 $E_0=\dfrac{1}{2}h\nu$,为基态能量.在经典力学

中，一个谐振子的能量是连续的，且最小能量应该是零，相当于谐振子静止的情形．而量子力学给出谐振子的最小能量不是零，这意味着微观粒子不可能完全静止，这是波粒二象性的表现，符合不确定关系．

图 19.5 所示的是谐振子的势能曲线和能级以及概率密度$|\psi(x)|^2$与 x 的关系曲线．由图可见，在任一能级 E_n 上，在势能曲线以外，$|\psi(x)|^2$并不为零．这也表示了微观粒子运动的特点，微观粒子在运动中有可能透入经典理论认为它不可能出现的区域．

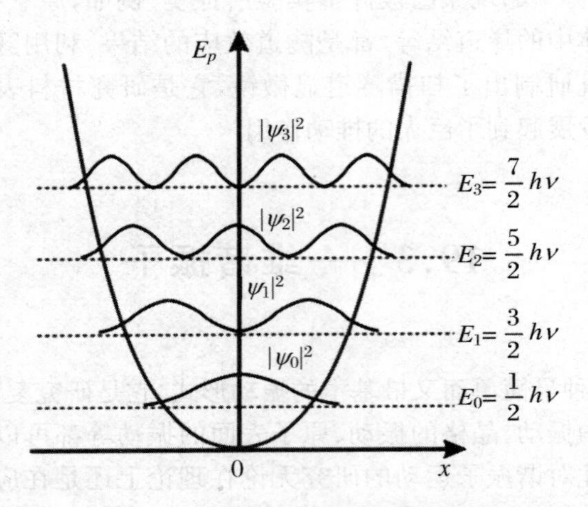

图 19.5　一维谐振子的能级和概率密度分布图

谐振子模型可用于研究固体中的原子振动、分子振动和由于原子振动而引起的固体的声学的和热学的性质，包含核的取向、振动的固体的磁性质和在量子电动力学中正在振动的电磁波，一般来说，简谐振动几乎能够用于描述围绕一个稳定平衡点进行小振动的任何实体．

习　题　19

19.1　已知粒子在无限深势阱中运动，其波函数为

$$\psi(x) = \sqrt{2/a}\sin(\pi x/a) \quad (0 \leqslant x \leqslant a)$$

求发现粒子的概率最大的位置．

19.2　粒子在一维矩形无限深势阱中运动，其波函数为

$$\psi_n(x) = \sqrt{2/a}\sin(n\pi x/a) \quad (0 < x < a)$$

若粒子处于基态，它在 $x = a/2$ 处的概率密度及在 $0\sim a/4$ 区间内的概率是多少？$\left(\text{提示：}\int \sin^2 x\mathrm{d}x = \frac{1}{2}x - \frac{1}{4}\sin 2x + C.\right)$

19.3　一维无限深势阱中粒子的定态波函数为 $\psi_n(x)=\sqrt{\dfrac{2}{a}}\sin\dfrac{n\pi x}{a}$. 试求粒子在 $x=0$ 到 $x=\dfrac{a}{3}$ 之间被找到的概率，当：(1) 粒子处于基态时；(2) 粒子处于第一激发态时. $\left(\int \sin^2 x\mathrm{d}x = \dfrac{1}{2}x - \dfrac{1}{4}\sin 2x + C.\right)$

19.4　宽度为 a 的一维无限深势阱中粒子的定态波函数为 $\psi_n(x)=C\sin\dfrac{n\pi x}{a}$，试：(1) 根据波函数条件确定 C 值；(2) 计算粒子处于第一激发态时，在 $x=a/4$ 处的概率密度. $\left(\int \sin^2 x\mathrm{d}x = \dfrac{1}{2}x - \dfrac{1}{4}\sin 2x + C.\right)$

19.5　一维无限深势阱中粒子的定态波函数为 $\psi_n(x)=\sqrt{\dfrac{2}{a}}\sin\dfrac{n\pi x}{a}$，当 $n=2$ 时，粒子在势阱壁附近的概率密度为多大？在 $x=a/8$ 处的概率密度为多大？哪里的概率密度最大？

19.6　一维无限深势阱中粒子的定态波函数为 $\psi_n(x)=\sqrt{\dfrac{2}{a}}\sin\dfrac{n\pi x}{a}$. (1) 当 $n=2$ 时，粒子在势阱壁附近的概率密度有多大？在 $x=a/8$ 处的概率密度为多大？(2) 当 $n=4$ 时，粒子在势阱壁附近的概率密度有多大？在 $x=a/8$ 处的概率密度为多大？

习题参考答案

第8章

8.1 C

8.2 C

8.3 D

8.4 D

8.5 C

8.6 A

8.7 C

8.8 C

8.9 D

8.10 D

8.11 $\pm 3.3\times10^{-7}$ C, $\pm 1.3\times10^{-6}$ C; 0.4 N

8.12 $x=(3+2\sqrt{2})$ m

8.13 $\dfrac{q}{4\pi\varepsilon_0 d(L+d)}$

8.14 $\dfrac{Q}{\pi^2\varepsilon_0 R^2}\boldsymbol{i}$

8.15 $\boldsymbol{E}=\dfrac{\sigma}{4\varepsilon_0}\boldsymbol{i}$

8.16 $\boldsymbol{E}=E_x\boldsymbol{i}+E_y\boldsymbol{j}+E_z\boldsymbol{k}=\dfrac{\lambda}{4\pi\varepsilon_0 r}[(\sin\theta_2-\sin\theta_1)\boldsymbol{i}-(\cos\theta_2-\cos\theta_1)\boldsymbol{j}]$

8.17 $\boldsymbol{E}=\dfrac{\lambda}{\pi^2\varepsilon_0 R}\boldsymbol{i}$

8.18 $\dfrac{q}{2\varepsilon_0}\left(1-\dfrac{h}{\sqrt{R^2+h^2}}\right)$

8.19 (1)$\dfrac{\lambda d}{\varepsilon_0}$;(2)$\dfrac{\lambda d}{\pi\varepsilon_0(4R^2-d^2)}$,沿矢径 OP

8.20 8.85×10^{-12} C

8.21 $Ar^2/(4\varepsilon_0)$ $(r\leqslant R)$；$AR^4/(4\varepsilon_0 r^2)$ $(r>R)$.

8.24 $\boldsymbol{E}=\dfrac{\rho_e}{3\varepsilon_0}\boldsymbol{a}_{oo'}$（即空腔内的场强是均匀的，其大小为 $\rho_e a/(3\varepsilon_0)$，其方向为平行于两球心的连线 a，由 O 指向 O'）

8.25 $V_C=\dfrac{V}{2}+\dfrac{qd}{4\varepsilon_0 S}$

8.26 $\dfrac{\lambda_0}{4\pi\varepsilon_0}\left(l-a\ln\dfrac{a+l}{a}\right)$

8.27 (1) $\dfrac{\rho}{2\varepsilon_0}(R_2^2-R_1^2)$；(2) $\dfrac{\rho}{6\varepsilon_0}\left(3R_2^2-r^2-\dfrac{2R_1^3}{r}\right)$

8.28 (1) $\dfrac{\rho}{3\varepsilon_0}\boldsymbol{r}$ $(r\leqslant R)$，$\dfrac{\rho R^3}{3\varepsilon_0 r^2}\boldsymbol{e}_r$ $(r\geqslant R)$；(2) $\dfrac{\rho}{\varepsilon_0}\cdot\left(\dfrac{R^2}{2}-\dfrac{r^2}{6}\right)$ $(r\leqslant R)$

8.29 (1) $Ar^2/(3\varepsilon_0)$ $(r\leqslant R)$，$E=AR^3/(3\varepsilon_0 r)$ $(r>R)$；

(2) 当 $r\leqslant R$ 时，$\dfrac{A}{9\varepsilon_0}(R^3-r^3)+\dfrac{AR^3}{3\varepsilon_0}\ln\dfrac{l}{R}$，当 $r>R$ 时，$\dfrac{AR^3}{3\varepsilon_0}\ln\dfrac{l}{r}$

8.30 $(-8-24xy)\boldsymbol{i}+(-12x^2+40y)\boldsymbol{j}$

第 9 章

9.1 D
9.2 B
9.3 B
9.4 C
9.5 A
9.6 B
9.7 B
9.8 C
9.9 D
9.10 B
9.11 A
9.12 B
9.13 C
9.14 B
9.15 C
9.16 B
9.17 B

9.18 B

9.19 (1)$\frac{1}{4\pi\varepsilon_0}\left(\frac{q}{r}-\frac{q}{R_1}+\frac{q+Q}{R_2}\right)$,$\frac{1}{4\pi\varepsilon_0}\frac{q+Q}{R_2}$,$\frac{1}{4\pi\varepsilon_0}\frac{q+Q}{R_2}$;

(2) $\frac{1}{4\pi\varepsilon_0}\left(\frac{q}{r}-\frac{q}{R_1}\right)$;(3)$\frac{1}{4\pi\varepsilon_0}\left(\frac{q}{r}-\frac{q}{R_1}\right)$

9.20 (1) $\sigma_1=\sigma_2=\frac{\sigma_0}{2}$;(2)$\sigma_2=0,\sigma_1=-\sigma_0$

9.21 (1) $D=1.77\times10^{-6}$ C/m^2, $E=2.4\times10^{-4}$ V/m, $P=1.55\times10^{-6}$ C/m^2

(2) $\omega_e=2.2\times10^{-2}$ J/m^3

9.22 (1) $\varepsilon_r=3$.(2) $D=2.7\times10^{-6}$ C/m^2, $E=10^5$ V/m, $P=1.8\times10^{-6}$ C/m^2

(3) $W_{空气}/W_{介质}=3$

9.24 $\frac{\varepsilon_0\varepsilon_r S}{\varepsilon_r d+(1-\varepsilon_r)t}$

9.25 电场均为 1000 V/m.电位移:真空部分 8.85×10^{-9} C/m^2,介质中 8.85×10^{-8} C/m^2.方向均相同,由正极板垂直指向负极板

9.26 -0.8 C

9.27 (1) $\boldsymbol{D}=\rho_0\left(\frac{r}{3}-\frac{r^2}{4R}\right)\boldsymbol{e}_r$, $\boldsymbol{E}=\frac{\rho_0}{\varepsilon_0\varepsilon_r}\left(\frac{r}{3}-\frac{r^2}{4R}\right)\boldsymbol{e}_r$;(2) $r=2R/3$

9.28 (1)$\rho'=-\left(1-\frac{1}{\varepsilon_r}\right)\rho_0$;(2)$\sigma'=\frac{(\varepsilon_r-1)\rho_0}{3\varepsilon_r}R$

9.29 $\varepsilon_0 S/(d\ln2)$

9.30 (1) 3.16×10^{-6} F;(2) 1×10^{-3} C ,100 V

9.31 (1) $(2\pi\varepsilon_0\varepsilon_r L)/[\ln(b/a)]$;(2) $[Q^2/(4\pi\varepsilon_0\varepsilon_r L)]\ln(b/a)$

9.32 (1) 1.83×10^{-4} J;(2) 0.61×10^{-4} J

第 10 章

10.1 A

10.2 B

10.3 C

10.4 C

10.5 D

10.6 D

10.7 B

10.8 D

10.9 B

10.10 D

10.11 C

10.12 D

10.13 B

10.14 B

10.15 C

10.16 B

10.17 C

10.18 C

10.19 B

10.20 C

10.21 6.71×10^{-5} A

10.22 1.59 : 1

10.23 40

10.24 $(\pi Ud^2)/(4\rho Le)$; $U/(ne\rho L)$

10.25 $\dfrac{\rho(r_2-r_1)}{4\pi r_1r_2}$

10.26 $\dfrac{\rho L}{\pi ab}$

10.27 $\dfrac{1}{4\pi\gamma a}$

10.30 ε

10.31 2.1×10^{-5} T

10.32 $\dfrac{\mu_0\alpha}{2\pi x}\ln\dfrac{a+b}{b}$,方向垂直纸面向里

10.33 $R=2r$

10.34 $\dfrac{\mu_0\sigma\theta\omega R}{4\pi}$,$\sigma>0$ 时,$\boldsymbol{B}$ 的方向垂直纸面向外;$\sigma<0$ 时,$\boldsymbol{B}$ 的方向垂直纸面向里

10.35 $\dfrac{1}{4}\mu_0K\pi$

10.36 $-\dfrac{\mu_0I}{\pi^2R}\boldsymbol{j}$

10.37 (1) $\dfrac{\mu_0\omega q}{8\pi a}$,方向向上;(2) $\dfrac{1}{4}\omega qa^2$,方向向上

10.38 $\mu_0R\sigma\omega$($\sigma>0$ 时),方向平行于轴线朝右

10.39　$\frac{\mu_0 Ih}{4\pi}(1+2\ln 2)$

10.40　(1) $B=\frac{\mu_0 NI}{2\pi r}$；(2) $\frac{\mu NIb}{2\pi}\ln\frac{R_2}{R_1}$

10.41　$F=\frac{\mu_0 I_1 I_2}{2}$，方向为垂直 I_1向右

10.42　$-\frac{B_2^2-B_1^2}{2\mu_0}\boldsymbol{j}$

10.43　$\frac{\mu_0 I^2}{2\pi a}(\sqrt{a^2+l^2}-a)$，相互吸引

10.44　(1) $B=\frac{1}{2}\mu_0\alpha$（大小），方向：在板右侧垂直纸面向里；(2) (a) $\frac{mv}{qB}$，(b) $\frac{4\pi m}{q\mu_0\alpha}$

10.45　$(\sqrt{2}+1)\frac{leB}{m}$

10.47　1.4×10^{-4} m · s^{-1}；4.5×10^{-23} N，向上；2.8×10^{-4} V · m^{-1}，向上；5.6×10^{-6} V，下高上低

第 11 章

11.1　C
11.2　C
11.3　B
11.4　D
11.5　B
11.6　B
11.7　A
11.8　B
11.9　A/m；T · A/m
11.10　$I/(2\pi r)$；$\mu I/(2\pi r)$
11.11　μnI；$\mu n^2 I^2/2$
11.12　$\boldsymbol{B}=\mu\boldsymbol{H}$（或 $\boldsymbol{H}=\boldsymbol{B}/\mu$ 或 $\boldsymbol{B}=\mu_0\mu_r\boldsymbol{H}$ 或 $\boldsymbol{H}=\boldsymbol{B}/(\mu_0\mu_r)$）
11.13　磁畴；居里点
11.14　$\frac{\mu_0 l}{2a}M(\approx 0)$；$\left(\frac{l}{2a}-1\right)M(\approx -M)$；$\frac{\mu_0 l}{2a}M$

11.15　3.26×10^{8} A/m

11.16　200 A/m, 1.06 T

11.17　(1) $B=2\times10^{-2}$ T；(2) $H=32$ A/m；(3) $\chi_m=496$；(4) $M=1.59\times10^{4}$ A/m

11.18　(1) $\Phi=1.21\times10^{-6}$ Wb；(2) $M=9.58\times10^{3}\ \mathrm{A\cdot m^{-1}}$；(3) $\alpha'=9.58\times10^{3}\ \mathrm{A\cdot m^{-1}}$

11.19　(1) $\Phi=\dfrac{\mu_r\mu_0 Il}{2\pi}\cdot\ln\dfrac{R_2}{R_1}$；(2) $B=\dfrac{\mu_0 I}{2\pi r}$，与有无介质无关

11.20　$M=\dfrac{\mu-\mu_0}{\mu_0}\cdot\dfrac{NI}{2\pi r}$

11.21　$H_O=7.96\times10^{3}$ A/m，$B_O=1.00\times10^{-2}$ T

11.23　$B_a=B_b=\mu_0 M$，$H_a=0$，$H_b=M$.

11.24　$\boldsymbol{B}_1=\mu_0\boldsymbol{M}$，$\boldsymbol{B}_2=\boldsymbol{B}_3=0$，$\boldsymbol{B}_4=\boldsymbol{B}_5=\boldsymbol{B}_6=\boldsymbol{B}_7=\dfrac{1}{2}\mu_0\boldsymbol{M}$，$\boldsymbol{H}_1=0$，$\boldsymbol{H}_2=\boldsymbol{H}_3=0$，$\boldsymbol{H}_4=\boldsymbol{H}_7=\dfrac{1}{2}\boldsymbol{M}$，$\boldsymbol{H}_5=\boldsymbol{H}_6=-\dfrac{1}{2}\boldsymbol{M}$

11.25　$\boldsymbol{B}=\dfrac{2}{3}\mu_0\boldsymbol{M}$，$\boldsymbol{H}=-\dfrac{1}{3}\boldsymbol{M}$

11.26　$\alpha'=M\sin\varphi$，方向如题图所示，$\boldsymbol{p}_m=-\dfrac{4}{3}\pi R^3\boldsymbol{M}$

11.27　$0<r<R_1$：$H=\dfrac{Ir}{2\pi R_1^2}$，$B=\dfrac{\mu_0 Ir}{2\pi R_1^2}$；$R_1<r<R_2$：$H=\dfrac{I}{2\pi r}$，$B=\dfrac{\mu I}{2\pi r}$；$R_2<r<R_3$：$H=\dfrac{I}{2\pi r}\left(1-\dfrac{r^2-R_2^2}{R_3^2-R_2^2}\right)$，$B=\dfrac{\mu_0 I}{2\pi r}\left(1-\dfrac{r^2-R_2^2}{R_3^2-R_2^2}\right)$；$r>R_3$：$H=0$，$B=0$

第12章

12.1　D

12.2　D

12.3　A

12.4　C

12.5　D

12.6　A

12.7　B

12.8　D

12.9　D

12.10 B

12.11 D

12.12 D

12.13 C

12.14 C

12.15 C

12.16 C

12.17 B

12.18 C

12.19 D

12.20 A

12.21 (1) $\frac{3\mu_0\pi r^2 R^2 I}{2x^4}v$；(2) $3\mu_0\pi r^2 Iv/(2N^4R^2)$

12.22 (1) $\frac{\mu_0 I\ l}{2\pi}\ln\frac{b+vt}{a+vt}$；(2) $\frac{\mu_0 lIv(b-a)}{2\pi ab}$

12.23 5.18×10^{-8} V，逆时针

12.24 $-\frac{\pi\mu_0\lambda r_1^2}{2R}\cdot\frac{d\omega(t)}{dt}$，当 $d\omega(t)/dt>0$ 时，i 为负值，即 i 为顺时针方向；当 $d\omega(t)/dt<0$ 时，i 为正值，即 i 为逆时针方向

12.25 $i=\frac{\mu_0\pi r^2(R_2-R_1)\sigma}{2R'}\cdot\frac{d\omega(t)}{dt}$，方向：当 $\frac{d\omega(t)}{dt}>0$ 时，i 顺时针；当 $\frac{d\omega(t)}{dt}<0$ 时，i 逆时针

12.26 $i=\frac{\mu_0 Qa^2\omega_0}{2RLt_0}$，$Q>0$ 时，i 的流向与圆筒转向一致，否则相反

12.27 (1) $\frac{\mu_0 Iv}{2\pi}\ln\frac{a+b}{a-b}$，$N$ 端是负极，M 端是正极；(2) $\frac{\mu_0 Iv}{2\pi}\ln\frac{a+b}{a-b}$

12.28 $-\frac{3}{10}\omega BL^2$

12.29 $\frac{1}{2}\omega Bx_c^2\tan\alpha$，$a\to c$

12.30 $\varepsilon_{动}=vBR$，$b\to a$；$\varepsilon_{感}=\frac{R^2}{4}\left(\sqrt{3}+\frac{\pi}{3}\right)k$，$a\to c$；$\varepsilon_i=vBR-\frac{R^2}{4}\left(\sqrt{3}+\frac{\pi}{3}\right)k$，当 $\varepsilon_i>0$ 时，其实际方向为从 c 指向 a，当 $\varepsilon_i<0$ 时，其实际方向为从 a 指向 c

12.31 $-\frac{\pi R^2}{2}\cdot\frac{dB}{dt}$. 当 $dB/dt>0$ 时，ε_i 的方向从左到右；当 $dB/dt<0$ 时，ε_i 的正方向从右到左

12.32 (1) $B=\mu_0\sigma akt$，与转动方向成右手螺旋关系；

(2) $E=-\frac{1}{2}\mu_0\sigma akr$,$\boldsymbol{E}$ 线的绕向与 $\mathrm{d}\boldsymbol{B}/\mathrm{d}t$ 的方向成左旋关系

12.33　$-\frac{a^2b\gamma k}{4}$,当 $k>0$ 时,涡电流反时针流动;当 $k<0$ 时,涡电流顺时针流动

12.34　(1) $B=\frac{\mu_0 NI}{2\pi r}$;(2) $\Phi=\frac{\mu_0 NIh}{2\pi}\ln\frac{D_1}{D_2}$;(3) $L=\frac{\mu_0 N^2 h}{2\pi}\ln\frac{R_1}{R_2}$;(4) $\varepsilon_L=\frac{\mu_0 N^2 hI_0\omega}{2\pi}\sin\omega t\cdot\ln\frac{R_1}{R_2}$

12.35　(1) $\frac{D_2}{D_1}=\mathrm{e}$;(2) $L=\frac{\mu_0 N^2 h}{2\pi}=2\times10^{-5}\mathrm{H}$;(3) $\varepsilon=\frac{\mu_0 N^2 h\omega}{2\pi}I_0\sin\omega t$

12.36　(1) $E=\frac{U}{r\ln(R_2/R_1)}$,$\boldsymbol{E}$ 方向沿半径指向电势降落方向. $B=\frac{\mu_0 I}{2\pi r}$,$\boldsymbol{B}$ 方向与内导体壳电流方向成右手螺旋关系.(2) $L=\frac{\mu_0}{2\pi}\ln\frac{R_2}{R_1}$,$C=\frac{2\pi\varepsilon_0}{\ln(R_2/R_1)}$

12.37　(1) $B=\mu_0 I/l$;(2) $L=\mu_0\pi R^2/l$

12.38　$\mu_0 N_1 N_2\pi b^2/L$

12.39　9.87×10^{-7} H

12.40　$\varepsilon=\frac{3\mu_0 lI_0}{2\pi}\ln\frac{b}{a}\mathrm{e}^{-3t}$,感应电流方向为顺时针方向;$M=\frac{\mu_0 l}{2\pi}\ln\frac{b}{a}$;$\varepsilon_{互}=-\frac{\mu_0 l\omega}{2\pi}\ln\frac{b}{a}\cdot I_0\cos\left(\omega t+\frac{\pi}{3}\right)$

12.41　1.26 A

12.42　(1) 0.45 A;(2) 0.74 W/s

12.43　(1) $L=\frac{\mu_0 N^2 h}{2\pi}\ln\frac{b}{a}$;(2) $M=\frac{\mu_0 Nh}{2\pi}\ln\frac{b}{a}$;(3) $W_m=\frac{\mu_0 N^2 I^2 h}{4\pi}\ln\frac{b}{a}$

12.44　(1) $I=\frac{\varepsilon}{R}(1-\mathrm{e}^{-Rt/L})$;(2) $\frac{\sqrt{2}a^2}{2Nb^2 r}\mathrm{e}^{-Rt/L}$;(3) 提示:圆环受的力矩的大小为 $T=p_m B\sin45^\circ=\frac{\pi\ a^4\mu_0{}^2}{2rb^2 lR}(\mathrm{e}^{-Rt/L}-\mathrm{e}^{-2Rt/L})$,对该式求极值,令 $\mathrm{d}T/\mathrm{d}t=0$ 得 $t=\frac{L}{R}\ln2$,且 $\frac{\mathrm{d}^2T}{\mathrm{d}t^2}<0$

12.45　(1) $\frac{\mu_0}{\pi}\ln\frac{b-a}{a}$;(2) $\frac{\mu_0 I^2}{2\pi}\ln2$;(3) $\frac{\mu_0 I^2}{2\pi}\ln\frac{2b-a}{b-a}\approx\frac{\mu_0 I^2}{2\pi}\ln2>0$,说明磁能增加了,这是因为在导线间距离由 b 增大到 $2b$ 过程中,两导线中都出现与电流反向的感应电动势,因而,为要保持导线中电流不变,外接电源要反抗导线中的感应电动势做功,消耗的电能一部分转化为磁场能量,一部分通过磁场力做功转化为其他形式能量

第13章

13.1 C

13.2 C

13.3 A

13.4 B

13.5 B

13.6 D

13.7 A

13.8 $E_y = -754\cos[\omega(t-z/c)+\pi]$ (SI)

13.9 垂直纸面向里;垂直 OP 连线向下(或顺时针)

13.10 $\boldsymbol{E}$ 垂直板面向下,$\boldsymbol{H}$ 垂直纸面向里

13.11 ②、③、①

13.12 $J_d = \varepsilon_0 \mathrm{d}E/\mathrm{d}t$;$I_d = \varepsilon_0 \pi r^2 \mathrm{d}E/\mathrm{d}t$

13.13 $1.91\times10^{-7}\ \mathrm{W\cdot m^{-2}}$

13.14 (1) $\dfrac{0.2}{C}(1-\mathrm{e}^{-t})$;(2) $0.2\mathrm{e}^{-t}$

13.15 (1) $\dfrac{U_0}{d}\sin\omega t, \dfrac{\gamma U_0}{d}\sin\omega t, \dfrac{\varepsilon\omega U_0}{d}\cos\omega t$;(2) $\dfrac{\mu r U_0}{2d}(\gamma\sin\omega t + \varepsilon\omega\cos\omega t)$

13.16 (1) $J_d = \dfrac{\varepsilon_0\varepsilon_r R_1 R_2}{r^2(R_2-R_1)}U_0\omega\cos\omega t$;(2) $I_d = \dfrac{4\pi\varepsilon_0\varepsilon_r R_1 R_2}{R_2-R_1}U_0\omega\cos\omega t$

13.17 (1) $\lambda = 3\ \mathrm{m}, \nu = 10^8\ \mathrm{Hz}$;(2) 沿 x 轴正方向传播;(3) $B_z = 2\times10^{-9}\cos\left[2\pi\times10^8\left(t-\dfrac{x}{c}\right)\right]$(提示:根据公式$\sqrt{\mu}H=\sqrt{\varepsilon}E$ 由 E 求 B.)

13.18 (1) $E=\rho\dfrac{I}{\pi a^2}$,方向与导线平行,向上.(2) $H=\dfrac{Ir}{2\pi a^2}$,方向沿截面上半径为 r 的同心圆的切线方向(右手法则确定).(3) $S=\dfrac{\rho I^2 r}{2\pi^2 a^2}$,各处 $\boldsymbol{S}$ 方向与轴线垂直且指向轴线

第14章

14.1 D

14.2 B

14.3 A

14.4 0.1375 mm

14.5 1.5 cm,0.5 cm,1 cm

14.6 2.75 mm,2.07 mm

14.7 5690 nm

14.8 (1) $0.24r_0$;(2) 10

14.9 (1) 111.57 nm;(2) 595.8 nm,黄色

14.10 (1) 0.7×10^{-4} cm;(2) 10 条

14.11 147 条,1.36 mm

14.12 628.9 nm

14.13 1.0003

14.14 14.8 m

14.15 (1) 552 nm;(2) 736 nm,441.6 nm

14.16 1.38

第 15 章

15.1 C

15.2 B

15.3 0.24 mm

15.4 (1) $\lambda_1 = 2\lambda_2$;(2) $2k_1 = k_2$

15.5 5.04×10^{-5} m

15.6 (1) 0.104 rad;(2) 7 条;(3) 1.5×10^{-5} rad

15.7 (1) 6.25×10^{-4} mm;(2) 5 级;(3)7 级

15.8 (1) 1.9 mm;(2) 11 条

15.9 5.8 mm,6.4 mm

15.10 2 mm

15.11 416.7 nm

15.12 1.85×10^{-4} mm

15.13 (1) 600 nm,466 nm;(2) 4 级

第 16 章

16.1 D

16.2 C

16.3 B

16.4 (1) $\theta=45^\circ$;(2) $\theta=0$ 或 $\theta=90^\circ$;(3) 不可能实现

16.5 57.17°

16.6 16.4 μm

16.7 716.7 nm,614.3 nm,537.5 nm,477.8 nm,430 nm,390.9 nm

16.8 (1) $3I/4$;(2) 856.1 nm

16.9 36.9°

16.10 $\dfrac{I_P}{I_O}=\dfrac{3}{2}$

16.11 0.5

16.12 $0.75I_0, 0.5I_0, 0.25I_0, 0$

16.13 $\dfrac{I_A}{I_B}=3$

第 17 章

17.1 (1) 565 nm;(2) 173 nm

17.2 (1) $A=\dfrac{hc}{\lambda}-\dfrac{R^2e^2B^2}{2m}$;(2) $|U_a|=\dfrac{mv^2}{2e}=\dfrac{R^2eB^2}{2m}$

17.3 0.345 V

17.4 612 nm

17.5 2.0 eV;2.0 V;296 nm

17.6 (1) 5.0×10^{14} Hz;(2) 略;(3) 6.4×10^{-34} J·s

17.7 2.5 V;4.0×10^{14} Hz

17.8 1.68×10^{-16} J

17.9 (1) 1.024×10^{-10} m;(2) 291 eV.

17.10 8.58×10^{-13} m

17.11 1∶1;4∶1

第 18 章

18.1 (1) 150.45 eV;(2) $\varphi(x)=e^{ikx}$

18.2 (1) 是,本征值为$\hbar^2k^2/2m$.(2) 不是.(3) $\hbar k$,$-\hbar k$;1∶0.5

18.3 (1) $\varphi(x)=Ae^{ikx}-Ae^{-ikx}$,$E=\hbar^2k^2/(2m)$;(2) (略);
(3) $\varphi(x,t)=\varphi(x)e^{-iEt/\hbar}$

18.4 $\varphi(x)=\sin(xk_0)$或$\varphi(x)=\cos(xk_0)$

18.5 (1) $\Psi_a(x)=e^{ik_0x}$;(2) $\Psi_b(x)=\sqrt{1/5}e^{i2k_0x}+\sqrt{4/5}e^{i8k_0x}$;
(3) $p_x=34/(5\hbar k_0)$;(4) $E=52\hbar^2k_0{}^2/(2m)$

第 19 章

19.1 $x=\frac{1}{2}a$

19.2 0.091

19.3 (1) 0.19;(2) 0.40

19.4 (1) $C=\sqrt{2/a}$;(2) $2/a$.

19.5 $0.1/a$. $k=0$, $x=a/4$; $k=1$, $x=3a/4$

19.6 (1) $0,1/a$;(2) $0,2/a$